국가 전문

시험 대비 필독 수



# 맞춤형화장품 조제관리사

## 핵심노트

이현주, 옥승호 공저

방대한 개념이론 | 한권으로 완벽 정리!

- 식품의약품안전처 최신 출제기준 반영!
- 최근 제개정 및 시행법령 완벽 반영!
- 시험 출제 유형 분석 및 기출문제 표시!

국내 대학 화장품학과 전공과목 교재 채택

# 머리말

맞춤형 화장품 조제관리사 시험을 준비하는 수험생이라면 꼭 봐야 하는 합격을 위한 핵심 이론의 모든 것!

2020년 7월 화장품법이 시행된 이후 화장품 법령 및 화장품 관련 식품의약품안전처 고시는 재개정 및 신설을 거듭하고 있습니다. 특히 6회차 시험부터는 신설된 시행규칙과 화장품 관련 식품의약품안전처 고시의 재개정이 많으므로 맞춤형 화장품 조제관리사 국가자격시험을 준비하는 수험생들은 이에 맞는 교재를 선택해야 합니다.

본 교재는 **최신 개정 법령을 반영**, 짧은 분량으로 최대한의 학습 효과를 내도록 핵심 내용만 수록하였습니다. 시험에 출제되는 맞춤형 화장품을 처음 공부하는 수험생도 이해하기 쉽도록 **기출문제 유형 분석**을 바탕으로 섹션별 **기본 핵심 이론을 정리**하여 체계적이고 효율적으로 학습할 수 있도록 구성하였습니다. 부록으로 유통 화장품 안전관리 시험 방법을 수록해 최근 시험 출제빈도가 높아지고 있는 화장품 안전기준에 대해 철저하게 대비하고 이론적인 부분의 이해를 도울 수 있도록 하였으며 **기출문제를 표기**해 **출제경향을 파악**하고 **핵심 이론을 완벽하게 흡수**할 수 있도록 하였습니다.

본 교재가 맞춤형 화장품 조제관리사를 준비하고 있는 분들에게 조금이나마 도움이 되기를 바라며 모든 수험생 여러분의 합격을 기원합니다.

저자 일동

# 출제 기준

## ◈ 시험정보

맞춤형 화장품 조제관리사 자격시험은 화장품법 제3조 4항에 따라 맞춤형 화장품의 혼합, 소분 업무에 종사하고자 하는 자를 양성하기 위해 실시하는 시험

- 자격명 : 맞춤형 화장품 조제관리사
- 관련 부처 : 식품의약품안전처
- 시행 기관 : 한국생산성본부
- 시행 일정 : 연 1회 이상(별도 시행공고를 통해 시행 일정 공고)

## ◈ 응시자격

응시자격과 인원에 제한이 없음

※ 자격 취득자의 경우 원서접수 및 시험응시는 가능하나, 합격하여도 자격 취득은 불가

## ◈ 시험 방법 및 문항 유형

| 시험 과목 | 문항 유형 | | 과목별 총점 | 시험 방법 |
|---|---|---|---|---|
| 화장품법의 이해 | 선다형 | 7 문항 | 100점 | 필기시험 |
| | 단답형 | 3 문항 | | |
| 화장품 제조 및 품질관리 | 선다형 | 20 문항 | 250점 | |
| | 단답형 | 5 문항 | | |
| 유통 화장품의 안전관리 | 선다형 | 25 문항 | 250점 | |
| 맞춤형 화장품의 이해 | 선다형 | 28 문항 | 400점 | |
| | 단답형 | 12 문항 | | |

## ◈ 시험시간

| 시험 과목 | 입실 완료 | 시험시간 |
|---|---|---|
| ① 화장품법의 이해<br>② 화장품 제조 및 품질관리<br>③ 유통 화장품의 안전관리<br>④ 맞춤형 화장품의 이해 | 09:00 까지 | 09:30~11:30(120분) |

## ◈ 합격자 기준

전 과목 총점(1,000점)의 60%(600점) 이상을 득점하고, 각 과목 만점의 40% 이상을 득점한 자

※ 답안이 2개인 경우, 부분 점수를 부여

# 목차

## 제1편 화장품법의 이해



## 제2편 화장품 제조 및 품질관리와 원료의 사용 기준 등에 관한 사항



## 제3편 화장품의 유통 및 안전관리 등에 관한 사항

# 목차

# CONTENTS

핵심노트

맞춤형화장품조제관리사

# 제 1 편

# 화장품법의 이해

PART 1

# 화장품법

## Chapter 1 화장품법의 입법 취지

### 1 화장품법

#### 1) 화장품 법령의 취지

(1) 「화장품법」 제정 배경

① 화장품의 특성에 부합되는 적절한 관리와 화장품 산업의 경쟁력 배양을 위한 제도 마련

② 「약사법」 중 화장품과 관련된 규정을 분리하여 「화장품법」을 제정('00.07.01, 시행)

※ 식품의약품안전처(2013)가 신설되어 보건복지부에서 소관부처가 변경

(2) 화장품 법령의 체계 및 「화장품법」의 목적

| 「화장품법」 | 「화장품법 시행령」 | 「화장품법 시행규칙」 |
|---|---|---|
| 국회 | 대통령령 | 총리령 |
| 화장품의 제조 · 수입 · 판매 및 수출 등에 관한 사항을 규정함으로써 국민 보건 향상과 화장품 산업의 발전에 기여 | 「화장품법」에서 위임된 사항과 그 시행에 필요한 사항 규정 | 「화장품법」 및 같은 법 시행령에서 위임된 사항과 그 시행에 필요한 사항 규정 |

※ 의약품, 의약외품, 공산품 등과 명확하게 구분

### 2 화장품 관련 식품의약품안전처 고시의 종류 및 목적

(1) 「기능성 화장품 기준 및 시험 방법」

기능성 화장품 품질기준에 관한 세부사항을 정함

(2) 「기능성 화장품 심사에 관한 규정」

기능성 화장품을 심사 받기 위한 제출자료의 범위, 요건, 작성 요령, 제출이 면제되는 범위 및 심사 기준 등에 관한 세부사항을 정함으로써 기능성 화장품의 심사업무에 적정을 기함

(3) 「화장품 표시 · 광고 실증에 관한 규정」

소비자를 허위 · 과장 광고로부터 보호하고 화장품 제조업자 · 책임판매업자 · 맞춤형 화장품 판매업자가 화장품 표시 · 광고를 적정하게 할 수 있도록 유도함

(4)「화장품 표시 · 광고를 위한 인증 · 보증 기관의 신뢰성 인정에 관한 규정」

화장품에 대한 인증·보증의 표시·광고 허용을 위하여 해당 표시·광고 인증·보증 기관의 신뢰성 인정에 필요한 사항을 규정함으로써 표시·광고 업무의 효율성을 도모함

(5)「화장품 가격 표시제 실시 요령」

화장품을 판매하는 자에게 해당 품목의 실제 거래 가격을 표시하도록 함으로써 소비자 보호 및 공정한 거래를 도모함

(6)「화장품 바코드 표시 및 관리 요령」

국내 제조 및 수입되는 화장품에 대하여 표준 바코드를 표시하게 함으로써 화장품 유통 현대화의 기반을 조성, 유통비용을 절감하고 거래의 투명성을 확보함

(7)「화장품 사용할 때의 주의사항 및 알레르기 유발 성분 표시에 관한 규정」

화장품의 포장에 추가로 기재·표기하여야 하는 사용할 때의 주의사항 및 성분명을 기재·표시하여야 하는 알레르기 유발 성분의 종류를 정함

(8)「화장품 안전기준 등에 관한 규정」

화장품에 사용할 수 없는 원료 및 사용상의 제한이 필요한 원료에 대하여 그 사용 기준을 정하고 유통 화장품 안전관리기준에 관한 사항을 정함으로써 화장품 제조 또는 수입 및 안전관리에 적정을 기함

(9)「화장품 과징금 부과처분 기준 등에 관한 규정」

업무정지 처분에 갈음한 과징금을 부과함에 있어 준수해야 하는 판단 기준, 절차 등 세부규정을 정함

(10)「화장품의 색소 종류와 기준 및 시험 방법」

화장품에 사용할 수 있는 화장품의 색소 종류와 기준 및 시험 방법을 정함

(11)「화장품 안전성 정보관리 규정」

화장품의 취급·사용 시 인지되는 안전성 관련 정보를 체계적이고 효율적으로 수집·검토·평가하여 적절한 안전대책을 강구함으로써 국민 보건상의 위해를 방지함

(12)「화장품의 생산 · 수입실적 및 원료 목록 보고에 관한 규정」

화장품 책임판매업자의 생산실적, 수입실적 및 화장품의 제조과정에 사용된 원료의 목록 보고에 관하여 필요한 사항을 규정함

(13)「천연 화장품 및 유기농 화장품의 기준에 관한 규정」

천연 화장품 및 유기농 화장품의 기준을 정함으로써 화장품 업계·소비자 등에게 정확한 정보를 제공하고 관련 산업을 지원함

(14)「천연 화장품 및 유기농 화장품 인증기관 지정 및 인증 등에 관한 규정」

천연 화장품 및 유기농 화장품 인증기관의 지정·운영 및 인증을 위해 필요한 사항을 정함

(15) 「우수 화장품 제조 및 품질관리기준」

우수 화장품 제조 및 품질관리기준에 관한 세부사항을 정하고 이행하도록 권장함으로써 우수한 화장품을 제조·공급하여 소비자보호 및 국민 보건 향상에 기여함

(16) 「수입 화장품 품질검사 면제에 관한 규정」

화장품 책임판매업자가 수입 화장품의 품질검사를 면제받기 위하여 수입 화장품 제조업자에 대한 현지실사를 신청할 때 신청 절차에 필요한 제출서류 및 평가 방법, 인정 취소와 관련해 필요한 세부사항 등을 규정하여 수입 화장품 품질관리 업무에 적정을 기함

(17) 「화장품 법령·제도 등 교육 실시기관 지정 및 교육에 관한 규정」

화장품 법령·제도 등 교육 실시기관을 지정, 화장품의 안전성 확보 및 품질관리에 관한 교육에 필요한 사항을 정함

(18) 「인체 적용 제품의 위해성 평가 등에 관한 규정」

인체에 직접 존재하는 위해 요소가 인체에 노출되었을 때 발생할 수 있는 위해성을 종합적으로 평가하고 안전관리를 위한 사항을 규제함으로써 국민 건강을 보호·증진함

(19) 「소비자 화장품 안전관리 감시원 운영 규정」

소비자 화장품 안전관리 감시원의 운영에 필요한 세부사항을 규정함

(20) 「영·유아 또는 어린이 사용 화장품 안전성 자료의 작성·보관에 관한 규정」

영·유아 또는 어린이가 사용할 수 있는 화장품임을 표시·광고하려는 경우 갖추어야 하는 안전성 자료의 작성·보관 방법 및 절차에 관한 세부사항을 규정함

(21) 「화장품 원료 사용 기준 지정 및 변경 심사에 관한 규정」

화장품 제조업자·화장품 책임판매업자 또는 대학·연구소 등이 사용 기준이 지정·고시되지 않은 원료의 지정 또는 지정·고시된 원료의 사용 기준에 대한 변경 신청 시 갖추어야 할 제출자료의 범위, 자료 요건 등에 관한 세부사항을 정함으로써 화장품 원료의 사용 기준 지정 또는 변경 심사업무에 적정을 기함

(22) 「맞춤형 화장품 조제관리사 자격시험 운영기관 지정에 관한 규정」

맞춤형 화장품 조제관리사 자격시험 운영기관을 지정, 자격시험 실시 방법 및 절차에 필요한 세부사항을 정함

(23) 「맞춤형 화장품 판매업자의 준수 사항에 관한 규정」

맞춤형 화장품 혼합·소분 안전을 위해 맞춤형 화장품 판매업자가 준수해야 하는 사항을 규정함

(24) 「어린이 보호 포장 대상 공산품의 안전기준」

어린이가 쉽게 열지 못하는 재봉함 가능 포장에 대한 안전요건 및 시험 방법에 대해 규정함

# Chapter 2 화장품의 정의



## 1 화장품

### 1) 화장품 법령에 따른 정의

1) "화장품"이란? 「화장품법」 제2조(정의)

| 사용 목적 | 사용 방법 | 작용 범위 |
|---|---|---|
| 인체를 **청결·미화**하여 매력 증진, 용모를 **밝게** 변화, **피부·모발**의 **건강**을 유지 또는 증진 | 인체에 **바르고 문지르거나 뿌리는** 등의 유사한 방법으로 사용 | 인체에 대한 **작용이 경미한 것** |

※ 「약사법」 제2조제4호의 의약품에 해당하는 물품 제외

애완견 샴푸는 사용 대상이 인체가 아닌 강아지, 치약은 인체의 피부나 모발이 아닌 구강의 치아에 사용하는 것이므로 화장품이 아닌 의약외품. 즉, 사용 목적이 맞더라도 사용 방법이 주사 등으로 주입하는 방식이거나 의약품과 같은 효능이 있다면 화장품이 아님

(2) "의약품"이란? 「약사법」 제2조(정의)

① 대한민국약전에 실린 물품 중 의약외품이 아닌 것
② 사람이나 동물의 질병을 진단·치료·경감·처치 또는 예방할 목적으로 사용하는 물품 중 기구·기계 또는 장치가 아닌 것
③ 사람이나 동물의 구조와 기능에 약리학적 영향을 줄 목적으로 사용하는 물품 중 기구·기계 또는 장치가 아닌 것

## 2 특성에 따른 화장품의 범위(화장품 종류 중 일부를 의미)

### 1) 기능성 화장품 「화장품법」 제2조(정의) 및 「화장품법 시행규칙」 제2조(기능성 화장품의 범위)

(1) 피부의 **미백**에 도움을 주는 제품
① 피부에 **멜라닌 색소가 침착하는 것을 방지**하여 기미·주근깨 등의 생성을 억제함으로써 피부의 미백에 도움을 주는 기능을 가진 화장품
② 피부에 침착된 **멜라닌 색소의 색을 엷게** 하여 피부의 미백에 도움을 주는 기능을 가진 화장품

(2) 피부의 **주름 개선**에 도움을 주는 제품
피부에 **탄력을 주어** 피부의 주름을 완화 또는 개선하는 기능을 가진 화장품

(3) 피부를 **곱게 태워주거나 자외선으로부터 피부를 보호**하는 데에 도움을 주는 제품
① **강한 햇볕을 방지**하여 피부를 곱게 태워주는 기능을 가진 화장품
② **자외선을 차단 또는 산란**시켜 자외선으로부터 피부를 보호하는 기능을 가진 화장품

(4) **모발의 색상 변화 · 제거 또는 영양 공급**에 도움을 주는 제품
모발의 **색상을 변화(염모 · 탈염 · 탈색)**시키는 기능을 가진 화장품(**일시적**으로 모발의 색상을 변화시키는 제품은 제외)

(5) **체모를 제거**하는 기능을 가진 **화장품**(물리적으로 체모를 제거하는 제품은 제외)

(6) 피부나 모발의 기능 약화로 인한 **건조함, 갈라짐, 빠짐, 각질화 등을 방지하거나 개선**하는 데에 도움을 주는 제품
① **탈모 증상의 완화**에 도움을 주는 화장품(코팅 등 **물리적**으로 모발을 굵게 보이게 하는 제품은 제외)
② **여드름성 피부를 완화**하는 데 도움을 주는 화장품(인체 세정용 제품류로 한정)
③ **피부장벽**(피부의 가장 바깥쪽에 존재하는 각질층의 표피)**의 기능을 회복하여 가려움 등의 개선**에 도움을 주는 화장품
④ **튼 살로 인한 붉은 선을 엷게 하는 데 도움**을 주는 화장품

## 2) 천연 화장품 「화장품법」 제2조(정의)

**동 · 식물 및 그 유래 원료 등을 함유**한 화장품으로서 식품의약품안전처장이 정하는 기준에 맞는 화장품

## 3) 유기농 화장품 「화장품법」 제2조(정의)

**유기농 원료, 동 · 식물 및 그 유래 원료 등을 함유**한 화장품으로서 식품의약품안전처장이 정하는 기준에 맞는 화장품

Key Point

**「천연 화장품 및 유기농 화장품의 기준에 관한 규정」*** 제3조(사용할 수 있는 원료)

천연 화장품 및 유기농 화장품에 사용할 수 있는 원료는 천연 원료, 천연 유래 원료, 물, 기타 별표 3 및 별표 4에서 정하는 원료이며 제조에 사용되는 원료는 별표 2의 **오염물질**에 의해 오염되어서는 안 되고 **합성 원료**는 천연 화장품 및 유기농 화장품의 제조에 사용할 수 없음. 다만, 천연 화장품 또는 유기농 화장품의 품질 또는 안전을 위하여 필요하나 **따로 자연에서 대체하기 곤란**한 기타 별표 3 및 별표 4에서 정하는 원료는 **5% 이내에서 사용** 가능하나 **석유화학 부분은 2%를 초과**할 수 없음 【 참고 p329 】

## 4) 맞춤형 화장품 「화장품법」 제2조(정의) 및 「화장품법 시행규칙」 제2조의2(맞춤형 화장품의 제외 대상)

맞춤형 화장품 판매업소에서 **맞춤형 화장품 조제관리사** 자격증을 가진 자가 고객 개인별 피부 특성 및 색 · 향 등 취향에 따라,

① 제조 또는 수입된 화장품의 내용물에 **다른 화장품의 내용물**이나 **식품의약품안전처장이 정하는 원료**를 추가하여 혼합한 화장품
② 제조 또는 수입된 화장품의 내용물을 **소분(小分)한 화장품**
단, **고형(固形) 비누** 등 화장품의 내용물을 단순 소분한 화장품은 제외
※ 제외 대상 : 화장 비누(고체 형태의 세안용 비누)

# Chapter 3 화장품의 유형별 특성

## 1 화장품의 유형

### 1) 화장품 법령에 따른 세부 13가지 유형

「사용할 때의 주의사항 및 알레르기 유발 성분 표시에 관한 규정」 [별표 1] 1. 화장품의 유형

| | | |
|---|---|---|
| 만 3세 이하 영·유아용 제품류 | 목욕용 제품류 | 인체 세정용 제품류 |
| 눈 화장용 제품류 | 방향용 제품류 | 두발 염색용 제품류 |
| 색조 화장용 제품류 | 두발용 제품류 | 손·발톱용 제품류 |
| 면도용 제품류 | 기초 화장용 제품류 | 체취 방지용 제품류 |
| 체모 제거용 제품류 | | |

※ 의약외품은 제외

### 2) 화장품 유형 구분

① 제품 관리 목적으로 구분(원료나 포장재의 사용, 기재·표시 등의 규정에서 사용)
② 생산·수입실적 및 원료 목록 보고 시 개별 제품이 속한 유형을 기재

Key Point

영·유아용 제품류에 대해서는 안전용기 사용 및 제품별 안전성 자료를 작성·보관해야 하는 등 화장품 중 특정 유형에 적용하는 규정이 있음



## 2 화장품 세부 유형별 특성

### 1) 만 3세 이하 영·유아용 제품류

만 3세 이하 영·유아에 사용되는 화장품

(1) 영·유아용 샴푸, 린스

① **샴푸** : 모발의 두발 및 두피를 깨끗이 씻어내어 **모발을 청결하게 하고 아름답게 유지**시키기 위해 사용되는 제품
② 린스 : **모발의 유연성과 자연스러운 윤기**를 주기 위한 영·유아용 모발 세정 화장품, 특히 **정전기 발생을 방지**하며 **정발을 용이**하게 하고 두피 및 모발을 건강하게 유지시켜 주는 것을 목적으로 하는 제품

(2) 영·유아용 로션, 크림 : **피부 청정, 보습 및 유연 효과를 주며 피부 거칠어짐을 방지**하고 피부를 건강하게 해주는 로션, 크림상 제품

(3) 영·유아용 오일 : **피부 청정, 보습 및 유연 효과**를 주며 **피부 거칠어짐을 방지**하고 피부를 건강하게 해주는 오일상 제품

(4) 영 · 유아 인체 세정용 제품 : **피부의 더러움을 씻어내고 청결하게 유지**하기 위해 사용되는 제품

(5) 영 · 유아 목욕용 제품 : **피부 청결과 상쾌감**을 주기 위해 사용되는 제품

### 2) 목욕용 제품류

목욕 시 욕조에 투입하거나 직접 사람에게 사용하여 **피부 청결, 유연, 청정** 또는 몸에 **향취**를 주기 위해 사용되는 화장품

(1) 목욕용 오일 · 정제 · 캡슐 : 목욕 시 욕조에 투입하거나 직접 사람에게 사용하여 **피부 청결, 유연, 청정** 또는 몸에 **향취**를 주기 위해 사용되는 제품

(2) 목욕용 소금류 : 목욕 시 욕조에 투입하거나 직접 사람에게 사용하여 **피부를 부드럽고 매끄럽게** 하기 위해 사용되는 제품

(3) 버블배스(bubble baths) : 목욕 시 욕조에 투입하고 **거품을 내어 피부를 청결하게** 하는 제품

(4) 그 밖의 목욕용 제품류 : 상기 제품 이외에 목욕용 제품류에 속하는 제품

### 3) 인체 세정용 제품류

주로 액체(물 등)를 이용, 인체를 세정하여 피부를 청결하게 유지하기 위해 사용되는 화장품

(1) 폼 클렌저(foam cleanser) : **얼굴의 청정**을 위해 사용되는 **거품 형태**의 제품

(2) 바디 클렌저(body cleanser) : **신체의 청결과 상쾌감**을 위해 사용되는 **액상 형태**의 제품

(3) 액체 비누(liquid soaps) : **손이나 얼굴의 청결**을 위해 사용되는 **액상 형태**의 제품

(4) 화장 비누(고체 형태의 세안용 비누) : **얼굴 등을 깨끗이 할 용도**로 제작된 **고체 형태**의 제품. 일반적으로 비누화 반응을 거쳐 생산하는 것

(5) 외음부 세정제 : **여성 외음부의 청결**을 위해 사용되는 제품

(6) 물휴지 : **인체의 청결**을 위해 사용하는 **수분을 함유한 휴지** 등의 제품

**제외 품목** 「위생용품 관리법」

- 식품접객업의 영업소에서 **손을 닦는 용도** 등으로 사용할 수 있도록 포장된 물티슈
- 장례식장 또는 의료기관 등에서 **시체(屍體)를 닦는 용도**로 사용되는 물휴지

(7) 그 밖의 인체 세정용 제품류 : 상기 제품 이외에 인체 세정용 제품류에 속하는 제품

### 4) 눈 화장용 제품류

**눈썹, 눈꺼풀, 속눈썹 등의 눈 주위의 미화**를 위해 사용되는 화장품

(1) 아이브로(eyebrow) 제품 : 주로 **눈썹을 아름답게** 하기 위해 사용되는 펜슬형, 봉상, 케익상 등의 제품

(2) 아이 라이너(eye liner) : 속눈썹의 털이 난 언저리를 따라서 선을 그어 **눈의 윤곽을 선명하고 아름답게** 하기 위해 사용되는 제품

(3) 아이 섀도(eye shadow) : 주로 **눈꺼풀에 입체감을 주는 색채 효과**를 주어 눈을 아름답게 하기 위해 사용되는 제품

(4) 마스카라(mascara) : **속눈썹을 길어 보이게** 하거나 **눈썹 끝을 위로 올려주어** 눈을 아름답게 하기 위해 사용되는 제품

(5) 아이 메이크업 리무버(eye make-up remover) : **눈 화장을 지우는데** 사용되는 제품

(6) **그 밖의 눈 화장용 제품류** : 상기 제품 이외에 눈 화장용 제품류에 속하는 제품



### 5) 방향용 제품류

인체에 **방향 효과**를 주기 위해 사용되는 화장품

(1) **향수** : 알코올성 액체 제품

(2) **콜롱**(cologne) : 향수보다 비교적 부향률이 적은 제품

(3) **그 밖의 방향용 제품류** : 상기 제품 이외에 방향용 제품류에 속하는 제품

**부향률** : 알코올 대비 향수 원액의 비율

### 6) 두발 염색용 제품류

**두발의 색상을 변화**시키는 화장품

(1) 헤어 틴트(hair tints) : **린스, 파우더, 크레용이 이용되는 기제에 착색료를 첨가**한 것으로 두발을 **일시적으로 착색**시키는 제품

(2) 염모제 : **두발의 색상을 변화시키고 변화된 색상을 유지**하기 위해 사용되는 제품

(3) 탈염 · 탈색용 제품 : **두발 내에 멜라닌 색소를 분해**하여 **두발의 색을 밝게** 하는 제품

(4) 헤어 컬러 스프레이(hair color sprays) : **스프레이에 이용되는 기제에 착색료를 첨가**한 것으로 두발을 **일시적으로 착색**시키는 제품

(5) **그 밖의 두발 염색용 제품류** : 상기 제품 이외에 방향용 제품류에 속하는 제품

### 7) 색조 화장용 제품류

**얼굴, 입술 등의 피부에 색 및 질감 효과**를 주거나 **피부 결점을 가려줌**으로써 미적 효과를 얻는 것을 목적으로 하는 화장품

(1) **볼연지** : 볼에 도포하여 색조 효과를 주고 **얼굴색을 건강하고 밝아 보이게** 하며 음영을 주어 **입체감**을 나타내고 **건조 방지**를 위해 사용되는 제품

(2) 페이스 파우더(face powder) : 피부에 색조 효과를 주고 **매끄럽게** 해주며 피부가 땀이나 화장품에 의한 **수분 또는 오일 성분으로 번들거리는 것을 감추기 위해** 사용되는 제품

(3) 리퀴드(liquid) · 크림 · 케이크 파운데이션(foundation) : 피부에 색조 효과를 주고 **피부 결함을 감추며 건조 방지**를 위해 사용되는 제품

(4) 메이크업 베이스(make-up bases) : 피부에 색조 효과를 주고 **피부 결함을 감추며 건조** 방지를 위해 **화장 전에 사용되는 제품**

(5) 메이크업 픽서티브(make-up fixatives) : 메이크업 효과를 지속시키기 위해 사용되는 제품

(6) 립스틱, 립라이너(lip liner) : 입술에 색조 효과와 윤기를 주고 **건조**를 방지하여 **입술을 건강하고 부드럽게** 하기 위해 사용되는 제품

(7) 립글로스(lip gloss), 립밤(lip balm) : 입술에 도포하여 색조 효과보다는 **입술에 윤기**를 주며 **촉촉해 보이게 하기 위해** 사용되는 제품

(8) 바디 페인팅(body painting), 페이스 페인팅(face painting), 분장용 제품 : **얼굴 및 몸에 일시적으로 색조 효과**를 주기 위해 사용되는 제품

(9) 그 밖의 색조 화장용 제품류 : 상기 제품 이외에 색조 화장용 제품류에 속하는 제품

그림이나 이미지 등을 삽입한 스티커형 또는 피부에 침습적으로 작용하는 문신용 염료는 제외

## 8) 두발용 제품류

**두발, 두피 등의 보습이나 청결** 등 관리를 위하여 사용되는 화장품

(1) 헤어 컨디셔너(hair conditioners), 헤어 트리트먼트(hair treatment), 헤어팩(hair pack), 린스 : 두발 세정 후 두발에 유연성과 자연스러운 윤기를 주기 위해 사용되는 모발 세정 제품

① 헤어 컨디셔너(hair conditioners) : **손상된 두발을 보호, 수분과 오일을 공급**해 두발을 건강하게 유지시키고 **윤기**를 부여하는 제품

② 헤어트리트먼트(hair treatment), 헤어팩(hair pack) : **손상된 두발을 보호**하거나 **영양을 공급**해 두발의 손상을 예방하는 제품

③ 린스 : **정전기 발생을 방지**하고 **정발을 용이**하게 하여 두피 및 두발을 건강하게 유지시켜 주는 제품

(2) 헤어 토닉(hair tonics), 헤어 에센스(hair essence) : **두피의 청량감** 및 **가려움을 없애 주고** 두피와 두발에 영양을 주어 건강하게 유지시켜 주기 위해 사용되는 제품

(3) 포마드(pomade), 헤어 스프레이 · 무스 · 왁스 · 젤, 헤어 그루밍 에이드(hair grooming aids) : 두발의 형태를 고정시켜 주는 헤어 스타일링 제품

① 포마드(pomade) : 두발에 **윤기와 정발 효과**를 주기 위해 사용되는 제품

② 헤어 스프레이 · 무스 · 왁스 · 젤 : **원하는 두발의 형태를 만들거나 고정 · 유지**하기 위해 사용되는 스프레이, 무스, 왁스, 젤 등의 형태의 제품

③ 헤어 그루밍 에이드(hair grooming aids) : 두발에 **유분, 광택, 매끄러움, 유연성, 정발 효과** 등을 주기 위해 사용되는 제품

(4) **헤어 크림 · 로션** : 두발에 **윤기**를 주고 두발의 **거칠어짐, 갈라짐을 방지**하며 **정발 효과**를 주기 위해 사용되는 유화 또는 젤상의 제품

(5) **헤어 오일** : 두발에 **윤기**를 주고 흐트러진 머리를 바로 잡거나 **정발 효과**를 주기 위하여 사용되는 리퀴드상의 제품

(6) **샴푸** : **두피 및 두발을 세정**하여 비듬과 가려움을 덜어주기 위해 사용되는 제품

(7) **퍼머넌트 웨이브**(permanent wave) : 두발에 **웨이브**를 주고, **일정한 형태로 유지**시켜 주기 위해 사용되는 제품

(8) **헤어 스트레이트너**(hair straightner) : **웨이브한 두발, 말리기 쉬운 두발 및 곱슬머리를 펴는 데 사용**되는 제품

(9) **흑채** : 머리숱이 없는 사람들이 **빈모 부위를 채우기 위해 머리에 뿌리는** 고체가루 제품

(10) **그 밖의 두발용 제품류** : 상기 제품 이외에 두발용 제품류에 속하는 제품

## 9) 손 · 발톱용 제품류

**손 · 발톱의 미화와 청결** 등을 위해 사용되는 제품들과 이들을 지우기 위한 화장품

(1) **베이스 코트**(base coats), **언더 코트**(under coats) : 네일 에나멜을 바르기 전에 **네일 에나멜의 피막성을 한층 좋게** 하기 위해 사용되는 제품

(2) **네일 폴리시**(nail polish), **네일 에나멜**(nail enamel) : **손 · 발톱의 미화**를 위해 사용되는 제품

(3) **탑 코트**(top coats) : 네일 에나멜을 바른 후에 **색감과 광택을 늘리기 위해** 사용되는 제품

(4) **네일 크림 · 로션 · 에센스 · 오일** : 네일 에나멜과 네일 에나멜 리무버의 계속적인 사용으로 부족하기 쉬운 **손 · 발톱 주변의 수분과 유분을 보충**하여 손톱을 보호하고 건강하게 보존하기 위해 사용되는 제품

(5) **네일 폴리시, 네일 에나멜 리무버** : 네일 에나멜, 네일 폴리시 등에 위한 **손 · 발톱 화장을 지우기 위해** 사용되는 제품

(6) **그 밖의 손 · 발톱용 제품류** : 상기 제품 이외에 손 · 발톱용 제품류에 속하는 제품

## 10) 면도용 제품류

여성과 남성의 **면도를 용이하게** 하는 화장품

(1) **애프터셰이브 로션**(aftershave lotions) : 면도할 때 또는 면도 후의 피부를 가다듬고, **면도 후 이완된 모공을 수축**시켜 피부를 건강하게 하기 위해 사용되는 제품

(2) 프리셰이브 로션(preshave lotions) : 턱수염 등을 부드럽게 하여 **면도를 용이**하게 하거나 면도에 의한 피부 자극을 줄이기 위하여 **면도 전에 사용**되는 제품

(3) 셰이빙 크림(shaving cream) : 턱수염 등을 부드럽게 하여 **면도를 용이**하게 하거나 **면도에 의한 피부 자극을 줄이기 위해 사용**되는 제품

(4) 셰이빙 폼(shaving foam) : **면도기와 피부의 마찰을 줄이기 위해 사용**되는 거품을 풍성하게 내는 제품

(5) 그 밖의 면도용 제품류 : 상기 제품 이외에 면도용 제품류에 속하는 제품

## 11) 기초 화장용 제품류

**피부에 청정, 보습 및 유연 효과**를 주며, **피부의 거칠어짐을 방지**하고 건강하게 유지시켜 주는 화장품

(1) 수렴 · 유연 · 영양 화장수(face lotions) : 피부를 **청결**하게 하고 **수분과 보습 성분을 공급**하여 피부를 건강하게 유지시켜 주는 제품

(2) 마사지 크림 : 피부에 **유연 효과**를 주기 위하여 사용되는 제품

(3) 에센스, 오일 : 피부에 **청정 · 보습 및 유연 효과**를 주며, **피부 거칠어짐을 방지**하고 피부를 건강하게 해주기 위해 사용되는 에센스, 오일상의 제품

(4) 파우더 : 피부 **거칠어짐을 방지**하고 **피부 유연** 및 보호 효과를 주기 위해 사용되는 파우더상의 제품

(5) 바디 제품 : 피부 **거칠어짐을 방지**하고 **보습 효과** 및 피부를 보호하기 위해 사용되는 제품

(6) 팩, 마스크 : 피부에 **청정, 보습 및 유연 효과**를 주기 위해 사용되는 제품

(7) 눈 주위 제품 : **눈 주위 피부에 보습 효과와 탄력**을 주기 위해 사용되는 제품

(8) 로션, 크림 : 피부에 수분과 유분을 공급하여 **보습 및 유연 효과**를 주기 위해 사용되는 제품

(9) 손 · 발의 피부 연화 제품 : 요소 제제 등을 사용하여 **손 · 발의 피부를 연화**하기 위해 사용되는 제품

(10) 클렌징 워터, 클렌징 오일, 클렌징 로션, 클렌징 크림 등 메이크업 리무버 : **메이크업에 의한 화장을 지우기 위해** 사용되는 제품

(11) 그 밖의 기초 화장용 제품류 : 상기 제품 이외에 기초 화장용 제품류에 속하는 제품

## 12) 체취 방지용 제품류

**체취를 덮어주기 위한 목적**으로 사용되는 화장품

(1) 데오도런트 : **체취를 최소화**하기 위해 겨드랑이 등에 사용되는 제품

(2) 그 밖의 체취 방지용 제품 : 상기 제품 이외에 체취 방지용 제품류에 속하는 제품

13) 체모 제거용 제품류

**체모를 제거**하기 위해 사용되는 화장품

(1) **제모제** : 체모의 시스틴 결합을 환원제로 **화학적으로 절단**하여 제거하는 제품

(2) **제모 왁스** : 물리적으로 체모를 제거하는 제품

(3) **그 밖의 체모 제거용 제품류** : 상기 제품 이외에 체모 제거용 제품류에 속하는 제품

# Chapter 4 화장품법에 따른 영업의 종류

## 1 화장품 법령에 따른 영업의 종류 및 특징

### 1) 화장품 영업의 종류 및 영업자 「화장품법」 제2조의2

| 화장품 제조업 | 화장품 책임판매업 | 맞춤형 화장품 판매업 |
|---|---|---|
| 화장품 제조업자 | 화장품 책임판매업자 | 맞춤형 화장품 판매업자 |

### 2) 영업의 범위 「화장품법 시행령」 제2조

(1) 화장품 제조업

화장품의 **전부 또는 일부**를 제조하는 영업

① 화장품을 **직접 제조**하는 영업
② 화장품 제조를 **위탁받아 제조**하는 영업
③ 화장품의 **포장(1차 포장만 해당)**을 하는 영업
※ 등록 제외 대상 : **2차 포장 공정**만 하는 경우

**1차 포장** : 화장품 제조 시 내용물과 직접 접촉하는 용기

(2) 화장품 책임판매업

취급하는 화장품의 **품질 및 안전 등을 관리**하면서 이를 **유통·판매**하거나 **수입 대행형 거래를 목적으로 알선·수여**하는 영업

① 화장품 제조업자가 화장품을 **직접 제조**하여 유통·판매하는 영업
② 화장품 제조업자에게 **위탁하여 제조된 화장품**을 유통·판매하는 영업
③ **수입된 화장품**을 유통·판매하는 영업
④ **수입 대행형 거래(전자상거래만 해당)**를 목적으로 화장품을 알선·수여하는 영업

(3) 맞춤형 화장품 판매업

맞춤형 화장품을 판매하는 영업

① 제조 또는 수입된 화장품의 내용물에 **다른 화장품의 내용물**이나 식품의약품안전처장이 정하여 **고시하는 원료**를 **추가하여 혼합한 화장품**을 판매하는 영업
② 제조 또는 수입된 화장품의 내용물을 **소분(小分)한 화장품**을 판매하는 영업
※ 신고 제외 대상 : 소분 판매를 목적으로 제조 또는 수입된 **화장 비누(고체 형태의 세안용 비누)**의 **내용물을 단순 소분**하여 판매하는 경우

## 2 영업의 등록 요건 및 방법

화장품을 제조 또는 수입하여 유통·판매하거나 판매장에서 맞춤형 화장품을 혼합·소분하여 판매하기 위해서는 각 행위별 영업자로 반드시 등록 또는 신고 필요

### 1) 영업의 등록 · 신고 방법

영업의 종류에 맞는 **신청서 및 구비서류** 첨부 후 소재지를 관할하는 **지방식품의약품안전청장에게 제출**

### 2) 영업의 등록 · 신고 요건 「화장품법」 제3조 및 제3조의2

#### (1) 화장품 제조업자 등록 요건

① 화장품 제조업자의 **결격사유**에 해당하지 않을 것
② **시설**을 갖출 것

Key Point

**제조업을 등록하려는 자가 갖추어야 하는 시설** 「화장품법 시행규칙」 제6조(시설 기준)

① 제조작업을 하는 다음 각 목의 시설을 갖춘 작업소
- **쥐·해충 및 먼지** 등을 막을 수 있는 시설
- **작업대** 등 제조에 필요한 시설 및 기구
- 가루가 날리는 작업실은 **가루를 제거**하는 시설

② 원료·자재 및 제품을 보관하는 **보관소**
③ 원료·자재 및 제품의 **품질검사를 위하여 필요한 시험실**
④ 품질검사에 필요한 시설 및 기구

#### (2) 화장품 책임판매업자 등록 요건

① 화장품 책임판매업자의 **결격사유**에 해당하지 않을 것
② 화장품의 품질관리기준 및 책임판매 후 안전관리에 관한 기준 마련
③ 책임판매관리자 선임 의무

#### (3) 맞춤형 화장품 판매업자 신고 요건

① 맞춤형 화장품 판매업자의 **결격사유**에 해당하지 않을 것
② 혼합·소분 등 품질·안전관리에 종사하는 맞춤형 화장품 조제관리사(판매장마다) 선임 의무
※ 맞춤형 화장품 판매업자 **자신이 맞춤형 화장품 조제관리사 자격을 취득**한 경우 하나의 판매장에서 **겸직 가능**
③ **시설**을 갖출 것

**맞춤형 화장품 판매업소 시설 기준** 「화장품법 시행규칙」 제8조의4(시설 기준)

**맞춤형 화장품의 혼합·소분 공간**은 혼합·소분 이외의 용도로 사용되는 공간과 **분리 또는 구획**될 것(단, 혼합·소분 행위가 맞춤형 화장품의 품질 안전 등 보건위생상 위해 발생 우려가 없다고 인정되는 경우에는 분리 또는 구획된 것으로 봄)

### 3) 영업자 등록 · 신고 결격사유 「화장품법」 제3조의3

#### (1) 화장품 제조업자 결격사유

① 「정신건강증진 및 정신질환자 복지서비스 지원에 관한 법률」 제3조제1호에 따른 **정신질환자**

※ 제외 대상 : 전문의가 화장품 제조업자로서 적합하다고 인정하는 사람

② **피성년후견인** 또는 **파산선고**를 받고 복권되지 아니한 자

③ 「마약류 관리에 관한 법률」 제2조제1호에 따른 **마약류의 중독자**

④ 「화장품법」 또는 「보건범죄 단속에 관한 특별조치법」을 위반하여 **금고 이상의 형을 선고받고 그 집행이 끝나지 아니하거나 그 집행을 받지 아니하기로 확정되지 아니한 자**

⑤ 「화장품법」 제24조에 따라 **등록이 취소**되거나 **영업소가 폐쇄된 날부터 1년이 지나지 아니한 자**

#### (2) 화장품 책임판매업자 및 맞춤형 화장품 판매업자 결격사유

① **피성년후견인** 또는 **파산선고**를 받고 복권되지 아니한 자

② 「화장품법」 또는 「보건범죄 단속에 관한 특별조치법」을 위반하여 **금고 이상의 형을 선고받고 그 집행이 끝나지 아니하거나 그 집행을 받지 아니하기로 확정되지 아니한 자**

③ 「화장품법」 제24조에 따라 **등록이 취소**되거나 **영업소가 폐쇄된 날부터 1년이 지나지 아니한 자**

#### (3) 맞춤형 화장품 조제관리사 결격사유

① 「정신건강증진 및 정신질환자 복지서비스 지원에 관한 법률」 제3조제1호에 따른 **정신질환자**

※ 제외 대상 : 전문의가 맞춤형 화장품 조제관리사로서 적합하다고 인정하는 사람

② **피성년후견인**

③ 「마약류 관리에 관한 법률」 제2조제1호에 따른 **마약류의 중독자**

④ 「화장품법」 또는 「보건범죄 단속에 관한 특별조치법」을 위반하여 **금고 이상의 형을 선고받고 그 집행이 끝나지 아니하거나 그 집행을 받지 아니하기로 확정되지 아니한 자**

⑤ 「화장품법」 제3조의8에 따라 맞춤형 화장품 조제관리사의 **자격이 취소된 날부터 3년이 지나지 아니한 자**

### 4) 영업의 변경 등록 「화장품법 시행규칙」 제5조 및 제8조의3

영업 등록 · 신고 후 변화가 생겨 등록 · 신고 사항과 달라졌을 때 **변경 등록 · 신고 대상** 여부 확인

| 화장품 제조업<br>변경 등록 대상 | 화장품 책임판매업<br>변경 등록 대상 | 맞춤형 화장품 판매업<br>변경 신고 대상 |
|---|---|---|
| • 제조업자의 변경<br>(법인인 경우 대표자의 변경)<br>• 제조업자의 상호 변경<br>(법인인 경우 법인의 명칭 변경)<br>• 제조소의 소재지 변경<br>• 제조 유형 변경 | • 책임판매업자의 변경<br>(법인인 경우 대표자의 변경)<br>• 책임판매업자의 상호 변경<br>(법인인 경우 법인의 명칭 변경)<br>• 책임판매업소의 소재지 변경<br>• 책임판매관리자의 변경<br>• 책임판매 유형 변경 | • 맞춤형 화장품 판매업자의 변경<br>• 맞춤형 화장품 판매업소의 상호 변경<br>• 맞춤형 화장품 판매업소의 소재지 변경<br>• 맞춤형 화장품 조제관리사의 변경 |

## 3 영업자별 관리자의 업무 및 자격 기준

### 1) 화장품 책임판매관리자의 업무

(1) 품질관리기준에 따른 **품질관리**

① 품질관리 업무를 총괄
② 품질관리 업무가 적정하고 원활하게 수행되는 것을 확인
③ 품질관리 업무 수행을 위해 필요시 화장품 책임판매업자에게 문서로 보고
④ 품질관리 업무 시 필요에 따라 화장품 제조업자, 맞춤형 화장품 판매업자 등에게 문서로 연락하거나 지시
⑤ 품질관리에 관한 기록 및 화장품 제조업자의 관리에 관한 기록을 작성, 제조일부터 3년간 보관

(2) 책임판매 후 안전관리기준에 따른 **안전 확보**

① 안전 확보 업무를 총괄
② 안전 확보 업무가 적정하고 원활하게 수행되는 것을 확인 및 기록 · 보관
③ 안전 확보 업무 수행을 위해 필요시 화장품 책임판매업자에게 문서로 보고한 후 보관

(3) 원료 및 자재의 입고부터 완제품의 출고에 이르기까지 필요한 **시험 · 검사** 또는 **검정**에 대하여 제조업자 **관리 · 감독**

**품질관리기준에 따른 품질관리 업무**

화장품의 책임판매 시 필요한 제품의 품질을 확보하기 위해 실시하는 것으로 화장품 제조업자 및 제조에 관계된 업무(시험 · 검사 등의 업무를 포함)에 대한 관리 · 감독 및 화장품의 시장 출하에 관한 관리, 그 밖에 제품의 품질관리에 필요한 업무를 말함

### 2) 화장품 책임판매관리자의 자격 기준 「화장품법 시행규칙」 제8조

① **의사 또는 약사 이공계 학과** 또는 **향장학 · 화장품 과학 · 한의학 · 한약학과** 학사학위 이상 취득자
② **학사 이상 학위 취득자로 간호학과, 간호과학과, 건강간호학과**를 전공하고, 화학 · 생물학 · 생명과학 · 유전학 · 유전공학 · 향장학 · 화장품 과학 · 의학 · 약학 등 **관련 과목을 20 학점 이상** 이수한 자
③ 전문대학 졸업자로서 간호학과, 간호과학과, 건강간호학과를 전공하고, 화학 · 생물학 · 생명과학 · 유전학 · 유전공학 · 향장학 · 화장품과학 · 의학 · 약학 등 **관련 과목을 이수**한 후 **화장품 제조 또는 품질관리 업무 1년 이상** 종사자
④ 맞춤형 화장품 조제관리사 자격증을 보유하고 **화장품 제조 또는 품질관리 업무에 1년 이상** 종사한 경력이 있는 사람
⑤ 상시 근로자 수가 2인 이하로서 **직접 제조한 화장 비누만을 판매**하는 화장품 책임판매업자에 한해 **전문 교육과정**을 이수한 경우

Key Point

**화장품 책임판매업자(대표자)의 책임판매관리자 겸직 허용 조건**

상시 근로자 수 10인 이하인 화장품 책임판매업을 경영하는 화장품 책임판매업자가 책임판매관리자 자격요건을 충족하는 경우

### 3) 맞춤형 화장품 조제관리사의 업무

맞춤형 화장품 판매장에서 맞춤형 화장품의 혼합・소분 등 품질 안전관리

### 4) 맞춤형 화장품 조제관리사의 자격 기준

① 화장품 원료 등에 대하여 식품의약품안전처장이 실시하는 자격시험에 합격한 자

※ 자격시험이 정지되거나 합격이 무효가 된 자는 그 처분이 있은 날부터 3년간 자격시험에 응시 불가능

② 맞춤형 화장품 조제관리사의 결격사유에 해당되지 않는 자

# Chapter 5 화장품의 품질 요소



| | | |
|---|---|---|
| 화장품의 주요 품질요소 | 안전성 | • 피부 및 인체에 대한 **안전 확보**<br>– 배합 금지 원료와 사용 제한 원료(보존제, 자외선 차단제, 색소) 관리<br>– 유통 화장품 안전관리기준에 따라 제품 관리<br>– 위해 평가 방법과 절차 및 결과에 대한 활용 규정 |
| | 안정성 | • 다양한 물리 · 화학적 조건에서 **화장품 성분이 일정한 상태를 유지**<br>– 장기보존시험, 가속시험, 가혹시험 등을 통해 확인 · 확보 |
| | 유효성 | • 피부에 직 · 간접적 유도되는 **물리적, 화학적, 생물학적 및 심리적 효과**<br>– 기능성 화장품 관련 규정에 따라 심사와 보고 후 제조 또는 수입하여 유통 · 판매 |

## 1 화장품의 **안전성**(Safety)

**피부 및 인체에 대한 안전을 보장**하는 성질로 화장품 안전성(피부 자극 · 감작성 · 이상반응 등의 최소화) 확보가 필요

### 1) 안전용기 · 포장 「화장품법」 제9조

화장품 책임판매업자 및 맞춤형 화장품 판매업자는 화장품 판매 시 **어린이가 화장품을 잘못 사용**하여 **인체에 위해를 끼치는 사고가 발생**하지 않도록 안전용기 · 포장을 사용해야 함

#### (1) 안전용기 · 포장의 정의 「화장품법」 제2조제4호

**만 5세 미만의 어린이가 개봉하기는 어렵게 설계 · 고안**된 용기나 포장

**개봉하기 어려운 정도의 구체적인 기준 및 시험 방법** 「어린이 보호 포장 대상 공산품의 안전기준」

어린이들이 쉽게 개봉할 수 없는 재봉함 용기에 대한 요구 조건과 시험 방법을 규정하고 어린이들의 접근을 제한하는 데 있어 포장재의 효율성 및 성인들의 내용물에 대한 접근 가능성도 측정

- **어린이 보호 포장**(child-resistant package) : 성인이 개봉하기는 어렵지 않지만 만 52개월 미만의 어린이가 내용물을 꺼내기 어렵게 설계 · 고안된 포장(용기 포함)
- **재봉함 포장**(reclosable package) : 처음 개봉한 뒤 내용물을 흘리지 않고 충분한 횟수의 개봉 및 봉함 작업에도 처음과 같은 안전도를 제공할 정도로 다시 봉함할 수 있는 포장
- **용기**(container) : 포장을 할 수 있도록 고안된 유리, 금속, 플라스틱 및 복합 재료로 구성된 용기로 봉함 장치를 사용할 수 있도록 마개가 있는 포장재 형태
- **마개**(closure) : 주위 환경에 관계없이 완전한 봉함을 할 수 있도록 금속, 플라스틱 및 복합 재료로 구성된 캡 또는 안전장치

#### (2) 어린이 안전용기 · 포장 대상 품목 및 기준★★ 「화장품법 시행규칙」 제18조제1항

① **아세톤**을 함유하는 네일 에나멜 리무버 및 네일 폴리시 리무버
② 어린이용 오일 등 **개별 포장당 탄화수소류를 10퍼센트 이상** 함유, 운동점도 21센티스톡스(40℃ 기준) 이하 비에멀젼 타입 액체 상태의 제품

③ **개별 포장당 메틸 살리실레이트를 5퍼센트 이상** 함유하는 액체 상태의 제품

Key Point

> **어린이 안전용기·포장 대상 제외 품목***
>
> 일회용 제품, 용기 입구 부분이 펌프 또는 방아쇠로 작동되는 분무 용기 제품, 압축 분무 용기 제품(에어로졸 제품 등)

## 2) 영·유아, 어린이 사용 화장품의 관리

### (1) 영·유아, 어린이 연령 기준** 「화장품법 시행규칙」 제10조의2

① 영·유아 : **만 3세** 이하

② 어린이 : **만 4세** 이상부터 **만 13세** 이하까지

### (2) 영·유아, 어린이 사용 화장품 관리 대상

① 표시 : **화장품 1차 또는 2차 포장**에 영·유아 또는 어린이가 사용할 수 있는 화장품임을 특정하여 표시하는 경우(화장품의 명칭에 영·유아 또는 어린이에 관한 표현이 표시되는 경우 포함)

② 광고 : **광고 매체·수단**에 영·유아 또는 어린이가 사용할 수 있는 화장품임을 특정하여 광고하는 경우(어린이 사용 화장품의 경우 "방문 광고 또는 실연에 의한 광고"는 제외)

> **화장품 광고 매체·수단**
>
> ㄱ. 신문·방송 또는 잡지
> ㄴ. 전단·팜플릿·견본 또는 입장권
> ㄷ. 인터넷 또는 컴퓨터통신
> ㄹ. 포스터·간판·네온사인·애드벌룬 또는 전광판
> ㅁ. 비디오물·음반·서적·간행물·영화 또는 연극
> ㅂ. 방문광고 또는 실연(實演)에 의한 광고
> ㅅ. 자기 상품 외의 다른 상품의 포장
> ㅇ. 그 밖에 ㄱ~ㅅ까지의 매체 또는 수단과 유사한 매체 또는 수단

### (3) 화장품 책임판매업자의 영·유아, 어린이 제품별 안전성 자료 및 작성 방법

| | | 작성 방법<br>「영·유아 또는 어린이 사용 화장품 안전성 자료의 작성·보관에 관한 규정」 |
|---|---|---|
| 제품별 안전성 자료<br>「화장품법」 제4조의2 | **제품 및 제조 방법**에 대한 설명자료 | • 제품에 대한 설명자료<br>• 제조 방법에 대한 설명자료 |
| | 화장품의 **안전성*** 평가 자료 | • 제조 시 사용된 원료 및 제품의 안전성 평가 자료<br>• 사용 후 이상 사례 정보의 수집·검토·평가 및 조치 관련 자료<br>• 제품 안전성 평가 결과 |
| | 제품의 **효능·효과**에 대한 증명자료 | • 기능성 화장품의 효능·효과에 대한 증명자료<br>• 제품의 표시·광고 중 사실에 관한 실증자료 |

(4) **제품별 안전성 자료 보관 기간**** 「화장품법 시행규칙」 제10조의3제2항

① 제품 1차 포장에 사용기한을 표시하는 경우 **사용기한 만료일 이후 1년까지** 보관

② 제품 1차 포장에 개봉 후 사용기간을 표시하는 경우 **제조 연월일 이후 3년까지** 보관

※ 제조는 화장품 제조번호에 따른 제조일자, 수입은 통관일자를 기준으로 함

## 3) 원료 관리 체계

(1) 식품의약품안전처장에 의해 지정된 화장품의 제조 등에 **사용할 수 없는 원료**

사용 불가 「화장품 안전기준 등에 관한 규정」 [별표 1]

(2) 보존제, 색소, 자외선 차단제 등과 같이 특별히 **사용상의 제한이 필요한 원료**

고시된 **사용 기준 준수** 「화장품 안전기준 등에 관한 규정」 [별표 2]

※ 사용 기준이 지정된 원료 외의 보존제, 색소, 자외선 차단제, 염모제 등 사용 금지

(3) 화장품의 색소 종류 및 사용 제한

고시된 색소에 한해 **사용 기준을 준수**해 사용 「화장품의 색소 종류와 기준 및 시험방법」 [별표 1]

Key Point

**원료의 네거티브시스템**

식품의약품안전처장에 의해 지정된 화장품의 제조 등에 사용할 수 없는 원료 및 보존제, 색소, 자외선 차단제 등과 같이 특별히 사용상의 제한이 필요한 원료를 제외한 원료는 **업자의 책임하**에 사용 가능

## 4) 화장품 위해 평가 「화장품법」 제8조3항 및 「화장품 시행규칙」 제17조

식품의약품안전처장은 국민 보건상 위해 우려가 제기되는 **화장품 원료 등**에 대한 **위해 평가를 실시**

(1) 위해 평가 과정**

| ① 위험성 확인 과정 | ② 위험성 결정 과정 | ③ 노출평가 과정 | ④ 위해도 결정 과정 |
|---|---|---|---|
| 위해 요소의 인체 내 독성 확인 | 위해 요소의 인체 노출 허용량 산출 | 위해 요소의 인체 노출량 산출 | 위해 요소 위해성 종합 판단 |

단, 해당 화장품 원료 등에 대하여 국내 외의 연구 · 검사기관에서 **이미 위해 평가를 실시한 경우**이거나 위해 요소에 대한 과학적 **시험 · 분석 자료가 있는 경우**에는 기존 자료를 근거로 위해 여부를 결정

(2) 위해 평가 결과

식품의약품안전처장은 위해 평가가 완료된 원료의 사용 기준을 **새롭게 지정** 또는 **변경** 가능

(3) 지정 · 고시된 원료의 사용 기준 안전성 검토

① 식품의약품안전처장의 원료 사용 기준 안전성 정기 검토 주기 : 5년

② 안전성 검토 결과에 따라 지정 · 고시된 원료의 사용 기준 변경 가능

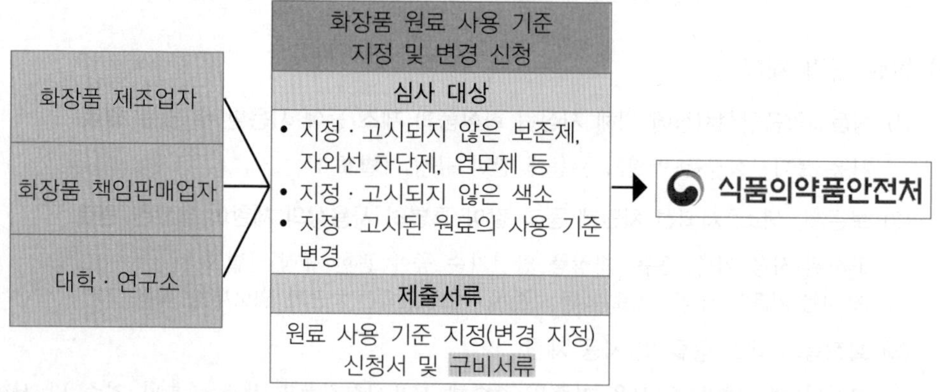


**원료의 사용 기준 지정 및 변경 구비서류** 「화장품 원료 사용 기준 지정 및 변경 심사에 관한 규정」

제출자료 전체의 요약본, 원료의 기원, 개발 경위, 국내 · 외 사용 기준 및 사용 현황 등에 관한 자료, 원료의 특성에 관한 자료, 안전성 및 유효성에 관한 자료(유효성에 관한 자료는 해당하는 경우에만 제출), 원료의 기준 및 시험 방법에 관한 시험성적서

## 2 화장품의 **안정성**(Stability)

다양한 물리 · 화학적 조건에서 **화장품 성분이 일정한 상태를 유지**하는 성질로 화장품 사용기한 내 물리적 · 화학적 변화가 없어야 함

### 1) 사용기한

화장품이 제조된 날부터 **적절한 보관 상태**에서 **제품이 고유한 특성을 간직**한 채 **소비자가 안정적으로 사용**할 수 있는 최소한의 기한(사용기한은 '사용기한' 또한 '까지' 등의 문자와 연월일을 소비자가 알기 쉽도록 기재 · 표시)

### 2) 화장품의 안정성 확인 방법 : 장기보존시험, 가속시험, 가혹시험 등

(1) 물리적 변화*

분리, 침전, 응집, 겔화, 휘발, 고화, 연화, 균열 등

(2) 화학적 변화*

변색, 분리, 변취, 오염, 결정, 석출 등

### 3) 화장품의 안정성 시험 자료 보관

#### (1) 안정성 시험 자료 보관 의무 대상★★

- 레티놀(비타민 A) 및 그 유도체
- 아스코빅애시드(비타민 C) 및 그 유도체
- 토코페롤(비타민 E)
- 과산화화합물
- 효소 성분

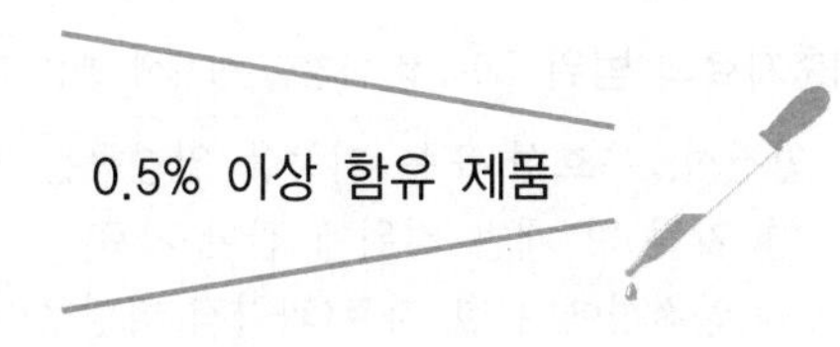


#### (2) 안정성 시험 자료 보존 기간

최종 제조된 제품의 **사용기한이 만료되는 날부터 1년간** 보존

## 2 화장품의 **유효성**(Efficacy)

화장품을 사용함으로써 피부에 직·간접적 유도되는 **물리적, 화학적, 생물학적 및 심리적 효과**

### 1) 기능성 화장품 유효성

미백, 주름 개선, 자외선 차단 등 **유효성 여부가 품질의 주요 결정 요인**

### 2) 기능성 화장품 심사

#### (1) **제출자료** 「화장품법 시행규칙」 제9조

① 기원 및 개발 경위에 관한 자료
② 안전성에 관한 자료
　㉠ 단회 투여 독성시험 자료
　㉡ 1차 피부 자극시험 자료
　㉢ 안점막 자극 또는 그 밖의 점막 자극시험 자료
　㉣ 피부 감작성시험 자료
　㉤ 광독성 및 광감작성시험 자료
　㉥ 인체 첩포시험 자료
③ 유효성 또는 기능에 관한 자료
　㉠ 효력시험 자료
　㉡ 인체 적용시험 자료
④ 자외선 차단지수(SPF) 및 자외선 A 차단등급 설정의 근거자료(자외선을 차단 또는 산란시켜 자외선으로부터 피부를 보호하는 기능을 가진 화장품의 경우만 해당)
⑤ 기준 및 시험 방법에 관한 자료(검체 포함)

> 식품의약품안전처장이 **제품의 효능 · 효과를 나타내는 성분 · 함량을 고시한 품목**의 경우에는 기원 및 개발 경위에 관한 자료, 안전성, 유효성 또는 기능에 관한 자료 제출을 생략 가능

(2) **제출자료의 범위** 「기능성 화장품 심사에 관한 규정」 제4조

① 안전성, 유효성 또는 기능을 입증하는 자료

㉠ 기원 및 개발 경위에 관한 자료

㉡ 안전성에 관한 자료(과학적 타당성이 인정되는 경우 구체적 근거자료를 첨부해 일부 자료 생략 가능)

ⓐ 단회 투여 독성시험 자료

ⓑ 1차 피부 자극시험 자료

ⓒ 안점막 자극 또는 기타 점막 자극시험 자료

ⓓ 피부 감작성시험 자료

ⓔ 광독성 및 광감작성시험 자료(흡광도시험 자료를 제출하는 경우 면제)

ⓕ 인체 첩포시험 자료

ⓖ 인체 누적첩포시험 자료(인체 적용시험 자료에서 안전성 문제가 우려되는 경우에 한함)

㉢ 유효성 또는 기능에 관한 자료

ⓐ 효력시험 자료

ⓑ 인체 적용시험 자료

ⓒ 염모 효력시험 자료[모발의 색상을 변화(염모 · 탈염 · 탈색)시키는 기능을 가진 화장품에 한함]

㉣ 자외선 차단지수(SPF), 내수성 자외선 차단지수(SPF, 내수성 또는 내수 지속성) 및 자외선 A 차단등급(PA) 설정의 근거자료[강한 햇볕을 방지하여 피부를 곱게 태워주는 기능, 자외선을 차단 또는 산란시켜 자외선으로부터 피부를 보호하는 기능을 가진 화장품에 한함]

② 기준 및 시험 방법에 관한 자료(검체 포함)

> 흡광도 시험
>
> 자외선을 흡수할 수 있는 물질이 자외선을 흡수한 후 나타나는 변화로 그 이전에 나타나지 않던 독성과 감작성(allergy)을 일으키는지 확인하는 실험

(3) **제출자료 면제 범위**★★ 「기능성 화장품 심사에 관한 규정」 제6조

① **안전성**에 관한 자료 제출 면제(단, **인체 적용시험 자료**에서 **피부 이상반응** 등 안전성 문제가 발생하지 않은 경우)

기능성 화장품 기준 및 시험 방법(KFCC), 국제화장품원료집(ICID) 및 식품의 기준 및 규격(식약처 고시)에서 정하는 원료로 제조되거나 제조되어 수입된 기능성 화장품인 경우

② **효력시험** 자료 제출 면제(단, 해당 성분에 대한 **효능 · 효과** 기재 · 표시 불가)

**인체 적용시험 자료** 제출

③ **기원** 및 **개발 경위, 안전성, 유효성** 또는 **기능**에 관한 자료 제출 면제
㉠ [별표 4] 자료 제출이 생략되는 기능성 화장품 종류에서 성분·함량을 고시한 품목
㉡ 동일 회사의 기심사 품목과 효능·효과를 나타내는 원료의 종류, 규격 및 분량(액상인 경우 농도), 용법·용량이 동일
ⓐ 효능·효과를 나타나게 하는 성분을 제외한 대조군과의 비교실험으로서 효능을 입증한 경우이거나
ⓑ 착색제, 착향제, 현탁화제, 유화제, 용해보조제, 안정제, 등장제, pH 조절제, 점도 조절제, 용제만 다른 품목일 경우(단, **피부장벽** 및 **튼 살** 관련 기능성 제품은 **착향제, 보존제**만 다른 경우에 한함)
㉢ [별표 4] 자료 제출이 생략되는 모발 색상을 변화시키는 제품 중 2제형 산화형 염모제에 해당하나 제1제를 두 가지로 분리하여 제1제 두 가지를 각각 2제와 섞어 순차적으로 사용, 또는 제1제를 먼저 혼합한 후 제2제를 섞는 것으로 용법·용량을 신청하는 품목일 경우

④ **기원** 및 **개발 경위, 안전성, 유효성** 또는 **기능, 자외선 차단**지수(SPF), 내수성 자외선 차단지수(SPF, 내수성 또는 내수 지속성) 및 **자외선 A차단**등급(PA) 설정의 근거자료 제출 면제
㉠ 자외선 차단 제품 : 기심사된 기능성 화장품과 그 효능·효과의 종류, 규격 및 분량(액상인 경우 농도), 용법·용량 및 제형이 동일한 경우
㉡ 내수성 제품 : 기심사된 기능성 화장품과 **착향제, 보존제를 제외한 모든** 원료의 종류, 규격 및 분량, 용법·용량, 제형이 동일한 경우

⑤ **자외선 차단**지수(SPF), 내수성 자외선 차단지수(SPF, 내수성 또는 내수 지속성) 및 **자외선 A 차단**등급(PA) 설정의 근거자료 제출 면제
- 자외선 차단지수(SPF) 10 **이하** 제품인 경우

## 3) 기능성 화장품 보고 「화장품법 시행규칙」 제10조

### (1) 기능성 화장품 보고서 제출 대상

기능성 화장품 심사를 받지 않고 식품의약품평가원장에게 보고서를 제출해야 하는 대상

| 1호 보고 대상 | 2호 보고 대상 | 3호 보고 대상 |
|---|---|---|
| **식약처장이 고시한 품목**과 다음 사항이 같은 기능성 화장품 | **이미 심사를 받은 기능성 화장품**과 다음 사항이 모두 같은 품목 | **이미 심사 받은 자외선 차단 기능성 화장품 및 식품의약품안전처장이 고시한 기능성 화장품**과 비교하여 다음 사항이 모두 같은 품목 |
| 효능·효과가 나타나게 하는 성분의 종류·함량 | 효능·효과가 나타나게 하는 원료의 종류·규격 및 함량† | 효능·효과가 나타나게 하는 원료의 종류·규격 및 함량 |
| 효능·효과 | 효능·효과†† | 효능·효과†† |
| 용법·용량 | 기준‡ 및 시험 방법 | 기준‡ 및 시험 방법 |
| 기준 및 시험 방법 | 용법·용량 | 용법·용량 |
| | 제형‡‡ | 제형 |

† 액체 상태인 경우 농도를 말함

†† 피부를 곱게 태워주거나 자외선으로부터 피부를 보호하는 데 도움을 주는 기능성 화장품(제2조 제4호 및 제5호)의 자외선 차단지수 측정값이 마이너스 20% 이하의 범위에 있는 경우에는 같은 효능 · 효과로 봄

‡ 산성도(pH)에 관한 기준은 제외

‡‡ 피부를 곱게 태워주거나 자외선으로부터 피부를 보호하는 데 도움을 주는 기능성 화장품을 제외한 기능성 화장품(제2조제1호~제3호, 제6호~제11호)의 경우에는 액제(solution), 로션(lotion) 및 크림제(cream)를 같은 제형으로 봄

(2) 3호 보고 시 주의사항

① 내수성은 기재 불가

② 이미 심사 받은 자외선 차단제 기준 및 시험 방법에 pH항이 없는 경우 3호 보고 불가

③ 액제(solution), 로션제(lotion), 크림제(cream) 외 에어로졸제, 쿠션 제품은 3호 보고 불가

### 4) 자외선 차단지수 등의 표시 「기능성 화장품 심사에 관한 규정」 제13조

(1) 자외선 차단지수(SPF) 표시 기준

① 측정 결과에 근거, **평균값(소수점 이하 절사)으로부터 −20% 이하 범위 내 정수** 표시

예시 SPF 평균값이 '23'일 경우 : 19~23 범위 정수

② SPF 50 이상은 "SPF50+"로 표시

(2) 자외선 A 차단등급(PA) 표시 기준

측정 결과에 근거, 「기능성 화장품 심사에 관한 규정」 [별표 3] **자외선 차단 효과 측정 방법 및 기준**에 따라 표시

① 내수성 · 지속 내수성은 '내수성비 신뢰구간'이 50% 이상일 때, **"내수성"** 또는 **"지속 내수성"**으로 표시

② 자외선 A 차단지수(PFA)값의 소수점 이하는 버리고 정수로 그 값이 2 이상이면 자외선 A 차단등급(PA)을 표시(SPF와 병행 표시 가능)

| 자외선 A 차단지수(PFA) | 자외선 A 차단등급(PA) | 자외선 A 차단 효과 |
|---|---|---|
| 2 이상 4 미만 | PA+ | 낮음 |
| 4 이상 8 미만 | PA++ | 보통 |
| 8 이상 16 미만 | PA+++ | 높음 |
| 16 이상 | PA++++ | 매우 높음 |

# Chapter 6 화장품의 사후관리 기준

## 1 영업자의 의무

### 1) 위해 화장품의 회수

영업자는 제9조, 제15조 또는 제16조1항에 위반되어 **국민 보건에 위해를 끼치거나 끼칠 우려**가 있는 화장품이 유통 중인 사실을 알게 된 경우, 지체 없이 해당 화장품을 **회수하거나 회수하는데 필요한 조치**를 하여야 함

**회수 의무자** : 화장품을 회수하거나 회수하는데 필요한 조치를 하려는 영업자

### 2) 회수 대상 화장품의 기준 및 위해성 등급 「화장품법 시행규칙」 제14조의2

국민 보건에 위해(危害)를 끼치거나 끼칠 우려가 있는 유통 중인 화장품으로 위해성이 높은 순서에 따라 가등급, 나등급, 다등급으로 구분

| 위반사항 | 위해성 등급 | 기준 |
|---|---|---|
| • 안전용기 · 포장을 위반한 화장품 | 나 | 제9조 |
| • 전부 또는 일부가 변패(變敗)된 화장품 | 다 | 제15조 제2호 |
| • 병원미생물에 오염된 화장품 | 다 | 제15조 제3호 |
| • 이물이 혼입되었거나 부착된 것 중 보건위생상 위해 발생 우려 화장품 | 다 | 제15조 제4호 |
| • 화장품에 사용할 수 없는 원료를 사용한 화장품 | 가 | 제15조 제5호 |
| • 유통 화장품 안전관리기준(내용량의 기준에 관한 부분은 제외)에 적합하지 아니한 화장품 | 나† 또는 다‡ | |
| • 화장품 기재 사항에 따른 사용기한 또는 개봉 후 사용기간(병행 표기된 제조 연월일을 포함)을 위조 · 변조한 화장품 | 다 | 제15조 제9호 |
| • 식품의 형태 · 냄새 · 색깔 · 크기 · 용기 및 포장 등을 모방하여 섭취 등 식품으로 오용될 우려가 있는 화장품 | 나 | 제15조 제10호 |
| • 등록을 하지 아니한 자가 제조한 화장품 또는 제조 · 수입하여 유통 · 판매한 화장품 | 다 | 제16조 제1항 |
| • 신고를 하지 아니한 자가 판매한 맞춤형 화장품 | 다 | |
| • 맞춤형 화장품 조제관리사를 두지 아니하고 판매한 맞춤형 화장품 | 다 | |
| • 기재 사항, 가격 표시, 기재 · 표시상의 주의사항에 위반되는 화장품 또는 의약품으로 잘못 인식할 우려가 있게 기재 · 표시된 화장품 | 다 | |

| | | |
|---|---|---|
| • 판매의 목적이 아닌 제품의 홍보 · 판매촉진 등을 위하여 미리 소비자가 시험 · 사용하도록 제조 또는 수입된 화장품 | 다 | |
| • 화장품의 포장 및 기재 · 표시사항을 훼손(맞춤형 화장품 판매를 위하여 필요한 경우는 제외) 또는 위조 · 변조한 것 | 다 | |
| • 그 밖에 영업자 스스로 국민 보건에 위해를 끼칠 우려가 있어 회수가 필요하다고 판단한 화장품 | 다 | |

† 나등급(기능성을 나타나게 하는 주원료의 함량이 기준치에 부적합한 경우는 제외)
‡ 다등급(기능성을 나타나게 하는 주원료의 함량이 기준치에 부적합한 경우만 해당)

### 3) 위해 화장품의 회수 절차

회수 의무자(영업자)는 해당 화장품에 대하여 필요한 조치(즉시 판매 중지 등)

회수계획 제출 ➡ 회수계획 통보 ➡ 회수 화장품 폐기 ➡ 회수 종료

#### (1) 회수계획 제출

① 회수 의무자는 회수 대상 화장품이라는 사실을 안 날부터 **5일 이내**에 **회수계획서** 및 첨부 서류를 **지방식품의약품안전청장**에게 제출

※ 첨부 서류 : 해당 품목 제조 · 수입기록서 사본, 판매처별 판매량 · 판매일 등의 기록, 회수 사유

② 위해성 가등급 : 회수 시작한 날부터 15일 이내, 위해성 나 · 다등급 : 회수 시작한 날부터 30일 이내(회수계획서 내 회수 기간 기재)

③ 회수 기간 이내에 회수가 곤란한 경우 지방식품의약품안전청장에게 그 사유를 밝히고 회수 연장 요청

#### (2) 회수계획 통보

① 회수 대상 화장품의 판매자, 그 밖에 해당 화장품을 업무상 취급하는 자에게 **회수계획을 통보**, 통보받은 자는 회수 대상 화장품을 회수 의무자에게 반품(회수확인서 작성 후 회수 의무자에게 송부)

※ 통보 방법 : 방문, 우편, 전화, 전보, 전자우편, 팩스 또는 언론매체를 통한 공고 등

② 회수 의무자는 통보 사실을 입증할 수 있는 자료를 **회수 종료일부터 2년간** 보관

#### (3) 회수 화장품의 폐기

① 회수한 화장품을 폐기하려는 경우, **폐기신청서** 및 첨부 서류(회수계획서 · 확인서)를 **지방식품의약품안전청장**에게 제출

② 관계 공무원의 참관하에 **환경** 관련 법령에서 정하는 바에 따라 폐기

③ 폐기한 회수 의무자는 **폐기확인서**를 **2년간** 보관

#### (4) 회수 종료

회수 의무자는 회수 대상 화장품의 회수 완료 시 **회수종료신고서** 및 첨부 서류[회수 · 폐기(폐기한 경우)확인서, 평가보고서]를 **지방식품의약품안전청장**에게 제출

## 4) 위해 화장품 공표 「화장품법 시행규칙」 제28조

식품의약품안전처장은 회수 의무자로부터 회수계획을 보고받은 때 그 사실의 공표를 명함

### (1) 위해 화장품 공표 방법 및 절차

① 공표 명령을 받은 영업자는 지체 없이 위해 발생 사실 등을 아래 매체에 공표

㉠ 전국을 보급지역으로 하는 1개 이상의 일반 일간 신문

㉡ 해당 영업자의 인터넷 홈페이지

㉢ 식품의약품안전처의 인터넷 홈페이지

※ 단, 위해성 등급이 "다"등급인 화장품의 경우, 해당 일반 일간 신문의 게재 생략 가능

② 공표를 한 영업자는 **공표 결과**(공표일, 공표 매체, 공표 횟수, 공표문 사본 또는 내용 포함)를 **지체 없이 지방식품의약품안전청장**에게 통보

### (2) 공표 사항★★

【구체적인 작성 방법】

**위해 화장품 회수**

「화장품법」 제5조의2에 따라 아래의 화장품을 회수합니다.

가. 제품명 :
나. 제조번호 :
다. 사용기한 또는 개봉 후 사용기간(병행 표기된 제조 연월일을 포함) :
라. 회수 사유 :
마. 회수 방법 :
바. 회수 영업자 :
사. 영업자 주소 :
아. 연락처 :
자. 그 밖의 사항 : 위해 화장품 회수 관련 협조 요청

1) 해당 회수 화장품을 보관하고 있는 판매자는 판매를 중지하고 회수 영업자에게 반품하여 주시기 바랍니다.
2) 해당 제품을 구입한 소비자께서는 그 구입한 업소에 되돌려 주시는 등 위해 화장품 회수에 적극 협조하여 주시기 바랍니다.

**위해 화장품 회수 공표 사항**

화장품을 회수한다는 내용의 표제, 제품명, 회수 대상 화장품의 제조번호, 사용기한 또는 개봉 후 사용기간(병행 표기된 제조 연월일을 포함), 회수 사유, 회수 방법, 회수하는 영업자의 명칭, 회수하는 영업자의 전화번호, 주소 등

## 5) 행정처분 감경 또는 면제

(1) 위해 화장품 회수계획에 따른 회수계획량의 **5분의 4 이상을 회수**한 경우 그 위반 행위에 대한 행정처분을 **면제**

(2) 회수계획량 중 **일부를 회수**한 경우

기준에 따라 행정처분을 **경감**

① 회수계획량의 **3분의 1 이상을 회수**한 경우 [(1)의 경우는 제외]

㉠ 행정처분 기준이 등록 취소인 경우
업무정지 2개월 이상 6개월 이하의 범위에서 처분

㉡ 행정처분 기준이 업무정지 또는 품목의 제조·수입·판매 업무정지인 경우
정지 처분 기간의 3분의 2 이하의 범위에서 경감

② 회수계획량의 **4분의 1 이상 3분의 1 미만을 회수**한 경우

㉠ 행정처분 기준이 등록 취소인 경우
업무정지 3개월 이상 6개월 이하의 범위에서 처분

㉡ 행정처분 기준이 업무정지 또는 품목의 제조·수입·판매 업무정지인 경우
정지 처분 기간의 2분의 1 이하의 범위에서 경감

### 6) 폐업 등의 신고

(1) 화장품 제조업자, 화장품 책임판매업자, 맞춤형 화장품 판매업자는 **폐업 또는 휴업, 휴업 후 그 업을 재개하려는 경우 식품의약품안전처장에게 신고**하여야 함

(2) 폐업 등의 신고 시 제출서류

① 폐업, 휴업 또는 재개신고서

② 화장품 제조업 등록필증, 책임판매업 등록필증, 맞춤형 화장품 판매업 신고필증

Key Point

**휴업 기간이 1개월 미만** 또는 **휴업하였다가 그 업을 재개**하는 경우에는 제외하며 첨부서류 중 맞춤형 화장품 판매업 신고필증은 폐업이나 휴업만 해당

### 7) 교육

(1) 의무 이수 교육

① 교육 대상 : 책임판매관리자 및 맞춤형 화장품 조제관리사

② 주기 : 매년 1회(4시간 이상, 8시간 이하)

※ **최초 교육**의 경우 **화장품 책임판매자는 선임일로부터 6개월 이내** 이수, **자격을 취득한 해**에 맞춤형 화장품 **조제관리사로 선임**된 경우 **최초 교육 면제**

③ 교육내용 : 안전성 확보 및 품질관리

(2) 교육 이수 명령

① 교육 대상

㉠ 영업의 금지(법 제15조)를 위반한 영업자

㉡ 시정명령(법 제19조)을 받은 영업자

㉢ 품질관리기준에 따른 화장품 책임판매업자의 지도·감독·요청을 위반한 화장품 제조업자

㉣ 화장품 책임판매업자의 준수 사항(제12조)을 위반한 화장품 책임판매업자

㉤ 맞춤형 화장품 판매업자의 준수 사항(제12조의2)을 위반한 맞춤형 화장품 판매업자

② 교육 이수 명령 이후 6개월 이내 4시간 이상, 8시간 이하의 교육 과정 이수 의무
③ 교육내용 : 화장품 관련 법령 및 제도(화장품의 안전성 확보 및 품질관리 포함)

## 2 영업자별 준수 사항



### 1) 화장품 제조업자의 준수 사항 「화장품법 시행규칙」 제11조

① 품질관리기준에 따른 **화장품 책임판매업자의 지도·감독 및 요청** 준수
② 제조관리기준서·제품표준서·제조관리기록서 및 품질관리기록서 **작성·보관**
③ 보건위생상 위해(危害)가 없도록 **제조소, 시설 및 기구를 위생적으로 관리**
④ 화장품의 제조에 필요한 **시설 및 기구의 정기적 점검 및 관리·유지**
⑤ 작업소에서 국민 보건 및 환경에 **유해한 물질이 유출되거나 방출되지 않도록 관리**
⑥ 제조관리기준서·제품표준서·제조관리기록서·품질관리기록서 중 **품질관리를 위하여 필요한 사항을 책임판매업자에게 제출**

**품질관리를 위해 필요한 사항을 제출하지 않을 수 있는 경우**

- 화장품 제조업자와 화장품 책임판매업자가 동일한 경우
- 화장품 제조업자가 제품을 설계·개발·생산하는 방식으로 제조하는 경우로서 품질·안전관리에 영향이 없는 범위에서 제조업자와 화장품 책임판매업자 상호 계약에 따라 **영업비밀**에 해당하는 경우

⑦ 원료 및 자재의 입고부터 완제품 출고에 이르기까지 **필요한 시험·검사** 또는 검정
⑧ 제조 또는 품질검사 위탁 시 **수탁자에 대한 관리·감독** 및 제조 및 품질관리기록의 유지·관리

### 2) 화장품 책임판매업자 준수 사항 「화장품법 시행규칙」 제12조

① **품질관리기준** 준수
② 책임판매 후 **안전관리기준** 준수
③ 제조업자로부터 받은 **제품표준서 및 품질관리기록서 보관**
④ 수입 화장품의 경우 **수입관리기록서**를 **작성·보관**
⑤ 제조번호별로 **품질검사 후 유통**

**품질검사를 실시하지 않을 수 있는 경우**

- 화장품 제조업자와 화장품 책임판매업자가 동일한 경우
- 품질검사 기관에 위탁하여 제조번호별 품질검사 결과가 있는 경우
- 수입 화장품을 유통·판매하려는 책임판매업자는 수입 화장품의 제조업자에 대한 현지실사를 신청
- 수입 화장품의 경우, 제조국 제조회사의 시험성적서는 품질관리기록서를 갈음
  - 제조국 제조회사의 이 국가 간 상호 인증되었거나
  - 제조업자에 대한 현지실사를 통해 식품의약품안전처장이 고시하는 우수 화장품 제조관리기준과 같은 수준 이상이라고 인정되는 경우

⑥ 제조 또는 품질검사 위탁 시 **수탁자에 대한 관리·감독 및 제조 및 품질관리기록**의 유지·관리

⑦ 수입 화장품을 유통·판매하려는 화장품 책임판매업자는 「대외무역법」에 따른 수출·수입 요령 준수 및 전자무역 문서로 **표준통관예정보고**

⑧ 국민 보건에 직접 영향을 미칠 수 있는 안전성·유효성에 관한 새로운 자료, 정보 사항 등을 알게 되었을 때에는 **안전성 정보 보고** 및 **필요한 안전대책**을 마련

Key Point

**화장품 안전성 정보관리 규정**★★

- **안전성 정보** : 화장품과 관련하여 국민 보건에 직접 영향을 미칠 수 있는 안전성·유효성에 관한 새로운 자료, 유해사례 정보
- **유해사례**(Adverse Event/Adverse Experience, AE) : 화장품의 사용 중 발생한 바람직하지 않고 의도되지 아니한 징후, 증상 또는 질병으로 당해 화장품과 반드시 인과관계를 가져야 하는 것은 아님
- **실마리 정보**(signal) : 유해사례와 화장품 간의 인과관계 가능성이 있다고 보고된 정보로서 그 인과관계가 알려지지 아니하거나 입증자료가 불충분한 것
- **화장품 책임판매업자 및 맞춤형 화장품 판매업자의 안전성 정보 보고**

| | |
|---|---|
| 신속 보고 | 정보를 알게 된 날로부터 **15일 이내** 신속히 보고<br>※ 보고 대상 : 중대한 유해사례 또는 판매중지나 회수에 준하는 외국 정부의 조치 등 |
| 정기 보고 | 신속 보고되지 않은 안전성 정보를 **매 반기 종료 후 1월 이내**에 보고<br>※ 예외 대상 : 상시 근로자 수가 2인 이하로서 직접 제조한 화장 비누만을 판매하는 화장품 책임판매업자 |

⑨ 다음의 경우 해당 품목의 **안정성 시험 자료**를 최종 제조된 제품의 사용기한이 만료되는 날부터 **1년간 보존**

㉠ 레티놀(비타민 A) 및 그 유도체
㉡ 아스코빅애시드(비타민 C) 및 그 유도체
㉢ 토코페롤(비타민 E)
㉣ 과산화화합물
㉤ 효소

→ 0.5% 이상 함유하는 제품

⑩ **생산실적 또는 수입실적**, 화장품의 제조과정에 사용된 **원료의 목록** 등을 **식품의약품안전처장에게 보고**(보고한 목록이 변경된 경우 변경보고)

Key Point

**생산실적 등 보고 방법 및 제출기관**★ 「화장품 생산·수입실적 및 원료 목록 보고에 관한 규정」

- 지난해 생산·수입실적을 매년 2월 말까지 유형별로 서식을 작성해 제출
- 화장품의 제조과정에 사용된 원료의 목록을 서식에 따라 작성해 **유통·판매 전** 제출
- 전자무역문서로 표준통관예정 보고 후 수입한 경우 수입실적 및 원료 목록 보고 면제
  ※ 작성한 서식은 전산매체(CD 또는 디스켓 등)에 수록하거나 정보통신망을 이용해 제출
- 보고서 제출기관
  - 생산실적 및 국내 제조 화장품 원료 목록 보고 : (사)대한화장품협회
  - 수입실적 및 수입 화장품 원료 목록 보고 : (사)한국의약품수출입협회

### 3) 맞춤형 화장품 판매업자 준수 사항 「화장품법 시행규칙」 제12조의2, 「화장품법」 제5조3항

(1) 맞춤형 화장품 판매장 **시설 · 기구의 정기적 점검 및 보건위생상 위해가 없도록 관리**

(2) **혼합 · 소분 안전관리기준 및** 식품의약품안전처장이 정하여 고시하는 사항

① 혼합 · 소분 전 혼합 · 소분에 사용되는 내용물 또는 원료에 대한 **품질성적서 확인**

② 혼합 · 소분 전 손의 소독 또는 세정(단, 혼합 · 소분 시 일회용 장갑을 착용하는 경우는 예외)

③ 혼합 · 소분 전 혼합 · 소분된 제품을 담을 포장 용기의 오염 여부를 확인

④ 혼합 · 소분에 사용되는 장비 또는 기구 등은 사용 전에 그 위생 상태를 점검하고 사용 후에는 오염이 없도록 세척

⑤ 그 밖에 혼합 · 소분의 안전을 위해 식품의약품안전처장이 정하여 고시하는 사항 준수

**혼합 · 소분 안전관리기준(식약처 고시)** ** 「맞춤형 화장품 준수 사항에 관한 규정」

ㄱ. 맞춤형 화장품 판매업자는 맞춤형 화장품 조제에 사용하는 내용물 · 원료의 혼합 · 소분의 범위에 대해 사전에 검토하여 최종 제품의 품질 및 안전성 확보
(단, 책임판매업자가 혼합 · 소분의 범위를 미리 정하고 있는 경우 그 범위 내에서 혼합 · 소분)

ㄴ. 혼합 · 소분에 사용되는 내용물 또는 원료가 「화장품법」 제8조(화장품 안전기준)에 적합한 것인지 확인

ㄷ. 혼합 · 소분 전 내용물 · 원료의 사용기한 또는 개봉 후 사용기간을 확인하고, 사용기한 또는 개봉 후 사용기간이 지난 것은 사용하지 말 것

ㄹ. 혼합 · 소분에 사용되는 내용물 · 원료의 사용기한 또는 개봉 후 사용기간을 초과하여 맞춤형 화장품의 사용기한 또는 개봉 후 사용기간을 정하지 말 것
(단, 안정성이 확보되는 과학적 근거를 통해 설정한 경우는 예외)

ㅁ. 맞춤형 화장품 조제에 사용하고 남은 내용물 · 원료는 밀폐가 되는 용기에 담는 등 비의도적인 오염을 방지

ㅂ. 소비자의 피부 유형이나 선호도 등을 확인하지 않고 맞춤형 화장품을 미리 혼합 · 소분하여 보관하지 말 것

(3) 제조번호, 사용기한 또는 개봉 후 사용기간, 판매일자 및 판매량이 포함된 맞춤형 화장품 **판매내역서(전자문서 포함)를 작성 · 보관**

(4) 맞춤형 화장품 판매 시 혼합 · 소분에 사용된 **내용물 · 원료의 내용 및 특성**, 맞춤형 화장품 사용할 때의 **주의사항에 대해 소비자에게 설명**

(5) **부작용 발생 사례**에 대해서는 **식품의약품안전처장이 정하여 고시하는 바에 따라 보고**

(6) 맞춤형 화장품에 사용된 **모든 원료의 목록**을 **매년 1회** 보고

(7) **맞춤형 화장품 판매업자**는 소비자에게 유통 · 판매되는 화장품을 **임의로 혼합 · 소분하지 말 것**

**맞춤형 화장품의 원료 목록 보고** 「화장품법 시행규칙」 제13조의2

지난해 판매한 맞춤형 화장품에 사용된 원료의 목록을 매년 2월 말까지 식품의약품안전처장이 정하여 고시하는 바에 따라 (사)대한화장품협회를 통해 식품의약품안전처장에게 보고

## 3 화장품 포장의 기재 · 표시

| 1차 포장 | 2차 포장 | 표 시 |
|---|---|---|
| 화장품 제조 시 내용물과 **직접 접촉**하는 포장 · 용기 | **1차 포장**을 수용하는 1개 또는 그 이상의 포장과 보호재 및 표시 목적으로 한 포장 | 화장품의 용기 · 포장에 기재하는 문자 · 숫자 · 도형 또는 그림 |

### 1) 화장품 포장의 기재 · 표시사항 「화장품법」 제10조, 「화장품법 시행규칙」 제19조 및 제19조의2

#### (1) 1차(또는 2차) 포장 기재 사항

① 화장품의 명칭
② 영업자의 상호 및 주소
③ 해당 화장품 제조에 사용된 모든 성분(인체에 무해한 소량 함유 성분 등 총리령으로 정하는 성분 제외)
④ 내용물의 용량 또는 중량
⑤ 제조번호
⑥ 사용기한 또는 개봉 후 사용기간(개봉 후 사용기간 기재 시 제조 연월일 병행 표기)
⑦ 가격
⑧ 기능성 화장품의 경우 "기능성 화장품"이라는 글자 또는 식품의약품안전처장이 정하는 기능성 화장품을 나타내는 도안
⑨ 사용할 때의 주의사항
⑩ 그 밖에 총리령으로 정하는 사항

#### (2) 1차 포장 필수 기재 사항

① 화장품의 명칭
② 영업자의 상호
③ 제조번호
④ 사용기한 또는 개봉 후 사용기간(개봉 후 사용기간 기재 시 제조 연월일 병행 표기)

#### (3) 1차 포장 기재 의무 제외 대상

고형 비누 등 총리령으로 정하는 화장품(고체 형태의 세안용 비누)

#### (4) 기재 · 표시 생략 사항(인체에 무해한 소량 함유 성분 등 총리령으로 정하는 성분)★★

① 제조과정 중 제거되어 최종 제품에는 남아 있지 않은 성분
② 원료 자체에 들어있는 부수 성분(안정화제, 보존제 등)으로서 그 효과가 나타나게 하는 양보다 적은 양이 들어있는 성분

③ 내용량이 10 mL(g) 초과 50 mL(g) 이하 화장품 포장인 경우

| 성분 | |
|---|---|
| • 타르 색소<br>• 금박<br>• 샴푸와 린스에 들어있는 인산염의 종류<br>• 과일산(AHA)<br>• 기능성 화장품의 경우 그 효능 · 효과가 나타나게 하는 원료<br>• 식약처장이 사용 한도를 고시한 화장품의 원료 | 제외한 성분 |



## 2) 기재 · 표시 예외

### (1) 내용량이 10 mL(g) 이하 화장품 포장의 기재 사항

① 화장품의 명칭
② 화장품 책임판매업자 또는 맞춤형 화장품 판매업자 상호
③ 가격
④ 제조번호
⑤ 사용기한 또는 개봉 후 사용기간(제조 연월일 병행 표기)

### (2) 판매의 목적이 아닌 제품의 선택 등을 위하여 미리 소비자가 시험 · 사용하도록 제조 또는 수입된 화장품 포장의 기재 사항

① 화장품의 명칭
② 화장품 책임판매업자 또는 맞춤형 화장품 판매업자 상호
③ 가격 대신 "견본품" 또는 "비매품" 등의 표시
④ 제조번호
⑤ 사용기한 또는 개봉 후 사용기간(제조 연월일 병행 표기)

## 3) 기재 · 표시상의 주의

### (1) **한글**로 읽기 쉽도록 기재 · 표시

① 한자 또는 외국어 병기 표시 가능
② 수출용 제품 등의 경우 수출 대상국 언어로 기재 · 표시 가능

### (2) 화장품의 성분을 표시하는 경우, **표준화된 일반명** 사용

**소용량 제품의 전성분 정보 제공 의무**

전화번호, 홈페이지 주소를 포장에 기재하거나 인쇄물을 판매업소에 비치

## 4) 화장품 포장의 표시 기준 및 방법 「화장품법 시행규칙」 [별표 4]

### (1) 화장품의 명칭

다른 제품과 구별할 수 있도록 표시

(2) 영업자의 상호 및 주소

① 주소는 **등록필증** 또는 **신고필증에 적힌 소재지** 또는 **반품·교환 업무를 대표하는 소재지**를 기재·표시

② **영업자는 각각 구분**하여 기재·표시(단, 다른 영업을 함께 영위하고 있는 경우 한꺼번에 기재·표시 가능)

③ 공정별로 2개 이상의 제조소에서 생산된 화장품의 경우 일부 공정을 수탁한 화장품 제조업자의 상호 및 주소 기재·표시를 생략 가능

④ 수입 화장품의 경우 추가로 기재·표시하는 제조국의 명칭, 제조회사명 및 그 소재지를 국내 "화장품 제조업자"와 구분하여 기재·표시

(3) 해당 화장품 제조에 사용된 모든 성분

① 글자 크기 **5포인트** 이상

② 화장품 제조에 사용된 **함량이 많은 것부터** 기재·표시

※ 순서에 상관없이 표시 가능 : **1%**★ **이하**로 사용된 성분, 착향제 또는 착색제

③ 혼합 원료는 혼합된 개별 성분의 명칭을 기재·표시

④ 색조·눈 화장용, 두발 염색용 또는 손·발톱용 제품류에서 호수별로 착색제가 다르게 사용된 경우 '± 또는 +/-'의 표시 다음 사용된 모든 착색제 성분을 함께 기재·표시

⑤ 착향제는 **"향료"**로 표시

※ "향료"로 표시 불가능 : 착향제의 구성 성분 중 식품의약품안전처장이 정하여 고시한 알레르기 유발 성분이 있는 경우, 해당 성분의 명칭을 기재·표시

**착향제 구성 성분 중 알레르기 유발 성분**★★ 「화장품 사용할 때의 주의사항 및 알레르기 유발 성분 표시에 관한 규정」 [별표 2]

| | | |
|---|---|---|
| 아밀신남알 | 벤질살리실레이트 | 리날룰 |
| 벤질알코올 | 신남알 | 벤질벤조에이트 |
| 신나밀알코올 | 쿠마린 | 시트로넬올 |
| 시트랄 | 제라니올 | 헥실신남알 |
| 유제놀 | 아니스알코올 | 리모넨 |
| 하이드록시시트로넬알 | 벤질신나메이트 | 메틸2-옥티노에이트 |
| 아이소유제놀 | 파네솔 | 알파-아이소메틸아이오논 |
| 아밀신나밀알코올 | 부틸페닐메틸프로피오날 | 참나무이끼추출물 |
| 나무이끼추출물 | | |

※ 사용 후 **씻어내는 제품에 0.01% 초과, 씻어내지 않는 제품에 0.001% 초과 함유**하는 경우에 한함

⑥ 산성도(pH) 조절 목적으로 사용되는 성분은 그 성분을 표시하는 대신 중화반응에 따른 생성물로, 비누화 반응을 거치는 성분은 비누화 반응에 따른 생성물로 기재·표시

⑦ 영업자의 정당한 이익을 현저히 침해할 우려가 있는 경우, 전성분에 "기타 성분"으로 기재·표시

※ 식품의약품안전처장이 정당한 이익을 침해할 우려가 있다고 인정하는 경우에 한함

### (4) 내용물의 용량 또는 중량

① 1차 또는 2차 포장의 무게가 포함되지 않은 용량(또는 중량)을 기재·표시
② **화장 비누**의 경우, **수분을 포함한 중량과 건조 중량을 함께** 기재·표시

### (5) 제조번호

① 사용기한(또는 개봉 후 사용기간)과 쉽게 구별되도록 기재·표시
② 개봉 후 사용기간을 표시하는 경우 병행 표기해야 하는 제조 연월일(**맞춤형 화장품 경우 혼합·소분일**)도 각각 구별되도록 기재·표시

### (6) 사용기한 또는 개봉 후 사용기간

① "사용기한" 또는 "까지" 등의 문자와 "연월일"(다만, 연월을 표시하는 경우 사용기한을 넘지 않은 범위)을 소비자가 알기 쉽도록 기재·표시
② 개봉 후 사용기간은 문자와 "00월" 또는 "00개월"을 조합하거나 개봉 후 사용기간을 나타내는 심벌과 기간을 기재·표시 【12월(또는 개월)/12M】

### (7) 가격

소비자에게 화장품을 직접 판매하는 자가 표시

### (8) 기능성 화장품

① "기능성 화장품"이라는 글자 바로 아래에 동일한 글자 크기 이상으로 기재·표시
② 기능성 화장품을 나타내는 도안은 인쇄 또는 각인 등의 방법으로 표시

### (9) 사용할 때의 주의사항★ 「화장품법 시행규칙」 [별표 3]

① 공통사항★★
  ㉠ 화장품 사용 시 또는 사용 후 직사광선에 의하여 사용 부위가 붉은 반점, 부어오름 또는 가려움증 등의 이상 증상이나 부작용이 있는 경우 전문의 등과 상담할 것
  ㉡ 상처가 있는 부위 등에는 사용을 자제할 것
  ㉢ 보관 및 취급 시의 주의사항
    ⓐ 어린이의 손이 닿지 않는 곳에 보관할 것
    ⓑ 직사광선을 피해서 보관할 것
② 그 밖에 화장품의 안전정보와 관련하여 기재·표시하도록 화장품의 유형별·함유 성분별로 식품의약품안전처장이 정하여 고시하는 사용할 때의 주의사항

### (10) 그 밖에 총리령으로 정하는 사항

① 식품의약품안전처장이 정하는 바코드(맞춤형 화장품 제외)
② **기능성 화장품**의 경우 **심사 받거나 보고한 효능·효과, 용법·용량**
③ **성분명을 제품 명칭의 일부로 사용**한 경우 그 **성분명과 함량**(방향용 제품 제외)
④ 인체 세포·조직 배양액이 들어있는 경우 그 함량
⑤ 화장품에 **천연 또는 유기농으로 표시·광고**하려는 경우 **원료의 함량**
⑥ 수입 화장품인 경우 제조국의 명칭(원산지를 표시한 경우 제조국 명칭 생략 가능), 제조회사명 및 그 소재지(맞춤형 화장품 제외)

⑦ 기능성 화장품(제2조8호~11호)의 경우 **"질병의 예방 및 치료를 위한 의약품이 아님"** 이라는 문구

Key Point

**제2조제8호부터 제11호까지 해당하는 기능성 화장품**★★

- 탈모 증상의 완화에 도움을 주는 화장품(코팅 등 물리적으로 모발을 굵게 보이게 하는 제품은 제외)
- 여드름성 피부를 완화하는 데 도움을 주는 화장품(인체 세정용 제품류로 한정)
- 피부장벽(피부의 가장 바깥쪽에 존재하는 각질층의 표피)의 기능을 회복하여 가려움 등의 개선에 도움을 주는 화장품
- 튼 살로 인한 붉은 선을 엷게 하는데 도움을 주는 화장품

⑧ 만 3세 이하의 **영·유아용 제품류** 또는 만 4세 이상부터 만 13세 이하까지의 **어린이가 사용할 수 있는 제품**임을 특정하여 표시·광고하려는 경우 사용 기준이 지정·고시된 원료 중 **보존제의 함량**

## 4 화장품 표시·광고

### 1) 화장품 법령에 따른 화장품 표시·광고

#### (1) 광고의 정의

라디오·텔레비전·신문·잡지·음성·음향·영상·인터넷·인쇄물·간판, 그 밖의 방법에 의하여 **화장품에 대한 정보를 나타내거나 알리는 행위**

#### (2) 화장품 광고의 매체·수단

① 신문·방송 또는 잡지
② 전단·팜플릿·견본 또는 입장권
③ 인터넷 또는 컴퓨터통신
④ 포스터·간판·네온사인·애드벌룬 또는 전광판
⑤ 비디오물·음반·서적·간행물·영화 또는 연극
⑦ 방문 광고 또는 실연(實演)에 의한 광고
⑧ 자기 상품 외의 다른 상품의 포장
⑨ 상기 매체 또는 수단과 유사한 매체 또는 수단

#### (3) 금지되는 부당한 표시·광고 행위 「화장품법」 제13조

① **의약품**으로 잘못 인식할 우려가 있는 표시 또는 광고
② **기능성 화장품이 아닌 화장품**을 기능성 화장품으로 잘못 인식할 우려가 있거나 기능성 화장품의 **안전성·유효성에 관한 심사 결과와 다른 내용**의 표시 또는 광고
③ **천연 화장품 또는 유기농 화장품이 아닌 화장품**을 천연 화장품 또는 유기농 화장품으로 잘못 인식할 우려가 있는 표시 또는 광고
④ 그 밖에 사실과 다르게 **소비자를 속이거나 소비자가 잘못 인식하도록 할 우려**가 있는 표시 또는 광고

#### (4) 화장품 표시 · 광고 시 준수 사항 「화장품법 시행규칙」 [별표 5]

① 의약품으로 잘못 인식할 우려가 있는 내용, 제품의 명칭 및 효능 · 효과 등에 대한 표시 · 광고 금지

② 기능성, 천연 또는 유기농 화장품이 아님에도 불구하고 **제품의 명칭, 제조 방법, 효능 · 효과** 등에 관하여 **기능성, 천연** 또는 **유기농 화장품으로 잘못 인식할 우려**가 있는 표시 · 광고 금지

③ 의사 · 치과의사 · 한의사 · 약사 · 의료기관 · 연구기관 또는 그 밖의 자(**할랄, 천연 또는 유기농 화장품 등을 인증 · 보증하는 기관으로 식약처장이 정하는 기관** 제외)가 이를 지정 · 공인 · 추천 · 지도 · 연구 · 개발 또는 사용하고 있다는 내용이나 이를 암시하는 등의 표시 · 광고 금지

㉠ 법 제2조제1호부터 제3호까지의 정의에 부합되는 인체 적용시험 결과가 관련 학회 발표 등을 통하여 공인된 경우, 그 범위에서 관련 문헌 인용 가능

㉡ 문헌 인용 시 본래 뜻을 정확히 전달, 연구자 성명 · 문헌명, 발표 연월일을 분명히 밝힐 것

④ 외국 제품을 국내 제품으로 또는 국내 제품을 외국 제품으로 잘못 인식할 우려가 있는 표시 · 광고 금지

⑤ 외국과의 기술제휴를 하지 않고 외국과의 기술제휴 등을 표현하는 표시 · 광고 금지

⑥ 경쟁상품과 비교하는 표시 · 광고는 비교 대상 및 기준을 분명히 밝히고 **객관적으로 확인될 수 있는 사항**만을 표시 · 광고, 배타성을 띤 "최고" 또는 "최상" 등의 **절대적 표현 금지**

⑦ 사실과 다르거나 부분적으로 사실이라고 하더라도 전체적으로 보아 **소비자가 잘못 인식할 우려**가 있거나 **소비자를 속이거나 소비자가 속을 우려**가 있는 표시 · 광고 금지

⑧ 품질 · 효능 등에 관하여 객관적으로 확인될 수 없거나 확인되지 않았는데도 불구하고 이를 광고하거나 법 제2조제1호에 따른 **화장품의 범위를 벗어나는 표시 · 광고** 금지

⑨ **저속하거나 혐오감**을 주는 표현 · 도안 · 사진 등 이용 금지

⑩ 국제적 멸종 위기종의 가공품이 함유된 화장품임을 표현하거나 암시하는 표시 · 광고 금지

⑪ **사실 유무와 관계없이** 다른 제품을 **비방하거나 비방한다고 의심이 되는** 표시 · 광고 금지

**화장품에 표시 · 광고할 수 있는 인증 · 보증의 종류**** 「화장품 표시 · 광고를 위한 인증 · 보증 기관의 신뢰성 인정에 관한 규정」

- **할랄(Halal) · 코셔(Kosher) · 비건(Vegan) 및 천연 · 유기농** 등 국제적으로 통용되거나 그 밖에 신뢰성을 확인할 수 있는 기관에서 받은 화장품 인증 · 보증
- 우수 화장품 제조 및 품질관리기준(GMP), ISO 22716 등 **제조 및 품질관리기준**과 관련해 국제적으로 통용되거나 그 밖에 신뢰성을 확인할 수 있는 기관에서 받은 화장품 인증 · 보증
- 「정부조직법」 제2조부터 제4조까지의 규정에 따른 중앙행정기관 · 특별지방행정기관 및 그 부속기관, 「지방자치법」 제2조에 따른 지방자치단체 또는 「공공기관의 운영에 관한 법률」 제4조에 따른 공공기관 및 기타 법령에 따라 권한을 받은 기관에서 받은 인증 · 보증
- 국제기구, 외국 정부(또는 법령)에 따라 인증 · 보증을 할 수 있는 권한을 받은 기관에서 받은 인증 · 보증

### 2) 천연 화장품, 유기농 화장품의 표시 · 광고 및 인증

**인증 받은** 천연 화장품 또는 유기농 화장품에 한하여 **인증 받았음을 표시 · 광고**

#### (1) 천연 화장품, 유기농 화장품의 표시 · 광고

① 천연 화장품, 유기농 화장품으로 표시 · 광고하여 제조, 수입 및 판매할 경우 기준에 적합함을 입증하는 자료 구비

② 기준 : 「천연 화장품 및 유기농 화장품 기준에 관한 규정」(식약처 고시)

③ 입증자료 : 제조일(수입일 경우 통관일)로부터 3년 또는 사용기한 경과 후 1년 중 긴 기간 동안 보존

#### (2) 천연 화장품, 유기농 화장품 인증

① 인증 신청 : 화장품 제조업자, 화장품 책임판매업자 또는 연구기관 등은 식품의약품안전처장으로부터 지정받은 인증기관에 서류 제출

※ 제출서류 : 제품에 사용된 원료에 대한 정보, 제조공정, 용기 · 포장 및 보관 등에 대한 정보

② 인증변경 보고 : 제품명 및 책임판매업자 변경 시

③ 인증의 유효기간 : 인증을 받은 날부터 **3년**

④ 유효기간 연장★★

유효기간 **만료 90일 전**까지 인증서 원본, 인증받은 제품이 **최신의 인증기준에 적합함을 입증하는 서류**를 첨부하여 인증을 한 인증기관에 제출

⑤ 인증의 취소

거짓, 그 밖의 부정한 방법으로 인증을 받거나 「천연 화장품 및 유기농 화장품 기준에 관한 규정(식약처 고시)」 기준에 적합하지 않은 경우

**천연 · 유기농 화장품 원료에 대한 자율 승인**(천연 · 유기농 화장품 개발 활성화 및 인증 확대)

- **승인 절차**
  화장품 원료를 제조 · 가공 · 취급하는 자가 원료에 관한 자료(제조공정도, MSDS 및 원료 사용 질문서 또는 유기농 인증서 등)를 포함한 승인 신청서를 인증기관에 제출 → 심사(문서, 필요시 현장평가)를 통해 천연 · 유기농 함량 비율 정보 확인 후 승인서 발급
- **변경 관리**
  원료의 변경(성분, 원료 배합비율, 공정 변경 등), 사업장의 변경(시설, 설비 등), 승인 사업자의 명칭 변경 등
- **인증기관** : (재)화학융합시험연구원, (재)한국건설생활환경시험연구원, (주)컨트롤유니온코리아

### 3) 표시 · 광고 내용의 실증

#### (1) 표시 · 광고 실증 대상

화장품 포장, 광고의 매체 또는 수단에 의한 표시 · 광고 중 **사실과 다르게 소비자를 속이거나 소비자가 잘못 인식하게 할 우려**가 있어 식품의약품안전처장이 **실증이 필요하다고 인정하는 표시 · 광고**

(2) 표시 · 광고 실증자료의 범위 및 요건★★ 「화장품 표시 · 광고 실증에 관한 규정」

① 다음 중 어느 하나에 해당하는 합리적인 근거로 실증 필요

| | |
|---|---|
| 시험 결과 | 인체 적용시험, 인체 외 시험, 같은 수준 이상의 조사자료<br>예시 해당 표시 · 광고와 관련된 시험 결과 등이 포함된 논문, 학술문헌 등 |
| 조사 결과 | 예시 표본 설정, 질문사항, 질문 방법이 그 조사의 목적이나 통계상의 방법과 일치하는 소비자 조사 결과, 전문가 집단 설문 조사 등 |

**효능 · 효과 · 품질에 관한 표시 · 광고 실증 대상**

| | |
|---|---|
| • 화장품의 효능 · 효과에 관한 내용<br>– 수분감 30% 개선 효과<br>– 피부결 20% 개선<br>– 2주 경과 후 피부 톤 개선 | 인체 적용시험 자료<br>또는<br>인체 외 시험 자료 제출 |
| • 시험 · 검사와 관련된 표현<br>– 피부과 테스트 완료<br>– OO 테스트 기관의 00 효과 입증 | 인체 적용시험 자료<br>또는<br>인체 외 시험 자료 제출 |
| • 제품에 특정 성분이 들어있지 않다는 "무(無) OO"표현 | 시험 분석 자료 제출<br>※ 제조관리기술서, 원료시험성적서 활용<br>(특정 성분이 타 물질로의 변환 가능성이 없으면서 시험으로 해당 성분 함유 여부에 대한 입증이 불가능한 경우) |
| • ISO 천연 · 유기농 지수<br>– 천연지수 OO %<br>– 유기농지수 OO %<br>※ ISO 16128 계산 적용 | 해당 완제품 실증자료 제출<br>※ ISO 16128 계산 적용, 소비자 오인 방지 ["식약처 기준에 따른 천연(또는 유기농) 화장품 아님"] 문구를 함께 기재 |

② 합리적인 근거로 인정한 [별표]에서 정하는 표시 · 광고

| 표시 · 광고 표현 | 실증자료 |
|---|---|
| 여드름성 피부에 사용에 적합 | 인체 적용시험 자료 제출 |
| 항균(인체 세정용 제품에 한함) | |
| 일시적 셀룰라이트 감소 | |
| 붓기, 다크서클 완화 | |
| 피부 혈행 개선 | |
| 피부장벽 손상의 개선에 도움 | |
| 피부 피지 분비 조절 | |
| 미세먼지 차단, 미세먼지 흡착 방지 | |
| 피부 노화 완화, 안티에이징, 피부 노화 징후 감소 | 인체 적용시험 자료 또는 인체 외 시험 자료 제출<br>※ 기능성 효능 · 효과를 통한 피부 노화 완화 표현의 경우 기능성 화장품 심사(보고) 자료를 근거자료로 활용 |
| 모발의 손상을 개선한다. | 인체 적용시험 자료 또는 인체 외 시험 자료 제출 |
| 콜라겐 증가, 감소 또는 활성화 | 기능성 화장품에서 해당 기능을 실증한 자료 제출 |
| 효소 증가, 감소 또는 활성화 | 기능성 화장품에서 해당 기능을 실증한 자료 제출 |

| 기미, 주근깨 완화에 도움 | 미백 기능성 화장품 심사(보고) 자료 제출 |
|---|---|
| 빠지는 모발을 감소시킨다. | 탈모 증상 완화에 도움을 주는 기능성 화장품으로서 이미 심사 받은 자료에 근거가 포함되어 있거나 해당 기능을 실증한 자료 제출 |

Key Point

**화장품 표시·광고 실증에 관한 규정****

- **실증자료** : 표시·광고에서 주장한 내용 중 사실과 관련한 사항이 **진실임을 증명**하기 위해 작성된 자료로 직접적인 관계가 있어야 함
  - 관련이 없거나 부분적으로만 상관 있는 실증자료 : 일반 소비자를 대상으로 표시·광고한 성능(효능)에 대한 설문조사, 일부 소비자를 대상으로 한 조사 결과
- **인체 적용시험** : 화장품의 효과 및 안전성을 확인하기 위하여 사람을 대상으로 실시하는 시험 또는 연구
- **인체 외 시험** : 실험실의 배양접시, 인체로부터 분리한 모발 및 피부, 인공피부 등 인위적 환경에서 시험물질과 대조 물질 처리 후 결과를 측정하는 것

## 5 제조·수입·판매 등의 금지

### 1) 영업의 금지 「화장품법」 제15조

#### (1) 영업 금지 대상

누구든지 다음의 화장품을 판매 또는 판매 목적의 제조·수입·보관 또는 진열 금지

① 심사를 받지 않았거나 보고서를 제출하지 않은 기능성 화장품
② 전부 또는 일부가 **변패(變敗)**된 화장품
③ 병원 미생물에 **오염**된 화장품
④ **이물**이 혼입되었거나 부착된 것
⑤ 화장품 안전기준 등의 규정에 따른 **화장품에 사용할 수 없는 원료**를 사용하였거나 **유통 화장품 안전관리기준에 적합하지 아니한 화장품**
⑥ **코뿔소 뿔** 또는 **호랑이 뼈**와 그 추출물을 사용한 화장품
⑦ 보건위생상 위해가 발생할 우려가 있는 **비위생적인 조건**에서 제조되었거나 **시설기준에 적합하지 아니한 시설**에서 제조된 것
⑧ 용기나 포장이 불량하여 해당 화장품이 **보건위생상 위해**를 발생할 우려가 있는 것
⑨ 사용기한 또는 개봉 후 **사용기간(병행 표기된 제조 연월일을 포함)을 위조·변조**한 화장품
⑩ 식품의 형태·냄새·색깔·크기·용기 및 포장 등을 모방하여 섭취 등 **식품으로 오용될 우려**가 있는 화장품

### 2) 판매 등의 금지 「화장품법」 제16조

#### (1) 판매 금지 대상

누구든지 다음의 화장품의 판매 또는 판매 목적의 보관 또는 진열 금지

① **등록을 하지 아니한 자**가 제조한 화장품 또는 제조·수입하여 유통·판매한 화장품

② **신고를 하지 아니한 자**가 판매한 맞춤형 화장품
③ **맞춤형 화장품 조제관리사를 두지 아니하고 판매**한 맞춤형 화장품
④ 화장품의 **기재 사항, 가격 표시, 기재·표시상의 주의사항에 위반**되는 화장품 또는 **의약품으로 잘못 인식할 우려가 있게 기재·표시**된 화장품
⑤ 판매의 목적이 아닌 **제품의 홍보·판매촉진 등을 위하여 미리 소비자가 시험·사용하도록 제조 또는 수입**된 화장품
⑥ 화장품의 포장 및 기재·표시사항을 훼손 또는 위조·변조한 것
※ 제외 대상 : **맞춤형 화장품 판매를 위하여 필요한 경우**
⑦ 누구든지 화장품의 용기에 담은 내용물의 **소분 판매 금지**
㉠ 맞춤형 화장품 조제관리사를 통해 판매하는 맞춤형 화장품 판매업자 제외
㉡ 화장 비누의 소분 판매자 제외

(2) 유통 · 판매 금지 대상

화장품 책임판매업자 및 맞춤형 화장품 판매업자의 유통·판매 금지
① 동물실험을 실시한 화장품
② 동물실험을 실시한 화장품 원료를 사용하여 제조(위탁제조 포함) 또는 수입한 화장품

(3) 예외 적용 사항

① 보존제, 색소, 자외선 차단제 등 특별히 **사용상의 제한이 필요한 원료의 사용 기준을 지정**한 경우
② 국민 보건상 위해 우려 제기 화장품 원료 등에 대한 **위해 평가가 필요**한 경우
③ **동물 대체시험법이 존재하지 않아 동물실험이 필요**한 경우
④ 화장품 수출을 위하여 **수출 상대국의 법령에 따라 동물실험이 필요**한 경우
⑤ 수입하려는 **상대국의 법령에 따라 제품 개발에 동물실험이 필요**한 경우
⑥ **다른 법령에 따라 동물실험을 실시해 개발된 원료**를 화장품의 제조 등에 사용하는 경우
⑦ 그 밖에 **동물실험을 대체할 수 있는 실험을 실시하기 곤란한 경우**로서 식품의약품안전처장이 정하는 경우

## 6 감독 및 벌칙

식품의약품안전처장의 관리·감독을 위하여 필요한 보고와 검사, 시정명령, 검사명령, 회수·폐기명령 등 명령을 규정하고 법에서 정한 사항을 위반하는 경우, 처해지는 징역형·벌금 또는 과태료 등 벌칙과 행정청에서 하는 행정처분, 행정처분을 대신해 부과하는 과징금 등에 대해 규정

| | |
|---|---|
| 1) 보고와 검사 | (1) 영업자 · 판매자 또는 기타의 화장품 취급자에 대해 **보고 명령**<br>(2) 제조 장소, 영업소, 창고, 판매 장소 등에 출입하여 시설 또는 관계 장부나 서류, 그 밖에 물건의 **검사 또는 질문**<br>(3) 화장품의 품질 또는 안전기준, 포장 등의 기재 · 표시사항 등의 적합 여부 검사를 위한 **수거 검사** |

| | |
|---|---|
| 2) 시정명령 | **법 위반자**에 대해 필요시 시정명령 |
| 3) 검사명령 | 영업자에 대해 **화장품 시험 · 검사기관**에 화장품 검사명령 |
| 4) 회수 · 폐기 명령 | **위해 화장품**에 대해 해당 영업자 · 판매자 또는 그 밖에 화장품을 업무상 취급하는 자에게 해당 물품의 회수 · 폐기 등의 명령 |
| 5) 행정처분 | (1) 법령 위반 또는 영업자의 결격사유에 해당하는 경우<br>① 등록의 **취소**<br>② 영업소 **폐쇄**<br>③ 품목의 **제조 · 수입 및 판매 금지 명령**<br>④ 기간을 정하여 그 업무의 전부 또는 일부에 대한 **정지 명령**(1년 범위 내)<br>(2) 행정처분 기준 「화장품법 시행규칙」 [별표 7]<br>① 위반 행위가 둘 이상, 각각 처분 기준이 다른 경우 무거운 처분 기준에 따름(단, 둘 이상의 처분 기준이 업무정지인 경우, 무거운 처분에 가벼운 처분의 $\frac{1}{2}$까지 더하여 최대 12개월 내에서 처분 가능)<br>② 위반 행위가 둘 이상(업무정지와 품목 업무정지)일 경우 : 업무정지 기간이 품목 업무정지 기간보다 길거나 같을 때에는 업무정지 처분, 짧을 때에는 병과<br>③ 위반 횟수에 따른 행정처분 기준<br>ㄱ. 최근 1년간 같은 위반 행위로 행정처분을 받은 경우에 적용<br>ㄴ. 최근 2년간 같은 위반 행위로 행정처분을 받은 경우에 적용(전부 또는 일부가 변패되거나 이물질에 혼입 · 부착, 병원미생물 오염, 사용할 수 없는 원료 및 사용상의 제한이 필요한 원료의 사용 기준 위반, 유통 화장품 안전기준에 부적합)<br>※ 적용일 : 최근 실제(또는 과징금) 처분 받은 날, 다시 같은 위반 행위를 적발한 날(품목 업무정지의 경우, 품목이 다를 때에는 미적용)<br>④ 가중 부과처분 적용 차수 : 위반 행위 전 부과 차수(둘 이상의 과태료 부과처분 중 높은 차수)의 다음 차수<br>⑤ 행정처분 절차 진행 중 반복해 같은 위반 행위를 한 경우 : 진행 중인 사항의 행정처분 기준의 $\frac{1}{2}$씩을 더하여 최대 12개월 내에서 처분<br>⑥ 같은 위반 행위 횟수가 3차 이상인 경우, 과징금 부과 대상에서 제외<br>⑦ 화장품 제조업자가 등록한 소재지에 그 시설이 전혀 없는 경우, 등록 취소<br>⑧ 수입 대행형 거래를 목적으로 책임판매업을 등록한 자의 "판매 금지"는 "수입 대행 금지"로, "판매업무정지"는 "수입 대행 업무정지"로 적용<br>⑨ 처분을 $\frac{1}{2}$까지 감경하거나 면제<br>ㄱ. 국민 보건, 수요 · 공급, 그 밖에 공익상 필요하다고 인정된 경우<br>ㄴ. 해당 위반사항에 관하여 검사로부터 기소유예의 처분 또는 법원으로부터 선고유예의 판결을 받은 경우<br>ㄷ. 광고주의 의사와 관계없이 광고회사 · 매체에서 무단 광고한 경우<br>⑩ 처분을 $\frac{1}{2}$까지 감경<br>ㄱ. 기능성 화장품으로서 그 효능 · 효과를 나타내는 원료 함량 미달의 원인이 유통 중 보관상태 불량 등으로 인한 성분 변화 때문이라고 인정된 경우<br>ㄴ. 비병원성 일반 세균에 오염된 경우로서 인체에 직접적인 위해가 없으며, 유통 중 보관상태 불량에 의한 오염으로 인정된 경우<br>(3) 행정처분의 개별기준 【 참고 p58 】 |
| 6) 청문 | 영업자 등록의 취소, 영업소 폐쇄, 품목의 제조 · 수입 및 판매 금지, 업무 전부 정지, 맞춤형 화장품 조제관리사 자격의 취소, 천연 · 유기농 화장품의 인증 취소 및 인증기관 지정 취소 등을 적용하고자 할 때에는 **처분 확정 전 처분 상대자로부터 의견 청취** |

<table>
<tr>
<td>7) 과징금 처분</td>
<td>(1) 영업자에게 업무정지 처분을 할 경우 그 업무정지 처분을 갈음하여 10억원 이하의 과징금 부과<br>(2) 과징금 부과 대상 산정 기준 「화장품법 시행령」 [별표 1]<br>① 업무정지 1개월은 30일, 처분일이 속한 연도의 전년도 모든(해당) 품목의 1년간 총 생산금액 및 총 수입금액 기준<br>② 신규로 품목을 제조 또는 수입하거나 휴업 등으로 판매 또는 제조업무의 정지 처분을 갈음한 과징금 산정 기준이 불합리하다 인정되는 경우, 분기별 또는 월별 생산금액 및 수입금액을 기준으로 산정<br>③ 화장품 기재 사항, 가격 표시, 기재·표시상의 주의 및 표시·광고 중지 명령 위반 행위에 따른 과징금 처분을 하는 경우, 산정 기준 : 업무정지 1일에 해당하는 과징금의 $\frac{1}{2}$ x 처분기간<br><br>과징금 부과 대상 세부 기준 「과징금 부과처분 기준 등에 관한 규정」<br>• 제조·수입만 하고 시중에 유통시키지 않은 경우(무허가·신고 제외)<br>• 행정처분의 기준에서 그 처분을 감경할 수 있는 경우(처분의 감경과 과징금 부과는 중복 불가)<br>- 내용량 시험 결과 부적합하나 인체에 유해성이 없다고 인정된 경우<br>- 화장품 제조업자 또는 화장품 책임판매업자가 자진 회수계획을 통보하고 그에 따라 회수한 결과 국민 보건에 나쁜 영향을 끼치지 않은 것으로 확인된 경우<br>- 포장 또는 표시 공정을 하는 화장품 제조업자가 해당 품목의 제조 또는 품질 검사에 필요한 시설 및 기구 중 일부가 없거나 제조업을 등록하려는 자가 화장품 제조를 위한 작업소의 기준을 위반한 경우<br>- 화장품 제조업자 또는 화장품 책임판매업자가 변경된 사항을 변경 등록(제조업자의 소재지 변경 제외) 하지 않은 경우<br>- 식품의약품안전처장에 의해 사용 기준이 지정·고시된 원료 및 유통 화장품 안전관리기준을 위반한 화장품 중 부적합 정도 등이 경미한 경우<br>- 화장품 책임판매업자가 안전성 및 유효성에 관한 기능성 화장품 심사(또는 보고서 미제출)를 받지 않고 기능성 화장품을 제조 또는 수입하였으나 유통·판매에는 이르지 않은 경우<br>- 「화장품법」 제10조(기재 사항), 제12조(기재·표시상의 주의)에 따른 화장품 기재·표시를 위반한 경우<br>- 화장품 제조업자 또는 책임판매업자가 이물이 혼입·부착된 화장품을 판매하거나 판매의 목적으로 제조·수입·보관 또는 진열하였으나 인체에 유해성이 없다고 인정되는 경우<br>- 기능성 화장품에서 기능성을 나타나게 하는 주원료의 함량이 심사 또는 보고한 기준치에 대해 5% 미만으로 부족한 경우</td>
</tr>
<tr>
<td>8) 위반사실 공표</td>
<td>행정처분이 확정된 자에 대해 처분과 관련한 사항을 식품의약품안전처 홈페이지에 공표</td>
</tr>
<tr>
<td>9) 벌칙<br>「화장품법」<br>제36조~제40조</td>
<td>(1) 화장품법 위반에 따른 벌칙<br>① 징역형과 벌금형은 함께 부과 가능<br>② 양벌규정(단, 위반 행위 방지를 위해 해당 업무에 관한 주의와 감독을 게을리 하지 않은 경우는 제외)<br><br>(2) 3년 이하의 징역 또는 3천 만원 이하의 벌금<br>① 영업의 등록을 위반한 자<br>- 거짓이나 그 밖의 부정한 방법으로 화장품 제조업, 화장품 책임판매업의 등록·변경 등록 또는 맞춤형 화장품 판매업의 신고·변경 신고를 한 자<br>- 맞춤형 화장품 판매업 신고를 위반한 자<br>- 혼합·소분 업무에 종사하는 맞춤형 화장품 조제관리사를 두지 않은 맞춤형 화장품 판매업자</td>
</tr>
</table>

② 기능성 화장품 심사(또는 보고서) · 변경 심사를 위반한 화장품 제조업자, 화장품 책임판매업자, 대학 · 연구소 등
- 거짓이나 그 밖의 부정한 방법으로 안전성 및 유효성에 관하여 기능성 화장품 심사 · 변경 심사를 받거나 보고서를 제출한 자
- 거짓이나 부정한 방법으로 천연 화장품 및 유기농 화장품의 인증을 받은 화장품 제조업자, 화장품 책임판매업자 또는 총리령으로 정하는 대학 · 연구소 등
- 인증을 받지 않은 천연 화장품 및 유기농 화장품에 대해 인증 표시를 한 자

③ 법 제15조(영업의 금지)를 위반한 자 【 참고 p50 】

④ 등록을 하지 아니한 화장품 제조업자 또는 화장품 책임판매업자가 제조한 화장품 또는 제조 · 수입하여 유통 · 판매한 화장품
- 신고를 하지 않은 맞춤형 화장품 판매업자가 판매한 맞춤형 화장품 또는 화장품의 포장 및 기재 · 표시사항을 훼손(맞춤형 화장품 판매를 위해 필요한 경우 제외)하거나 위조 · 변조한 자

### (3) 1년 이하의 징역 또는 1천 만원 이하의 벌금

① 자기의 성명을 사용하여 다른 사람이 맞춤형 화장품 조제관리사 업무를 하게 하거나 **맞춤형 화장품 조제관리사 자격증을 양도 또는 대여**

② 화장품 책임판매업자의 영 · 유아 또는 어린이 사용 화장품 안전성 자료 작성 및 보관 위반

③ 화장품 책임판매업자 및 맞춤형 화장품 판매업자의 안전용기 · 포장 사용 위반

④ 법 제13조 부당한 표시 · 광고를 위반한 영업자 또는 판매자 【 참고 p46 】

⑤ 기재 사항, 가격 표시, 기재 · 표시상 주의사항, 의약품으로 잘못 인식할 우려가 있게 기재 · 표시, 비매품 · 견본품을 판매
- 화장품의 용기에 담은 내용물을 나누어 판매(맞춤형 화장품 조제관리사를 통해 판매하는 맞춤형 화장품 판매업자 및 소분 판매 목적으로 제조된 화장 비누 제외)
- 실증자료를 제출하지 아니한 채 중지 명령을 위반하고 계속하여 표시 · 광고를 하는 영업자 또는 판매자

### (4) 200만원 이하의 벌금

① 법 제5조(영업자의 의무)에 따른 준수 사항을 위반한 화장품 제조업자 · 책임판매업자 및 맞춤형 화장품 판매업자

② 화장품 1차 또는 2차 포장 기재 사항을 위반한 자(가격 제외)

**화장품 기재 사항**

화장품의 명칭, 영업자의 상호 및 주소, 해당 화장품 제조에 사용된 모든 성분(인체에 무해한 소량 함유 성분 등 총리령으로 정하는 성분 제외), 내용물의 용량 또는 중량, 제조번호, 사용기한 또는 개봉 후 사용기간(개봉 후 사용기간 기재 시 제조 연월일 병행 표기), 기능성 화장품의 경우 "기능성 화장품"이라는 글자 또는 식품의약품안전처장이 정하는 기능성 화장품을 나타내는 도안, 사용할 때의 주의사항, 그 밖에 총리령으로 정하는 사항

- 1차 포장 필수 기재 사항을 위반한 자 [1차 포장을 제거하고 사용하는 화장 비누(고체 형태의 세안용 비누)는 제외]

화장품의 명칭, 영업자의 상호, 제조번호, 사용기한 또는 개봉 후 사용기간(개봉 후 사용기간 기재 시 제조 연월일 병행 표기)

③ 인증의 유효기간(인증을 받은 날부터 3년)이 경과한 제품에 천연 또는 유기농 화장품 인증표시를 한 자

④ 보고와 검사, 시정명령, 검사명령, 개수명령, 회수 · 폐기 명령을 위반하거나 관계 공무원의 검사 · 수거 또는 처분을 거부 · 방해하거나 기피한 자

(5) 과태료 「화장품법 시행령」 [별표 2]

① 하나의 위반 행위가 둘 이상의 과태료 부과기준에 해당하는 경우 큰 금액 부과
② 위반 행위의 정도, 횟수, 행위의 동기와 그 결과 등을 고려해 $\frac{1}{2}$범위에서 금액 조정(단, 늘리는 경우에도 과태료 금액의 상한 초과 불가능)
③ 대통령령으로 정하는 바에 따라 식품의약품안전처장이 부과 · 징수

| 100만원 이하의 과태료 | |
|---|---|
| • 맞춤형 화장품 조제관리사가 아닌 자가 맞춤형 화장품 조제관리사 또는 이와 유사한 명칭을 사용한 경우 | |
| • 심사 받은 기능성 화장품의 변경사항을 변경 심사 받지 않은 경우 | 100 |
| • 화장품의 생산실적 또는 수입실적, 화장품 제조과정에 사용된 원료의 목록 등을 보고하지 않은 경우 | 50 |
| • 화장품 안전성 확보 및 품질관리(매년)에 대한 교육을 받지 않은 책임판매 관리자 및 맞춤형 화장품 조제관리사<br>– 화장품 관련 법령 및 제도(화장품의 안전성 확보 및 품질관리에 관한 내용을 포함)에 관한 교육 명령을 거부한 영업자 | 50 |
| • 폐업 또는 휴업신고나 휴업 후 재개신고를 하지 않은 경우 (단, 휴업 기간이 1개월 미만이거나 그 기간 동안 휴업하였다가 그 업을 재개하는 경우는 제외)<br>– 화장품 기재 사항에 따른 가격을 소비자에게 화장품을 직접 판매하는 판매자가 판매 가격을 표시하지 않은 경우 | 50 |
| • 법 18조(보고와 검사 등)에 따른 명령을 위반하여 보고를 하지 않은 경우 | 100 |
| • 동물실험을 실시한 화장품 또는 동물실험을 실시한 화장품 원료를 사용하여 제조(위탁 제조를 포함한다) 또는 수입한 화장품을 유통 · 판매한 화장품 책임판매업자 및 맞춤형 화장품 판매업자 | 100 |

**10) 수출용 제품의 예외**

(1) 국내에서 판매되지 않고 **수출만을 목적으로 하는 제품**의 경우, **수입국의 규정 준수**
(2) 적용하지 않는 국내 규정
① 제4조(기능성 화장품의 심사 등)
② 제8조(화장품 안전기준 등)
③ 제9조(안전용기 · 포장 등)
④ 제10조(화장품의 기재 사항)
⑤ 제11조(화장품의 가격 표시)
⑥ 제12조(기재 · 표시상의 주의)
⑦ 제14조(표시 · 광고 내용의 실증 등)
⑧ 제15조(영업의 금지)제1호 · 제5호
⑨ 제16조(판매 등의 금지)제1항제2호 · 제3호 및 같은 조 제2항

**11) 지방식약청 업무** 「화장품법 시행령」 제14조

식품의약품안전처장은 **화장품 제조업 또는 화장품 책임판매업의 등록 및 변경 등록, 맞춤형 화장품 판매업의 신고 및 변경 신고의 수리 등**의 권한을 지방식품의약품안전청장에게 위임

**지방식품의약품안전청 업무**

(1) 화장품 제조업 또는 화장품 책임판매업의 등록 및 변경 등록
① 맞춤형 화장품 판매업의 신고 및 변경 신고의 수리
② 화장품 제조업자, 화장품 책임판매업자 및 맞춤형 화장품 판매업자에 대한 교육명령
③ 회수 의무자의 회수계획 보고의 접수 및 회수에 따른 행정처분의 감경 · 면제

(2) 폐업 등의 신고에 대한 권한

① 폐업 또는 휴업, 휴업 후 재개 신고의 수리
② 화장품 제조업자 또는 화장품 책임판매업자가 관할 세무서장에게 폐업 신고를 하거나 관할 세무서장이 사업자등록을 말소한 경우 등록의 취소
③ 등록을 취소하기 위하여 필요시 관할 세무서장에게 화장품 제조업자 또는 화장품 책임판매업자 폐업 여부에 대한 정보 제공을 요청
④ 폐업 또는 휴업신고를 받은 날부터 신고인에게 7일 이내 신고수리 여부 통지

(3) 표시 · 광고 내용의 실증 등에 관한 권한

① 영업자 또는 판매자에게 실증자료 제출 요청
② 실증자료의 접수 및 제출 기간 연장
③ 제출기간 내에 실증자료 미제출로 인한 표시 · 광고 행위 중지명령
④ 제출받은 실증자료에 대해 다른 법률에 따른 다른 기관의 자료요청에 대한 회신

(4) 제18조(보고와 검사 등)에 따른 보고 명령 · 출입 · 검사 · 질문 및 수거

① 영업자 · 판매자 또는 그 밖에 화장품을 업무상 취급하는 자에 대하여 필요한 보고 명령
② 필요한 최소 분량을 수거해 적합 여부 검사
③ 관계공무원으로 하여금 제조 장소 · 영업소 · 창고 · 판매 장소, 그 밖에 화장품을 취급하는 장소에 출입하여 그 시설 또는 관계 장부나 서류, 그 밖의 물건의 검사 또는 관계인에 대해 질문
④ 제품 판매에 대한 모니터링 제도 운영

(5) 소비자 화장품 안전관리 감시원의 위촉 · 해촉 및 교육
(6) 시정명령

① 화장품 제조업 또는 화장품 책임판매업 변경 등록을 하지 않은 경우
② 맞춤형 화장품 판매업 변경 신고를 하지 않은 경우
③ 화장품 제조업자, 화장품 책임판매업자 및 맞춤형 화장품 판매업자가 식품의약품안전처장의 교육 명령을 위반한 경우
④ 폐업 또는 휴업, 휴업 후 재개 신고를 하지 않은 경우(단, 휴업 기간이 1개월 미만이거나 그 기간 동안 휴업하였다가 그 업을 재개하는 경우는 제외)

(7) 취급한 화장품에 대해 필요시 화장품 시험 · 검사기관의 검사명령
(8) 화장품 제조업자에 대한 개수명령 및 시설의 전부 또는 일부 사용 금지 명령
(9) 법 23조(회수 · 폐기 명령 등)에 따른 회수 · 폐기 등의 명령, 회수계획 보고의 접수와 폐기 또는 그 밖에 필요한 처분
(10) 회수계획 보고에 따른 공표 명령
(11) 법 제24조(등록의 취소 등)에 따른 등록 취소 또는 영업소 폐쇄(신고한 영업만 해당), 품목의 제조 · 수입 및 판매 금지, 업무 전부 또는 일부에 대한 정지명령

① 화장품 제조업 또는 화장품 책임판매업의 변경 등록을 하지 않은 경우
- 거짓이나 그 밖의 부정한 방법으로 영업의 등록 · 변경 등록 또는 신고 · 변경 신고한 경우
② 화장품 제조업을 등록하려는 자가 시설을 갖추지 않은 경우
- 맞춤형 화장품 판매업자가 시설 기준을 갖추지 않은 경우
③ 제3조의3(결격사유)의 어느 하나에 해당하는 경우
④ 국민 보건에 위해를 끼쳤거나 끼칠 우려가 있는 화장품을 제조 · 수입한 경우

⑤ 안전성 및 유효성에 관하여 기능성 화장품 심사(또는 보고서 제출) 받지 않은 기능성 화장품을 판매한 경우
   - 화장품 책임판매업자가 영 · 유아 또는 어린이가 사용 화장품 안전성 자료를 제품별로 작성 또는 보관하지 아니한 경우

⑥ 법 제5조(영업자의 의무 등)를 위반하여 영업자의 준수 사항을 이행하지 아니한 경우
   - 위해 우려가 있는 회수 대상 화장품을 회수하지 않거나 회수하는데 필요한 조치를 하지 않은 경우
   - 위해 화장품을 회수하거나 회수하는 데에 필요한 조치를 하려는 영업자가 회수계획을 보고하지 않거나 거짓으로 보고한 경우

⑦ 화장품 책임판매업자 및 맞춤형 화장품 판매업자가 안전용기 · 포장에 따른 기준을 위반한 경우

⑧ 법 제10조~제12조(기재 사항, 가격 표시, 기재 · 표시상의 주의)의 규정을 위반하여 화장품의 용기 또는 포장 및 첨부 문서에 기재 · 표시한 경우

⑨ 법 제13조(부당한 표시 · 광고)를 위반하거나 실증자료 미제출로 인한 표시 · 광고 중지명령을 위반한 경우

⑩ 법 제15조(영업의 금지)를 위반하여 판매하거나 판매의 목적으로 제조 · 수입 · 보관 또는 진열한 경우

⑪ 법 제18조제1항 · 제2항(보고와 검사 등)에 따른 검사 · 질문 · 수거 등을 거부하거나 방해한 경우

⑫ 법 제19조(시정명령), 제20조(검사명령), 제22조(개수명령), 제23조제1항 · 제2항(회수 · 폐기명령) 또는 제23조의2(공표명령) 등을 이행하지 아니한 경우

⑬ 위해 화장품 회수 명령을 받은 영업자 · 판매자 · 그 밖에 화장품을 업무상 취급하는 자가 미리 회수계획을 보고하지 않았거나 거짓으로 보고한 경우

⑭ 업무정지 기간 중 업무를 한 경우

※ 거짓이나 그 밖의 부정한 방법으로 영업의 등록 · 변경 등록, 신고 · 변경 신고 한 경우, 업무정지 기간 중에 업무(광고 업무에 한정하여 정지를 명한 경우는 제외)를 한 경우에는 등록 취소 또는 영업소 폐쇄

(12) 업무정지 처분에 따른 과징금의 부과 · 징수
(13) 행정처분이 확정된 자에 대한 위반 사실의 공표
(14) 법 제31조(등록필증 등의 재교부)에 따른 등록 · 신고필증의 재교부
(15) 과태료 부과 · 징수

**행정처분의 개별기준★★** 「화장품법 시행규칙」 [별표 7]

| 위반 내용 | 처분 기준 |
|---|---|
| • 거짓이나 그 밖의 부정한 방법으로 영업의 등록·변경 등록 또는 신고·변경 신고를 한 경우(법 제24조제1항제1호의2) | 등록 취소 또는 영업소 폐쇄 |
| • 업무정지 기간 중에 업무를 한 경우(법 제24조제1항제14호)<br>– 광고 업무에 한정해 정지를 명한 경우는 제외 | 등록 취소 |

• 화장품 제조업 또는 책임판매업의 변경사항 미등록(법 제24조제1항제1호)
• 맞춤형 화장품 판매업의 변경사항 미신고★★(법 제24조제1항제2호의2)

| 위반 내용 | 처분 기준 | | | |
|---|---|---|---|---|
| | 1차 위반 | 2차 위반 | 3차 위반 | 4차 이상 위반 |
| 화장품 제조업자·책임판매업자의 변경 또는 그 상호의 변경(법인인 경우 대표자 또는 법인의 명칭) 등록을 하지 않은 경우 | 시정명령 | 제조 또는 판매업무정지 5일 | 제조 또는 판매업무정지 15일 | 제조 또는 판매업무정지 1개월 |
| 제조소의 소재지 변경 등록을 하지 않은 경우 | 제조업무정지 1개월 | 제조업무정지 3개월 | 제조업무정지 6개월 | 등록 취소 |
| 화장품 책임판매업소의 소재지 변경 등록을 하지 않은 경우 | 판매업무정지 1개월 | 판매업무정지 3개월 | 판매업무정지 6개월 | 등록 취소 |
| 책임판매관리자의 변경 등록을 하지 않은 경우 | 시정명령 | 판매업무정지 7일 | 판매업무정지 15일 | 판매업무정지 1개월 |
| 제조 유형 변경 등록을 하지 않은 경우 | 제조업무정지 1개월 | 제조업무정지 2개월 | 제조업무정지 3개월 | 제조업무정지 6개월 |
| 화장품 책임판매업자의 책임판매 유형 변경(수입 대행형 거래 제외) 등록을 하지 않은 경우 | 경고 | 판매업무정지 15일 | 판매업무정지 1개월 | 판매업무정지 3개월 |
| 수입 대행형 거래를 목적으로 책임판매업을 등록한 자의 책임판매 유형 변경 등록을 하지 않은 경우 | 수입 대행 업무정지 1개월 | 수입 대행 업무정지 2개월 | 수입 대행 업무정지 3개월 | 수입 대행 업무정지 6개월 |
| 맞춤형 화장품 판매업자, 맞춤형 화장품 판매업소 상호, 맞춤형 화장품 조제관리사의 변경 신고를 하지 않은 경우 | 시정명령 | 판매업무정지 5일 | 판매업무정지 15일 | 판매업무정지 1개월 |
| 맞춤형 화장품 판매업소 소재지의 변경 신고를 하지 않은 경우 | 판매업무정지 1개월 | 판매업무정지 2개월 | 판매업무정지 3개월 | 판매업무정지 4개월 |

• 화장품 제조업을 등록한 자가 시설을 갖추지 않은 경우(법 제24조제1항제2호)
• 맞춤형 화장품 판매업자가 시설기준을 갖추지 않은 경우(법 제24조제1항제2호의3)

| 위반 내용 | 처분 기준 | | | |
|---|---|---|---|---|
| | 1차 위반 | 2차 위반 | 3차 위반 | 4차 이상 위반 |
| 제조 또는 품질검사에 필요한 시설 및 기구의 전부가 없는 경우 | 제조업무정지 3개월 | 제조업무정지 6개월 | 등록 취소 | |
| 작업소, 보관소 또는 시험실 중 어느 하나가 없는 경우 | 개수명령 | 제조업무정지 1개월 | 제조업무정지 2개월 | 제조업무정지 4개월 |
| 해당 품목의 제조 또는 품질검사에 필요한 시설 및 기구 중 일부가 없는 경우 | 개수명령 | 해당 품목 제조업무정지 1개월 | 해당 품목 제조업무정지 2개월 | 해당 품목 제조업무정지 4개월 |
| 화장품을 제조하기 위한 작업소의 기준을 위반한 경우<br>– 쥐·해충 및 먼지 등을 막을 수 있는 시설 위반 | 시정명령 | 제조업무정지 1개월 | 제조업무정지 2개월 | 제조업무정지 4개월 |

| | | | | |
|---|---|---|---|---|
| 화장품을 제조하기 위한 작업소의 기준을 위반한 경우<br>- 작업대 등 제조에 필요한 기구 또는 가루가 날리는 작업실에 가루를 제거하는 시설 위반 | 개수명령 | 해당 품목 제조업무정지 1개월 | 해당 품목 제조업무정지 2개월 | 해당 품목 제조업무정지 4개월 |
| 맞춤형 화장품 판매업을 신고한 자가 맞춤형 화장품 판매업의 시설을 갖추지 않은 경우 | 시정명령 | 판매업무정지 1개월 | 판매업무정지 3개월 | 영업소 폐쇄 |

• **국민 보건에 위해를 끼쳤거나 끼칠 우려가 있는 화장품을 제조 · 수입한 경우**(법 제24조제1항제4호)

| 1차 위반 | 2차 위반 | 3차 위반 | 4차 이상 위반 |
|---|---|---|---|
| 제조 또는 판매업무정지 1개월 | 제조 또는 판매업무정지 3개월 | 제조 또는 판매업무정지 6개월 | 등록 취소 |

• **심사(또는 보고서)받지 않은 기능성 화장품을 판매한 경우**(법 제24조제1항제5호)

| 위반 내용 | 처분 기준 | | | |
|---|---|---|---|---|
| | 1차 위반 | 2차 위반 | 3차 위반 | 4차 이상 위반 |
| 심사를 받지 않은 기능성 화장품을 판매한 경우 | 판매업무정지 6개월 | 판매업무정지 12개월 | 등록 취소 | |
| 보고하지 않은 기능성 화장품을 판매 | 판매업무정지 3개월 | 판매업무정지 6개월 | 판매업무정지 9개월 | 판매업무정지 12개월 |

• **영 · 유아 또는 어린이 사용 화장품임을 표시 · 광고하려는 화장품 책임판매업자가 제품별 안전성 자료를 작성 또는 보관하지 않은 경우**(법 제24조제1항제5호의2)

| 1차 위반 | 2차 위반 | 3차 위반 | 4차 이상 위반 |
|---|---|---|---|
| 판매 또는 해당 품목 판매업무정지 1개월 | 판매 또는 해당 품목 판매업무정지 3개월 | 판매 또는 해당 품목 판매업무정지 6개월 | 판매 또는 해당 품목 판매업무정지 12개월 |

• **영업자의 의무를 위반하여 영업자의 준수 사항을 이행하지 않은 경우**(법 제24조제1항제6호)

| 위반 내용 | 처분 기준 | | | |
|---|---|---|---|---|
| | 1차 위반 | 2차 위반 | 3차 위반 | 4차 이상 위반 |
| 품질관리기준에 따른 화장품 책임판매업자의 지도 · 감독 및 요청을 이행하지 않은 화장품 제조업자 | 시정명령 | 제조 또는 해당 품목 제조업무정지 15일 | 제조 또는 해당 품목 제조업무정지 1개월 | 제조 또는 해당 품목 제조업무정지 3개월 |
| 화장품 제조업자가 제조관리기준서, 제품표준서, 제조관리기록서 및 품질관리기록서를 갖추어 두지 않거나 이를 거짓으로 작성한 경우 | 제조 또는 해당 품목 제조업무정지 1개월 | 제조 또는 해당 품목 제조업무정지 3개월 | 제조 또는 해당 품목 제조업무정지 6개월 | 제조 또는 해당 품목 제조업무정지 9개월 |
| - 화장품 제조업자가 작성된 제조관리기준서의 내용을 준수하지 않은 경우<br>- 화장품 제조업자가 제조소, 시설 및 기구를 위생적으로 관리하지 않은 경우<br>- 화장품 제조업자가 제조에 필요한 시설 및 기구를 정기적으로 관리 · 유지하지 않은 경우<br>- 작업소에서 국민 보건 및 환경에 유해한 물질이 유출 · 방출된 경우<br>- 화장품 제조업자가 제조관리기준서, 제품표준서, 제조관리기록서 및 품질관리기록서 중 품질관리에 필요한 사항을 책임판매업자에게 제출하지 않은 경우<br>- 화장품 제조업자가 원료 및 자재의 입고부터 완재품 출고에 이르기까지 필요한 시험 · 검사 또는 검정을 하지 않은 경우 | 제조 또는 해당 품목 제조업무정지 15일 | 제조 또는 해당 품목 제조업무정지 1개월 | 제조 또는 해당 품목 제조업무정지 3개월 | 제조 또는 해당 품목 제조업무정지 6개월 |

| | | | | |
|---|---|---|---|---|
| - 화장품 제조업자가 제조 또는 품질검사 위탁 시 수탁자에 대한 관리 · 감독, 제조 및 품질관리에 관한 기록을 유지 · 관리하지 않은 경우 | | | | |
| - 화장품 책임판매업자가 품질관리 업무 수행을 위한 책임판매관리자를 두지 않은 경우<br>- 화장품 책임판매업자가 작성된 품질관리 업무 절차서 내용을 준수하지 않은 경우<br>- 화장품 책임판매업자가 안전 확보 업무를 수행할 책임판매관리자를 두지 않은 경우<br>- 책임판매관리자가 안전관리 정보를 검토하지 않거나 안전 확보 조치를 하지 않은 경우 | 판매 또는 해당 품목 판매업무정지 1개월 | 판매 또는 해당 품목 판매업무정지 3개월 | 판매 또는 해당 품목 판매업무정지 6개월 | 판매 또는 해당 품목 판매업무정지 12개월 |
| 화장품 책임판매업자가 품질관리기준에 따른 품질관리 업무 절차서를 작성하지 않거나 거짓으로 작성한 경우 | 판매업무정지 3개월 | 판매업무정지 6개월 | 판매업무정지 12개월 | 등록 취소 |
| 화장품 책임판매업자가 품질관리기준을 준수하지 않은 경우 | 시정명령 | 판매 또는 해당 품목 판매업무정지 7일 | 판매 또는 해당 품목 판매업무정지 15일 | 판매 또는 해당 품목 판매업무정지 1개월 |
| 화장품 책임판매업자가 책임판매 후 안전관리기준을 준수하지 않은 경우 | 경고 | 판매 또는 해당 품목 판매업무정지 1개월 | 판매 또는 해당 품목 판매업무정지 3개월 | 판매 또는 해당 품목 판매업무정지 6개월 |
| - 화장품 책임판매업자가 제조업자로부터 받은 제품표준서 및 품질관리기록서를 보관하지 않은 경우<br>- 화장품 책임판매업자가 수입한 화장품의 수입관리기록서 작성 · 보관하지 않은 경우<br>- 화장품 책임판매업자가 제조번호별로 품질검사를 하지 않고 유통시킨 경우<br>- 화장품 책임판매업자가 제조 및 품질관리를 위탁 시 수탁자에 관한 관리 · 감독, 제조 및 품질관리에 관한 기록을 유지 · 관리하지 않은 경우<br>- 품질관리기준이 국가 간 상호 인증되지 않았으나 국내에서 품질검사를 하지 않은 경우 또는 제조국 제조회사의 품질검사 시험성적서를 구비하지 않은 경우<br>- 화장품 책임판매업자가 현지실사를 신청하지 않고 수입 화장품에 대한 품질검사를 하지 않는 경우<br>- 수입된 화장품을 판매하려는 책임판매업자가 수출 · 수입요령을 준수하지 않거나 표준통관예정 보고를 하지 않은 경우<br>- 화장품 책임판매업자가 안전성 정보보고 및 필요한 안전대책을 마련하지 않은 경우<br>- 화장품 책임판매업자가 해당 성분을 0.5% 이상 함유하는 제품의 안정성 시험 자료를 최종 제조된 제품의 사용기한이 만료되는 날부터 1년간 보관하지 않은 경우<br>- 맞춤형 화장품 판매업자가 맞춤형 화장품 판매내역서를 작성 · 보관하지 않은 경우<br>- 맞춤형 화장품 판매업자가 맞춤형 화장품 부작용 발생 사례 보고를 하지 않은 경우 | 시정명령 | 판매 또는 해당 품목 판매업무정지 1개월 | 판매 또는 해당 품목 판매업무정지 3개월 | 판매 또는 해당 품목 판매업무정지 6개월 |

| 맞춤형 화장품 판매업자가 소비자에게 유통·판매되는 화장품을 임의로 혼합·소분한 경우 | 판매업무정지 15일 | 판매업무정지 1개월 | 판매업무정지 3개월 | 판매업무정지 6개월 |
|---|---|---|---|---|
| 맞춤형 화장품 판매업자가 맞춤형 화장품 판매장 시설·기구 관리기준을 위반하거나 혼합·소분 안전관리기준을 위반한 경우 | 판매 또는 해당 품목 판매업무정지 15일 | 판매 또는 해당 품목 판매업무정지 1개월 | 판매 또는 해당 품목 판매업무정지 3개월 | 판매 또는 해당 품목 판매업무정지 6개월 |

- **회수 대상 화장품을 회수 및 회수에 필요한 조치를 하지 않은 경우**(법 제24조제1항제6호의2)
- **회수하거나 회수하는 조치를 하려는 영업자가 회수계획을 식품의약품안전처장에게 미리 보고하지 않거나 거짓으로 보고한 경우**(법 제24조제1항제6호의3)

| 1차 위반 | 2차 위반 | 3차 위반 | 4차 이상 위반 |
|---|---|---|---|
| 판매 또는 제조업무정지 1개월 | 판매 또는 제조업무정지 3개월 | 판매 또는 제조업무정지 6개월 | 등록 취소 |

- **화장품 책임판매업자 및 맞춤형 화장품 판매업자가 화장품 안전용기·포장에 관한 기준을 위반한 경우** (법 제24조제1항제8호)

| 1차 위반 | 2차 위반 | 3차 위반 |
|---|---|---|
| 해당 품목 판매업무정지 3개월 | 해당 품목 판매업무정지 6개월 | 해당 품목 판매업무정지 12개월 |

- **화장품 기재 사항, 가격 표시, 기재·표시사항 규정을 위반하여 화장품 용기 또는 포장 및 첨부문서에 기재·표시한 경우**(법 제24조제1항제9호)

| 위반 내용 | 처분 기준 | | | |
|---|---|---|---|---|
| | 1차 위반 | 2차 위반 | 3차 위반 | 4차 이상 위반 |
| 화장품 1차 또는 2차 포장 기재 사항 전부를 기재하지 않은 경우(단, 가격은 제외) | 해당 품목 판매업무정지 3개월 | 해당 품목 판매업무정지 6개월 | 해당 품목 판매업무정지 12개월 | |
| 화장품 1차 또는 2차 포장의 기재 사항을 거짓으로 기재한 경우(단, 가격은 제외) | 해당 품목 판매업무정지 1개월 | 해당 품목 판매업무정지 3개월 | 해당 품목 판매업무정지 6개월 | 해당 품목 판매업무정지 12개월 |
| – 화장품 1차 또는 2차 포장의 기재 사항의 일부를 기재하지 않은 경우(단, 가격은 제외)<br>– 화장품 포장의 표시 기준 및 표시 방법을 위반한 경우<br>– 화장품 포장의 기재·표시상 주의사항을 위반한 경우 | 해당 품목 판매업무정지 15일 | 해당 품목 판매업무정지 1개월 | 해당 품목 판매업무정지 3개월 | 해당 품목 판매업무정지 6개월 |

- **영업자 또는 판매자가 부당한 표시·광고를 한 경우**(법 제24조제1항제10호)

| 위반 내용 | 처분 기준 | | | |
|---|---|---|---|---|
| | 1차 위반 | 2차 위반 | 3차 위반 | 4차 이상 위반 |
| – 의약품으로 잘못 인식할 우려가 있는 내용, 제품의 명칭, 효능·효과 등에 대한 표시·광고를 한 경우<br>– 기능성, 천연 또는 유기농 화장품이 아님에도 불구하고 제품의 명칭, 제조 방법, 효능·효과 등에 관해 기능성, 천연 또는 유기농 화장품으로 잘못 인식할 우려가 있는 표시·광고를 한 경우<br>– 사실 유무와 관계없이 다른 제품을 비방하거나 비방한다고 의심이 되는 표시·광고를 한 경우 | 해당 품목 판매업무정지 3개월 (표시 위반) 또는 해당 품목 광고업무정지 3개월 (광고 위반) | 해당 품목 판매업무정지 6개월 (표시 위반) 또는 해당 품목 광고업무정지 6개월 (광고 위반) | 해당 품목 판매업무정지 9개월 (표시 위반) 또는 해당 품목 광고업무정지 9개월 (광고 위반) | |

| | | | | |
|---|---|---|---|---|
| - 의사, 치과의사, 약사, 의료기관, 연구기관이 지정 · 공인 · 추천 · 지도 · 연구 · 개발 또는 사용하고 있다는 내용이나 이를 암시하는 등의 표시 · 광고를 한 경우<br>- 외국을 국내 제품으로 국내 제품을 외국 제품으로 잘못 인식할 우려가 있는 표시 · 광고를 한 경우<br>- 외국과 기술제휴 하지 않고 외국과 기술제휴 등을 표현하는 표시 · 광고를 한 경우<br>- 비교 대상 및 기준을 밝히지 않고 경쟁상품과 비교하는 표시 · 광고, 객관적으로 확인되지 않은 표시 · 광고, 배타성을 띈 절대적 표현의 표시 · 광고를 한 경우<br>- 소비자가 잘못 인식할 우려가 있거나 속을 우려가 있는 표시 · 광고를 한 경우<br>- 품질 · 효능에 관하여 객관적으로 확인될 수 없거나 확인되지 않았는데 광고하거나 화장품의 범위를 벗어나는 표시 · 광고를 한 경우<br>- 저속하거나 혐오감을 주는 표현 · 도안 · 사진 등을 이용한 표시 · 광고를 한 경우<br>- 국제 멸종 위기종의 가공품이 함유된 화장품임을 표현하거나 암시하는 표시 · 광고를 한 경우 | 해당 품목 판매업무정지 2개월 (표시 위반) 또는 해당 품목 광고업무정지 2개월 (광고 위반) | 해당 품목 판매업무정지 4개월 (표시 위반) 또는 해당 품목 광고업무정지 4개월 (광고 위반) | 해당 품목 판매업무정지 6개월 (표시 위반) 또는 해당 품목 광고업무정지 6개월 (광고 위반) | 해당 품목 판매업무정지 12개월 (표시 위반) 또는 해당 품목 광고업무정지 12개월 (광고 위반) |

- **실증자료 미제출로 인한 표시 · 광고 중지 명령을 위반하여 계속해서 화장품을 표시 · 광고한 경우** (법 제24조제1항제10호)

| 1차 위반 | 2차 위반 | 3차 위반 |
|---|---|---|
| 해당 품목 판매업무정지 3개월 | 해당 품목 판매업무정지 6개월 | 해당 품목 판매업무정지 12개월 |

- **영업의 금지에 해당하는 사항을 위반하여 화장품을 판매하거나 판매의 목적으로 제조 · 수입 · 보관 또는 진열한 경우**(법 제24조제1항제11호)

| 위반 내용 | 처분 기준 | | | |
|---|---|---|---|---|
| | 1차 위반 | 2차 위반 | 3차 위반 | 4차 이상 위반 |
| - 심사를 받지 않거나 보고서를 제출하지 않은 기능성 화장품<br>- 전부 또는 일부가 변패(變敗)되거나 이물질이 혼입 또는 부착된 화장품<br>- 코뿔소 뿔 또는 호랑이 뼈와 그 추출물을 사용한 화장품<br>- 위해가 발생할 우려가 있는 비위생적인 조건, 시설 기준에 적합하지 않은 시설에서 제조된 화장품<br>- 용기나 포장 불량으로 보건위생상 위해를 발생할 우려가 있는 화장품<br>- 식품의 형태 · 냄새 · 색깔 · 크기 · 용기 및 포장 등을 모방하여 섭취 등 식품으로 오용될 우려가 있는 화장품 | 해당 품목 제조 또는 판매업무정지 1개월 | 해당 품목 제조 또는 판매업무정지 3개월 | 해당 품목 제조 또는 판매업무정지 6개월 | 해당 품목 제조 또는 판매업무정지 12개월 |
| - 병원 미생물에 오염된 화장품<br>- 사용상의 제한이 필요한 원료에 대해 식약처장이 고시한 사용 기준을 위반한 화장품 | 해당 품목 제조 또는 판매업무정지 3개월 | 해당 품목 제조 또는 판매업무정지 6개월 | 해당 품목 제조 또는 판매업무정지 9개월 | 해당 품목 제조 또는 판매업무정지 12개월 |

| | | | | |
|---|---|---|---|---|
| 사용기한 또는 개봉 후 사용 기간(병행 표기된 제조 연월일 포함)을 위 · 변조한 화장품 | 해당 품목 제조 또는 판매업무정지 3개월 | 해당 품목 제조 또는 판매업무정지 6개월 | 해당 품목 제조 또는 판매업무정지 12개월 | |
| 식약처장이 고시한 화장품의 제조 등에 사용할 수 없는 원료를 사용한 화장품 | 제조 또는 판매업무정지 3개월 | 제조 또는 판매업무정지 6개월 | 제조 또는 판매업무정지 12개월 | 등록 취소 |
| 식품의약품안전처장이 고시한 유통 화장품 안전관리기준에 부적합<br>– 실제 내용량이 표시된 내용량 90% 이상 97% 미만인 화장품 | 시정명령 | 해당 품목 제조 또는 판매업무정지 15일 | 해당 품목 제조 또는 판매업무정지 1개월 | 해당 품목 제조 또는 판매업무정지 2개월 |
| 식품의약품안전처장이 고시한 유통 화장품 안전관리기준에 부적합<br>– 실제 내용량이 표시된 내용량 80% 이상 90% 미만인 화장품 | 해당 품목 제조 또는 판매업무정지 1개월 | 해당 품목 제조 또는 판매업무정지 2개월 | 해당 품목 제조 또는 판매업무정지 3개월 | 해당 품목 제조 또는 판매업무정지 4개월 |
| 식품의약품안전처장이 고시한 유통 화장품 안전관리기준에 부적합<br>– 실제 내용량이 표시된 내용량 80% 미만인 화장품 | 해당 품목 제조 또는 판매업무정지 2개월 | 해당 품목 제조 또는 판매업무정지 3개월 | 해당 품목 제조 또는 판매업무정지 4개월 | 해당 품목 제조 또는 판매업무정지 6개월 |
| 기능성 화장품에서 기능성을 나타내는 주원료의 함량이 기준치보다 10% 미만 부족한 경우 | 해당 품목 제조 또는 판매업무정지 15일 | 해당 품목 제조 또는 판매업무정지 1개월 | 해당 품목 제조 또는 판매업무정지 3개월 | 해당 품목 제조 또는 판매업무정지 6개월 |
| 기능성 화장품에서 기능성을 나타내는 주원료의 함량이 기준치보다 10% 이상 부족한 경우 | 해당 품목 제조 또는 판매업무정지 1개월 | 해당 품목 제조 또는 판매업무정지 3개월 | 해당 품목 제조 또는 판매업무정지 6개월 | 해당 품목 제조 또는 판매업무정지 12개월 |

- **식품의약품안전처장의 보고와 검사**(시설 또는 관계 장부나 서류, 그 밖의 물건), **질문, 수거**(화장품의 품질 또는 안전기준, 포장 등의 기재 · 표시사항 등의 적합 여부 확인) **등을 거부하거나 방해한 경우** (법 제24조제1항제12호)
- **영업자가 식품의약품안전처장의 시정 · 검사 · 개수 · 회수 · 폐기 명령 또는 공표 명령 등을 이행하지 않은 경우**(법 제24조제1항제13호)
- **회수 명령을 받은 회수 의무자(영업자 · 판매자 · 그 밖에 화장품을 업무상 취급하는 자)가 회수계획을 보고하지 않거나 거짓으로 보고한 경우**(법 제24조제1항제13호의2)

| 1차 위반 | 2차 위반 | 3차 위반 | 4차 이상 위반 |
|---|---|---|---|
| 판매 또는 제조업무정지 1개월 | 판매 또는 제조업무정지 3개월 | 판매 또는 제조업무정지 6개월 | 등록 취소 |

- **업무정지 기간에 업무를 한 경우**(법 제24조제1항제14호)

| 위반 내용 | 1차위반 | 2차위반 |
|---|---|---|
| 광고업무정지 기간 중에 광고 업무를 한 경우 | 시정명령 | 판매업무정지 3개월 |

# 개인정보보호법

## Chapter 1 고객관리 프로그램 운용

### 1 개인정보

#### 1) 개인정보 정의 및 범위

(1) 개인정보

살아있는 개인에 관한 정보로 다음 중 어느 하나에 해당

휴대폰 번호
+
USIM 일련번호

| ① 성명, 주민등록번호 및 영상 등을 통하여 개인을 알아볼 수 있는 정보 | ② 해당 정보만으로는 특정 개인을 알아볼 수 없더라도 다른 정보와 쉽게 결합하여 알아볼 수 있는 정보(쉽게 결합할 수 있는지 여부 판단 시 다른 정보의 입수 가능성 등 개인을 알아보는 데 소요되는 시간, 비용, 기술 등을 합리적으로 고려) | ③ 가명정보<br>가명처리[① 또는 ②]함으로써 원래의 상태로 복원하기 위한 추가 정보의 사용·결합 없이는 특정 개인을 알아볼 수 없는 정보 |
|---|---|---|

(2) 개인정보의 범위

| 개인정보에 해당 | 개인정보에 해당하지 않는 정보 |
|---|---|
| ① 정보의 내용, 형태 등에는 제한 없이 개인을 "알아볼 수 있는" 정보<br>② 법인, 단체의 대표자·임원진·업무담당자 개인에 대한 정보<br>③ 사물의 제조자 또는 소유자 개인에 대한 정보<br>④ 단체 사진을 sns에 올린 경우<br>(사진에 등장하는 인물 모두) | ① 사망한 자의 정보<br>② 법인, 단체에 관한 정보<br>③ 개인사업자의 상호명, 사업장 주소, 사업자등록번호, 납세액 등 사업체 운영과 관련한 정보<br>④ 사물에 관한 정보 |

#### 2) 개인정보"처리"

개인정보의 수집, 생성, 연계, 연동, 기록, 저장, 보유, 가공, 편집, 검색, 출력, 정정(訂正), 복구, 이용, 제공, 공개, 파기(破棄), 그 밖에 이와 유사한 행위

※ 이와 유사한 행위 : 전송, 전달, 이전, 열람, 조회, 수정, 보완, 삭제, 공유, 보전, 파쇄 등

## 2 고객관리 프로그램 운용을 위한 개인정보보호법

### 1) 개인정보처리자

업무를 목적으로 개인정보 파일을 운용하기 위하여 **스스로 또는 다른 사람을 통하여 개인정보를 처리**하는 공공기관, 법인, 단체 및 개인 등은 개인정보보호 원칙을 이행해야 함

#### (1) 개인정보보호 원칙★★ 「개인정보보호법」 제3조

① 개인정보처리자는 개인정보의 처리 목적을 명확하게 하여야 하고 그 목적에 필요한 범위에서 **최소한의 개인정보만을 적법하고 정당하게 수집**하여야 함

② 개인정보처리자는 개인정보의 **처리 목적에 필요한 범위에서 적합**하게 개인정보를 처리하여야 하며, 그 목적 외의 용도로 활용하여서는 안 됨

③ 개인정보처리자는 개인정보의 처리 목적에 필요한 범위에서 **개인정보의 정확성, 완전성 및 최신성**이 보장되도록 하여야 함

④ 개인정보처리자는 개인정보의 처리 방법 및 종류 등에 따라 **정보주체의 권리가 침해받을 가능성과 그 위험 정도**를 고려하여 개인정보를 안전하게 관리하여야 함

⑤ 개인정보처리자는 개인정보 처리 방침 등 **개인정보의 처리에 관한 사항을 공개**하여야 하며, 열람청구권 등 **정보주체의 권리를 보장**하여야 함

⑥ 개인정보처리자는 정보주체의 **사생활 침해를 최소화**하는 방법으로 개인정보를 처리하여야 함

⑦ 개인정보처리자는 개인정보를 **익명 또는 가명으로 처리하여도 개인정보 수집 목적을 달성할 수 있는 경우 익명 처리가 가능한 경우에는 익명**에 의하여, **익명 처리로 목적을 달성할 수 없는 경우에는 가명**에 의하여 처리될 수 있도록 하여야 함

⑧ 개인정보처리자는 이 법 및 관계 법령에서 규정하고 있는 책임과 의무를 준수하고 실천함으로써 **정보주체의 신뢰를 얻기 위하여 노력**하여야 함

#### (2) 개인정보주체의 권리 「개인정보보호법」 제4조

① 개인정보의 처리에 관한 **정보를 제공**받을 권리

② 개인정보의 처리에 관한 **동의 여부, 동의 범위 등을 선택하고 결정**할 권리

③ 개인정보의 **처리 여부를 확인**하고 **개인정보에 대하여 열람**(사본 발급을 포함)을 **요구**할 권리

④ 개인정보의 처리 **정지, 정정·삭제 및 파기를 요구**할 권리

⑤ 개인정보의 처리로 인하여 발생한 **피해를 신속하고 공정한 절차에 따라 구제**받을 권리

### 2) 정보통신서비스 제공자 「전기통신사업법」 제2조제8호

전기통신사업자와 영리를 목적으로 **전기통신사업자의 전기통신업무를 이용하여 정보를 제공하거나 정보의 제공을 매개**하는 자

> **Key Point**
> 영리를 목적으로 홈페이지 운영 등 온라인 서비스를 제공하는 경우 정보통신서비스 제공자에 대한 규정이 적용됨

# Chapter 2 개인정보보호법에 근거한 고객정보 입력

## 1 개인정보 수집을 위해 필요한 조치

### 1) 개인정보 수집 · 이용의 요건

(1) 개인정보처리자가 개인정보를 수집 · 이용할 수 있는 경우**

① **정보주체의 동의**를 받은 경우
② **법률에 특별한 규정이 있거나 법령상 의무를 준수**하기 위하여 불가피한 경우
③ **공공기관이 법령 등에서 정하는 소관 업무의 수행**을 위하여 불가피한 경우
④ **정보주체와의 계약의 체결 및 이행**을 위하여 불가피하게 필요한 경우
⑤ 정보주체 또는 그 법정대리인이 의사표시를 할 수 없는 상태에 있거나 주소불명 등으로 사전 동의를 받을 수 없는 경우로서 **명백히 정보주체 또는 제3자의 급박한 생명, 신체, 재산의 이익을 위하여 필요하다고 인정**되는 경우
⑥ **개인정보처리자의 정당한 이익을 달성**하기 위하여 필요한 경우로서 **명백하게 정보주체의 권리보다 우선**하는 경우
⑦ **친목 단체의 운영**을 위한 경우

(2) 정보통신서비스 제공자가 이용자의 동의 없이 개인정보를 수집 · 이용할 수 있는 경우

① 정보통신서비스 제공에 관한 계약을 이행하기 위해 필요한 개인정보 중 **통상적인 동의를 받는 것이 곤란한** 경우
② 정보통신서비스 제공에 따른 **요금 정산**을 위해 필요한 경우
③ **다른 법률에 특별한 규정**이 있는 경우

### 2) 동의요건

(1) 개인정보처리자가 개인정보 수집 · 이용 동의를 받을 때 알려야 하는 사항

① 개인정보의 수집 · 이용 **목적**
② 수집하고자 하는 개인정보의 **항목**
③ 개인정보의 보유 및 이용**기간**
④ 동의를 거부할 권리가 있다는 사실 및 동의 거부에 따른 불이익이 있는 경우에는 **그 불이익의 내용**

※ 동의 방법 : 직접 서명 날인, 홈페이지 가입 시 "동의" 클릭, 구두로 의사표시

(2) 정보통신서비스 제공자가 개인정보 수집 · 이용 동의를 받을 때 알려야 하는 사항

① 개인정보의 수집 · 이용 **목적**
② 수집하고자 하는 개인정보의 **항목**
③ 개인정보의 보유 및 이용**기간**

### 3) 개인정보 수집 제한

① 개인정보처리자는 개인정보 수집 목적에 필요한 **최소한의 범위에서 개인정보를 수집**
② 정보주체에게 필요한 최소한의 정보 외의 **개인정보 수집을 거부할 수 있다는 사실을 고지**
③ 개인정보처리자, 정보통신서비스 제공자는 정보주체의 필요한 최소한의 정보 외의 개인정보 수집 거절을 이유로 **재화 또는 서비스의 제공을 거부하여서는 안 됨**

### 4) 개인정보 제3자 제공

(1) 개인정보를 제3자에게 제공할 수 있는 경우

① **정보주체로부터 동의**를 받은 경우
② **법률에 특별한 규정이 있거나 법령상 의무를 준수**하기 위해 불가피한 경우
③ **공공기관이 법령 등에서 정하는 소관 업무의 수행**을 위해 불가피한 경우
④ 정보주체 또는 그 법정대리인이 의사표시를 할 수 없는 상태에 있거나 주소불명 등으로 사전 동의를 받을 수 없는 경우로서 **명백히 정보주체 또는 제3자의 급박한 생명, 신체, 재산의 이익을 위하여 필요하다고 인정**되는 경우
⑤ 정보통신서비스의 제공에 따른 **요금 정산**을 위하여 필요한 경우
⑥ **다른 법령에 특별한 경우**가 있는 경우

(2) 개인정보 제3자 제공에 대한 동의를 받을 때 알려야 하는 사항

① 개인정보를 **제공받는 자**
② 개인정보를 제공받는 자의 개인정보 이용 **목적**
③ 제공하는 개인정보의 **항목**
④ 개인정보를 제공받는 자의 개인정보 보유 및 이용 **기간**
⑤ 동의를 거부할 권리가 있다는 사실 및 동의 거부에 따른 불이익이 있는 경우에는 **그 불이익의 내용**

### 5) 개인정보의 목적 외 개인정보 이용 · 제공 제한

개인정보처리자는 개인정보를 그 수집 목적의 범위를 초과하여 이용하거나 제3자에게 제공할 수 없음

개인정보처리자가 개인정보를 목적 외 또는 제3자에게 이용 · 제공할 수 있는 경우
(단, 정보주체 또는 제3자의 이익을 부당하게 침해할 우려가 있을 경우에는 제외)

| 항 목 | 제공 여부 | | |
|---|---|---|---|
| | 개인정보 처리자 | 정보통신 서비스 제공자 | 공공 기관 |
| 정보주체로부터 별도의 동의를 받은 경우 | o | o | o |
| 다른 법률에 특별한 규정이 있는 경우 | o | o | o |

| | | | |
|---|---|---|---|
| 정보주체 또는 그 법정대리인이 의사표시를 할 수 없는 상태에 있거나 주소불명 등으로 사전 동의를 받을 수 없는 경우로서 명백히 정보주체 또는 제3자의 급박한 생명, 신체, 재산의 이익을 위하여 필요하다고 인정되는 경우 | o | x | o |
| 개인정보를 목적 외의 용도로 이용하거나 이를 제3자에게 제공하지 아니 하면 다른 법률에서 정하는 소관업무를 수행할 수 없는 경우로서 보호위원회의 심의·의결을 거친 경우 | x | x | o |
| 조약, 그 밖의 국제협정의 이행을 위해 외국 정부 또는 국제기구에 제공하기 위하여 필요한 경우 | x | x | o |
| 범죄의 수사와 공소 제기 및 유지를 위하여 필요한 경우 | x | x | o |
| 법원의 재판업무 수행을 위하여 필요한 경우 | x | x | o |
| 형(刑) 및 감호보호처분의 집행을 위하여 필요한 경우 | x | x | o |

## 2 민감정보, 고유식별정보

### 1) 민감정보의 처리 제한

#### (1) 민감정보의 유형★

① 사상·신념에 관한 정보
② 건강에 관한 정보(고객 피부 상태에 관한 정보는 건강 관련 정보에 해당)
③ 성생활 등에 관한 정보
④ 노동조합·정당의 가입·탈퇴에 관한 정보
⑤ 정치적 견해에 관한 정보
⑥ 정보주체의 사생활을 현저히 침해할 우려가 있는 그 밖에 대통령령으로 정하는 개인정보

**사생활 침해 우려로 대통령령으로 정하는 민감정보** 「개인정보보호법 시행령」 제18조

- 유전자 검사 등의 결과로 얻어진 유전정보
- 「형의 실효 등에 관한 법률」 제2조제5호에 따른 범죄 경력자료에 해당하는 정보
- 개인의 신체적, 생리적, 행동적 특징에 관한 정보로서 특정 개인을 알아볼 목적으로 일정한 기술적 수단을 통해 생성한 정보
- 인종이나 민족에 관한 정보

#### (2) 민감정보

**민감정보 처리에 대한 별도의 동의**를 받을 때 정보주체에게 고지해야 하는 사항

| | |
|---|---|
| 개인정보의 수집·이용<br>「개인정보보호법」 제15조제2항 | ① 개인정보의 수집·이용 **목적**<br>② 수집하고자 하는 개인정보의 **항목**<br>③ 개인정보의 보유 및 이용**기간**<br>④ 동의를 거부할 권리가 있다는 사실 및 동의 거부에 따른 불이익이 있는 경우에는 그 **불이익의 내용** |

| 개인정보의 제공<br>「개인정보보호법」<br>제17조제2항 | ① 개인정보를 **제공받는 자**<br>② 개인정보를 제공받는 자의 개인정보 이용 **목적**<br>③ 제공하는 개인정보의 **항목**<br>④ 개인정보를 제공받는 자의 개인정보 보유 및 이용 **기간**<br>⑤ 동의를 거부할 권리가 있다는 사실 및 동의 거부에 따른 불이익이 있는 경우에는 그 **불이익의 내용** |
|---|---|



### 2) 민감정보의 안전 조치 의무 「개인정보보호법」 제29조

개인정보처리자는 개인정보가 분실·도난·유출·위조·변조 또는 훼손되지 않도록 **내부 관리계획 수립, 접속기록 보관** 등 **안전성 확보에 필요한 기술적·관리적 및 물리적 조치**를 하여야 함

### 3) 고유식별정보의 처리 제한

#### (1) 고유식별정보의 유형

개인을 고유하게 구별하기 위하여 부여된 식별정보(주민등록번호, 여권번호, 운전면허의 면허번호, 외국인 등록번호)

#### (2) 고유식별정보 유형별 처리 원칙

**고유식별정보 처리에 대한 별도의 동의**를 받을 때 정보주체에게 고지해야 하는 사항

| 개인정보의<br>수집·이용<br>「개인정보보호법」<br>제15조제2항 | ① 개인정보의 수집·이용 **목적**<br>② 수집하고자 하는 개인정보의 **항목**<br>③ 개인정보의 보유 및 이용**기간**<br>④ 동의를 거부할 권리가 있다는 사실 및 동의 거부에 따른 불이익이 있는 경우에는 그 **불이익의 내용** |
|---|---|
| 개인정보의 제공<br>「개인정보보호법」<br>제17조제2항 | ① 개인정보를 **제공받는 자**<br>② 개인정보를 제공받는 자의 개인정보 이용 **목적**<br>③ 제공하는 개인정보의 **항목**<br>④ 개인정보를 제공받는 자의 개인정보 보유 및 이용 **기간**<br>⑤ 동의를 거부할 권리가 있다는 사실 및 동의 거부에 따른 불이익이 있는 경우에는 그 **불이익의 내용** |

### 4) 고유식별정보의 안전 조치 의무 「개인정보보호법」 제24조제3호

개인정보처리자는 고유식별정보가 분실·도난·유출·위조·변조 또는 훼손되지 않도록 **암호화 등 안전성 확보에 필요한 조치**를 하여야 함

### 5) 주민등록번호 처리의 제한

개인정보처리자 및 정보통신서비스 제공자는 주민등록번호 처리 불가

#### (1) 정보통신서비스 제공자가 주민등록번호를 처리할 수 있는 경우

본인확인기관으로 지정 받거나 기간통신사업자로부터 이동통신서비스를 제공받아 재판매하는 전기통신사업자가 이용자의 본인확인업무 수행과 관련해 수집·이용하는 경우

(2) 개인정보처리자가 주민등록번호를 처리할 수 있는 경우

① 법률 · 대통령령 · 국회규칙 · 대법원규칙 · 헌법재판소규칙 · 중앙선거관리위원회규칙 및 감사원규칙에서 구체적으로 주민등록번호의 처리를 요구하거나 허용한 경우
② 정보주체 또는 제3자의 급박한 생명, 신체, 재산의 이익을 위해 명백히 필요하다고 인정되는 경우
③ **주민등록번호 처리가 불가피한 경우**로서 보호위원회가 고시로 정하는 경우

Key Point

> 정보통신서비스 제공자와 개인정보처리자는 주민등록번호를 수집 · 이용할 수 있는 경우에도 주민등록번호를 사용하지 않고 본인을 확인하는 방법(대체 수단) 및 인터넷 홈페이지에서 회원으로 가입할 수 있는 방법을 제공해야 함

## 3 개인정보 수집 · 제공 동의서

### 1) 개인정보보호법에 따른 개인정보 수집 · 이용 동의서 작성

(1) 동의의 방법

① 개인정보 수집 · 이용에 대한 동의를 받을 경우
각각의 동의사항을 구분하여 정보주체가 이를 명확하게 인지할 수 있도록 알리고 각각 동의를 받음

> 특히 민감정보, 고유식별정보는 별도 동의 필요

② 개인정보의 처리에 대한 동의를 받을 경우
정보주체와의 계약 체결 등을 위해 정보주체의 동의 없이 처리할 수 있는 개인정보와 정보주체의 동의가 필요한 개인정보를 구분하여 동의를 받음
③ 재화, 서비스를 홍보 및 판매 권유를 위해 개인정보 처리에 대한 동의를 받을 경우
정보주체가 이를 명확하게 인지할 수 있도록 알리고 동의를 받음

> 선택적으로 동의할 수 있는 사항을 동의하지 않거나, 마케팅 정보 제공 및 제3자 정보제공에 대한 동의를 하지 않는 경우, 미동의를 이유로 정보주체에게 재화 또는 서비스의 제공을 거부할 수 없음

④ 만 14세 미만 아동에 대한 개인정보 수집 · 이용 동의를 받을 경우, 법정대리인의 동의 필요

> 법정대리인 동의를 받기 위해 해당 아동으로부터 직접 법정대리인의 성명, 연락처에 관한 정보를 수집할 수 있음

(2) 개인정보 수집 · 제공 동의서 작성*

개인정보보호법에 따라 고객으로부터 수령

Key Point

【예시】 문자 알림 서비스 가입을 위한 개인정보 수집 · 이용, 제공 동의서

OOOO은 문자 알림 서비스 제공을 위하여 아래와 같이 개인정보를 수집 · 이용 및 제공하고자 합니다. 내용을 자세히 읽으신 후 동의 여부를 결정하여 주십시오.

□ 개인정보 수집 · 이용 내역

| 항 목 | 수집 목적 | 보유 · 이용기간 |
|---|---|---|
| 성명, 전화번호 | 최신 정보 | 1년 |

※ 위의 개인정보 수집 · 이용에 대한 동의를 거부할 권리가 있습니다.
그러나 동의를 거부할 경우 최신 정보 이용에 제한을 받을 수 있습니다.

☞ 위와 같이 개인정보를 수집 · 이용하는데 동의하십니까? 동의 □ 미동의 □

□ 개인정보 제3자 제공 내역

| 제공받는 기관 | 제공 목적 | 제공하는 항목 | 보유 · 이용기간 |
|---|---|---|---|
| OO연구소 | 맞춤형 정보 수집 | 성별, 결혼 여부, 연령, 관심분야 | 1년 |

※ 위의 개인정보 제공에 대한 동의를 거부할 권리가 있습니다.
그러나 동의를 거부할 경우 맞춤형 정보 이용에 제한을 받을 수 있습니다.

☞ 위와 같이 개인정보를 제3자 제공하는데 동의하십니까? 동의 □ 미동의 □

년 월 일

본인 성명 (서명 또는 인)

법정대리인 성명 (서명 또는 인)

OO OO 귀중

## 2) 개인정보 유출로 고객이 동의하지 않는 범위에서 활용되는 경우

맞춤형 화장품 조제관리업의 영위 문제 및 손해배상, 형사 처벌 가능

# Chapter 3 개인정보보호법에 근거한 고객정보관리

## 1 고객정보관리 방법 및 절차

### 1) 고객정보의 보관 및 폐기

#### (1) 개인정보 파기

① 개인정보처리자는 **개인정보 보유기간의 경과, 처리 목적 달성** 등 개인정보가 불필요하게 되었을 때 **지체 없이 파기**하고, **복구 또는 재생되지 않도록** 조치

※ 다른 법령에 따라 보존해야 하는 경우 제외, 보존하는 개인정보 또는 개인정보 파일은 다른 개인정보와 분리하여 저장 · 관리

② 정보통신서비스 제공자는 **정보통신서비스를 1년 동안 이용하지 않은 이용자의 개인정보를** 보호하기 위해 **파기**

※ 예외 : 다른 법령 또는 이용자의 요청에 따라 달리 기간을 정한 경우

**개인정보 파기 방법**★★ 「개인정보보호법 시행령」 제16조

전자적 파일 형태인 경우 복원이 불가능한 방법으로 영구 삭제하고 그 외의 기록물, 인쇄물, 서면 그 밖의 기록 매체인 경우에는 파쇄 또는 소각

- **완전 파괴**
  개인정보가 저장된 회원가입신청서 등의 종이 문서, 하드디스크, 자기테이프는 파쇄기로 파기하거나 용해 또는 소각장, 소각로에서 태워서 파기
- **전자 소자장비를 이용한 삭제**
  디가우저(Degausser)를 이용해 하드디스크 등에 저장된 개인정보 삭제
- **데이터가 복원되지 않도록 초기화 또는 덮어쓰기**
  개인정보가 저장된 하드디스크는 완전포맷(3회 이상), 데이터 영역에 무작위 값 (0, 1 등)으로 덮어쓰기(3회 이상), 해당 드라이브를 안전한 알고리즘 및 키 길이로 암호화 저장 후 삭제하고 암호화에 사용된 키 완전 폐기 및 무작위 값 덮어쓰기 등

#### (2) 업무 위탁에 따른 개인정보의 처리 제한 「개인정보보호법」 제26조

① 개인정보처리자의 업무처리 범위 내에서 그의 관리 · 감독하에 개인정보 처리가 이루어짐

② 제3자에게 개인정보 처리 업무 위탁 시 **문서**에 의해야 하며 **위탁하는 업무내용, 수탁자**를 언제든지 쉽게 확인할 수 있도록 **공개**

③ 개인정보처리자가 홍보 · 마케팅 업무를 위탁 시 위탁업무 내용, 수탁자를 정보주체에게 공개

※ 수탁자 : 개인정보 처리 업무를 위탁받아 처리하는 자

#### (3) 영업양도 등에 따른 개인정보 이전 제한★★ 「개인정보보호법」 제27조

① 개인정보처리자가 **정보주체에게 개인정보 이전 사실을 사전 통지**

② 영업양도자가 이전 사실을 알리지 않았을 경우, 영업양수자가 정보주체에게 이전 사실 통지

③ 영업양수자(개인정보처리자)는 이전받은 개인정보를 본래 목적으로만 이용 및 제3자에게 제공 가능

**영업양도 · 합병 등 개인정보 이전 시 알려야 하는 사항**

① 개인정보를 이전하려는 사실
② 개인정보를 이전받는 자(영업양수자, 법인의 명칭 등)의 성명, 주소, 전화번호 등
③ 정보주체가 개인정보 이전을 원하지 않는 경우 조치할 수 있는 방법 및 절차



(4) 금지행위

개인정보처리자 또는 개인정보를 처리하였던 자의 금지행위

① **거짓, 그 밖의 부정한 수단이나 방법**으로 개인정보를 **취득**하거나 **처리에 관한 동의**를 받는 행위
② 업무상 알게 된 개인정보를 **누설**하거나 **권한 없이 다른 사람이 이용하도록 제공**하는 행위
③ 정당한 권한 없이 또는 허용된 권한을 초과하여 다른 사람의 개인정보를 **훼손, 멸실, 변경, 위조** 또는 **유출**하는 행위

## 2 비밀 보장 및 유출 방지 방안

### 1) 안전조치의무

개인정보처리자는 개인정보가 분실 · 도난 · 유출 · 위조 · 변조 또는 훼손되지 않도록 **안전성 확보에 필요한 기술적 · 관리적 및 물리적 조치**를 해야 함

(1) 개인정보의 안전성 확보 조치

① 개인정보의 안전한 처리를 위한 내부 관리계획의 수립 · 시행
② 개인정보에 대한 접근 통제 및 접근 권한의 제한 조치
③ 개인정보를 안전하게 저장 · 전송할 수 있는 암호화 기술의 적용 또는 이에 상응하는 조치
④ 개인정보 침해사고 발생에 대응하기 위한 접속기록의 보관 및 위조 · 변조 방지를 위한 조치
⑤ 개인정보에 대한 보안프로그램의 설치 및 갱신
⑥ 개인정보의 안전한 보관을 위한 보관시설의 마련 또는 잠금장치의 설치 등 물리적 조치

(2) 정보통신서비스 제공자의 안전성 확보 조치

① 개인정보의 안전한 처리를 위한 내부 관리계획의 수립 · 시행
② 개인정보에 대한 불법적인 차단을 막기 위한 조치
③ 접속기록의 위조 · 변조 방지를 위한 조치
④ 개인정보가 안전하게 저장 전송될 수 있도록 하기 위한 조치

⑤ 개인정보처리시스템 및 개인정보취급자가 개인정보처리에 이용하는 정보기기에 컴퓨터 바이러스, 스파이웨어 등 악성프로그램의 침투 여부를 항시 점검 치료할 수 있도록 하기 위한 백신소프트웨어 설치 및 주기적 갱신 · 점검 조치
⑥ 그 밖에 안전성 확보를 위해 필요한 조치

### 2) 개인정보처리 방침 수립 및 공개 「개인정보보호법」 제30조

개인정보처리자는 개인정보처리 방침을 수립하고 인터넷 홈페이지에 **지속적으로 게재**

| 개인정보처리 방침 |
|---|
| • 처리 목적, 처리 및 보유기간 |
| • 파기 절차 및 파기 방법 |
| • 제3자 제공 및 위탁사항(해당하는 경우) |
| • 정보주체와 법정대리인의 권리 · 의무 및 행사 방법 |
| • 개인정보보호 책임자의 성명 또는 보호 업무 및 관련 고충사항 처리 부서의 명칭, 전화번호 등 연락처 |
| • 개인정보를 자동으로 수집하는 장치(인터넷 접속정보 파일 등)의 설치 운용 및 그 거부에 관한 사항(해당하는 경우) |
| • 처리하는 개인정보의 항목, 개인정보 안전성 확보 조치에 관한 사항 등 |

### 3) 개인정보보호 책임자 지정 「개인정보보호법」 제31조

#### (1) 개인정보처리 업무를 총괄할 개인정보보호 책임자 지정

개인정보처리자가 **소상공인**에 해당하는 경우, 별도의 지정 없이 **그 사업주 또는 대표자**를 개인정보보호 책임자로 지정한 것으로 간주

#### (2) 개인정보보호 책임자 업무

① 개인정보보호 계획의 수립 및 시행
② 개인정보처리 실태 및 관행의 정기적인 조사 및 개선
③ 개인정보처리와 관련한 불만의 처리 및 피해 구제
④ 개인정보 유출 및 오용 · 남용 방지를 위한 내부통제시스템 구축
⑤ 개인정보보호 교육 계획의 수립 및 시행
⑥ 개인정보 파일의 보호 및 관리 · 감독
⑦ 개인정보처리 방침의 수립 · 변경 및 시행, 개인정보보호 관련 자료의 관리, 처리 목적이 달성되거나 보유기간이 지난 개인정보의 파기

### 4) 개인정보 유출 통지 「개인정보보호법」 제34조

#### (1) 개인정보가 유출된 경우

개인정보처리자는 정보주체에게 **개인정보 유출 사실 통지** 후 피해를 최소화하기 위한 필요한 **조치 이행 및 대책 마련**

**개인정보 유출 시 알려야 하는 사실**

① 유출된 개인정보의 항목
② 유출된 시점과 그 경위
③ 유출로 인해 발생할 수 있는 피해를 최소화하기 위하여 정보주체가 할 수 있는 방법 등에 관한 정보
④ 개인정보처리자의 대응조치 및 피해 구제 절차
⑤ 정보주체에게 피해가 발생한 경우 신고 등을 접수할 수 있는 담당 부서 및 연락처



(2) 개인정보 유출 통지의 방법 및 절차

① 서면 등의 방법으로 지체 없이 정보주체에게 알림

※ 예외 : 긴급 조치가 필요한 경우(유출된 개인정보의 확산 · 추가 유출 방지를 위해 접속 경로 차단, 취약점 점검, 보완, 유출된 개인정보 삭제 등)

② 개인정보가 유출되었음을 알게 되었을 때나 긴급한 조치 후에도 구체적인 유출 내용을 확인하지 못한 경우

㉠ 개인정보 유출 사실 및 유출 확인사항만을 서면 등의 방법으로 먼저 알리고 나중에 확인되는 사항은 추가로 알림

㉡ 구체적인 유출 내용 : 유출된 개인정보의 항목, 유출 시점과 그 경위

③ **1천 명 이상**의 정보주체에 관한 **개인정보가 유출**된 경우

㉠ 서면 등의 방법과 함께 인터넷 홈페이지에 정보주체가 알아보기 쉽게 7일 이상 게재

㉡ 인터넷 홈페이지를 운영하지 않는 개인정보처리자는 서면 등의 방법과 함께 사업장 등의 보기 쉬운 장소에 7일 이상 게시

㉢ 개인정보 유출 통지 및 조치 결과는 지체 없이 보호위원회 또는 한국인터넷진흥원에 신고(피해 확산 방지, 피해 복구 등을 위한 기술 지원 가능)

## 3 영상정보처리기기 설치 및 운영 방법

### 1) 개인정보보호법에 따른 영상정보처리기기 설치 · 운영

(1) 영상정보처리기기 설치 · 운영 제한

누구든지 불특정 다수가 이용하거나 개인의 사생활을 현저히 침해할 우려가 있는 장소[목욕실, 화장실, 발한실(發汗室), 탈의실 등]의 내부를 볼 수 있도록 영상정보처리기기 설치 · 운영 불가

(2) 영상정보처리기기 설치 · 운영 제한의 예외

교정시설, 정신의료기관(수용시설을 갖추고 있는 것만 해당), 정신요양시설 및 정신재활시설

### 2) 매장 내 영상정보처리기기 설치 및 운영 방법

#### (1) 영상정보처리기기 설치의 예외적 허용

① **법령**에서 구체적으로 허용하고 있는 경우
② **범죄의 예방 및 수사**를 위해 필요한 경우
③ **시설안전 및 화재 예방**을 위하여 필요한 경우
④ **교통단속**을 위하여 필요한 경우
⑤ **교통정보의 수집·분석 및 제공**을 위하여 필요한 경우

#### (2) 영상정보처리기기 설치·운영 시 준수 사항★★

① 영상정보처리기기 운영자는 정보주체가 쉽게 인식할 수 있도록 필요한 조치
㉠ 안내판 설치 시 **설치 목적 및 장소, 촬영 범위 및 시간, 관리책임자 성명 및 연락처** 기재
㉡ 건물 안 **여러 개**의 영상정보처리기기 설치 시 출입구 등이 잘 보이는 곳에 안내판 설치, **해당 시설 또는 장소 전체가 영상정보처리 지역임을 표시**
㉢ 군사시설, 국가중요시설 등 제외

② 설치 목적과 다른 목적으로 다른 곳을 비추는 행위 및 영상정보처리기기 임의 조작 불가능, 녹음 기능 사용 금지

# 제 2 편

## 화장품 제조 및 품질관리와 원료의 사용 기준 등에 관한 사항

PART 2

# 화장품 원료의 종류와 특성

## Chapter 1 화장품 원료의 종류

### 1 화장품 원료의 종류 및 기능의 구별(화장품 제조의 중요 요소)

#### 1) 화장품의 주요 성분별 기능

(1) 부형제

① **유탁액을 만드는 데 사용**
② 제품에서 가장 많은 부피를 차지(주로 물, 오일, 왁스, 유화제)

(2) 첨가제

화장품의 **화학반응이나 변질을 막고 안정된 상태로 유지**하기 위해 첨가하는 성분(보존제, 산화 방지제 등)

(3) 착향제

**향이 나도록** 하는 물질

(4) 유효성분

① **특별한 효능** 및 **제품의 특징**을 나타내는 성분
② 대표적으로 미백, 주름 개선, 자외선 차단, 보습 등

#### 2) 기초 화장품 내 사용되는 주요 화장품 원료의 종류

| 화학적 특성 및 역할에 따른 원료의 종류 | | |
|---|---|---|
| 수성 원료 | 유성 원료 | 계면활성제 |
| 보습제 | 고분자화합물 | 색재 |
| 분체 | 비타민류 | 보존제 |
| 기능성 화장품 고시 원료 | 기타(용제, 분사제, 착향제, 금속이온 봉쇄제, pH 조절제 등) | |

# Chapter 2 화장품에 사용된 성분의 특성

## 1 화장품 성분이 가져야 할 기본적인 조건

### 1) 화장품 성분의 기본 조건

생활제품으로서 안전성 확보가 중요한 화장품은 사용할 수 없는 원료 및 사용상의 제한이 필요한 원료를 지정하고 있으며 그 밖의 원료는 화장품 책임판매업자의 안전성에 대한 책임하에 사용 가능하도록 규정

### 2) 안정성

(1) 성분 안정성 평가

화장품 성분의 안정성을 평가하기 위해 다양한 물리·화학적 조건에서 **화장품 성분의 변색, 변취, 상태 변화 및 지표 성분의 함량 변화**를 통해 **화장품 성분의 변화** 정도를 평가

**지표 성분**

원료에 함유된 화학적으로 규명된 성분 중 품질관리 목적으로 정한 성분

(2) 화장품 성분의 안정성

| 산화 안정성 | 열(온도) 안정성 | 광(빛) 안정성 | 미생물 안정성 |
|---|---|---|---|
| 산소 및 기타 화학물질과의 산화 반응이 유발되지 않고 화장품 성분이 일정한 상태를 유지하는 성질 | 다양한 온도 변화 조건에서 화장품 성분이 일정한 상태를 유지하는 성질 | 다양한 광 조건에서 화장품 성분이 일정한 상태를 유지하는 성질 | 미생물 증식으로 인한 오염으로부터 화장품 성분이 일정한 상태를 유지하는 성분 |

### 3) 화장품 성분의 유효성

(1) 물리적 유효성

**물리적 특성**을 기반으로 한 효과(예시 물리적 자외선 차단)

(2) 화학적 유효성

**화학적 특성**을 기반으로 한 효과(예시 화학적 자외선 차단, 계면활성, 염색 등)

(3) 생물학적 유효성

**생물학적 특성**을 기반으로 한 효과(예시 미백이나 주름 개선에 도움 등)

(4) 미적 유효성

자신의 취향에 맞는 **아름답고 매력적인 화장 유발** 효과

(5) 심리적 유효성

심리적인 특성을 기반으로 한 효과(예시 향을 통한 기분 완화 등)

(6) 환경 안전성

화장품 성분이 **환경오염을 유발하지 않는 성질**

(7) 공급 안정성

**안정적인 화장품 성분 공급**이 가능한 상태

## 2 화장품 성분에 대한 법 규제 현황

### 1) 화장품에 사용할 수 없는 원료 「화장품 안전기준 등에 관한 규정」 [별표 1]

(1) 식품의약품안전처장은 화장품의 제조 등에 "사용할 수 없는 원료"를 지정하여 고시

① 과불화화합물(8종)

- 노나데카플루오로데카노익애씨드
- 니켈(Ⅱ)트리플루오로아세테이트
- 소듐노나데카플루오로데카노에이트
- 소듐헵타데카플루오로노나노에이트
- (+/-)-2-(2,4-디클로로페닐)-3-(1H-1,2,3-트리아졸-1-일)프로필
- 1,1,2,2-테트라플루오로, 에틸에터(테트라코나졸-ISO)
- 암모늄노나데카플루오로데카노에이트
- 암모늄퍼플루오로노나노에이트

쉽게 분해되지 않는 물질, 환경 및 체내에 장기간 축적 등 잠재적 위험성으로 사용할 수 없는 원료 목록에 추가, 유럽에서도 화장품에 사용을 금지한 성분(유럽 '19.6월)

② 1,2,4-트리하이드록시벤젠

피부감작성 물질, 자체 위해 평가 결과 유전독성 가능성을 배제할 수 없다 평가되어 사용할 수 없는 원료 목록에 추가(유럽 '21.9월부터 제품 출시 금지, '22.6월부터 제품 판매 금지)

③ 「잔류성 오염물질 관리법」 제2조제1호에 따라 지정하고 있는 잔류성 오염물질

잔류성 오염물질의 관리는 해당 법률에서 정하는 바에 따르며 사용할 수 없는 원료 목록에 추가

(2) 화장품에 사용할 수 없는 원료의 예외 조건 신설

① 방사성 물질

천연으로 존재할 수 있는 생활 주변 방사성 물질에 대한 허용 한도 설정(「화장품법」 제2조1호에 따른 화장품 전부 포함)

※ 천연 방사성 물질의 관리 기준 : 연간 1밀리시버트(mSv) 초과 금지

② 「마약류 관리에 관한 법률」 제2조에 따른 마약류

대마에서 제외되는 부위에 비의도적으로 포함될 수 있는 대마의 관리 기준 마련

㉠ 대마잎과 수지는 화장품에 사용 금지

㉡ 대마 제외 부위인 대마씨유 · 대마씨 추출물의 테트라하이드로칸나비놀(δ-9-Tetrahydrocannabinol, THC) 및 칸나비디올(Cannabidiol, CBD) 기준
ⓐ 삼(대마)씨앗 : THC 5 mg/kg 이하, CBD 10 mg/kg 이하
ⓑ 삼(대마)씨유 : THC 10 mg/kg 이하, CBD 20 mg/kg 이하

③ 형광증백제
위해 평가 결과 화장품에 사용 금지 원료인 형광증백제 중 Fluorescent Brightener 367의 허용 기준 설정(손 · 발톱용 제품류 중 베이스 코트, 언더 코트, 네일 폴리시, 네일 에나멜, 탑 코트에 0.12% 이하일 경우 제외)

## 2) 사용상의 제한이 필요한 원료 「화장품 안전기준 등에 관한 규정」 [별표 2]

식품의약품안전처장은 보존제, 색소, 자외선 차단제 등과 같이 특별히 "사용상의 제한이 필요한 원료"에 대해 그 사용 기준을 지정 · 고시해야 하며 사용 기준이 지정 · 고시된 원료 외에는 사용 불가



### (1) 보존제 성분 사용 제한 기준 강화

벤잘코늄클로라이드(분사형 제품에 사용 금지)

### (2) 염모제 성분

① 사용할 수 있는 원료 추가(10종) 및 농도 상한 설정
㉠ 염기성 등색 31호(Basic Orange 31)
㉡ 염기성 적색 51호(Basic Red 51)
㉢ 염기성 황색 87호(Basic Yellow 87)
㉣ 헤마테인
㉤ 인디고페라(*Indigofera tinctoria*) 엽가루
㉥ 황산은
㉦ 과황산나트륨, 과황산암모늄, 과황산칼륨
㉧ 황산철수화물($FeSO_4 \cdot 7H_2O$)

② 원료 명칭 명확화
'p-메칠아미노페놀 및 그 염류' 사용할 때 농도 상한 '황산염으로서 0.68%'
➡ 다른 원료와 동일하게 표현할 수 있도록 '황산 p-메칠아미노페놀' 사용할 때 농도 상한 '0.68%'

## 3) 인체 세포 · 조직 배양액 안전기준 「화장품 안전기준 등에 관한 규정」 [별표 3]

인체 세포 · 조직 배양액은 안전성이 확보된 경우에만 화장품 원료로 사용 가능

### (1) 인체 세포 · 조직 배양액

인체에서 유래된 세포 또는 조직을 배양한 후 세포와 조직을 제거하고 남은 액

### (2) 세포 · 조직 채취 및 검사기록서

품질 및 안전성 확보에 필요한 정보 확인

① 세포(조직)의 종류
세포(조직)의 기원, 출처, 확인

② 공여자의 선택 기준

공여자와 관련되는 특성, 공여자 제외기준, 공여자의 혈청학적 진단학적 자료를 포함한 임상력 등에 관한 자료

③ 세포(조직) 채취 과정

채취 방법, 채취량, 사용한 재료 등

### (3) 인체 세포 · 조직 배양액 제조 배양시설 및 환경 관리★★

① 배양시설의 청정등급

부유 입자 및 미생물이 유입되거나 잔류하는 것을 통제해 일정 수준 이하로 유지되도록 관리 구역의 관리 수준을 정한 등급, 1B(Class 10,000) 이상의 구역

② Filter required : HEPA

③ Temperature range : 74 ± 8˚F(18.8~27.7℃)

④ Humidity range : 5 ± 20%

⑤ Presure(inches of water) : 0.05(= 1.27 mm$H_2O$, 12 Pa)

⑥ Air changes per hour : 20~30

⑦ 제조위생관리기준서 작성

### (4) 인체 세포 · 조직 배양액 안전성 평가

① 「비임상시험 관리 기준」(식품의약품안전처 고시)에 따라 대학 또는 연구기관 등 국내·외 전문기관(대학 또는 연구기관 등)에서 시험하고 기관의 장이 발급한 내용이 타당한 자료를 작성·보관

※ 연구기관 시설 개요, 주요 설비, 연구인력의 구성, 시험자의 연구 이력 등이 포함될 것

② 안전성 시험 자료

㉠ 단회 투여 독성시험 자료

㉡ 반복 투여 독성시험 자료

㉢ 1차 피부 자극시험 자료

㉣ 안점막 자극 또는 기타 자극시험 자료

㉤ 피부 감작성시험 자료

㉥ 광독성 및 광감작성시험 자료(흡광도 시험 자료를 제출하는 경우 제외)

㉦ 인체 세포·조직 배양액의 구성 성분에 관한 자료

㉧ 유전 독성시험 자료

㉨ 인체 첩포시험 자료

### (5) 세포 · 조직 배양액 품질관리기준서

세포·조직 배양액 품질 확보를 위해 품질관리기준서 작성 후 이에 따라 품질검사

① 성상

사용할 때 식별사항 및 취급할 때 참고사항 기재(색, 형상, 냄새, 용해도, pH에 따른 영향도, 액성, 흡습성, 광안정성 등)

② 무균시험

증식되는 미생물(세균 및 진균)의 유·무를 시험

③ 마이코플라스마 부정시험
검출 가능한 마이코플라스마의 존재 여부를 시험

④ 외래성 바이러스 부정시험

⑤ 확인시험
확인을 위해 하나 이상의 시험(물리화학적, 생물학적 또는 면역화학적)을 수행

⑥ 순도시험(기원 세포 및 조직 부재 시험 등)
인체 세포·조직 배양액의 절대 순도를 결정하기는 어려우며 시험 방법에 따라 그 결과가 달라지므로 항상 여러 시험 방법을 조합해 측정, 최적화는 시험 방법 선택과 불순물 제거

(6) 기록 보존

화장품 책임판매업자는 안전기준과 관련한 모든 기준, 기록 및 성적서에 관한 서류를 원료 및 제품 제조업자 등으로부터 받아 완제품의 제조 연월일로부터 3년이 경과한 날까지 반드시 보존

※ 위반할 경우, 화장품에 사용할 수 없는 원료를 사용한 것으로 간주함



### 4) 화장품에 사용할 수 있는 색소

① 화장품에 사용할 수 있는 종류, 사용 부위 및 사용한도 「화장품의 색소 종류와 기준 및 시험 방법」 [별표 1]

② 색소의 기준 및 시험 방법 「화장품의 색소 종류와 기준 및 시험 방법」 [별표 2]

※ 기준 및 시험 방법이 기재되어 있지 않거나 기타 과학적·합리적으로 타당성이 인정되는 경우 자사 기준 및 시험 방법을 설정해 시험

## 3 화장품 성분별 특성 및 안전성

### 1) 화장품 성분별 특성

(1) 수성 원료

① **물에 녹는 특성**(친수성기, hydrophilic group)을 가진 원료로 정제수, 에탄올, 폴리올 등

② 세부 종류에 따라 용제(용매), 수렴제, 보존제, 가용화제, 청결제, 보습제, 동결 방지제의 특징을 가짐

| 용제 | 다른 물질을 용해할 수 있는 액체 |
|---|---|
| 수렴제 | 피부에 조이는 느낌을 주고 아린감을 부여하는 물질 |
| 보존제 | 미생물의 번식을 방지하는 데 쓰이는 물질 |
| 가용화제 | 난용성 물질을 용매에 녹이는 데 사용되는 물질 |
| 청결제(체취 방지제) | 세척, 냄새 제거 등 청량감을 유지하는 데 사용되는 물질 |
| 보습제 | 피부 수분의 유지를 위해 사용되는 물질 |
| 동결 방지제 | 저온에서 어는 것을 억제하는 데 사용되는 물질 |

### (2) 유성 원료

① **물에 녹지 않는 특성**(비극성; nonpolar) 또는 **기름에 녹는 성분**으로 오일, 실리콘, 왁스, 고급 지방산, 고급 알코올 등

② 화학적 특성을 바탕으로 밀폐제, 사용감 향상[피부 컨디셔닝제(유연제)], 소포제, 광택제, 경도 조절제, 보조 유화제, 계면활성제 등의 특징을 가짐

| 비극성 | • 극성(polar)이 없는 상태로 탄화수소 화합물이 대표적 |
|---|---|
| 오일 | • 액체 상태의 비극성 화합물을 통칭하며 원료 유래에 따라 식물성 · 동물성 · 광물성 오일로 구분 |
| 유지 | • 지방산, 글리세린, 트리에스터(트리글리세라이드)를 주성분으로 하는 물질<br>• 실온에서 고체상(지방; Fat), 액상의 유지(기름; Oil) |
| 유연제 | • 퍼짐성을 높이고 피부 매끄러움을 유발하여 사용감을 향상시키는 물질 |
| 밀폐제 | • 피부에 오일 막을 형성하여 수분 증발을 억제하는 물질 |
| 지방산<br>R — C(=O) — OH | • 지질(lipid)의 구성 분자로 탄화수소 사슬 끝에 카르복실산(COOH)이 연결된 구조를 가진 물질, 동 · 식물 유지 및 왁스의 주요 구성 성분<br>• 저급 지방산(C10)은 피부에 대한 자극성, 색상, 냄새, 산패 등 안정성이 나빠 화장품 원료로 거의 이용되지 않음 |
| 고급 지방산 | • 탄화수소 사슬이 긴 지방산 물질을 통칭(C12 이상) |
| 고급 알코올 | • 탄소수가 6개 이상인 (일가)알코올을 통칭 |
| 실리콘<br>Si — O — Si | • 실록산 결합(–Si–O–Si–)을 가지는 유기 규소 화합물의 총칭<br>• 표면장력이 낮고 무색, 투명하고 냄새가 거의 없으며 화학적으로 안정 |
| 왁스 | • 고급 지방산에 고급 알코올이 결합된 에스테르 화합물을 통칭 (상온에서 고체) |
| 소포제 | • 기포 제거 성질을 가진 물질(기포 방지제) |
| 광택제 | • 광택을 유발하는 물질 |
| 경도 조절제 | • 기초 및 색조 화장품의 경도를 형성하는 물질 |
| 보조유화제 | • 유화제의 성능을 보조하는 물질 |

### (3) 계면활성제

① 한 분자 내에 **극성(친수성)과 비극성(소수성)**을 동시에 갖는 물질

② 계면에 흡착하여 계면의 성질을 바꾸거나 계면의 자유에너지를 낮추는 역할

③ 화학구조 및 특성에 따른 분류

| 유화제 | 물과 기름을 혼합하기 위한 목적으로 사용 |
|---|---|
| 용해보조제(가용화제) | 용매에 난용성 물질을 용해시키기 위한 목적으로 사용 |
| 분산제 | 안료를 분산시키는 목적으로 사용 |
| 세정제 | 세정을 목적으로 사용 |

### (4) 보습제

① 피부의 건조를 막아 피부를 매끄럽고 부드럽게 해주는 모든 물질

② 보습의 특성에 따라 습윤제(humectant), 밀폐제(occlussive), 장벽 대체제 등으로 분류

| | |
|---|---|
| 습윤제 | 피부에 발랐을 때 주변의 수분을 흡수하여 보습을 유지하는 물질 |
| 밀폐제 | 피부 표면에 물리적 막을 형성하여 TEWL을 줄이고 수분 증발을 억제하는 역할을 가진 물질 |
| 연화제 | 탈락하는 각질세포 사이의 틈을 메꿔 주는 역할을 가진 물질 |
| 장벽 대체제 | 각질층 내 세포 간 지질 성분으로 피부장벽 기능의 유지와 회복에 관여, 피부 보습력을 증가시키는 역할을 가진 물질 |

### (5) 고분자 화합물

① **분자량이 큰 화합물**을 총칭하며 점증제, 필름 형성제 등

② 수용성 고분자화합물은 **수분과의 결합 및 수분의 이동 억제**를 통해 **점증의 효과** 유발 가능

| | |
|---|---|
| 점도 증가제 | • 점도를 조절하고 사용감을 높이기 위해 첨가하는 물질<br>• 원료 기원에 따라 천연고분자, 반합성 천연 고분자, 합성 고분자로 나눌 수 있음<br>• 안정성을 유지하여 유화 입자나 분말이 분리되는 것을 방지 |
| 피막 · 필름 형성제 | • 고분자의 필름 막을 화장품에 이용하기 위해 사용되는 물질<br>• 피막 형성(팩), 모발을 세트 · 코팅하여 모발 보호<br>• 땀이나 물에 화장이 지워지는 것을 방지 |

### (6) 비타민(vitamin)

① 비타민의 특성

생체의 정상적인 발육과 영양을 유지하는 데 미량으로 필수적인 유기화합물로 수용성과 지용성으로 구분

| 수용성 비타민 | 지용성 비타민 |
|---|---|
| 비타민 C(아스코빅애씨드), 비타민 $B_1$, 비타민 $B_2$, 비타민 $B_3$, 비타민 $B_5$, 비타민 $B_6$, 비타민 $B_9$, 비타민 $B_{12}$ | 비타민 A(레티놀), 비타민 E(토코페롤), 비타민 H(비오틴) |

② 화장품에 사용되는 비타민 종류 및 특성

항산화 기능(활성산소 감소)이 주된 기능으로 비타민 A, 비타민 C, 비타민 E 등이 가장 많이 사용, 비타민 및 그 유도체 중 일부는 주름 개선, 미백에 도움

### (7) 색소

① 화장품 내 **색상을 부여**하는 물질로 **유기 합성 색소**(타르 색소), **천연 색소**, **무기 안료**로 구분

② 색소가 갖는 세부 화학적 특성(수용성, 유용성, 비용해성, 피부 부착성, 피지 흡수력 등)에 따라 다양한 색조의 종류로 구별

③ 특수한 광학적 효과 특성을 가진 안료로 진주 광택 안료가 사용됨

(8) 보존제

① 보존제의 특성

화장품이 보관 및 사용되는 동안 **미생물의 성장을 억제 또는 감소**시켜 **제품의 오염을 막아주는 특성**을 갖는 성분을 총칭

② 화학적 특성의 다양성

보존제의 종류는 다양하며 종류마다 **균에 대한 효과의 다양성**을 가짐

※ pH가 낮은 제형에서만 효과적이거나 넓은 pH 범주에서 효과적인 보존제도 존재

**보존제 혼합 사용의 장점**

① 저항성 미생물의 사멸 또는 억제 ② 보존제 총 사용량 감소
③ 다양한 균에 대한 항균 효과 발휘 ④ 저항성 균의 출현 억제 효과
⑤ 생화학적 상승효과(synergism) 유발

## 2) 화장품 성분별 특성에 따른 안전한 취급 및 보관 방법

(1) 정제수

① **금속이온이 없는 고순도 물**을 사용

② 제품 내 **금속이온 봉쇄제**(EDTA 등) 첨가

(2) 원료의 미생물 오염 방지

① 수분이 없는 **건조한 곳**에 **외부 물질이 침투되지 않도록** 관리

② **제조사로부터 품질성적서를 요구**하여 품질(오염 여부 등)을 확인

(3) 지방의 산화

① **공기 중에 노출되지 않도록** 관리

② 제품 내 **항산화 기능을 갖는 성분**(비타민 E)**을 함께 배합**

(4) 비타민 보관

① 비타민 A(쉽게 변질)는 **유도체화한 레티닐팔미테이트** 사용

② 비타민 C(쉽게 산화)는 **유도체화한 아스코빌팔미테이트, 마그네슘아스코빌포스페이트** 사용

(5) 화기성 성분

화기성 및 가연성(에탄올 등)이 있거나 위험한 물질은 **지정된 인화성 물질 보관함** 또는 **밀봉하여 화기에서 멀리** 보관

## 3) 화장품 각 성분의 안전성

| 화장품 위해 평가 가이드라인 내 화장품 안전의 일반사항 | |
|---|---|
| 일반사항 | 화장품 성분 |

(1) 일반사항

① 화장품은 제품 설명서, 표시사항 등에 따라 **정상적으로 사용**하거나 **예측 가능한 사용 조건에 따라 사용하였을 때 인체에 안전해야** 함

② 소비자, 화장품을 직업적으로 사용하는 전문가(미용사, 피부미용사 등)에게 안전해야 함

③ 화장품의 인체 위해 여부 확인 시

㉠ **피부 자극 및 감작**을 우선적으로 고려

㉡ **광자극 및 감작** 고려

㉢ 두피 및 안면에 적용하는 제품들은 **안점막 자극** 고려

㉣ 화장품의 사용 방법에 따라 **피부 흡수, 예측 가능한 경구 섭취(립스틱 등), 흡입 독성(스프레이 등)에 의한 전신독성** 고려

④ 화장품 안전의 확인은 화장품 원료의 선정부터 사용기한까지 **전주기에 대한 전반적인 접근** 필요

⑤ 사용하는 성분에 대한 **안전성 자료 확보 및 활용**을 위한 최대한 노력

⑥ 제품에 대한 위해 평가는 제품별로 다를 수 있으나, **화장품 위험성은 각 원료 성분의 독성자료**에 기초

⑦ 모든 원료 성분에 대해 독성자료가 필요한 것은 아니며, **현재 활용 가능한 자료를 우선적으로 검토**

Key Point

> 독성자료의 활용
>
> ① OECD 가이드라인 등 **국제적으로 인정된 프로토콜에 따른 시험**을 우선 고려
> ② **과학적으로 타당한 방법으로 수행된 자료**인 경우 활용 가능
> ③ **국제적으로 입증된 동물 대체시험법으로 시험한 자료**도 활용 가능
> ※ 동물 대체시험법 : 동물을 사용하지 않거나 동물의 개체 수를 감소 또는 고통을 경감시킬 수 있는 실험 방법

⑧ 화장품 성분 위해 평가 시 **개인별 화장품 사용에 관한 편차를 고려**해 일반적으로 일어날 수 있는 최대 사용 환경에서 수행

※ 화장품에 많이 노출되는 특수직 종사자 및 어린이, 영·유아에 영향이 있을 경우 따로 고려할 수 있으며 화장품의 동시 사용이 최종 위해성에 미치는 결과도 고려

> 위해 평가 시 「화장품 위해 평가 가이드라인」을 체크리스트로 간주할 수 없으며 화장품 성분의 특성에 따라 사례별로 평가하는 것이 바람직함

(2) 화장품 성분

① 사용하고자 하는 성분은 화장품의 제조에 **사용할 수 없는 원료로 지정·고시한 것이 아니어야** 하며, **사용한도에 적합**해야 함

② 미량의 중금속 등 불순물, 제조공정이나 보관 중에 생길 수 있는 **비의도적 오염물질을 가능한 줄이기 위한 충분한 조치** 이행

※ 오염물질이 존재 시 노출량 등을 고려하여 사안별(case by case)로 안전성 검토

③ 화장품 성분의 화학구조에 따라 물리·화학적 반응 및 생물학적 반응이 결정, 화학적 순도 조성 내의 **다른 성분들과의 상호작용 및 피부 투과 등은 효능과 안전성 및 안정성에 영향**을 미칠 수 있으므로 주의
　㉠ 불순물 간의 상호작용(니트로스아민 형성) 가능성
　㉡ 식물 유래 및 동물에서 추출한 성분에 농약, 살충제, 금속물질 및 전염성 해면상 뇌병증(transmissible spongiform encephalopathy, TSE) 유발 물질 등의 생물학적 유해 인자가 함유되어 있을 가능성에 특별한 주의

④ **피부를 투과한 화장품 성분은 국소 및 전신작용에 영향**을 미칠 수 있음
다른 성분은 해당 성분의 피부 투과에 영향을 줄 수 있으며, 감작성 평가에는 그 성분 자체만이 아니라 매질 등도 영향을 미칠 수 있음

> 매질
>
> 화장품 성분 또는 미립자를 분산시키고 있는 부분으로 콜로이드 입자를 둘러싸고 있는 부분

⑤ 화장품 성분은 화장품의 형태, 농도, 접촉 빈도 및 기간, 관련 체표면적, 햇빛의 영향 등 다양한 노출 조건에 따라 달라질 수 있음
※ 위해 평가 수행 시 **예측 가능한 노출 조건과 고농도, 고용량의 최악의 노출 조건**까지 고려

(3) 화장품 위해 평가★

① 화장품 위해 평가가 필요한 경우
　㉠ 위해성에 근거하여 **사용 금지 설정** 시
　㉡ 안전역을 근거로 **사용한도 설정** 시(살균 보존성분 등)
　㉢ **현 사용한도 성분의 기준 적절성 판단** 시
　㉣ **비의도적 오염물질의 기준 설정** 시
　㉤ 화장품 안전 이슈 성분의 **위해성 판단** 시
　㉥ **위해 관리 우선순위 설정** 시
　㉦ **인체 위해의 유의한 증거가 없음을 검증** 시

② 화장품 위해 평가가 불필요한 경우
　㉠ **불법으로 유해 물질을 화장품에 혼입**한 경우
　㉡ 안전성, 유효성이 입증되어 **기허가 된 기능성 화장품**
　㉢ **위험에 대한 정보가 부족**한 경우

# Chapter 3 원료 및 제품의 성분 정보

## 1 화장품 성분의 구분

### 1) 화장품 전성분 표시제

화장품 원료는 과학적인 평가를 통해 안전성을 확보하고 있으나 개인적인 체질이나 기호까지 고려하는 데 한계가 있어 **화장품 전성분 표시제**가 도입

#### (1) 화장품 전성분 표시제 관련 법령

화장품 전성분 내 사용상의 제한이 필요한 원료의 정보를 바탕으로 제품 내 **특정 성분의 배합 함량 범위**를 예측

① 해당 화장품 제조에 사용된 모든 성분

② 인체 무해한 소량 성분 등 총리령으로 정한 성분 제외(기재 · 표시 생략 성분)

㉠ 제조과정 중에 제거되어 최종 제품에는 남아 있지 않은 성분

㉡ 안정화제, 보존제 등 원료 자체에 들어있는 부수 성분으로서 그 효과가 나타나게 하는 양보다 적은 양이 들어있는 성분

㉢ 내용량이 10 mL(g) 초과 50 mL(g) 이하 화장품 포장인 경우

- 타르 색소
- 금박
- 샴푸와 린스에 들어있는 인산염의 종류
- 과일산(AHA)
- 기능성 화장품의 경우 그 효능 · 효과가 나타나게 하는 원료
- 식약처장이 사용 한도를 고시한 화장품의 원료

→ **제외한 성분**

③ 그 밖에 화장품 기재 사항

㉠ 식품의약품안전처장이 정하는 바코드(맞춤형 화장품 기재 · 표시 제외)

㉡ **기능성 화장품**의 경우 **심사 받거나 보고한 효능 · 효과, 용법 · 용량**

㉢ **성분명을 제품 명칭의 일부로 사용**한 경우 그 **성분명과 함량**(방향용 제품은 제외)

㉣ **인체 세포 · 조직 배양액**이 들어있는 경우 그 **함량**

㉤ 화장품에 **천연 또는 유기농으로 표시 · 광고**하려는 경우 **원료의 함량**

㉥ 수입 화장품인 경우 제조국의 명칭(원산지를 표시한 경우 제조국 명칭 생략 가능), 제조회사명 및 그 소재지(맞춤형 화장품 기재 · 표시 제외)

㉦ 기능성 화장품(제2조8호~11호)의 경우 **"질병의 예방 및 치료를 위한 의약품이 아님"**이라는 문구

※ 기능성 화장품 : 탈모 증상 완화에 도움(8호), 여드름성 피부를 완화(9호), 피부장벽 기능 회복 · 가려움증 개선에 도움(10호), 튼 살로 인한 붉은 선을 엷게 하는데 도움(11호)

㉧ 만 3세 이하의 **영 · 유아용 제품류** 또는 만 4세 이상부터 만 13세 이하까지의 **어린이가 사용할 수 있는 제품**임을 특정하여 표시 · 광고하려는 경우 **사용 기준이 지정 · 고시된 원료 중 보존제의 함량**

④ 화장품 제조에 사용된 성분의 표시 기준 및 방법

㉠ 글자 크기 5포인트 이상

㉡ 화장품 제조에 사용된 **함량이 많은 것부터** 기재·표시

※ 순서에 상관없이 표시 가능 : **1% 이하**로 사용된 성분, 착향제 또는 착색제

㉢ 혼합 원료는 혼합된 개별 성분의 명칭을 기재·표시

㉣ 색조·눈 화장용, 두발 염색용 또는 손·발톱용 제품류에서 호수별로 착색제가 다르게 사용된 경우 '± 또는 +/-'의 표시 다음 사용된 모든 착색제 성분을 함께 기재·표시

㉤ 착향제는 **"향료"**로 표시

※ "향료"로 표시 불가능 : 착향제의 구성 성분 중 식품의약품안전처장이 정하여 고시한 **알레르기 유발 성분**이 있는 경우, **해당 성분의 명칭**을 기재·표시

㉥ 산성도(pH) 조절 목적으로 사용되는 성분은 그 성분을 표시하는 대신 중화반응에 따른 생성물로, 비누화 반응을 거치는 성분은 비누화 반응에 따른 생성물로 기재·표시

㉦ 영업자의 정당한 이익을 현저히 침해할 우려가 있는 경우, 전성분에 "기타 성분"으로 기재·표시

※ 식품의약품안전처장이 정당한 이익을 침해할 우려가 있다고 인정하는 경우에 한함

## 2) 화장품 성분의 기능별 구분

### (1) 화장품에 사용되는 주요 성분(기능적으로 4가지 분류)

① 부형제

㉠ 유탁액을 만드는 데 사용(물, 오일, 왁스, 유화제)되며 **제품에서 가장 많은 부피를 차지**

㉡ 수성·유성 원료, 계면활성제, 색재, 분체, 고분자화합물, 용제 등

② 유효성분

㉠ **특별한 효능 부여** 및 제품의 특징을 나타내기 위해 사용하는 물질

㉡ 기능성 화장품 식약처 고시 원료(미백, 주름 개선 등)

③ 첨가제

㉠ **화학반응·변질을 막고 제품을 안정된 상태로 유지**하기 위해 첨가하는 성분

㉡ 보존제, 산화 방지제

※ 「화장품 안전기준 등에 관한 규정」에 따라 사용 기준이 사용 기준이 지정·고시된 원료 외의 보존제, 자외선 차단제 등은 사용할 수 없음

④ 착향제

㉠ 화장품에서 **좋은 향이 나도록 돕는 향료**

㉡ 알레르기 유발 성분 미함유 시 '향료'로 표시 가능

식품의약품안전처장이 고시하는 알레르기 유발 성분 함유 시 해당 성분의 명칭 표시
(씻어내는 제품 기준 0.01% 초과, 씻어내지 않는 제품 기준 0.001% 초과인 경우에 한함)

(2) 화장품 성분의 세부 분류

화장품 성분의 화학적 특성 및 역할에 따른 원료의 종류

| 수성 원료 | 색재, 분체 |
|---|---|
| 유성 원료 | 비타민류 |
| 계면활성제 | 보존제 |
| 보습제 | 기능성 화장품 고시 원료 |
| 고분자화합물 | 기타 원료(용제, 착향제, 금속이온 봉쇄제, pH 조절제 등) |



## 2 화장품 원료 선택 조건

### 1) 화장품 원료 선택 시 고려해야 할 기본 조건 및 법규상 조건

(1) 원료 선택 시 고려사항

① 사용 목적에 따른 기능이 우수한지
② 안전성이 양호한지
③ 산화 안정성 등의 안정성이 우수한지
④ 품질이 일정한지(냄새가 적을 것)

(2) 원료 사용 선택 시 고려해야 할 기본 조건

사용할 수 없는 원료, 사용 제한이 필요한 원료를 지정하고
그 밖의 원료는 화장품 책임판매업자의 안전성에 대한 책임하에 사용 가능

화장품 제조업자 및 책임판매업자는 **사용하려는 원료의 안전성에 대한 책임하에**
다양한 화장품 원료를 개발하여 사용 가능

(3) 원료 선택 시 고려해야 할 법규상 조건

| 사용할 수 없는 원료 | 「화장품 안전기준 등에 관한 규정」 제3조 [별표 1] |
|---|---|
| 사용상의 제한이 필요한 원료 | 「화장품 안전기준 등에 관한 규정」 제4조 [별표 2] |
| 보존제, 색소, 자외선 차단제 등 | 「화장품법」 제8조1항 및 제2항 |
| 화장품 색소 종류와 색소의 기준 및 시험 방법 | 「화장품의 색소 종류와 기준 및 시험 방법」 [별표 1] 및 [별표 2] |
| 기능성 화장품별 고시 원료의 종류 및 사용한도 | 「기능성 화장품 심사에 관한 규정」 [별표 4] |

## 3 화장품에 사용되는 원료의 종류별 특성과 사용 목적

### 1) 수성 원료

#### (1) 정제수

① 일부 메이크업을 제외한 **거의 모든 화장품에 사용**

② **이온 교환법과 역삼투 방식을 통해 물을 정제**한 후 자외선 살균법을 통해 정제수를 살균 및 보관

물이 세균에 오염되었거나 금속이온 함유 시 피부 손상 및 모발을 끈적이게 할 수 있으며 제품이 분리되거나 점도 변화를 일으켜 제품 품질 저하의 원인이 됨

③ 사용 목적

㉠ 물은 극성물질로 **수성 원료의 용해를 위한 용제**(용매)로 사용

㉡ 제품의 수성과 유성 부분이 결합하는 **유화액을 형성**, 유화 제품 제조에 사용

#### (2) 에탄올(ethanol, $C_2H_5OH$)

① 에틸 알코올(ethyl alcohol), 무색의 가연성 화합물

② 술을 만드는 데 사용할 수 없도록 변성제(프로필렌글라이콜, 부틸알코올)를 첨가한 변성 에탄올(SD-alcohol)을 사용

③ 사용 목적

㉠ 식물의 물질 **추출** 및 기타 화장품의 **용제(용매)**로 사용

㉡ 네일 제품에서 **가용화제**로 사용

㉢ 피부에 **청량감**, 가벼운 **수렴 효과** 부여

㉣ 기포 방지제, 점도 감소제 및 정균제로 사용

#### (3) 폴리올(polyol)

① 분자구조 내 극성인 하이드록시기(-OH)를 2개 이상 가지고 있는 유기화합물을 총칭(글리세린, 프로필렌글라이콜, 부틸렌글라이콜 등)

② 사용 목적

㉠ **가용화제, 보습제**로 사용

㉡ **방부력** 존재(약하게 균의 증식을 억제)

㉢ **제형 조절제, 동결 방지** 원료로 사용

글리세린★★

분자식이 $C_3H_8O_3$인 **3가 알코올**로 무색의 단맛을 가진 무독성 액체, 수분을 흡수하는 성질이 강해 피부 표면에 수분을 유지시키고 피부의 건조를 막아 보습제로 사용

## 2) 유성 원료

### (1) 식물성 오일

① 식물 유래 오일을 총칭(올리브 오일, 로즈힙씨 오일, 아보카도 오일, 피마자 오일, 포도씨 오일 등)

② 지방산 내 불포화 결합이 많아 쉽게 산화

③ 사용 목적

㉠ 피부 표면에 소수성 피막을 형성하여 **수분 증발 억제**

㉡ **사용감 향상**

㉢ **피부 및 모발에 대한 유연성** 부여

㉣ **광택제**로 사용

### (2) 동물성 오일

① 동물 유래 오일을 총칭(밍크 오일, 난황 오일, 바다거북 오일 등)

② 사용 목적

㉠ 피부 표면에 소수성 피막을 형성하여 **수분 증발 억제**

㉡ **사용감 향상**

㉢ **피부 및 모발에 대한 유연성** 부여

㉣ **광택제**로 사용

동물성 오일은 식물성 오일에 비해 생리 활성은 우수하지만 색상 및 냄새가 좋지 않고, 열에 의해 쉽게 변성되어 화장품 원료로 널리 이용되지 않음

### (3) 광물성 오일

① 광물 유래 오일을 총칭, 대부분 원유에서 추출한 고급 탄화수소(스쿠알란, 바셀린, 파라핀, 세레신 등)

② 주성분은 알케인과 파라핀이며 화학적으로 불활성, 증발 및 산화하지 않음

③ 사용 목적

㉠ 피부 표면에 소수성 피막을 형성하여 **수분 증발 억제**

㉡ **사용감** 향상

㉢ **피부 및 모발에 대한 유연성** 부여

광물성 오일은 유성감이 강하고 피부 호흡을 방해할 수 있어 **다른 오일과 혼합하여 사용**하며 클렌징 제품에 다량 사용됨

### (4) 실리콘 오일(silicon oil)

① 실록산 결합(-Si-O-Si-)을 가지는 **유기 규소 화합물**을 통칭(에칠트라이실록세인, 사이클로메티콘, 페닐트리메티콘, 디메틸폴리실록산, 메틸페닐폴리실록산 등)

② 화학적으로 합성, 퍼짐성 우수

③ 사용 목적
㉠ 제품의 **점도 조절** 및 기포 제거(**소포제**)
㉡ **가벼운 발림성**(매끄러운 감촉)
㉢ 피부 표면에 소수성 피막을 형성하여 **수분 증발 억제**(밀폐제)
㉣ **색조 화장품의 내수성**을 높이고, 모발 제품에 자연스러운 **광택** 부여
㉤ **피부 유연성과 매끄러움**(사용감 향상), **광택제**로 사용

(5) 왁스류(wax ester)

① 고급 지방산에 고급 알코올이 결합된 에스테르 화합물을 통칭하며 상온에서 고체 형태(칸데릴라왁스, 카나우바왁스, 호호바 오일, 비즈왁스, 라놀린 등)
② 사용 목적
㉠ 크림의 **사용감 향상**
㉡ 립스틱의 **경도 조절**
㉢ 피부 표면에 소수성 피막을 형성하여 **수분 증발 억제**(밀폐제)
㉣ 친유성 제품의 **보조 유화제**로 사용
㉤ **광택제**로 사용

(6) 고급 지방산(Higher fatty acid)

① **탄화수소 사슬이 긴 지방산 물질**을 통칭하며 주로 유지를 가수분해한 후 얻은 것을 정제하여 사용(라우릭애씨드, 미리스틱애씨드, 팔미틱애씨드, 스테아릭애씨드, 올레익애씨드, 이소스테아릭애씨드 등)
② 사용 목적
㉠ 화장품의 유상 원료로서 **다른 유상 원료와 혼합**해 사용

| 알칼리인 소듐하이드록사이드(NaOH)<br>포타슘하이드록사이드(KOH)<br>트리에탄올아민(TEA) | 고급 지방산 병용 → | 비누(soap) 형성 |
|---|---|---|

㉡ **계면활성제로 많이 활용**(양친매성 물질)
폼 플렌징의 세정용 계면활성제, 보조 유화제, 분산제로 사용
㉢ **사용감, 경도·점도** 조절용, 연화제로 사용

(7) 고급 알코올(Higher alcohol)

① **탄소수가 6개 이상인 알코올**을 통칭(세틸알코올, 세토스테아릴알코올, 베헤닐알코올, 아이소스테아릴알코올 등)
② 사용 목적
㉠ **유성 원료**로 사용
㉡ 로션 및 크림류의 **경도·점도** 및 **끈적임** 조절
㉢ **유화 안정화**
㉣ 건조를 막아 **부드럽고 윤기나는 피부**로 개선
㉤ **연화제**, 특정 성분에 일부 **용제(용매)**로 사용

### 3) 계면활성제(Surfactant)

한 분자 내에 극성(친수성)과 비극성(소수성)을 동시에 갖는 **양친매성 물질**로 계면에 흡착하여 계면의 성질을 바꾸거나 계면의 자유에너지를 낮추어 물과 기름이 잘 섞일 수 있도록 도움

| 사용 기능에 따른 분류 | 이온 특성에 따른 분류 | 유래에 따른 분류 |
|---|---|---|
| 유화제 | 음이온 계면활성제 | 천연물 유래 계면활성제 |
| 가용화제 | 양이온 계면활성제 | |
| 분산제 | 양쪽성 계면활성제 | |
| 세정제 | 비이온 계면활성제 | |



#### (1) 유화제(emulsifying agent)

① 물과 오일을 혼합하기 위한 목적으로 사용되는 계면활성제(글리세릴스테아레이트, 솔비탄스테아레이트, 폴리글리세릴-3메칠글루코오스디스테아레이트, 스테아릭애씨드, 옥틸도데세스-16 등)

② 서로 성질이 다른 두 액체에 계면활성제를 넣고 교반하게 되면, **물과 오일 사이의 계면장력이 낮아지며 유화**됨

③ 유화제 선택

㉠ 계면활성제 성질은 친수기와 친유기 성질의 상대적 강도(HLB, hydrophilic lipophilic balance)에 따라 결정

㉡ 비이온성 유화제 경우 HLB값은 0(친유성)~20(친수성)으로 높을수록 친수성 성질이 큼

㉢ HLB 값이 낮을수록 계면장력을 떨어트리는데 효과적, HLB 3 이상이면 물에 분산 가능하고 HLB 10 이상이면 물에 용해됨

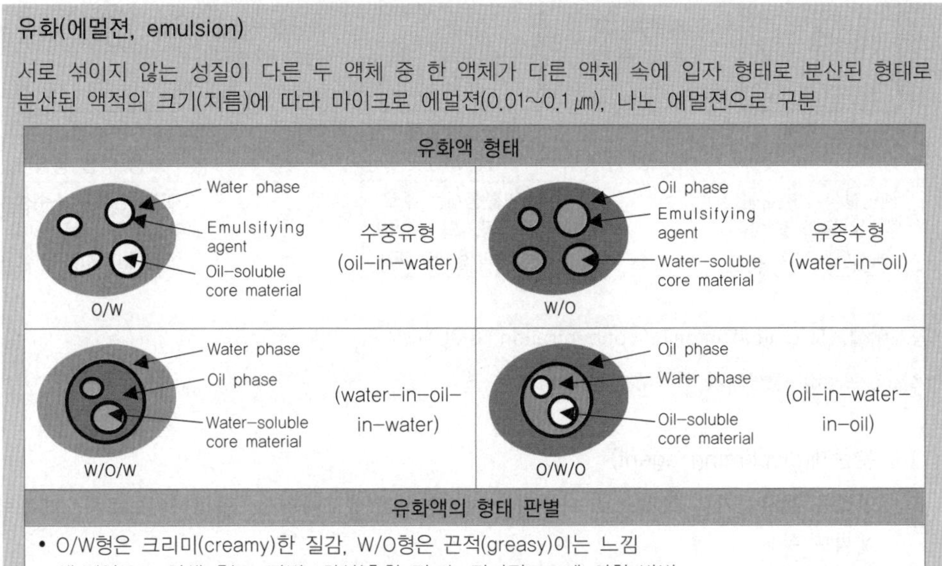

유화(에멀전, emulsion)

서로 섞이지 않는 성질이 다른 두 액체 중 한 액체가 다른 액체 속에 입자 형태로 분산된 형태로 분산된 액적의 크기(지름)에 따라 마이크로 에멀전(0.01~0.1 ㎛), 나노 에멀전으로 구분

| 유화액 형태 | | | |
|---|---|---|---|
| O/W (Water phase, Emulsifying agent, Oil-soluble core material) | 수중유형 (oil-in-water) | W/O (Oil phase, Emulsifying agent, Water-soluble core material) | 유중수형 (water-in-oil) |
| W/O/W (Water phase, Oil phase, Water-soluble core material) | (water-in-oil-in-water) | O/W/O (Oil phase, Water phase, Oil-soluble core material) | (oil-in-water-in-oil) |

| 유화액의 형태 판별 |
|---|
| • O/W형은 크리미(creamy)한 질감, W/O형은 끈적(greasy)이는 느낌<br>• 색소(염료로 염색 후)로 판별, 희석(혼합 정도), 전기전도도에 의한 방법 |

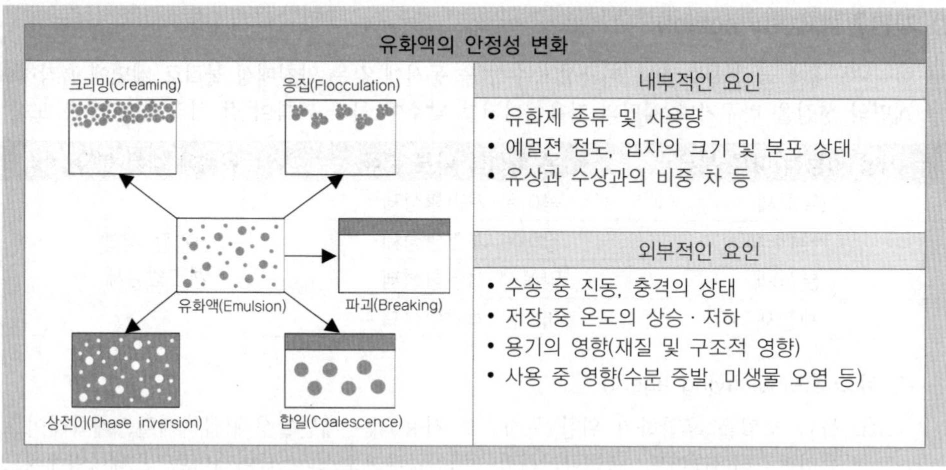


(2) 가용화제(solubilizing agent)

용매에 **난용성 물질을 용해**시키기 위한 목적으로 사용되는 계면활성제(폴리솔베이트80, 피이지-40하이드로제네이티드캐스터오일, 세테스-24, 콜레스-24, 옥틸도데세스-16, 폴리글리세릴-10올리에이트 등)

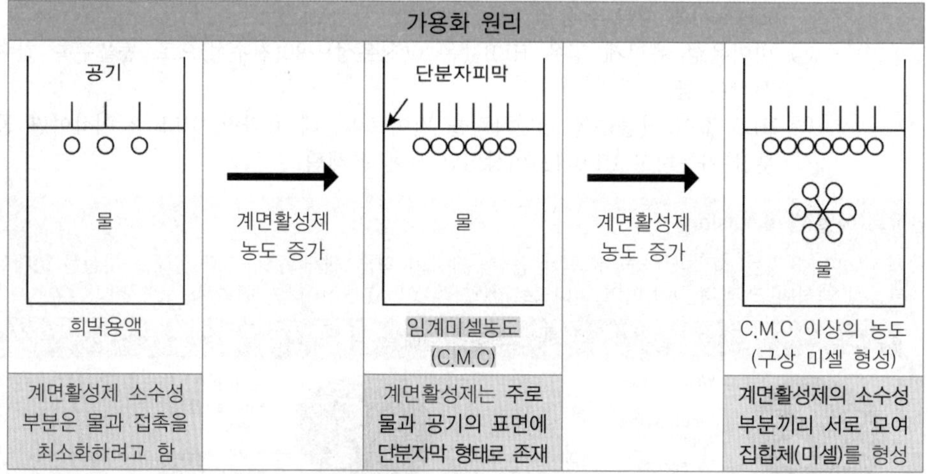


**임계미셀농도(critical micelle concentration, CMC)**

미셀(micelle)이 형성되기 시작하는 농도

(3) 분산제(dispersing agent)

안료를 분산시키는 목적으로 사용되는 계면활성제(벤토나이트, 폴리하이드로시스테아릭애씨드 등)

① 분산의 의미

| 분산(suspension) | 분산(dispersion) |
|---|---|
| 분산상(분산질)이 분산매에 퍼져있는 현상 | 고체가 액체 속에 퍼져있는 현상 |

**분산매**

분산계에서 매질, 즉 분산질을 둘러싸고 있는 부분으로 용액에서 용매에 해당

② 사용 목적

고체 입자를 액체에 분산시킨 화장품(파운데이션, 마스카라, 아이라이너, 네일 에나멜)에서 고체 입자의 **침전 및 응집**을 막고 **액체 속에 균일하게 혼합**시킴



(4) 세정제(washing agent)

**세정**을 목적으로 사용되는 계면활성제

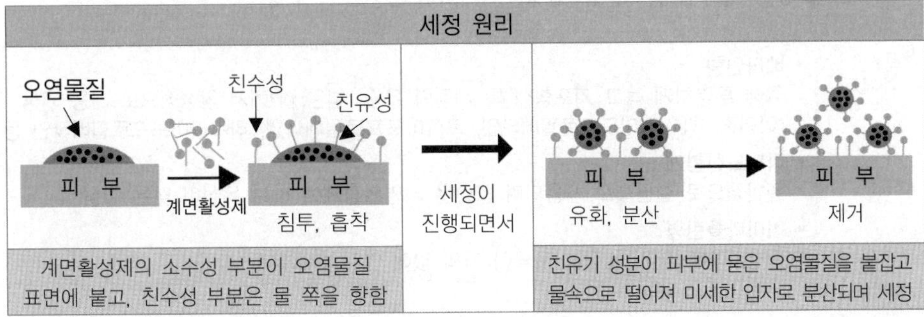


(5) 음이온 계면활성제(anionic surfactant)

① 물에 용해할 때 **친수기 부분이 음이온으로 해리**되며 구조에서 친수기가 가장 중요

② **세정력** 및 거품 형성 작용 우수하여 주로 **클렌징 제품**에 활용

③ 구성 : 주로 설포네이트(sulfonate, $SO_3^-$), 카르복실레이트(carboxylate, COO−), 설페이트 (sulfate, $SO_4^{-2}$)로 구성됨

- **설페이트(sulfate, $SO_4^{-2}$)계**
  소듐라우릴설페이트(SLS), 소듐라우레스설페이트(SLES), 암모늄라우릴설페이트(ALS), 암모늄라우레스설페이트(ALES) 등
- **설포네이트(sulfonate, $SO_3^-$)계**
  티이에이-도데실벤젠설포네이트, 페르프루오로옥탄설포네이트, 알킬벤젠설포네이트 등
- **카르복실레이트(carboxylate, COO−)계**
  소듐라우레스-3카복실레이트 등

(6) 양이온 계면활성제(cationic surfactant)

① 물에 용해할 때 **친수기 부분이 양이온으로 해리**되며 구조에서 친수기가 가장 중요

② 분자량이 적으면 **보존제**로 이용, 분자량이 큰 경우 모발이나 섬유에 흡착성이 커 린스 등 **유연제** 및 **대전 방지제**로 활용

③ 구성 : 주로 암모늄염, 아민 유도체로 구성

Key Point

> 화장품에 사용되는 양이온성 계면활성제로는 염화벤잘코늄, 알킬디메틸암모늄클로라이드, 베헨트리모늄클로라이드 등이 있으며 **세정과 동시에 살균작용**을 함

(7) 양쪽성 계면활성제(amphoteric surfactant)

① 물에 용해할 때 **친수기 부분이 양이온(산성)과 음이온(알칼리)을 동시에 갖는** 계면활성제

② **살균작용** 및 기포 형성력 우수

③ 다른 이온성 계면활성제보다 피부에 안전, 세정력, 유연 효과 등으로 **저자극 샴푸, 어린이용** 및 **스킨케어** 제품에 사용

④ 구성 : 베타인형, 아미노산형, 이미다졸린형으로 구성

Key Point

> • **베타인형**
> 물에 투명하게 녹고 기포형성 및 세정력 우수, 넓은 pH에서 안정적으로 사용 가능 (아이소스테아라미도프로필베타인, 코카미도프로필베타인, 라우라미도프로필베타인 등)
> • **아미노산형계**
> 일반적으로 살균제로 사용되며 양이온 계면활성제에 비해 독성이 낮은 이점
> • **이미다졸린형**
> 독성, 피부 자극, 눈점막 자극이 거의 없어 안전성이 우수

(8) 비이온 계면활성제(nonionic surfactant)

① **물에 이온화되지 않고 용해**, 물과 수소결합에 의한 **친수성**을 가지며 전하를 가지지 않는 계면활성제

※ 전하를 가지지 않으므로 **물의 경도로 인한 비활성화에 잘 견딜 수 있음**

② 이온 계면활성제보다 피부 안전성, 유화력 등이 우수

③ **세정제를 제외**한 에멀젼 및 스킨케어 제품에서 유화제로 사용

> 비이온 계면활성제는 분자 내에 이온으로 해리되지 않는 -OH기와 에터 결합(-O-), 에스터(-COOR)등을 가지고 있는 물질로 모노스테아린산글리세린, POE소르비탄지방산에스텔, 소르비탄라우레이트, 소르비탄팔미테이트, 소르비탄세스퀴올리에이트, 글리세릴스테아레이트&피이지-100스테아레이트, 글리세릴모노스테아레이트, 폴리솔베이트20 등이 있음

(9) 천연물 유래 계면활성제

① 대두, 난황 등에서 얻어지는 **레시틴**이 가장 많이 사용

② **천연물 유래 콜레스테롤 및 사포닌** 등도 천연 계면활성제로 사용

※ 그 외 라우릴글루코사이드, 세테아릴올리베이트, 솔비탄올리베이트코코베타인 등

### 4) 고분자 화합물(Polymer)

#### (1) 점증제(Thickening agents)

① 화장품의 **점도 유발** 및 **사용감 향상**을 위해 첨가하는 물질

② 수용성 고분자는 천연, 천연 물질을 화학적으로 처리해 제조된 반합성, 합성 고분자로 나눌 수 있음

| 구분 | 내용 |
|---|---|
| 천연 고분자 | • 식물, 미생물, 동물에서 유래<br>– 식물 유래 : 구아검, 아라비아고무나무검, 카라기난, 전분 등<br>– 미생물 유래 : 잔탄검, 텍스트란 등<br>– 동물 유래 : 젤라틴, 콜라겐 등<br>• 장점 : 생체 적합성, 특이한 사용감 부여 등<br>• 단점 : 채취 시기 및 지역에 따라 **일정하지 않은 물성, 미생물 오염, 공급이 불안정** 등 |
| 반합성 천연 고분자 | • 주로 **셀룰로오스 유도체**가 사용, **안정성 우수**<br>– 메틸셀룰로오스, 에틸셀룰로오스, 카복시메틸셀룰로오스 등 |
| 합성 고분자 | • 카복시비닐폴리머(Carboxy Vinyl Polymer)가 가장 널리 사용 |

#### (2) **필름 형성제**(피막제 고분자)

① 고분자의 필름막을 화장품에 이용하기 위해 사용되는 물질(폴리비닐알코올, 나이트로셀룰로오스, 폴리비닐피롤리돈, 카복시비닐폴리머 등)

② 점증제도 다량 사용 시 필름 형성제로 사용 가능

| 피막제 고분자 용도 | 원 료 |
|---|---|
| 팩 | 폴리비닐알코올 |
| 헤어 스프레이, 헤어 세팅젤 | 폴리비닐피롤리돈, 메타크릴레이트 공중합체 |
| 샴푸, 린스 | 양이온성 셀룰로오스, 폴리염화디메틸메틸렌피페리듐 |
| 아이라이너, 마스카라 | 폴리아크릴레이트 공중합체, 폴리비닐아세테이트 |
| 네일 에나멜 | 니트로셀룰로오스 |
| 모발 코팅제 | 고분자 실리콘 |
| 선오일, 액상 파운데이션 | 실리콘 레진 |

### 5) 색소

피부에 색을 띠게 하는 것을 주 목적으로 하는 성분으로 화장품에 배합된 색소는 유기합성 색소, 무기 안료, 천연 색소로 구분

#### (1) 색소 배합 시 고려해야 할 관련 법령

① 색소 등 사용 제한이 필요한 원료에 대한 사용 기준 「화장품법」 제8조1항 및 제2항

② 화장품의 색소 종류와 색소의 기준 및 시험 방법 「화장품의 색소 종류와 기준 및 시험 방법」 제3조 및 제5조

**색소 관련 용어★★** 「화장품의 색소 종류와 기준 및 시험 방법」

- **타르 색소** : 콜타르 그 중간 생성물에서 유래되었거나 유기합성하여 얻은 색소 및 그 레이크, 염, 희석제와의 혼합물
- **순색소** : 중간체, 희석제, 기질 등을 포함하지 아니한 순수한 색소
- **희석제** : 색소를 용이하게 사용하기 위하여 혼합되는 성분(화장품에 사용할 수 없는 원료 금지)
- **눈 주위** : 눈썹, 눈썹 아래쪽 피부, 눈꺼풀, 속눈썹 및 눈(안구, 결막낭, 윤문상 조직을 포함)을 둘러싼 뼈의 능선 주위

(2) 유기합성 색소(oaraganic synthetic coloring agent)

| | |
|---|---|
| 염료<br>(dye) | • 색채를 부여하는 물질로 물, 알코올, 오일 등의 용매에 용해되어 기제 중에 용해 상태로 존재<br>• 수용성 · 유용성 염료로 구분<br>– 종류 : 아조계 염료, 잔틴계 염료, 퀴놀린계 염료, 트리페닐메탄계 염료, 안트라퀴논계 염료 |
| 레이크<br>(lake) | • **수용성 염료에 불용성 금속염이 결합**된 유형<br>• **타르 색소를 기질에 흡착, 공침 또는 단순한 혼합이 아닌 화학적 결합으로 확산시킨 색소**로서 타르 색소의 나트륨, 칼륨, 알루미늄, 바륨, 칼슘, 스트론튬 또는 지르코늄염을 **기질**에 확산시켜서 만든 것<br>Key Point **기질★★**<br>레이크 제조 시 순색소를 확산시키는 목적으로 사용되는 물질을 말하며 알루미나, 브랭크휙스, 크레이, 이산화티탄, 산화아연, 탤크, 로진, 벤조산 알루미늄, 탄산칼슘 등의 단일 또는 혼합물을 사용 |
| 유기안료<br>(organic pigment) | • 구조 내에서 **가용기가 없고** 물, 오일에 **용해하지 않는 유색 분말**<br>– 종류 : 아조계 안료, 인디고계 안료, 프탈로시아닌계 안료<br>• 레이크보다 착색력, 내광성이 높아 립스틱 등 메이크업 제품에 널리 사용<br>• 색조가 풍부하고 선명, 순도가 높고 산소 노출 시에도 안정적 |

(3) 무기 안료(inorganic pigment)

발색 성분이 무기질로 되어 있어 유기 안료에 비해 내열, 내광의 안정성은 좋으나 종류가 적고 색상이 선명하지 않음

① 체질 안료(extender pigment)

㉠ 색상에는 영향을 주지 않으며 **착색 안료의 희석제**로 사용

㉡ **색조를 조정**하고 제품의 전연성, 부착성 등 **사용 감촉, 제품의 제형화** 역할

㉢ 종류 : 마이카, 탈크, 카올린, 세리사이트 등의 광물과 알루미나, 실리카 등의 합성 무기 분체 등

**체질 안료의 특성**

- 마이카(Mica, 운모)
  - 탄성이 풍부하기 때문에 사용감이 좋고 피부 부착성 우수
  - 케이킹을 일으키지 않고 자연스러운 광택, 파우더 제품에 많이 사용

- 탈크(Tark, 활석)★
  - 주성분은 물을 포함한 규산마그네슘, 빛을 반사시키는 성질로 광택이 나고 퍼짐성이 좋음
  - 매끄러운 사용감과 흡수력이 우수해 베이비 파우더 등 메이크업 제품에 많이 사용
- 카올린(Kaolin, 고령토)
  - 주성분은 물을 포함한 규산 알루미늄, 물에 잘 용해되지 않는 흡습제로 커버 능력 우수
  - 피부 부착성, 땀 · 피지 흡수력이 우수하나 탈크에 비해 매끄러운 느낌이 떨어짐

② 착색 안료(coloring pigment)★

㉠ **색상을 부여**하는 역할

㉡ 색이 선명하지는 않으나 빛과 열에 강하여 **변색**이 잘되지 않는 특성

㉢ 종류 : 산화철(적색, 흑색, 황색), 크롬옥사이드, 소듐알루미늄설포실리케이트(울트라마린블루)등

③ 백색 안료(white pigment)

㉠ **피부의 커버력**을 조절하는 역할

㉡ 자외선 차단 효과가 우수한 분체들로 굴절률이 높음

㉢ 종류 : 티타늄다이옥사이드, 징크옥사이드, 바륨설페이트, 칼슘카보네이트 등

④ 진주광택 안료(pearlescent pigment)

㉠ **색상에 진주 광택, 홍채색** 또는 **금속 광채를 부여**하기 위해 사용되는 특수한 광학적 효과를 갖는 안료

㉡ 종류 : 티타네이티드마이카(운모티탄, 마이카에 티타늄다이옥사이드를 코팅), 옥시염화비스머스 등

(4) 천연 색소

① 인체 안전성이 높고 색조는 선명, 유기합성 색소에 비해 착색력, 내광성, 내약품성 등이 약하고 불안정

② 종류 : 카르사민(인디고와 홍화꽃, 붉은색), 베타-카로틴(인삼, 황색), 클로로필(녹색 식물), 커큐민 등

## 6) 기능성 화장품 고시 원료

### (1) 기능성 화장품의 종류

① 피부의 **미백**에 도움을 주는 제품

② 피부의 **주름 개선**에 도움을 주는 제품

③ 피부를 **곱게 태워주거나 자외선으로부터 피부를 보호**하는 데에 도움을 주는 제품

④ **모발의 색상 변화 · 제거** 또는 **영양 공급**에 도움을 주는 제품

⑤ **체모를 제거**하는 기능을 가진 화장품(물리적으로 체모를 제거하는 제품은 제외)

⑥ 피부나 모발의 기능 약화로 인한 **건조함, 갈라짐, 빠짐, 각질화 등을 방지하거나 개선**하는 데에 도움을 주는 제품

### (2) 기능성 화장품별 고시 원료의 종류 및 사용한도

① 「기능성 화장품 심사에 관한 규정」 [별표 4] 【참고 p143】

② 「기능성 화장품 기준 및 시험 방법」 [별표 2]~[별표 9]

### 7) 보습제

피부 건조를 막아 피부를 매끄럽고 부드럽게 해주는 물질의 총칭

(1) 습윤제(Humectant)

① 죽은 각질세포 내 케라틴과 NMF(natural moisturizing factor)와 같이 **수분과 결합하는 능력을 갖춘 성분**으로 피부에 수분을 증가시키는 역할

② 피부에 도포 시 가볍고 산뜻한 느낌 유발(지성 타입에 효과적일 수 있음)

③ 종류 : 글리세린, 솔비톨, 우레아, 락틱애씨드,부틸렌글라이콜, 프로필렌글라이콜, 하이알루로닉애씨드, 솔비톨, 판테놀 등

**하이알루로닉애씨드(Hyaluronic acid)**

콘드로이친설페이트와 함께 포유동물의 결합조직에 널리 분포되어 세포 간 수분을 보유하는 고분자 보습 성분

(2) 밀폐제(Occlusive)

① 피지처럼 **피부 표면에 얇은 소수성막**을 만드는 성분

② 피부에 도포 시 다소 두껍고 오일리한 느낌을 유발하나 물리적으로 경피수분손실도(TEWL)를 저하시키는 방법(건조한 타입에 효과적일 수 있음)

③ 피부에 잔존할 경우에만 효과가 있으며 대부분 습윤제와 함께 사용

④ 종류 : 페트롤라툼, 파라핀, 스쿠알렌, 디메치콘, 싸이클로펜타실록산, 싸이클로헥사실록산 등

경피수분손실도(Transepidemal Water Loss, TEWL)는 피부를 통해 손실되는 수분량(땀을 통한 수분 배출은 제외)으로 피부 수분도가 낮을수록 TEWL 값이 높게 측정됨

(3) 연화제(Emollient)

① 탈락하는 각질세포 사이의 틈을 메꿔 주는 물질로 피부에 **윤기**와 **유연성** 부여

② 종류 : 글리세릴스테아레이트, 호호바 오일, 시어버터 등

(4) 장벽 대체제

① 각질층 내 세포 간 지질(세라마이드, 지방산, 콜레스테롤)을 대체하는 보습제 성분

② **피부장벽 기능 유지와 회복**에 관여, 피부 보습력을 지속시키는 역할

**세라마이드 유도체 및 합성 세라마이드(Ceramide)**

세라마이드 자체는 보습제가 아니지만 **피부 방어 수단의 중요한 인자**로 작용하며 다른 계면활성제와 복합물을 이루면서 피부 표면에 라멜라 상태로 존재해 피부에 수분을 유지시켜 줌

## 8) 보존제

**미생물의 성장을 억제 또는 감소**시켜 주는 역할을 하는 원료를 총칭

### (1) 보존제의 특성

화장품이 보존 기간뿐만 아니라 소비자가 제품을 사용하는 동안 **미생물**(세균, 진균) **오염으로부터 부패·변질 등** 물리적·화학적으로 변화하는 것을 **방지**

### (2) 이상적인 보존제의 조건

① 사용하기에 **안전**할 것
② **낮은 농도에서 다양한 균에 대한 효과**를 나타낼 것
③ **넓은 온도 및 pH 범위에서 안정되**고, **장기적으로 효과가 지속**될 것
④ 제품의 물리적 성질에 영향을 미치지 않을 것
⑤ 제품 내 **다른 원료 및 포장 재료와 반응하지 않을 것**
⑥ 제품의 **외관적 특성**(안정성, 색상, 향, 질감, 정도 등)에 **영향을 미치지 않을 것**
⑦ 자연계에서 쉽게 분해되고, 분해산물에 독성이 없을 것
⑧ 원료 수급이 용이하고, 저렴하며 취급이 용이할 것

### (3) 사용 제한

사용 기준이 지정 고시된 원료 외의 보존제 등은 사용할 수 없음
※ 법 제8조1항 및 제2항, 「화장품 안전기준 등에 관한 규정」 [별표 2](사용상의 제한이 필요한 원료)

## 9) 기타 원료

### (1) 비타민

생체의 정상적인 발육, 영양, **피부의 생리 기능을 유지**하는 데 미량으로 필수적인 유기 화합물을 총칭

**비타민 A**

- **시각** 기능에 관여, **성장 인자**로 작용하는 **지용성** 비타민
- **레티노익산(retinoic acid) 함유 의약품**의 피부 잔주름 감소 효과를 임상학적으로 입증
- 화장품에서 피부세포의 신진대사 촉진과 피부 저항력 강화, 피지 분비 억제, 자외선 등에 효과가 있는 것으로 알려져 있으며 대략 사용량은 1,000~5,000 IU/g 정도
- 구조학적으로 이중결합이 있어 산화에 매우 예민, 열과 빛에 의해서도 불안정
- **레티노이드(retinoid)**로 알려진 지용성 물질군, 레티놀(retinol), 레틴알데하이드(retinaldehyde) 및 레티노익애씨드(retinoic acid)로 상호전환될 수 있으나, 레티노익애씨드로 전환되는 과정은 비가역적임
- 레티놀(retinol)은 주름 개선 기능성 화장품 고시 원료이나 열과 공기에 매우 불안정하므로 안정화를 위해 레티놀의 유도체(레티닐팔미테이트, 폴리에톡실레이티드레틴아마이드)가 주로 활용

Key Point

폴리에톡실레이티드레틴아마이드(polyethoxylated retinamide)는 레티놀에 PEG를 결합한 형태, 레티닐팔미테이트(retinyl palmitate)는 레티놀에 지방산이 붙은 에스테르 형태로 레티놀 대비 안정성이 높고 인체에 흡수된 후 레티놀로 가수분해 됨

| 비타민 C |
|---|
| • 엘-아스코빅애씨드(L-ascorbic acid)라 불리는 수용성 비타민, 많은 생리 대사에 관여<br>• 화장품에서 **강력한 항산화 작용**과 **콜라겐 생합성을 촉진**하는 것으로 알려져 미백 제품 등에 널리 사용되나 강력한 항산화 기능은 상대적으로 **저장 및 가공 과정하에서 불안정**<br>• 열, 산화, 전이금속에 의해 구조가 파괴될 가능성으로 비타민 C(L-아스코빅산)에 지방산을 결합, 안정성을 향상시켜 보다 안정적으로 피부에 흡수되는 비타민 C 유도체(에칠아스코빌에텔, 아스코빌글루코사이드, 마그네슘아스코빌포스페이트)가 화장품 성분으로 주로 활용 |

| 비타민 E |
|---|
| • 식물성 기름에서 분리되는 천연 산화 방지제, 주로 화장품 내 산화 방지제로 사용<br>• 강력한 항산화 작용, 피부 유연 및 세포의 성장 촉진<br>• 지용성 비타민으로 공기 중에 산화되기 쉽기 때문에 화장품에는 **토코페롤의 에스터**가 널리 사용 |

**토코페롤의 에스터**

토코페릴아세테이트, 토코페릴라놀리에이트, 토코페릴라놀리에이트/올리에이트, 토코페릴니코티네이트 및 토코페릴석시네이트가 포함됨

| 기 타 |
|---|
| • 비타민 $B_3$(나이아신아마이드) : 수용성, 멜라닌 이동 감소와 피부장벽 강화<br>• 비타민 $B_5$(판테놀) : 수용성, 수분 보유력 강화<br>• 비타민 $B_6$(피리독신) : 수용성, 피리독신 및 니코틴산 유도체가 사용, 지루성 피부염이나 습진에 효과<br>• 비타민 $D_2$(에르고칼시페롤) : 지용성, 피부 재생 주기 정상화, 염증성 여드름 완화, 습진이나 피부 건조에 효과<br>• 비타민 H(비오틴) : 수용성, 피부염에 효과<br>• 비타민 G(글루타치온) : 수용성, 강력한 항산화 작용, 멜라닌 생성 억제 |

### (2) pH 조절제

① 감도 조절제의 **중화 과정** 및 최종 제품의 **pH를 조절**하는 데 사용

② 종류 : 트라이에탄올아민(triethanolamine, TEA), 시트릭애씨드(citric acid), 알지닌(arginine), 포타슘하이드록사이드(KOH), 소듐하이드록사이드(NaOH) 등

pH는 수용액의 수소 이온 농도를 나타내는 지표로 중성 수용액은 pH 7, 이보다 높으면 염기성, 낮으면 산성을 나타냄

### (3) 금속이온 봉쇄제

① 제품 내 금속이온은 화장품의 안정성 및 성상에 영향을 줄 수 있어 방부제, 산화 방지제와 함께 첨가

② 금속이온 봉쇄제는 제품 내 **금속이온과 결합해 불활성화**시키고 화장품 안정성 유지

③ 종류

㉠ 금속이온 봉쇄제 : 디소듐이디티에이(disodium EDTA), 테트라소듐이디티에이(tetrasodium EDTA) 등

㉡ 산화 방지제 : 다이뷰틸하이드록시 톨루엔(BHF), 토코페롤(비타민 E) 등

PART 2

# 화장품의 기능과 품질

## Chapter 1 화장품의 효과

### 1 화장품 유형별 효과

#### 1) 기초 화장용 제품류의 세부 유형 및 효과

(1) 기초 화장용 제품의 피부 효과

① 거친 피부 개선, 살결 정돈, 피부 보습 및 유연 효과
② 수렴 효과 및 탄력 증가
③ 화장 제거 및 청정 효과

(2) 메이크업 리무버

| 클렌징 워터 | 클렌징 오일 | 클렌징 로션 | 클렌징 크림 |
|---|---|---|---|

① 워터프루프 타입의 파운데이션, 유성 기반 마스카라, 일부 자외선 차단제 등의 화장품을 효과적으로 제거하기 위해 사용
② 피부 표면의 피지, 딱지, 피지의 산화 분해물, 땀의 잔여물 등 **대사산물**이나 **먼지, 미생물, 메이크업 화장품 등을 제거**

(3) 화장수

| 유연 화장수 | 수렴 화장수 | 영양 화장수 |
|---|---|---|

① **각질층에 수분·보습 성분 공급**, 피부를 촉촉하고 윤택하게 유지
② **피지의 과잉 분비를 억제**하여 피부를 산뜻하게 유지

(4) 크림

| O/W형 크림 | W/O형 크림 | 다중유화 크림 |
|---|---|---|

① 계면활성제를 이용하여 두 개의 상을 안정된 상태로 분산시킨 에멀젼으로 다양한 유화법을 통해 만들어짐
② **수분과 유분을 공급**하여 피부를 촉촉하고 부드럽게 유지

(5) 로션

| O/W형 로션 | W/O형 로션 |
|---|---|

① 구성 성분이 크림과 유사하나 상대적으로 사용 비율이 적어 크림보다 **유동성이 있는 에멀젼 형태**

② 기능 및 효과도 크림과 유사하나 **크림보다 발림성이 좋음**
③ 기타 세정, 메이크업 리무버, 미백, 자외선 차단 화장품의 기제로 사용

(6) 에센스
① 추가적으로 함유된 피부의 유효성 관련 성분의 종류에 따라 미백, 보습 에센스 등으로 구분
② 고급 오일과 기능성 성분 등을 배합
③ 점성이 있는 제품으로 **피부 보습**과 **유연** 기능을 동시에 가짐

(7) 팩, 마스크

| 워시 타입 | 필오프 타입 | 석고팩 타입 | 붙이는 타입 |
|---|---|---|---|

① **피부 보습** 촉진
② 팩의 흡착 작용과 동시에 건조 박리 시에 피부 표면의 각질 또는 오염물질을 제거하여 **청정 작용**
③ 피부에 적당한 **긴장감**을 주고, 일시적으로 **피부 온도를 높여 혈액순환을 원활**하게 하는 효과
④ 기능성 및 영양 성분 함유를 통해 **추가적 효과** 유도

(8) 파우더
**피부 보호**와 **표면의 부드러움 유발** 및 **거칠어짐 방지** 효과

(9) 바디 제품
피부에 유·수분을 공급하여 피부를 촉촉하고 윤택하게 유지

(10) 눈 주위 제품
한선과 피지선이 없고 피부 두께가 얇은 **눈 주위 피부에 영양을 공급, 탄력감** 부여

(11) 손·발의 피부 연화 제품
핸드크림, 풋크림으로 손과 발의 피부를 부드럽게 하는 효과

## 2) 색조 화장용 제품류의 세부 유형 및 효과

(1) 색조 화장용 제품의 피부 효과
① 색조 부여 및 메이크업의 효과 지속
② 피부의 번들거림 또는 결점 보완
③ 피부 거칠어짐 방지, 분장 효과

(2) 볼연지
① 제형에 따라 고형, 크림, 스틱 타입으로 나뉨
② 볼에 도포해 **안색을 밝고, 건강하게** 보이도록 하며 **얼굴 음영을 강조**해 입체감을 부여

(3) 베이스 메이크업

**피부의 색이나 질감을 바꾸고 얼굴에 입체감을 부여**, 피부의 결점을 커버하기 위한 목적으로 사용

| 페이스 파우더 | 리퀴드 파운데이션 | 메이크업 베이스 |
|---|---|---|
| | 크림 파운데이션 | |
| 페이스 케이크 | 케이크 파운데이션 | |

(4) 페이스 파우더 · 케이크

① **피부색을 조절**하여 밝게 하는 효과

② 피부에 **탄력감 · 투명감** 부여, 땀과 피지 억제하고 화장 지속력 증대

(5) 리퀴드 · 크림 · 케이크 파운데이션

① 피부색을 기호에 맞게 바꾸어 주고 **광택 · 탄력 · 투명감**을 주기 위해 사용

② 피부의 기미 · 주근깨 등 **결점을 커버**

(6) 메이크업 베이스

| 녹색 메이크업 베이스 | 노란색 메이크업 베이스 |
|---|---|

① 파운데이션 전 단계에서 사용하여 보색 효과(녹색, 노란색)로 **피부 톤, 결**을 보정하고 파운데이션의 발림력, 밀착력, 발색력을 증가시킴

② **피부색을 조절**하여 **밝게** 하고 피부에 **탄력 · 투명감**을 부여

③ 땀과 피지를 억제하고 **화장 지속력**을 **향상**시키는 효과

(7) 메이크업 픽서티브 또는 메이크업 픽서

알코올 용제에 고분자 물질들이 배합된 분사형 제품(증발성)으로 메이크업 지속력 및 고정력 향상을 위해 사용

(8) 립스틱

**입술에 색을 주어** 얼굴을 돋보이게 함

(9) 립라이너

**입술의 윤곽을 그리거나 립스틱이 입술 라인으로 번지는 것을 방지**하고 입술을 강조하는 효과

(10) 립밤

① 액상 및 고형 유성 성분을 용해시켜 만든 제품으로 제형 형태에 따라 스틱 · 크림형으로 구분

② **입술이 트는 것을 방지**하고 거친 입술에 **보습 효과**

(11) 립글로스

① 점도가 있는 유성 성분이나 보습 성분에 색재를 첨가하여 분산시킨 제품으로 제형 형태에 따라 액상 · 크림상으로 구분

② 입술을 빛나고 윤기 있게 해주는 효과

Key Point

입술은 각질층이 얇고 피지 분비량이 매우 낮아 쉽게 거칠어짐

| 립스틱 | 립라이너 | 립글로스 | 립밤 |
|---|---|---|---|
| 색조 효과 | | 보습, 윤기, 광택 효과 | |

### 3) 두발용 제품류의 세부 유형 및 효과

#### (1) 두발용 제품의 효과

① 두발이 거칠어지고 갈라지는 것을 방지하고 윤기를 부여
② 비듬, 가려움을 개선하고 두피 및 두발의 건강을 유지시키기 위해 사용
③ 원하는 모발 형태를 만들거나 고정하여 세팅, 유지시키는 목적으로 사용

#### (2) 헤어 컨디셔너

| 씻어내는 제품 | 사용 후 씻어내지 않는 제품 |
|---|---|

① 세정 후 흐트러진 두발을 정돈하고 유연하게 함
② **수분, 유분을 공급**하여 두발을 건강하게 유지, 두발 표면을 매끄럽게 함
③ 빗질을 쉽게 하고 정전기 방지 및 광택 부여

#### (3) 헤어 트리트먼트

| 두발을 정돈하는 제품(leave-on type) | 씻어내는 제품(leave-off type) |
|---|---|

① 손상된 두발 표면에 작용해 두발 보호 및 손상 예방, 영양 공급
② 주요 성분들은 린스와 유사하나 leave-on type의 양이온성 계면활성제 함량이 린스보다 낮음
③ 두발 기능을 항진시킬 수 있는 두발 보호 성분 및 영양 성분이 함유된 것이 많으며 도포 후 스팀이나 열을 가해 두발 내 침투 효과를 높임

#### (4) 린스

| 린스 인 샴푸 | 컬러 린스 | 헤어팩 |
|---|---|---|

① 대부분 크림 형태로 양이온성 계면활성제에 친유성 고급 알코올, 유분 등을 첨가하고 유화시켜 제조
② 두발의 **정전기를 방지**하고 빗질을 쉽게 하는 효과

#### (5) 헤어 토닉

두피의 **청량감과 가려움 개선,** 깨끗한 두피를 건강하게 유지

#### (6) 헤어 그루밍에이드

| 헤어 오일 | 헤어 왁스 |
|---|---|

두발의 **유분, 광택, 매끄러움, 유연성** 등을 **높여 정발 효과** 등을 부여

### (7) 포마드

① 유성 원료를 주원료로 하는 제품으로 두발에 **광택**을 주는 동시에 **정발 효과**
② 헤어 스타일링 시 사용

**헤어 스타일링제**

제형에 따라 헤어 오일, 헤어 크림, 헤어 왁스, 헤어 젤 및 포마드, 무스, 헤어 스프레이로 구분되며 두발에 윤기를 부여하고 두발의 형태를 유지하기 위해 사용

### (8) 헤어 로션 · 크림

① 제형 형태에 따라 유화 또는 젤 타입으로 분류
② 빗질을 쉽게 하고 두발에 **윤기, 유연성, 광택** 부여
③ 두피와 두발에 영양 및 정발(conditioning) 효과 부여

### (9) 헤어 오일

오일 기반 액상 형태의 제품으로 두발에 **유분 공급, 광택, 매끄러움, 유연성** 부여

### (10) 샴푸

| 오일 샴푸 | 비듬 관리 샴푸 | 컬러 샴푸 | 컨디셔닝 샴푸 | 드라이 샴푸 |
|---|---|---|---|---|

① 계면활성제, 컨디셔닝제, 유분, 보습제, 착향제, 색소, 기능성 성분 등을 사용해 제조하며 사용된 원료의 주 기능에 따라 그 종류가 달라짐
② 두발과 두피에 부착된 **오염물을 씻어내고 비듬, 가려움 등을 방지**하여 두발과 두피를 청결하게 유지

### (11) 퍼머넌트 웨이브

| 치오글라이콜릭애씨드<br>퍼머넌트 웨이브 | 시스테인<br>퍼머넌트 웨이브 | 티오락틱애씨드<br>퍼머넌트 웨이브 |
|---|---|---|

① 제1제 환원제에 사용되는 주요 성분의 종류에 따라 구분
② 산화 · 환원 반응을 통해 **두발에 웨이브**를 주거나 **일정한 형으로 유지**
③ 두발의 주요 구성 단백질은 케라틴으로 세부 결합 형태에 따라 두발의 형태가 달라짐
④ 작용 원리★★

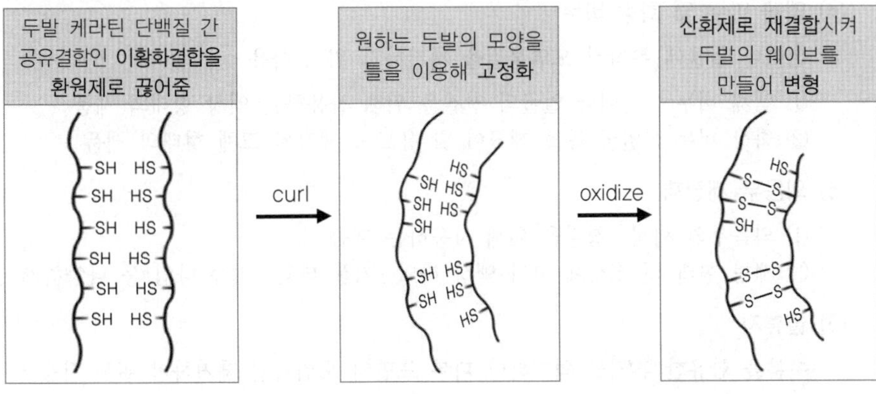

퍼머넌트 웨이브제의 주성분*

- 치오글라이콜릭애씨드(Thioglycolic Acid)
  특유의 악취를 가진 무색 액체, 머리카락의 중요 골격인 황(S)끼리의 결합을 무너뜨려 털을 제거하거나 모양을 변형시키는 성질로 제모제 또는 파마제로 이용
- 시스테인(Cysteine), 시스테인 염류 또는 아세틸 시스테인
  - 아미노산의 한 종류, 단백질에 많으며 효소 작용에 관계함
  - 불안정한 화합물로 공기에 의해 산화되어 시스틴(Cystine)이 됨

(12) 헤어 스트레이트너

① 곱슬머리를 **직모로 펼 때** 사용되는 제품
② 작용 원리는 퍼머넌트 웨이브와 동일, 주로 **크림 형태의 환원제 및 산화제**를 통해 곱슬머리를 펼 수 있음

## 4) 인체 세정용 제품류의 세부 유형 및 효과

얼굴의 세정을 통해 청결 및 상쾌감을 부여하고 좋은 냄새가 나게 하는 효과

(1) 세안용 화장품

| 계면활성제 세안제(화장 비누, 폼 클렌저) | 용제형 세안제 |
|---|---|

세안용 화장품은 주로 안면 피부 표면에 붙어 있는 피지나 그 산화물, 죽은 각질, 외부 환경 오염물질, 화장품 잔여물 등의 제거를 목적으로 사용

(2) 폼 클렌저

① **계면활성제 세안제에 유연제, 보습제, 정제수 등을 배합**한 것으로 **거품**을 내어 사용
② 제형에 따라 거품 · 크림 · 로션 타입으로 구별하며 물리적 세정을 위한 **스크럽제 배합**도 가능

(3) 바디 클렌저

① 주로 액체나 겔 상태로 피부에 부착된 **오염물질을 제거**해 피부 청결을 유지
② 몸의 향취 제거를 위해 사용

(4) 액체 비누 및 화장 비누

**손이나 얼굴에 부착된 오염물질을 제거**하기 위해 사용
① 액체 비누 : 손이나 얼굴의 청결을 위해 사용하는 액상 형태의 제품
② 화장 비누 : 얼굴 등을 깨끗이 할 용도도 제작된 **고체 형태**의 제품

(5) 외음부 세정제

① 외음부의 세정 · 청결을 위해 사용하는 제품
② 제형 형태 및 성상에 따라 액상 타입, 거품 타입, 티슈 타입 등 다양하게 분류

(6) 물휴지

수분을 함유한 휴지를 의미하며 **피부 표면의 오염물질 제거**하기 위해 사용

## 5) 방향용 제품류의 세부 유형 및 효과

### (1) 방향용 제품의 피부 효과

인체에 좋은 냄새가 나는 효과

### (2) 향수

| 퍼퓸 | 오드퍼퓸 | 오드뜨왈렛 | 오드콜롱 | 샤워콜롱 |
|---|---|---|---|---|

① 착향제의 함유량에 따라 분류되며 성질과 성상에 따라 액상, 고체상, 방향 파우더 등이 있음

② **착향제가 주체**인 화장품으로 **인체에 좋은 냄새가 나는 효과** 부여

③ **신체에 뿌린 후 시간이 지나면서 향이 변화**하며, 향이 나는 시간대에 따라 탑 노트-미들 노트-라스팅 노트로 구별

### (3) 콜롱 : 부향률이 비교적 적은 제품으로 단시간 동안 인체에 방향 효과를 주기 위해 사용



## 6) 기타 제품류의 세부 유형별 피부 효과

### (1) 만 3세 이하 영 · 유아용 제품류

| 영 · 유아용 | | | | |
|---|---|---|---|---|
| 샴푸 · 린스 | 로션 · 크림 | 오일 | 인체 세정용 제품 | 목욕용 제품 |

① 사용 목적에 따라 구별

② 영 · 유아의 **두피 · 두발 청결 및 유연**

③ 영 · 유아의 **피부 건조 및 거칠어짐을 방지**하고 **건강하게 유지**하는데 도움

### (2) 목욕용 제품류

① 사용 형태에 따라 목욕용 오일, 정제, 캡슐, 소금류 및 버블 배스 등으로 구별

② 피부를 깨끗하게 하고 목욕 후 향취, **상쾌감** 부여

### (3) 눈 화장용 제품류

① 눈 주위 및 속눈썹에 사용되는 제품으로 사용 형태 및 목적에 따라 아이브로 제품, 아이라이너, 아이섀도, 마스카라, 아이메이크업 리무버 등으로 구별

② **눈과 눈 주위를 아름답게** 하고 눈썹을 진하게 하여 **얼굴 이미지에 변화**를 줌

③ **눈 화장을 제거**할 수 있음

- 아이브로 제품(아이브로 펜슬)
  일반적으로 고형 및 액상의 유분에 안료를 첨가하여 제조 후 성형한 제품
- 마스카라
  일반적으로 O/W 타입으로 색재 및 필름 형성제 성분을 유화 · 분산한 제품
- 마스카라의 기능적 분류

| 롱래쉬 타입 | 볼륨 타입 | 컬 타입 | 워터프루프 타입 |
|---|---|---|---|
| 속눈썹을 길어 보이게 유도 | 속눈썹이 두껍고 진해 보이게 유도 | 속눈썹의 컬을 유지 · 고정 | 내수성 강화 |

### (4) 두발 염색용 제품류

① 두발 색상의 변화를 유도하는 제품으로 색상 변화의 정도에 따라 염모제 및 탈염·탈색용, 헤어 틴트 및 헤어 컬러 스프레이 제품으로 구분

② 염모제 및 탈염·탈색용 제품 : **영구적으로 두발의 색상을 변화**시키기 위해 사용

③ 헤어 틴트 및 헤어 컬러 스프레이 제품 : **일시적으로 두발에 착색을 유도**하기 위해 사용

### (5) 손·발톱용 제품류

① 사용 목적에 따라 베이스 코트, 네일 폴리시, 네일 에나멜, 탑 코트, 네일 크림·로션·에센스 네일 폴리시·네일 에나멜 리무버 등으로 구분

② 베이스 코트 및 언더 코트, 네일 폴리시 및 네일 에나멜, 탑 코트 : **손톱을 아름답게** 가꾸기 위해 사용

③ 네일 크림 : 손·발톱 주변의 유·수분을 보충해 주며 **큐티클층과 손·발톱 주위에 피부 유연 효과**

④ 네일 폴리시·네일 에나멜 리무버 : 손·발톱 화장을 지우는 효과

### (6) 면도용 제품류

① 사용 목적 및 제형 형태에 따라 애프터셰이브 로션, 프리셰이브 로션, 셰이빙 크림, 셰이빙 폼 등으로 구분

② 애프터셰이브 로션 : 면도 후 **면도 자국이 생기는 것을 방지**하여 수분 공급, 면도로 인한 **상처 유발 방지**, 면도 후 **이완된 모공 수축**

③ 프리셰이브 로션, 셰이빙 크림 : **피부 및 턱수염 등을 부드럽게** 하여 면도를 쉽게 할 수 있도록 돕고 **면도로 인한 피부 자극을 줄임**

### (7) 체모 제거용 제품

① 체모 제거의 방식에 따라 제모 왁스(물리적 타입)와 제모제(화학적 타입)로 구분

② **물리적 및 화학적**(시스틴 결합을 환원제로 화학적으로 절단)으로 체모 제거 효과

# Chapter 2 판매 가능한 맞춤형 화장품 구성



## 1 맞춤형 화장품 판매업 영업의 범위

맞춤형 화장품 판매업소에서 맞춤형 화장품 조제관리사가 **고객 개인별 피부 특성 및 취향에 따라 혼합·소분한 화장품**

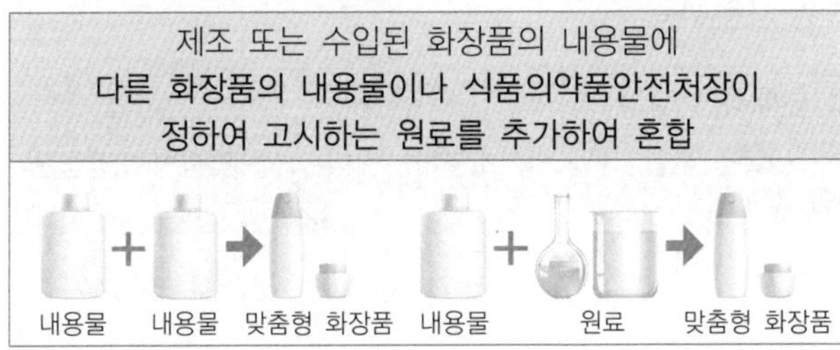


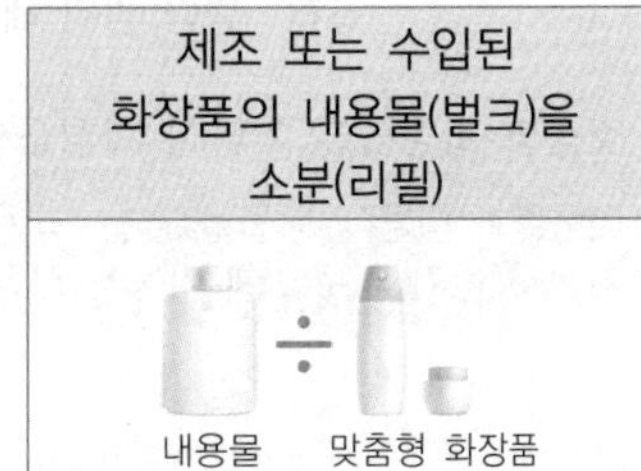

단, 원료와 원료를 혼합하는 것은 맞춤형 화장품의 혼합이 아닌 '화장품 제조'에 해당하며 단순 소분한 화장 비누(고체 형태의 세안용 비누)는 맞춤형 화장품에서 제외

## 2 맞춤형 화장품 혼합에 사용 가능한 내용물 및 원료의 범위

### 1) 맞춤형 화장품 혼합·소분에 사용되는 내용물의 범위

(1) **맞춤형 화장품의 혼합·소분에 사용할 목적**으로 화장품 책임판매업자로부터 받은 내용물을 사용

(2) 사용할 수 없는 내용물

① 화장품 책임판매업자가 **소비자에게 그대로 유통·판매할 목적**으로 제조 또는 수입한 화장품

② 판매의 목적이 아닌 제품의 **홍보·판매 촉진 등을 위하여 미리 소비자가 시험·사용** 하도록 제조 또는 수입한 화장품(비매품)

### 2) 맞춤형 화장품 혼합에 사용되는 원료의 범위

(1) **맞춤형 화장품의 혼합에 사용할 수 없는 원료**(이 외의 원료는 혼합에 사용 가능)

① 「화장품 안전기준 등에 관한 규정」 [별표 1] **'화장품에 사용할 수 없는 원료'**

② 「화장품 안전기준 등에 관한 규정」 [별표 2] **'화장품에 사용상의 제한이 필요한 원료'**

③ 식품의약품안전처장이 **고시한 기능성 화장품의 효능·효과를 나타내는 원료**

(2) 맞춤형 화장품 혼합에 사용할 수 없는 원료의 예외적 허용

① 원료의 품질 유지를 위해 **원료에 보존제**가 포함된 경우
개인 맞춤형으로 추가되는 색소, 향, 기능성 원료 등이 해당하며, 이를 위한 원료의 조합(혼합 원료)도 허용

② 기능성 화장품의 효능·효과를 나타내는 원료를 포함하여 **기능성 화장품에 대한 심사를 받거나 보고서를 제출**한 경우

※ 단, 기능성 화장품의 효능·효과를 나타내는 원료는 **내용물과 원료의 최종 혼합 제품을 기능성 화장품으로 이미 심사(또는 보고) 받은 경우**에 한하여, 이미 심사(또는 보고) 받은 **조합·함량 범위 내**에서만 사용 가능

**맞춤형 화장품을 기능성 화장품으로 판매하는 영업**

내용물과 다른 내용물을 혼합, 내용물과 원료를 혼합, 내용물을 소분하는 경우 최종 맞춤형 화장품은 기심사 받거나 보고한 기능성 화장품일 것

# Chapter 3 내용물 및 원료의 품질성적서 구비

## 1 화장품 제조관리 및 품질관리기준

### 1) 제조 및 품질관리를 위한 영업자의 준수 사항 「화장품법」 제5조, 「화장품법 시행규칙」 제11조 및 제12조의2

(1) 화장품 제조업자

① 품질관리기준(「화장품법 시행규칙」 [별표 1])에 따른 화장품 책임판매업자의 지도·감독·요청에 따를 것

② 제조관리기준서·제품표준서·제조관리기록서 및 품질관리기록서(전자문서 형식 포함)를 작성·보관

③ 식품의약품안전처장이 정하여 고시하는 우수 화장품 제조관리 기준(CGMP)을 준수하도록 제조업자에게 권장

(2) 화장품 책임판매업자

① 품질관리기준(「화장품법 시행규칙」 [별표 1]) 준수

② 책임판매 후 안전관리기준(「화장품법 시행규칙」 [별표 2]) 준수

③ 제조업자로부터 받은 제품표준서 및 품질관리기록서(전자문서 형식 포함)를 보관

④ 수입 화장품에 대한 수입관리기록서를 작성·보관

(3) 맞춤형 화장품 판매업자

① 맞춤형 화장품 판매장 시설·기구를 정기적으로 점검하여 보건위생상 위해가 없도록 관리

② 혼합·소분 안전관리기준 준수

혼합·소분 전 혼합·소분에 사용되는 내용물 또는 원료에 대한 품질성적서 확인

③ 맞춤형 화장품 판매내역서(전자문서 포함) 작성·보관

제조번호, 사용기한 또는 개봉 후 사용기간, 판매일자 및 판매량

### 2) 제조 및 품질관리에 요구되는 문서

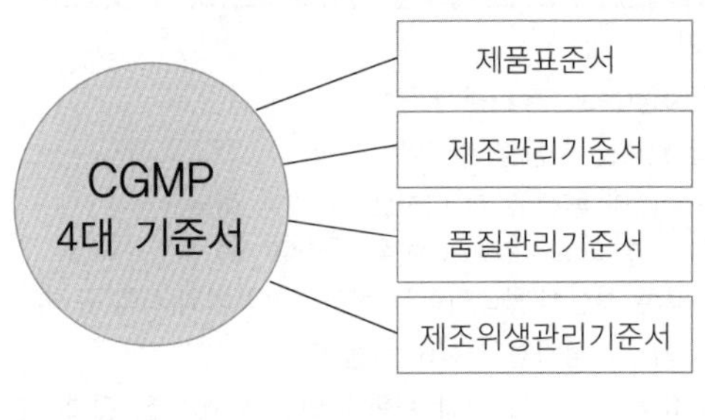


- 제조관리기록서
- 원료, 반제품, 제품에 대한 품질관리기록서
- 원료 또는 내용물의 품질검사성적서 (품질관리기록서의 일종)
- 수입관리기록서
- 맞춤형 화장품 판매내역서

### (1) 우수 화장품 제조 및 품질관리기준(CGMP)의 4대 기준서

① 「우수 화장품 제조 및 품질관리기준」에서는 4대 기준서를 제시
반드시 포함되어야 하는 사항이 정해져 있으며 관련 규정·지침에 적합하게 작성할 것

② CGMP 4대 기준서★★
제품표준서, 제조관리기준서, 품질관리기준서, 제조위생관리기준서

### (2) 원료 품질검사성적서

① 맞춤형 화장품 **내용물 및 원료 입고 시** 화장품 책임판매업자가 제공하는 **품질성적서 구비**
내용물 및 원료 품질관리 여부를 확인 시 제조번호, 사용기한 등을 주의깊게 검토

② 원료 품질검사성적서 인정 기준
㉠ 제조업자의 원료에 대한 자가품질검사 또는 공인검사기관 성적서
㉡ 책임판매업자의 원료의 자가품질검사 또는 공인검사기관 성적서
㉢ 원료업체의 원료에 대한 공인검사기관 성적서
㉣ 원료업체의 원료에 대한 자가품질검사 시험성적서 중 대한화장품협회의 '원료 공급자의 검사결과 신뢰 기준 자율규약' 기준에 적합한 것

Key Point

**원료 공급자의 검사결과 신뢰 기준 자율규약**

- 화장품 제조업자가 화장품 원료의 시험·검사 시 원료 공급자의 시험 결과로 시험·검사 또는 검정을 갈음할 수 있는 기준을 제시
- 화장품 원료의 시험·검사에서 원료 공급자의 시험·검사 결과가 신뢰할 수 있을 경우 일부 시험 항목에 대해 해당 성적서로 시험검사 또는 검정을 갈음

③ 원료품질성적서 세부 내용

- 제품명 ········ – 원료 제품명
- 제조자명 및 공급자명 ········ – 원료 제조업체명 및 원료 공급자
- 수령일자 ········ – 공급자로부터 원료를 받은 일자(입고 일자)
- 제조번호 ········ – 공급자가 부여한 제조번호(제조번호가 없는 경우 관리번호)
  – 맞춤형 화장품일 경우 식별번호

Key Point

**식별번호**

맞춤형 화장품의 혼합·소분에 사용되는 내용물 또는 원료의 제조번호와 혼합·소분 기록을 추적할 수 있도록 맞춤형 화장품 판매업자가 숫자·문자·기호 또는 이들의 특징적인 조합으로 부여한 번호

- 제조 연월일 ········ – 원료 제조일자
- 보관 방법 ········ – 보관 시 주의사항(온도, 직사광선 등)
- 사용기한 ········ – 제조일로부터 원료를 사용할 수 있는 기간
- 시험항목 ········ – 원료에 따라 원료의 특성을 잘 나타낼 수 있는 항목
  (성상, pH, 비중, 굴절률, 중금속, 비소, 미생물 등)
- 시험기준 ········ – 시험 항목에 따른 시성치(물리화학적 성질 등)의 범위(시험 규격)
- 시험 방법 ········ – 시험 항목에 따른 시성치를 시험하는 방법
- 시험 결과 ········ – 시험 항목에 따른 시성치에 대해 시험 방법을 통해 얻은 결과
- 판정 및 판정일자 ········ – 적합 판정 및 판정일자

## 2 화장품의 4대 기준서 관리 기준

### 1) CGMP 4대 기준서의 세부사항

#### (1) 제품표준서

일체의 **제품 제조 및 관리 기준에 요구되는 항목들이 기록**된 문서(이력서 같은 역할)

① 문서관리

화장품 제조업자는 제품표준서를 작성 및 보관, 책임판매업자는 제품표준서를 보관

② 제품표준서 내 포함되는 세부사항

| 항목 | 내용 |
|---|---|
| • 제품명 | – 제조한 화장품의 제품명 |
| • 작성 연월일 | – 제품표준서를 작성한 연월일자 |
| • 효능 · 효과 및 사용상의 주의사항 | – 기능성 화장품의 경우<br>제품의 효능 · 효과 및 사용상의 주의사항 |
| • 원료명, 분량 및 제조단위당 기준량 | – 제품 제조 시 사용된 원료의 분량(100% 처방기준)<br>및 제조량에 따른 원료의 사용량 |
| • 공정별 상세 작업 내용<br>및 제조공정 흐름도 | – 공정별 단위공정, 사용되는 기기, 공정내용 기술 및<br>공정 흐름도 |
| • 공정별 이론 생산량 및 수율 관리 기준 | – 제조량 및 제품의 용량을 기준으로 한 이론적인 생산량<br>(몇 개)과 제조량 대비 실제 생산된 제조량의 비율 |
| • 작업 중 주의사항 | – 작업 중 주의할 사항 |
| • 원자재 · 반제품 · 완제품의 기준<br>및 시험 방법 | – 제품 제조 시 사용된 원료의 기준 및 시험 방법, 포장<br>전 반제품의 기준 및 시험 방법 및 최종 완제품의<br>기준 및 시험 방법 |
| • 제조 및 품질관리에 필요한<br>시설 및 기기 | – 제품의 제조 및 품질관리에 필요한 시설 및 기기명과<br>수량, 규격, 작업장, 용도 |
| • 보관조건 | – 온도, 일광, 습도 등에 관하여 주의하여 보관 |
| • 사용기한 및 개봉 후 사용기간 | – 내용물의 사용기한 및 개봉 후 사용기한 |
| • 변경 이력 | – 제품표준서의 변경 이력<br>(개정 연월일, 개정시항, 개정 사유) |
| • 제조지시서 | – 제품표준서의 번호<br>– 제품명<br>– 제조번호, 사용기한 또는 개봉 후 사용기간<br>– 제조단위<br>– 사용된 원료명, 분량, 시험번호 및 제조단위당 실 사용량<br>– 제조설비명<br>– 공정별 상세 작업내용 및 주의사항<br>– 제조지시자 및 지시 연월일 |

#### (2) 제조관리기준서

**제품을 적절하게 제조 · 관리**하기 위한 문서

① 문서 관리 : 화장품 제조업자는 제조관리기준서를 작성 및 보관

② 제조관리기준서 내 포함되는 세부사항

| | |
|---|---|
| • 제조공정관리에 관한 사항 | – 작업소의 출입제한<br>– 공정검사 방법<br>– 사용하려는 원자재의 적합 판정 여부를 확인 방법<br>– 재작업 방법 |
| • 시설 및 기구 관리에 관한 사항 | – 시설 및 주요 설비의 정기적인 점검 방법<br>– 작업 중인 시설 및 기기의 표시 방법<br>– 장비의 교정 및 성능점검 방법 |
| • 원자재 관리에 관한 사항 | – 입고 시 품명, 규격, 수량 및 포장의 훼손 여부에 대한 확인 방법과 훼손되었을 경우 그 처리 방법<br>– 보관 장소 및 보관 방법<br>– 시험 결과 부적합품에 대한 처리 방법 |

Key Point

맞춤형 화장품의 경우, 입고 - 보관 - 폐기

입고 시 품질관리 여부를 확인하고 품질성적서 구비, 원료 등은 사용기한 확인 후 관련 기록을 보관, 또한 품질에 영향을 미치지 않는 장소에서 보관하고 사용기한이 지난 내용물 및 원료는 폐기

| | |
|---|---|
| • 완제품 관리에 관한 사항 | – 입·출하 시 승인 판정의 확인 방법<br>– 보관 장소 및 보관 방법<br>– 출하 시의 선입선출 방법 |
| • 위탁제조에 관한 사항 | – 원자재의 공급, 반제품, 벌크 제품 또는 완제품의 운송 및 보관 방법<br>– 수탁자 제조기록의 평가 방법 |

(3) 품질관리기준서

제조공정 중 **불량품을 발생시키는 원인**을 가능한 한 **미연에 방지·제거함으로써 품질 유지·향상**을 위한 문서

① 문서관리

화장품 제조업자는 품질관리기준서를 작성 및 보관, 책임판매업자는 품질관리기준서를 보관

② 품질관리기준서 내 포함되는 세부사항

| | |
|---|---|
| • 제품명 | |
| • 제조번호 또는 관리번호 | – **맞춤형 화장품**의 경우 **식별번호**로 대신함 |
| • 제조 연월일 | |
| • 시험지시번호 | |
| • 지시자 및 지시 연월일 | |
| • 시험항목 및 시험기준 | |
| • 시험검체 채취방법 및 채취 시의 주의사항과 채취 시의 오염 방지 대책 | – 검체의 채취 방법, 채취 수량, 채취자 및 채취 시 오염이 되지 않도록 채취 도구, 채취 용기, 채취 시 위생복 등 |
| • 시험시설 및 시험 기구의 점검 (장비의 교정 및 성능점검 방법) | – 품질관리에 필요한 시설, 기기명, 수량, 규격, 용도 및 시험기기의 교정과 성능 점검 방법 |
| • 안정성 시험 | – 온도 조건, 표준품과 비교 방법 등 |
| • 완제품 등 보관용 검체의 관리 | – 보관 공간, 보관 장소의 온도·습도, 보관 일자 및 기간 등 |
| • 위탁시험 및 위탁 제조하는 경우 검체의 송부 방법 및 시험 결과의 판정 방법 | – 검체의 송부 시 검체를 넣는 용기, 온도, 일광, 습도 및 검체의 시험 결과 판정 방법을 위한 검체의 기준 및 시험 방법 |

(4) 제조위생관리기준서

직원과 제조시설의 **위생 점검 관리**를 위한 문서

① 문서기록관리에 따라 품질시스템 관련 기록을 보관

② 제조위생관리기준서 내 포함되는 세부사항

- 작업원의 건강관리 및 건강 상태의 파악 · 조치 방법
  맞춤형 화장품 작업자의 경우, 피부 외상 및 증상이 있는 직원은 건강 회복 전까지 혼합 · 소분 행위 금지
- 작업원의 수세, 소독 방법 등 위생에 관한 사항
  맞춤형 화장품 작업자의 경우, 혼합 전 · 후 손 소독 및 세척
- 작업 복장의 규격, 세탁 방법 및 착용 규정
  맞춤형 화장품 작업자의 경우, 혼합 · 소분 시 위생복 및 필요시 마스크 착용
- 작업실 등의 청소(필요시 소독 포함) 방법 및 청소 주기
  - 맞춤형 화장품 혼합 · 소분 장소의 위생관리
  - 맞춤형 화장품 혼합 · 소분 장소와 판매 장소는 구분 · 구획하여 관리
  - 적절한 환기시설 구비
  - 작업대, 바닥, 벽, 천장과 창문 청결 유지
  - 혼합 전 · 후 작업자의 손 세척 및 장비 세척을 위한 세척 시설 구비
  - 방충 · 방서 대책 마련 및 정기적 점검 · 확인
- 청소 상태의 평가 방법
  맞춤형 화장품 판매장 위생점검표를 통해 주기적으로 평가 및 기록
- 제조시설의 세척 및 평가
  - 책임자 지정
  - 세척 및 소독 계획
  - 세척 방법과 세척에 사용되는 약품 및 기구
  - 제조시설의 분해 및 조립 방법
  - 이전 작업 표시 제거 방법
  - 청소 상태 유지 방법
  - 작업 전 청소 상태 확인 방법
  - 곤충, 해충이나 쥐를 막는 방법 및 점검주기

## 2) 문서관리 기준 「우수 화장품 제조 및 품질관리기준」 제29조

(1) 문서

① 절차서, 지시서, 기록서, 품질기록서, 보고서 등

② CGMP에서는 화장품 제조의 모든 것을 문서에 남김

(2) 문서관리 규정 및 방법

① 제조업자는 우수 화장품 제조 및 품질보증에 대한 목표와 의지를 포함한 관리방침을 문서화 하고 전 작업원들이 실행

② 문서 작성

㉠ 모든 문서의 작성 및 개정 · 승인 · 배포 · 회수 또는 폐기 등 관리에 관한 사항 포함된 문서관리 규정을 작성 · 유지

㉡ 명료, 이해하기 쉽게 작성

㉢ 사용 전 승인된 자에 의해 승인되고 서명과 승인 연월일 기재 필수

㉣ 문서의 작성자·검토자 및 승인자는 서명을 등록한 후 사용
㉤ 작성, 업데이트, 철회, 배포, 분류될 것
㉥ 폐기된 문서가 사용되지 않는 것이 확인되는 근거를 가질 것
㉦ 문서 제·개정 이력 관리
  ⓐ 제·개정 이력서 : 제정일, 개정 번호·일자, 제·개정 내용, 작성자, 검토자, 승인자(직책, 서명 포함)
  ⓑ 모든 문서는 서명으로 결제, 사인 등록대장 비치
㉧ 수기로 기록하는 자료의 경우 작업과 동시에 지울 수 없는 잉크로 기록
  ⓐ 수정 전 내용을 알 수 있도록 글자 또는 문장 위에 선을 그어 수정
  ⓑ 수정된 문서에는 수정 사유, 수정 연월일 및 수정자 서명 기재 필수
㉨ 원본 문서는 품질보증부서에서 보관, 사본은 작업자가 접근하기 쉬운 장소에 비치해 사용
  ⓐ 문서는 인쇄본 또는 전자매체를 이용하여 안전하게 보관
  ⓑ 모든 기록문서는 적절한 보존 기간을 규정, 훼손 또는 소실에 대비한 백업 파일 등 자료 유지

PART 3

# 화장품 사용 제한 원료

## Chapter 1 화장품에 사용되는 사용 제한 원료의 종류 및 사용한도

### 1 화장품에 사용할 수 없는 원료 및 사용 제한 원료



#### 1) 화장품에 사용할 수 없는 원료 규제의 필요성

(1) 화장품의 정의 「화장품법」 제2조

화장품은 인체의 피부나 모발 등 신체 외부에 사용하고 작용이 경미한 물품으로 안전성을 기본으로 함

(2) 화장품 원료의 안전기준 「화장품법」 제8조

국민 보건상 위해 우려가 있는 화장품 원료에 대하여 위해 요소를 평가하고 위해성이 있는 화장품 원료는 사용 금지

(3) 원료의 네거티브시스템

식품의약품안전처장은 화장품에 사용할 수 없는 원료와 사용상의 제한이 필요한 원료를 지정, 그 밖의 원료는 화장품 책임판매업자의 안전성에 대한 책임하에 사용함

#### 2) 화장품에 사용 제한 원료 규제의 필요성

(1) 사용 제한이 필요한 원료

**사용 기준 내에서 사용 가능**한 성분으로 화장품 안전성 확보를 위해 규제

(2) 화장품 원료의 안전기준 「화장품법」 제8조

① 식품의약품안전처장은 화장품 제조 등에 사용할 수 없는 원료를 지정하여 고시하고 **보존제, 색소, 자외선 차단제 등과 같이 특별히 사용상의 제한이 필요한 원료에 대해서는 그 사용 기준을 지정하여 고시**해야 하며, 사용 기준이 지정·고시된 원료 외의 보존제, 색소, 자외선 차단제 등은 사용 불가

② 식품의약품안전처장은 국내·외에서 유해 물질이 포함된 것으로 알려지는 등 **국민 보건상 위해 우려가 제기되는 화장품 원료** 등의 경우 **위해 요소를 신속히 평가해 그 위해 여부를 결정**하고 **위해 평가가 완료된 경우**, 화장품의 제조에 **사용할 수 없는 원료로 지정**하거나 **그 사용 기준을 지정**

③ 화장품 제조업자, 화장품 책임판매업자 또는 대학·연구소 등 총리령으로 정하는 자는 식품의약품안전처장에게 지정·고시되지 아니한 **원료의 사용 기준을 지정·고시하거나 지정·고시된 원료의 사용 기준 변경** 신청 가능

### (3) 유통 화장품 안전관리 「화장품 안전기준 등에 관한 규정」 제6조

① 유통 화장품 안전관리기준에 따라 수거・검사

② 비의도적으로 생성된 유해 물질 등의 기준 및 시험 방법을 제시하여 유통 화장품 품질 확보

## 2 화장품에 사용할 수 없는 원료 종류 「화장품 안전기준 등에 관한 규정」 [별표 1]

- 갈라민트리에치오다이드
- 갈란타민
- 중추신경계에 작용하는 교감신경흥분성아민
- 구아네티딘 및 그 염류
- 구아이페네신
- 글루코코르티코이드
- 글루테티미드 및 그 염류
- 글리사이클아미드
- 금염
- 무기 나이트라이트(소듐나이트라이트 제외)
- 나파졸린 및 그 염류
- 나프탈렌
- 1,7-나프탈렌디올
- 2,3-나프탈렌디올
- 2,7-나프탈렌디올 및 그 염류(다만, 2,7-나프탈렌디올은 염모제에서 용법・용량에 따른 혼합물의 염모성분으로서 1.0% 이하 제외)
- 2-나프톨
- 1-나프톨 및 그 염류(다만, 1-나프톨은 산화염모제에서 용법・용량에 따른 혼합물의 염모성분으로서 2.0% 이하는 제외)
- 3-(1-나프틸)-4-히드록시코우마린
- 1-(1-나프틸메칠)퀴놀리늄클로라이드
- N-2-나프틸아닐린
- 1,2-나프틸아민 및 그 염류
- 날로르핀, 그 염류 및 에텔
- 납 및 그 화합물
- 네오디뮴 및 그 염류
- 네오스티그민 및 그 염류(예 네오스티그민브로마이드)
- 노나데카플루오로데카노익애씨드+
- 노닐페놀[1] ; 4-노닐페놀, 가지형[2]
- 노르아드레날린 및 그 염류
- 노스카핀 및 그 염류
- 니그로신 스피릿 솔루블(솔벤트 블랙 5) 및 그 염류
- 니켈
- 니켈 디하이드록사이드
- 니켈 디옥사이드
- 니켈 모노옥사이드
- 니켈 설파이드
- 니켈 설페이트
- 니켈 카보네이트
- 니켈(Ⅱ)트리플루오로아세테이트+
- 니코틴 및 그 염류
- 2-니트로나프탈렌
- 니트로메탄
- 니트로벤젠
- 4-니트로비페닐
- 4-니트로소페놀
- 3-니트로-4-아미노페녹시에탄올 및 그 염류
- 니트로스아민류(예 2,2'-(니트로소이미노)비스에탄올, 니트로소디프로필아민, 디메칠니트로소아민)

- 벤조일퍼옥사이드
- 벤조[a]피렌
- 벤조[e]피렌
- 벤조[j]플루오란텐
- 벤조[k]플루오란텐
- 벤즈[e]아세페난트릴렌
- 벤즈아제핀류와 벤조디아제핀류
- 벤즈아트로핀 및 그 염류
- 벤즈[a]안트라센
- 벤즈이미다졸-2(3H)-온
- 벤지딘
- 벤지딘계 아조 색소류
- 벤지딘디하이드로클로라이드
- 벤지딘설페이트
- 벤지딘아세테이트
- 벤지로늄브로마이드
- 벤질 2,4-디브로모부타노에이트
- 3(또는 5)-((4-(벤질메칠아미노)페닐)아조)-1,2-(또는 1,4)-디메칠-1H-1,2,4-트리아졸리움 및 그 염류
- 벤질바이올렛([4-[[4-(디메칠아미노)페닐][4-[에칠(3-설포네이토벤질)아미노]페닐]메칠렌]사이클로헥사-2,5-디엔-1-일리덴](에칠)(3-설포네이토벤질) 암모늄염 및 소듐염)
- 벤질시아나이드
- 4-벤질옥시페놀(히드로퀴논모노벤질에텔)
- 2-부타논 옥심
- 부타닐리카인 및 그 염류
- 1,3-부타디엔
- 부토피프린 및 그 염류
- 부톡시디글리세롤
- 부톡시에탄올
- 5-(3-부티릴-2,4,6-트리메칠페닐)-2-[1-(에톡시이미노)프로필]-3-하이드록시사이클로헥스-2-엔-1-온
- 부틸글리시딜에텔
- 4-tert-부틸-3-메톡시-2,6-디니트로톨루엔(머스크암브레트)
- 1-부틸-3-(N-크로토노일설파닐일)우레아
- 5-tert-부틸-1,2,3-트리메칠-4,6-디니트로벤젠(머스크티베텐)
- 4-tert-부틸페놀
- 2-(4-tert-부틸페닐)에탄올
- 4-tert-부틸피로카테콜
- 부펙사막
- 붕산
- 브레티륨토실레이트
- (R)-5-브로모-3-(1-메칠-2-피롤리디닐메칠)-1H-인돌
- 브로모메탄
- 브로모에칠렌
- 브로모에탄
- 1-브로모-3,4,5-트리플루오로벤젠
- 1-브로모프로판 ; n-프로필 브로마이드
- 2-브로모프로판

- 2-[(4-클로로-2-니트로페닐)아미노]에탄올(에이치시 황색 No. 12) 및 그 염류
- 2-[(4-클로로-2-니트로페닐)아조)-N-(2-메톡시페닐)-3-옥소부탄올아마이드(피그먼트옐로우 73) 및 그 염류
- 2-클로로-5-니트로-N-하이드록시에칠-p-페닐렌디아민 및 그 염류
- 클로로데콘
- 2,2'-((3-클로로-4-((2,6-디클로로-4-니트로페닐)아조)페닐)이미노)비스에탄올(디스퍼스브라운 1) 및 그 염류
- 5-클로로-1,3-디하이드로-2H-인돌-2-온
- [6-[[3-클로로-4-(메칠아미노)페닐]이미노]-4-메칠-3-옥소사이클로헥사-1,4-디엔-1-일]우레아(에이치시 적색 No. 9) 및 그 염류
- 클로로메칠 메칠에텔
- 2-클로로-6-메칠피리미딘-4-일디메칠아민(크리미딘-ISO)
- 클로로메탄
- p-클로로벤조트리클로라이드
- N-5-클로로벤족사졸-2-일아세트아미드
- 4-클로로-2-아미노페놀
- 클로로아세타마이드
- 클로로아세트알데히드
- 클로로아트라놀
- 6-(2-클로로에칠)-6-(2-메톡시에톡시)-2,5,7,10-테트라옥사-6-실라운데칸
- 2-클로로-6-에칠아미노-4-니트로페놀 및 그 염류(다만, 산화염모제에서 용법・용량에 따른 혼합물의 염모성 분으로서 1.5% 이하, 비산화염모제에서 용법・용량에 따른 혼합물의 염모성분으로서 3% 이하는 제외)
- 클로로에탄
- 1-클로로-2,3-에폭시프로판
- R-1-클로로-2,3-에폭시프로판
- 클로로탈로닐
- 클로로톨루론 ; 3-(3-클로로-p-톨일)-1,1-디메칠우레아
- α -클로로톨루엔
- N'-(4-클로로-o-톨일)-N,N-디메칠포름아미딘 모노하이드로클로라이드
- 1-(4-클로로페닐)-4,4-디메칠-3-(1,2,4-트리아졸-1-일메칠)펜타-3-올
- (3-클로로페닐)-(4-메톡시-3-니트로페닐)메타논
- (2RS,3RS)-3-(2-클로로페닐)-2-(4-플루오로페닐)-[1H-1,2,4-트리아졸-1-일)메칠]옥시란(에폭시코나졸)
- 2-(2-(4-클로로페닐)-2-페닐아세틸)인단1,3-디온(클로로파시논-ISO)
- 클로로포름
- 클로로프렌(2-클로로부타-1,3-디엔)
- 클로로플루오로카본 추진제(완전하게 할로겐화 된 클로로플루오로알칸)

· 니트로스틸벤, 그 동족체 및 유도체
· 2-니트로아니솔
· 5-니트로아세나프텐
· 니트로크레졸 및 그 알칼리 금속염
· 2-니트로톨루엔
· 5-니트로-o-톨루이딘 및 5-니트로-o-톨루이딘 하이드로클로라이드
· 6-니트로-o-톨루이딘
· 3-[(2-니트로-4-(트리플루오로메칠)페닐)아미노]프로판-1,2-디올(에이치시 황색 No. 6) 및 그 염류
· 4-[(4-니트로페닐)아조]아닐린(디스퍼스 오렌지 3) 및 그 염류
· 2-니트로-p-페닐렌디아민 및 그 염류(예 니트로-p-페닐렌디아민 설페이트)(다만, 니트로-p-페닐렌디아민은 산화염모제에서 용법·용량에 따른 혼합물의 염모성분으로서 3.0% 이하는 제외)
· 4-니트로-m-페닐렌디아민 및 그 염류(예 p-니트로-m-페닐렌디아민 설페이트)
· 니트로펜
· 니트로퓨란계 화합물(예 니트로푸란토인, 푸라졸리돈)
· 2-니트로프로판
· 6-니트로-2,5-피리딘디아민 및 그 염류
· 2-니트로-N-하이드록시에칠-p-아니시딘 및 그 염류
· 니트록솔린 및 그 염류
· 다미노지드
· 다이노캡(ISO)
· 다이우론
· 다투라(Datura)속 및 그 생약제제
· 데카메칠렌비스(트리메칠암모늄)염(예 데카메토늄브로마이드)
· 데쿠알리니움 클로라이드
· 덱스트로메토르판 및 그 염류
· 덱스트로프로폭시펜
· 도데카클로로펜타사이클로[5.2.1.02,6.03,9.05,8]데칸
· 도딘
· 돼지폐추출물
· 두타스테리드, 그 염류 및 유도체
· 1,5-디-(베타-하이드록시에칠)아미노-2-니트로-4-클로로벤젠 및 그 염류(예 에이치시 황색 No. 10)(다만, 비산화염모제에서 용법·용량에 따른 혼합물의 염모성분으로서 0.1% 이하는 제외)
· 5,5'-디-이소프로필-2,2'-디메칠비페닐-4,4'디일 디히포아이오다이트
· 디기탈리스(Digitalis)속 및 그 생약제제
· 디노셉, 그 염류 및 에스텔류
· 디노터브, 그 염류 및 에스텔류
· 디니켈트리옥사이드
· 디니트로톨루엔, 테크니컬등급
· 2,3-디니트로톨루엔
· 2,5-디니트로톨루엔
· 2,6-디니트로톨루엔
· 3,4-디니트로톨루엔
· 3,5-디니트로톨루엔
· 디니트로페놀이성체
· 5-[(2,4-디니트로페닐)아미노]-2-(페닐아미노)-벤젠설포닉애씨드 및 그 염류
· 디메바미드 및 그 염류
· 7,11-디메칠-4,6,10-도데카트리엔-3-온
· 2,6-디메칠-1,3-디옥산-4-일아세테이트(디메톡산, o-아세톡시-2,4-디메칠-m-디옥산)
· 4,6-디메칠-8-tert-부틸쿠마린
· [3,3'-디메칠[1,1'-비페닐]-4,4'-디일]디암모늄비스(하이드로젠설페이트)
· 브로목시닐헵타노에이트
· 브롬
· 브롬이소발
· 브루신(에탄올의 변성제는 제외)
· 비나프아크릴(2-sec-부틸-4,6-디니트로페닐-3-메칠크로토네이트)
· 9-비닐카르바졸
· 비닐클로라이드모노머
· 1-비닐-2-피롤리돈
· 비마토프로스트, 그 염류 및 유도체
· 비소 및 그 화합물
· 1,1-비스(디메칠아미노메칠)프로필벤조에이트(아미드리카인, 알리핀) 및 그 염류
· 4,4'-비스(디메칠아미노)벤조페논
· 3,7-비스(디메칠아미노)-페노치아진-5-이움 및 그 염류
· 3,7-비스(디에칠아미노)-페녹사진-5-이움 및 그 염류
· N-(4-[비스[4-(디에칠아미노)페닐]메칠렌]-2,5-사이클로헥사디엔-1-일리덴)-N-에칠-에탄아미니움 및 그 염류
· 비스(2-메톡시에칠)에텔(디메톡시디글리콜)
· 비스(2-메톡시에칠)프탈레이트
· 1,2-비스(2-메톡시에톡시)에탄 ; 트리에칠렌글리콜 디메칠 에텔(TEGDME) ; 트리글라임
· 1,3-비스(비닐설포닐아세타아미도)-프로판
· 비스(사이클로펜타디에닐)-비스(2,6-디플루오로-3-(피롤-1-일)-페닐)티타늄
· 4-[[비스-(4-플루오로페닐)메칠실릴]메칠]-4H-1,2,4-트리아졸과 1-[[비스-(4-플루오로페닐)메칠실릴]메칠]-1 H-1,2,4-트리아졸의 혼합물
· 비스(클로로메칠)에텔(옥시비스[클로로메탄])
· N,N-비스(2-클로로에칠)메칠아민-N-옥사이드 및 그 염류
· 비스(2-클로로에칠)에텔
· 비스페놀 A(4,4'-이소프로필리덴디페놀)
· N'N'-비스(2-히드록시에칠)-N-메칠-2-니트로-p-페닐렌디아민(HC 블루 No.1) 및 그 염류
· 4,6-비스(2-하이드록시에톡시)-m-페닐렌디아민 및 그 염류
· 2,6-비스(2-히드록시에톡시)-3,5-피리딘디아민 및 그 염산염
· 비에타미베린
· 비치오놀
· 비타민 $L_1$, $L_2$
· [1,1'-비페닐-4,4'-디일]디암모니움설페이트
· 비페닐-2-일아민
· 비페닐-4-일아민 및 그 염류
· 4,4'-비-o-톨루이딘
· 4,4'-비-o-톨루이딘디하이드로클로라이드
· 4,4'-비-o-톨루이딘설페이트
· 빈클로졸린
· 사이클라멘알코올
· N-사이클로펜틸-m-아미노페놀
· 사이클로헥시미드
· N-사이클로헥실-N-메톡시-2,5-디메칠-3-퓨라마이드
· 트랜스-4-사이클로헥실-L-프롤린 모노하이드로클로라이드
· 사프롤(천연에센스에 자연적으로 함유되어 그 양이 최종 제품에서 100 ppm을 넘지 않는 경우는 제외)
· $\alpha$-산토닌((3S, 5aR, 9bS)-3, 3a,4,5,5a,9b-헥사히드로-3,5a,9-트리메칠나프토(1,2-b))푸란-2,8-디온
· 석면
· 석유
· 2-클로로-N-(히드록시메칠)아세트아미드
· N-[(6-[(2-클로로-4-하이드록시페닐)이미노]-4-메톡시-3-옥소-1,4-사이클로헥사디엔-1-일]아세타마이드(에이치시 황색 No. 8) 및 그 염류
· 클로르단
· 클로르디메폼
· 클로르메자논
· 클로르메틴 및 그 염류
· 클로르족사존
· 클로르탈리돈
· 클로르프로티센 및 그 염류
· 클로르프로파미드
· 클로린
· 클로졸리네이트
· 클로페노탄 ; DDT(ISO)
· 클로펜아미드
· 키노메치오네이트
· 타크로리무스(tacrolimus), 그 염류 및 유도체
· 탈륨 및 그 화합물
· 탈리도마이드 및 그 염류
· 대한민국약전(식품의약품안전처 고시) '탤크'항 중 석면기준에 적합하지 않은 탤크
· 과산화물가가 10 mmol/L을 초과하는 테르펜 및 테르페노이드(다만, 리모넨류는 제외)
· 과산화물가가 10 mmol/L을 초과하는 신핀 테르펜 및 테르페노이드(sinpine terpenes and terpenoids)
· 과산화물가가 10 mmol/L을 초과하는 테르펜 알코올류의 아세테이트
· 과산화물가가 10 mmol/L을 초과하는 테르펜하이드로카본
· 과산화물가가 10 mmol/L을 초과하는 $\alpha$-테르피넨
· 과산화물가가 10 mmol/L을 초과하는 $\gamma$-테르피넨
· 과산화물가가 10 mmol/L을 초과하는 테르피놀렌
· Thevetia neriifolia juss, 배당체 추출물
· N,N,N',N'-테트라글리시딜-4,4'-디아미노-3,3'-디에칠디페닐메탄
· N,N,N',N-테트라메칠-4,4'-메칠렌디아닐린
· 테트라베나진 및 그 염류
· 테트라브로모살리실아닐리드
· 테트라소듐 3,3'-[[1,1'-비페닐]-4,4'-디일비스(아조)]비스[5-아미노-4-하이드록시나프탈렌-2,7-디설포네 이트](다이렉트블루 6)
· 1,4,5,8-테트라아미노안트라퀴논(디스퍼스블루1)
· 테트라에칠피로포스페이트 ; TEPP(ISO)
· 테트라카보닐니켈
· 테트라카인 및 그 염류
· 테트라코나졸((+/-)-2-(2,4-디클로로페닐)-3-(1H-1,2,4-트리아졸-1-일)프로필-1,1,2,2-테트라플루오로 에칠에텔)
· 2,3,7,8-테트라클로로디벤조-p-디옥신
· 테트라클로로살리실아닐리드
· 5,6,12,13-테트라클로로안트라(2,1,9-def:6,5,10-d'e'f')디이소퀴놀린-1,3,8,10(2H,9H)-테트론
· 테트라클로로에칠렌
· 테트라키스-하이드록시메칠포스포늄 클로라이드, 우레아 및 증류된 수소화 C16-18 탈로우 알킬아민의 반응 생성물 (UVCB 축합물)
· 테트라하이드로-6-니트로퀴노살린 및 그 염류

- 디메칠설파모일클로라이드
- 디메칠설페이트
- 디메칠설폭사이드
- 디메칠시트라코네이트
- N,N-디메칠아닐리늄테트라키스(펜타플루오로페닐)보레이트
- N,N-디메칠아닐린
- 1-디메칠아미노메칠-1-메칠프로필벤조에이트(아밀로카인) 및 그 염류
- 9-(디메칠아미노)-벤조[a]페녹사진-7-이움 및 그 염류
- 5-((4-(디메칠아미노)페닐)아조)-1,4-디메칠-1H-1,2,4-트리아졸리움 및 그 염류
- 디메칠아민
- N,N-디메칠아세타마이드
- 3,7-디메칠-2-옥텐-1-올(6,7-디하이드로제라니올)
- 6,10-디메칠-3,5,9-운데카트리엔-2-온(슈도이오논)
- 디메칠카바모일클로라이드
- N,N-디메칠-p-페닐렌디아민 및 그 염류
- 1,3-디메칠펜틸아민 및 그 염류
- 디메칠포름아미드
- N,N-디메칠-2,6-피리딘디아민 및 그 염산염
- N,N'-디메칠-N-하이드록시에칠-3-니트로-p-페닐렌디아민 및 그 염류
- 2-(2-((2,4-디메톡시페닐)아미노)에테닐]-1,3,3-트리메칠-3H-인돌리움 및 그 염류
- 디바나듐펜타옥사이드
- 디벤즈[a,h]안트라센
- 2,2-디브로모-2-니트로에탄올
- 1,2-디브로모-2,4-디시아노부탄(메칠디브로모글루타로나이트릴)
- 디브로모살리실아닐리드
- 2,6-디브로모-4-시아노페닐 옥타노에이트
- 1,2-디브로모에탄
- 1,2-디브로모-3-클로로프로판
- 5-(α,β-디브로모펜에칠)-5-메칠히단토인
- 2,3-디브로모프로판-1-올
- 3,5-디브로모-4-하이드록시벤조니트닐 및 그 염류(브로목시닐 및 그 염류)
- 디브롬화프로파미딘 및 그 염류(이소치아네이트포함)
- 디설피람
- 디소듐[5-[[4'[[2,6-디하이드록시-3-[(2-하이드록시-5-설포페닐)아조]페닐]아조][1,1'비페닐]-4-일]아조]살리실레이토(4-)]쿠프레이트(2-)(다이렉트브라운95)
- 디소듐 3,3'-[[1,1'-비페닐]-4,4'-디일비스(아조)]-비스(4-아미노나프탈렌-1-설포네이트)(콩고레드)
- 디소듐 4-아미노-3-[[4'-[(2,4-디아미노페닐)아조] [1,1'-비페닐]-4-일]아조]-5-하이드록시-6-(페닐아조) 나프탈렌-2,7-디설포네이트(다이렉트블랙 38)
- 디소듐 4-(3-에톡시카르보닐-4-(5-(3-에톡시카르보닐-5-하이드록시-1-(4-설포네이토페닐)피라졸-4- 일)펜타-2,4-디에닐리덴)-4,5-디하이드로-5-옥소피라졸-1-일)벤젠설포네이트 및 트리소듐 4-(3-에톡시카르보닐-4-(5-(3-에톡시카르보닐-5-옥시도-1(4-설포네이토페닐)피라졸-4-일)펜타-2,4-디에닐리덴)-4,5-디하이드로-5-옥소피라졸-1-일)벤젠설포네이트
- 디스퍼스레드 15
- 디스퍼스옐로우 3
- 디아놀아세글루메이트
- 석유 정제과정에서 얻어지는 부산물(증류물, 가스오일류, 나프타, 윤활그리스, 슬랙왁스, 탄화수소류, 알칸류, 백색 페트롤라툼을 제외한 페트롤라툼, 연료오일, 잔류물). 다만, 정제과정이 완전히 알려져 있고 발암물질을 함유하지 않음을 보여줄 수 있으면 예외로 한다.
- 부타디엔 0.1%를 초과하여 함유하는 석유정제물(가스류, 탄화수소류, 알칸류, 증류물, 라피네이트)
- 디메칠설폭사이드(DMSO)로 추출한 성분을 3% 초과하여 함유하고 있는 석유 유래물질
- 벤조[a]피렌 0.005%를 초과하여 함유하고 있는 석유화학 유래물질, 석탄 및 목타르 유래물질
- 석탄추출 젯트기용 연료 및 디젤연료
- 설티암
- 설팔레이트
- 3,3'-(설포닐비스(2-니트로-4,1-페닐렌)이미노)비스(6-(페닐아미노))벤젠설포닉애씨드 및 그 염류
- 설폰아미드 및 그 유도체(톨루엔설폰아미드/포름알데하이드수지, 톨루엔설폰아미드/에폭시수지는 제외)
- 설핀피라존
- 과산화물가가 10 mmol/L을 초과하는 Cedrus atlantica의 오일 및 추출물
- 세파엘린 및 그 염류
- 센노사이드
- 셀렌 및 그 화합물(셀레늄아스파테이트는 제외)
- 소듐노나데카플루오로데카노에이트+
- 소듐헥사시클로네이트
- 소듐헵타데카플루오로노나에이트+
- Solanum nigrum L. 및 그 생약제제
- Schoenocaulon officinale Lind.(씨 및 그 생약제제)
- 솔벤트레드1(CI 12150)
- 솔벤트블루 35
- 솔벤트오렌지 7
- 수은 및 그 화합물
- 스트로판투스(Strophantus)속 및 그 생약제제
- 스트로판틴, 그 비당질 및 그 각각의 유도체
- 스트론튬화합물
- 스트리크노스(Strychnos)속 그 생약제제
- 스트리키닌 및 그 염류
- 스파르테인 및 그 염류
- 스피로노락톤
- 시마진
- 4-시아노-2,6-디요도페닐 옥타노에이트
- 스칼렛레드(솔벤트레드 24)
- 시클라바메이트
- 시클로메놀 및 그 염류
- 시클로포스파미드 및 그 염류
- 2-α-시클로헥실벤질(N,N,N',N'테트라에칠)트리메칠렌디아민(페네타민)
- 신코카인 및 그 염류
- 신코펜 및 그 염류(유도체 포함)
- 썩시노니트릴
- Anamirta cocculus L.(과실)
- o-아니시딘
- 아닐린, 그 염류 및 그 할로겐화 유도체 및 설폰화 유도체
- 아다팔렌
- Adonis vernalis L. 및 그 제제
- Areca catechu 및 그 생약제제
- 아레콜린
- 테트라하이드로졸린(테트리졸린) 및 그 염류
- 테트라하이드로치오피란-3-카르복스알데하이드
- (+/-)-테트라하이드로풀푸릴-(R)-2-[4-(6-클로로퀴녹살린-2-일옥시)페닐옥시]프로피오네이트
- 테트릴암모늄브로마이드
- 테파졸린 및 그 염류
- 텔루륨 및 그 화합물
- 토목향(Inula helenium)오일
- 톡사펜
- 톨루엔-3,4-디아민
- 톨루이디늄클로라이드
- 톨루이딘, 그 이성체, 염류, 할로겐화 유도체 및 설폰화 유도체
- o-톨루이딘계 색소류
- 톨루이딘설페이트(1:1)
- m-톨리덴 디이소시아네이트
- 4-o-톨릴아조-o-톨루이딘
- 톨복산
- 톨부트아미드
- [(톨일옥시)메칠]옥시란(크레실 글리시딜에텔)
- [(m-톨일옥시)메칠]옥시란
- [(p-톨일옥시)메칠]옥시란
- 과산화물가가 10mmol/L을 초과하는 피누스(Pinus)속을 스팀증류하여 얻은 투르펜틴
- 과산화물가가 10 mmol/L을 초과하는 투르펜틴검(피누스(Pinus)속)
- 과산화물가가 10 mmol/L을 초과하는 투르펜틴 오일 및 정제오일
- 투아미노헵탄, 이성체 및 그 염류
- 과산화물가가 10 mmol/L을 초과하는 Thuja Occidentalis 나무줄기의 오일
- 과산화물가가 10 mmol/L을 초과하는 Thuja Occidentalis 잎의 오일 및 추출물
- 트라닐시프로민 및 그 염류
- 트레타민
- 트레티노인(레티노익애씨드 및 그 염류)
- 트리니켈디설파이드
- 트리데모르프
- 3,5,5-트리메칠사이클로헥스-2-에논
- 2,4,5-트리메칠아닐린[1] ; 2,4,5-트리메칠아닐린 하이드로클로라이드[2]
- 3,6,10-트리메칠-3,5,9-운데카트리엔-2-온(메칠이소슈도이오논)
- 2,2,6-트리메칠-4-피페리딜벤조에이트(유카인) 및 그 염류
- 3,4,5-트리메톡시펜에칠아민 및 그 염류
- 트리부틸포스페이트
- 3,4',5-트리브로모살리실아닐리드(트리브롬살란)
- 2,2,2-트리브로모에탄올(트리브로모에칠알코올)
- 트리소듐 비스(7-아세트아미도-2-(4-니트로-2-옥시도페닐아조)-3-설포네이토-1-나프톨라토)크로메이트 (1-)
- 트리소듐[4'-(8-아세틸아미노-3,6-디설포네이토-2-나프틸아조)-4"-(6-벤조일아미노-3-설포네이토-2-나프틸아조)-비페닐-1,3',3",1"'-테트라올라토-O,O',O",O"']코퍼(II)
- 1,3,5-트리스-[(2S 및 2R)-2,3-에폭시프로필]-1,3,5-트리아진-2,4,6-(1H,3H,5H)-트리온
- 1,3,5-트리스(3-아미노메칠페닐)-1,3,5-(1H,3H,5H)-트리아진-2,4,6-트리온 및 3,5-비스(3-아미노메칠페닐)-1-폴리[3,5-비스(3-아미노메칠페

· o-디아니시딘계 아조 염료류
· o-디아니시딘의 염(3,3'-디메톡시벤지딘의 염)
· 3,7-디아미노-2,8-디메칠-5-페닐-페나지니움 및 그 염류
· 3,5-디아미노-2,6-디메톡시피리딘 및 그 염류(예 2,6-디메톡시-3,5-피리딘디아민 하이드로클로라이드)(다만, 2,6-디메톡시-3,5-피리딘디아민 하이드로클로라이드는 산화염모제에서 용법·용량에 따른 혼합물의 염모성분으로서 0.25% 이하는 제외)
· 2,4-디아미노디페닐아민
· 4,4'-디아미노디페닐아민 및 그 염류(예 4,4'-디아미노디페닐아민 설페이트)
· 2,4-디아미노-5-메칠페네톨 및 그 염산염
· 2,4-디아미노-5-메칠페녹시에탄올 및 그 염류
· 4,5-디아미노-1-메칠피라졸 및 그 염산염
· 1,4-디아미노-2-메톡시-9,10-안트라센디온(디스퍼스레드 11) 및 그 염류
· 3,4-디아미노벤조익애씨드
· 디아미노톨루엔, [4-메칠-m-페닐렌 디아민] 및 [2-메칠-m-페닐렌 디아민]의 혼합물
· 2,4-디아미노페녹시에탄올 및 그 염류(다만, 2,4-디아미노페녹시에탄올 하이드로클로라이드는 산화염모제에 서 용법·용량에 따른 혼합물의 염모성분으로서 0.5% 이하는 제외)
· 3-[[(4-[[디아미노(페닐아조)페닐]아조]-1-나프탈레닐]아조]-N,N,N-트리메칠-벤젠아미니움 및 그 염류
· 3-[[(4-[[디아미노(페닐아조)페닐]아조]-2-메칠페닐]아조]-N,N,N-트리메칠-벤젠아미니움 및 그 염류
· 2,4-디아미노페닐에탄올 및 그 염류
· O,O'-디아세틸-N-알릴-N-노르몰핀
· 디아조메탄
· 디알레이트
· 디에칠-4-니트로페닐포스페이트
· 디에칠-4-니트로페닐포스페이트
· O,O'-디에칠-O-4-니트로페닐포스포로치오에이트(파라치온-ISO)
· 디에칠렌글라이콜 (다만, 비의도적 잔류물로서 0.1% 이하인 경우는 제외)
· 디에칠말리에이트
· 디에칠설페이트
· 2-디에칠아미노에칠-3-히드록시-4-페닐벤조에이트 및 그 염류
· N-[4-[[4-(디에칠아미노)페닐][4-(에칠아미노)-1-나프탈렌일]메칠렌]-2,5-사이클로헥사디엔-1-일리 딘]-N-에칠-에탄아미늄 및 그 염류
· 4-디에칠아미노-o-톨루이딘 및 그 염류
· N-(4-[(4-(디에칠아미노)페닐)페닐메칠렌]-2,5-사이클로헥사디엔-1-일리덴)-N-에칠 에탄아미니움 및 그 염류
· N,N-디에칠-m-아미노페놀
· 3-디에칠아미노프로필신나메이트
· 디에칠카르바모일 클로라이드
· N,N-디에칠-p-페닐렌디아민 및 그 염류
· 디엔오시(DNOC, 4,6-디니트로-o-크레졸)
· 디엘드린
· 디옥산
· 디옥세테드린 및 그 염류
· 5-(2,4-디옥소-1,2,3,4-테트라하이드로피리미딘)-3-플루오로-2-하이드록시메칠테트라하이드로퓨란
· 디치오-2,2'-비스피리딘-디옥사이드 1,1'(트리하이드레이티드마그네슘설페이트
· 아리스톨로키아(Aristolochia)속 및 그 생약제제
· 아리스토로킥 애씨드 및 그 염류
· 1-아미노-2-니트로-4-(2',3'-디하이드록시프로필)아미노-5-클로로벤젠과 1,4-비스-(2',3'-디하이드록시 프로필)아미노-2-니트로-5-클로로벤젠 및 그 염류(예 에이치시 적색 No. 10과 에이치시 적색 No. 11)(다만, 산화염모제에서 용법·용량에 따른 혼합물의 염모성분으로서 1.0% 이하, 비산화염모제에서 용법·용량에 따른 혼합물의 염모성분으로서 2.0% 이하는 제외)
· 2-아미노-3-니트로페놀 및 그 염류
· p-아미노-o-니트로페놀(4-아미노-2-니트로페놀)
· 4-아미노-3-니트로페놀 및 그 염류(다만, 4-아미노-3-니트로페놀은 산화염모제에서 용법·용량에 따른 혼합 물의 염모성분으로서 1.5% 이하, 비산화염모제에서 용법·용량에 따른 혼합물의 염모성분으로서 1.0% 이하는 제외)
· 2,2'-[(4-아미노-3-니트로페닐)이미노]바이세타놀 하이드로클로라이드 및 그 염류(예 에이치시 적색 No. 13)(다만, 하이드로클로라이드염으로서 산화염모제에서 용법·용량에 따른 혼합물의 염모성분으로서 1.5% 이하, 비산화염모제에서 용법·용량에 따른 혼합물의 염모성분으로서 1.0% 이하는 제외)
· (8-[(4-아미노-2-니트로페닐)아조]-7-하이드록시-2-나프틸)트리메칠암모늄 및 그 염류(베이직브라운 17의 불순물로 있는 베이직레드 118 제외)
· 1-아미노-4-[[4-[(디메칠아미노)메칠]페닐]아미노]안트라퀴논 및 그 염류
· 6-아미노-2-((2,4-디메칠페닐)-1H-벤즈[de]이소퀴놀린-1,3-(2 H)-디온(솔벤트옐로우 44) 및 그 염류
· 5-아미노-2,6-디메톡시-3-하이드록시피리딘 및 그 염류
· 3-아미노-2,4-디클로로페놀 및 그 염류(다만, 3-아미노-2,4-디클로로페놀 및 그 염산염은 염모제에서 용법· 용량에 따른 혼합물의 염모성분으로 염산염으로서 1.5% 이하는 제외)
· 2-아미노메칠-p-아미노페놀 및 그 염산염
· 2-[(4-아미노-2-메칠-5-니트로페닐)아미노]에탄올 및 그 염류(예 에이치시 자색 No. 1)(다만, 산화염모제 에서 용법·용량에 따른 혼합물의 염모성분으로서 0.25% 이하, 비산화염모제에서 용법·용량에 따른 혼합물의 염모성분으로서 0.28% 이하는 제외)
· 2-[(3-아미노-4-메톡시페닐)아미노]에탄올 및 그 염류(예 2-아미노-4-하이드록시에칠아미노아니솔)(다만, 산화염모제에서 용법·용량에 따른 혼합물의 염모성분으로서 1.5% 이하는 제외)
· 4-아미노벤젠설포닉애씨드 및 그 염류
· 4-아미노벤조익애씨드 및 아미노기(-NH2)를 가진 그 에스텔
· 2-아미노-1,2-비스(4-메톡시페닐)에탄올 및 그 염류
· 4-아미노살리실릭애씨드 및 그 염류
· 4-아미노아조벤젠
· 1-(2-아미노에칠)아미노-4-(2-하이드록시에칠)옥시-2-니트로벤젠 및 그 염류(예 에이치시 등색 No. 2) (다만, 비산화염모제에서 용법·용량에 따른 혼합물의
닐)-2,4,6-트리옥소-1,3,5-(1H,3H,5H)-트리아진-1-일]-1,3,5- (1H,3H,5H)-트리아진-2,4,6-트리온 올리고머의 혼합물
· 1,3,5-트리스(옥시라닐메칠)-1,3,5-트리아진-2,4,6(1H,3H,5H)-트리온
· 트리스(2-클로로에칠)포스페이트
· N1-(트리스(하이드록시메칠))-메칠-4-니트로-1,2-페닐렌디아민(에이치시 황색 No. 3) 및 그 염류
· 1,3,5-트리스(2-히드록시에칠)헥사히드로1,3,5-트리아신
· 1,2,4-트리아졸
· 트리암테렌 및 그 염류
· 트리옥시메칠렌(1,3,5-트리옥산)
· 트리클로로니트로메탄(클로로피크린)
· N-(트리클로로메칠치오)프탈이미드
· N-[(트리클로로메칠)치오]-4-사이클로헥센-1,2-디카르복시미드(캡탄)
· 2,3,4-트리클로로부트-1-엔
· 트리클로로아세틱애씨드
· 트리클로로에칠렌
· 1,1,2-트리클로로에탄
· 2,2,2-트리클로로에탄-1,1-디올
· $\alpha,\alpha,\alpha$-트리클로로톨루엔
· 2,4,6-트리클로로페놀
· 1,2,3-트리클로로프로판
· 트리클로르메틴 및 그 염류
· 트리톨일포스페이트
· 트리파라놀
· 트리플루오로요도메탄
· 트리플루페리돌
· 1,2,4-트리하이드록시벤젠+
· 1,3,5-트리하이드록시벤젠(플로로글루시놀) 및 그 염류
· 티로트리신
· 티로프로픽애씨드 및 그 염류
· 티아마졸
· 티우람디설파이드
· 티우람모노설파이드
· 파라메타손
· 파르에톡시카인 및 그 염류
· 퍼플루오로노나노익애씨드+
· 2급 아민함량이 5%를 초과하는 패티애씨드디알킬아마이드류 및 디알칸올아마이드류
· 페나글리코돌
· 페나디아졸
· 페나리몰
· 페나세미드
· p-페네티딘(4-에톡시아닐린)
· 페노졸론
· 페노티아진 및 그 화합물
· 페놀
· 페놀프탈레인((3,3-비스(4-하이드록시페닐)프탈리드)
· 페니라미돌
· o-페닐렌디아민 및 그 염류
· 페닐부타존
· 4-페닐부트-3-엔-2-온
· 페닐살리실레이트
· 1-페닐아조-2-나프톨(솔벤트옐로우 14)
· 4-(페닐아조)-m-페닐렌디아민 및 그 염류
· 4-페닐아조페닐렌-1-3-디아민시트레이트히드로클로라이드(크리소이딘시트레이트히드로클로라이드)
· (R)-$\alpha$-페닐에칠암모늄(-)-(1R,2S)-(1,2-에폭시프로필)포스포네이트 모노하이드레이트
· 2-페닐인단-1,3-디온(페닌디온)
· 페닐파라벤

부가)(피리치온디설파이드+마그네슘설페이트)
- 디코우마롤
- 2,3-디클로로-2-메칠부탄
- 1,4-디클로로벤젠(p-디클로로벤젠)
- 3,3'-디클로로벤지딘
- 3,3'-디클로로벤지딘디하이드로젠비스(설페이트)
- 3,3'-디클로로벤지딘디하이드로클로라이드
- 3,3'-디클로로벤지딘설페이트
- 1,4-디클로로부트-2-엔
- 2,2'-[(3,3'-디클로로[1,1'-비페닐]-4,4'-디일)비스(아조)]비스[3-옥소-N-페닐부탄아마이드](피그먼트옐로우 12) 및 그 염류
- 디클로로살리실아닐리드
- 디클로로에칠렌(아세틸렌클로라이드)(예 비닐리덴클로라이드)
- 디클로로에탄(에칠렌클로라이드)
- 디클로로-m-크시레놀
- α,α-디클로로톨루엔
- (+/-)-2-(2,4-디클로로페닐)-3-(1H-1,2,3-트리아졸-1-일)프로필-1,1,2,2-테트라플루오로에틸에테(테트라코나졸-ISO)+
- 디클로로펜
- 1,3-디클로로프로판-2-올
- 2,3-디클로로프로펜
- 디페녹시레이트 히드로클로라이드
- 1,3-디페닐구아니딘
- 디페닐아민
- 디페닐에텔 ; 옥타브로모 유도체
- 5,5-디페닐-4-이미다졸리돈
- 디펜클록사진
- 2,3-디하이드로-2,2-디메칠-6-[(4-(페닐아조)-1-나프텔레닐)아조]-1H-피리미딘(솔벤트블랙 3) 및 그 염류
- 3,4-디히드로-2-메톡시-2-메칠-4-페닐-2H,5H,피라노(3,2-c)-(1)벤조피란-5-온(시클로코우마롤)
- 2,3-디하이드로-2H-1,4-벤족사진-6-올 및 그 염류(예 히드록시벤조모르포린)(다만, 히드록시벤조모르포 린은 산화염모제에서 용법·용량에 따른 혼합물의 염모성분으로서 1.0% 이하는 제외)
- 2,3-디하이드로-1H-인돌-5,6-디올(디하이드록시인돌린) 및 그 하이드로브로마이드염(디하이드록시인돌린 하이드로브롬마이드)(다만, 비산화염모제에서 용법·용량에 따른 혼합물의 염모성분으로서 2.0% 이하는 제외)
- (S)-2,3-디하이드로-1H-인돌-카르복실릭 애씨드
- 디히드로타키스테롤
- 2,6-디하이드록시-3,4-디메칠피리딘 및 그 염류
- 2,4-디하이드록시-3-메칠벤즈알데하이드
- 4,4'-디히드록시-3,3'-(3-메칠치오프로필아이덴)디코우마린
- 2,6-디하이드록시-4-메칠피리딘 및 그 염류
- 1,4-디하이드록시-5,8-비스[(2-하이드록시에칠)아미노]안트라퀴논(디스퍼스블루 7) 및 그 염류
- 4-[4-(1,3-디하이드록시프로프-2-일)페닐아미노-1,8-디하이드록시-5-니트로안트라퀴논
- 2,2'-디히드록시-3,3'5,5',6,6'-헥사클로로디페닐메탄(헥사클로로펜)
- 디하이드로쿠마린

염모성분으로서 1.0% 이하는 제외)
- 아미노카프로익애씨드 및 그 염류
- 4-아미노-m-크레솔 및 그 염류(다만, 4-아미노-m-크레솔은 산화염모제에서 용법·용량에 따른 혼합물의 염모성분으로서 1.5% 이하는 제외)
- 6-아미노-o-크레솔 및 그 염류
- 2-아미노-6-클로로-4-니트로페놀 및 그 염류(다만, 2-아미노-6-클로로-4-니트로페놀은 염모제에서 용법·용량에 따른 혼합물의 염모성분으로서 2.0% 이하는 제외)
- 1-[(3-아미노프로필)아미노]-4-(메칠아미노)안트라퀴논 및 그 염류
- 4-아미노-3-플루오로페놀
- 5-[(4-[(7-아미노-1-하이드록시-3-설포-2-나프틸)아조]-2,5-디에톡시페닐)아조]-2-[(3-포스포노페닐)아조]벤조익애씨드 및 5-[(4-[(7-아미노-1-하이드록시-3-설포-2-나프틸)아조]-2,5-디에톡시페닐)아조]-3-[(3-포스포노페닐)아조벤조익애씨드
- 3(또는 5)-[[4-[(7-아미노-1-하이드록시-3-설포네이토-2-나프틸)아조]-1-나프틸]아조]살리실릭애씨드 및 그 염류
- Ammi majus 및 그 생약제제
- 아미트롤
- 아미트리프틸린 및 그 염류
- 아밀나이트라이트
- 아밀 4-디메칠아미노벤조익애씨드(펜틸디메칠파바, 파디메이트A)
- 과산화물가가 10 mmol/L을 초과하는 Abies balsamea 잎의 오일 및 추출물
- 과산화물가가 10 mmol/L을 초과하는 Abies sibirica 잎의 오일 및 추출물
- 과산화물가가 10 mmol/L을 초과하는 Abies alba 열매의 오일 및 추출물
- 과산화물가가 10 mmol/L을 초과하는 Abies alba 잎의 오일 및 추출물
- 과산화물가가 10 mmol/L을 초과하는 Abies pectinata 잎의 오일 및 추출물
- 아세노코우마롤
- 아세타마이드
- 아세토나이트릴
- 아세토페논, 포름알데하이드, 사이클로헥실아민, 메탄올 및 초산의 반응물
- (2-아세톡시에칠)트리메칠암모늄히드록사이드(아세틸콜린 및 그 염류)
- N-[2-(3-아세틸-5-니트로치오펜-2-일아조)-5-디에칠아미노페닐]아세타마이드
- 3-[(4-(아세틸아미노)페닐)아조]4-4하이드록시-7-[[[[5-하이드록시-6-(페닐아조)-7-설포-2-나프탈레닐] 아미노]카보닐]아미노]-2-나프탈렌설포닉애씨드 및 그 염류
- 5-(아세틸아미노)-4-하이드록시-3-((2-메칠페닐)아조)-2,7-나프탈렌디설포닉애씨드 및 그 염류
- 아자시클로놀 및 그 염류
- 아자페니딘
- 아조벤젠
- 아지리딘
- 아코니툼(Aconitum)속 및 그 생약제제
- 아코니틴 및 그 염류
- 아크릴로니트릴
- 아크릴아마이드(다만, 폴리아크릴아마이드류에서 유래되었으며, 사용 후 씻어내지 않는 바디 화장품에 0.1 ppm, 기타 제품에 0.5 ppm 이하인 경우에는 제외)
- 아트라놀

- 트랜스-4-페닐-L-프롤린
- 페루발삼(Myroxylon pereirae의 수지)[다만, 추출물(extracts) 또는 증류물(distillates)로서 0.4% 이하인 경 우는 제외]
- 페몰린 및 그 염류
- 페트리클로랄
- 펜메트라진 및 그 유도체 및 그 염류
- 펜치온
- N,N'-펜타메칠렌비스(트리메칠암모늄)염류 (예 펜타메토늄브로마이드)
- 펜타에리트리틸테트라나이트레이트
- 펜타클로로에탄
- 펜타클로로페놀 및 그 알칼리 염류
- 펜틴 아세테이트
- 펜틴 하이드록사이드
- 2-펜틸리덴사이클로헥사논
- 펜프로바메이트
- 펜프로코우몬
- 펜프로피모르프
- 펠레티에린 및 그 염류
- 포름아마이드
- 포름알데하이드 및 p-포름알데하이드
- 포스파미돈
- 포스포러스 및 메탈포스피드류
- 포타슘브로메이트
- 폴딘메틸설페이드
- 푸로쿠마린류(예 트리옥시살렌, 8-메톡시소랄렌, 5-메톡시소랄렌)(천연에센스에 자연적으로 함유된 경우는 제외. 다만, 자외선 차단제품 및 인공선탠제품에서는 1 ppm 이하이어야 한다.)
- 푸르푸릴트리메칠암모늄염(예 푸르트레토늄아이오다이드)
- 풀루아지포프-부틸
- 풀미옥사진
- 퓨란
- 프라모카인 및 그 염류
- 프레그난디올
- 프로게스토젠
- 프로그레놀론아세테이트
- 프로베네시드
- 프로카인아미드, 그 염류 및 유도체
- 프로파지트
- 프로파진
- 프로파틸나이트레이트
- 4,4'-[1,3-프로판디일비스(옥시)]비스벤젠-1,3-디아민 및 그 테트라하이드로클로라이드염(예 1,3-비스-(2,4-디아미노페녹시)프로판, 염산 1,3-비스-(2,4-디아미노페녹시)프로판 하이드로클로라이드)(다만, 산화염모제에서 용법·용량에 따른 혼합물의 염모성분으로서 산으로서 1.2% 이하는 제외)
- 1,3-프로판설톤
- 프로판-1,2,3-트리일트리나이트레이트
- 프로피오락톤
- 프로피자미드
- 프로피페나존
- Prunus laurocerasus L.
- 프시로시빈
- 프탈레이트류(디부틸프탈레이트, 디에틸헥실프탈레이트, 부틸벤질프탈레이트에 한함)
- 플루실라졸
- 플루아니손
- 플루오레손
- 플루오로우라실
- 플루지포프-p-부틸
- 피그먼트레드 53(레이크레드 C)
- 피그먼트레드 53:1(레이크레드 CBa)
- 피그먼트오렌지 5(파마넨트오렌지)

- N,N'-디헥사데실-N,N'-비스(2-하이드록시에칠)프로판디아마이드 ; 비스하이드록시에칠비스세틸말론아마이드
- Laurus nobilis L.의 씨로부터 나온 오일
- Rauwolfia serpentina 알칼로이드 및 그 염류
- 라카익애씨드(CI 내츄럴레드 25) 및 그 염류
- 레졸시놀 디글리시딜 에텔
- 로다민 B 및 그 염류
- 로벨리아(Lobelia)속 및 그 생약제제
- 로벨린 및 그 염류
- 리누론
- 리도카인
- 과산화물가가 20 mmol/L을 초과하는 d-리모넨
- 과산화물가가 20 mmol/L을 초과하는 dℓ-리모넨
- 과산화물가가 20 mmol/L을 초과하는 ℓ-리모넨
- 라이서자이드(Lysergide) 및 그 염류
- 「마약류 관리에 관한 법률」 제2조에 따른 마약류(다만, 같은 법 제2조제4호 단서에 따른 대마씨유 및 대마씨추출물의 테트라하이드로칸나비놀 및 칸나비디올에 대하여는 「식품의 기준 및 규격」에서 정한 기준에 적합한 경우는 제외)+
- 마이클로부타닐(2-(4-클로로페닐)-2-(1H-1,2,4-트리아졸-1-일메칠)헥사네니트릴)
- 마취제(천연 및 합성)
- 만노무스틴 및 그 염류
- 말라카이트그린 및 그 염류
- 말로노니트릴
- 1-메칠-3-니트로-1-니트로소구아니딘
- 1-메칠-3-니트로-4-(베타-하이드록시에칠)아미노벤젠 및 그 염류(예 하이드록시에칠-2-니트로-p-톨루이딘)(다만, 하이드록시에칠-2-니트로-p-톨루이딘은 염모제에서 용법·용량에 따른 혼합물의 염모성분으로서 1.0% 이하는 제외)
- N-메칠-3-니트로-p-페닐렌디아민 및 그 염류
- N-메칠-1,4-디아미노안트라퀴논, 에피클로히드린 및 모노에탄올아민의 반응생성물(에이치시 청색 No. 4) 및 그 염류
- 3,4-메칠렌디옥시페놀 및 그 염류
- 메칠레소르신
- 메칠렌글라이콜
- 4,4'-메칠렌디아닐린
- 3,4-메칠렌디옥시아닐린 및 그 염류
- 4,4'-메칠렌디-o-톨루이딘
- 4,4'-메칠렌비스(2-에칠아닐린)
- 4,4'-메칠렌비스[2-(4-하이드록시벤질)-3,6-디메칠페놀]과 6-디아조-5,6-디하이드로-5-옥소-나프탈렌설
- (메칠렌비스(4,1-페닐렌아조(1-(3-(디메칠아미노)프로필)-1,2-디하이드로-6-하이드록시-4-메칠-2-옥소피리딘-5,3-디일)))-1,1'-디피리디늄디클로라이드 디하이드로클로라이드
- 포네이트(1:2)의 반응생성물과 4,4'-메칠렌비스[2-(4-하이드록시벤질)-3,6-디메칠페놀]과 6-디아조-5,6-디하이드로-5-옥소-나프탈렌설포네이트(1:3) 반응생성물과의 혼합물
- 메칠렌클로라이드
- 3-(N-메칠-N-(4-메칠아미노-3-니트로페닐)아미노)프로판-1,2-디올 및 그 염류
- 메칠메타크릴레이트모노머
- Atropa belladonna L. 및 그 제제
- 아트로핀, 그 염류 및 유도체
- 아포몰핀 및 그 염류
- Apocynum cannabinum L. 및 그 제제
- 안드로겐효과를 가진 물질
- 안트라센오일
- 스테로이드 구조를 갖는 안티안드로겐
- 안티몬 및 그 화합물
- 알드린
- 알라클로르
- 알로클아미드 및 그 염류
- 알릴글리시딜에텔
- 2-(4-알릴-2-메톡시페녹시)-N,N-디에칠아세트아미드 및 그 염류
- 4-알릴-2,6-비스(2,3-에폭시프로필)페놀, 4-알릴-6-[3-[6-[3-(4-알릴-2,6-비스(2,3-에폭시프로필)페녹시)-2-하이드록시프로필]-4-알릴-2-(2,3-에폭시프로필)페녹시]-2-하이드록시프로필]-4-알릴-2-(2,3-에폭시프로필)페녹시]-2-하이드록시프로필-2-(2,3-에폭시프로필)페놀, 4-알릴-6-[3-(4-알릴-2,6-비스(2,3-에폭시프로필)페녹시)-2-하이드록시프로필]-2-(2,3-에폭시프로필)페놀, 4-알릴-6-[3-[6-[3-(4-알릴-2,6-비스(2,3-에폭시프로필)페녹시)-2-하이드록시프로필]-4-알릴-2-(2,3-에폭시프로필)페녹시]-2-하이드록시프로필]-2-(2,3-에폭시프로필)페놀의 혼합물
- 알릴이소치오시아네이트
- 에스텔의 유리알릴 알코올농도가 0.1%를 초과하는 알릴에스텔류
- 알릴클로라이드(3-클로로프로펜)
- 2급 알칸올아민 및 그 염류
- 알칼리 설파이드류 및 알칼리토 설파이드류
- 2-알칼리펜타시아노니트로실페레이트
- 알킨알코올 그 에스텔, 에텔 및 염류
- o-알킬디치오카르보닉애씨드의 염
- 2급 알킬아민 및 그 염류
- 암모늄노나데카플루오로데카노에이트+
- 암모늄퍼플루오로노나노에이트+
- 2-4-(2-암모니오프로필아미노)-6-[4-하이드록시-3-(5-메칠-2-메톡시-4-설파모일페닐아조)-2-설포네이토나프트-7-일아미노]-1,3,5-트리아진-2-일아미노-2-아미노프로필포메이트
- 애씨드오렌지24(CI 20170)
- 애씨드레드73(CI 27290)
- 애씨드블랙 131 및 그 염류
- 에르고칼시페롤 및 콜레칼시페롤(비타민 $D_2$와 $D_3$)
- 에리오나이트
- 에메틴, 그 염류 및 유도체
- 에스트로겐
- 에제린 또는 피조스티그민 및 그 염류
- 에이치시 녹색 No. 1
- 에이치시 적색 No. 8 및 그 염류
- 에이치시 청색 No. 11
- 에이치시 황색 No. 11
- 에이치시 등색 No. 3
- 에치온아미드
- 에칠렌글리콜 디메칠 에텔(EGDME)
- 2,2'-[(1,2'-에칠렌디일)비스[5-((4-에톡시페닐)아조]벤젠설포닉애씨드) 및 그 염류
- 에칠렌옥사이드
- 3-에칠-2-메칠-2-(3-메칠부틸)-1,3-옥사졸리딘
- 1-에칠-1-메칠몰포리늄 브로마이드
- 1-에칠-1-메칠피롤리디늄 브로마이드
- 피나스테리드, 그 염류 및 유도체
- 과산화물가가 10 mmol/L을 초과하는 Pinus nigra 잎과 잔가지의 오일 및 추출물
- 과산화물가가 10 mmol/L을 초과하는 Pinus mugo 잎과 잔가지의 오일 및 추출물
- 과산화물가가 10 mmol/L을 초과하는 Pinus mugo pumilio 잎과 잔가지의 오일 및 추출물
- 과산화물가가 10 mmol/L을 초과하는 Pinus cembra 아세틸레이티드 잎 및 잔가지의 추출물
- 과산화물가가 10 mmol/L을 초과하는 Pinus cembra 잎과 잔가지의 오일 및 추출물
- 과산화물가가 10 mmol/L을 초과하는 Pinus species 잎과 잔가지의 오일 및 추출물
- 과산화물가가 10 mmol/L을 초과하는 Pinus sylvestris 잎과 잔가지의 오일 및 추출물
- 과산화물가가 10 mmol/L을 초과하는 Pinus palustris 잎과 잔가지의 오일 및 추출물
- 과산화물가가 10 mmol/L을 초과하는 Pinus pumila 잎과 잔가지의 오일 및 추출물
- 과산화물가가 10 mmol/L을 초과하는 Pinus pinaste 잎과 잔가지의 오일 및 추출물
- Pyrethrum album L. 및 그 생약제제
- 피로갈롤(다만, 염모제에서 용법·용량에 따른 혼합물의 염모성분으로서 2% 이하는 제외)
- Pilocarpus jaborandi Holmes 및 그 생약제제
- 피로카르핀 및 그 염류
- 6-(1-피롤리디닐)-2,4-피리미딘디아민-3-옥사이드(피롤리디닐 디아미노 피리미딘 옥사이드)
- 피리치온소듐(INNM)
- 피리치온알루미늄캄실레이트
- 피메크로리무스(pimecrolimus), 그 염류 및 그 유도체
- 피메트로진
- 과산화물가가 10 mmol/L을 초과하는 Picea mariana 잎의 오일 및 추출물
- Physostigma venenosum Balf.
- 피이지-3,2',2'-디-p-페닐렌디아민
- 피크로톡신
- 피크릭애씨드
- 피토나디온(비타민 $K_1$)
- 피톨라카(Phytolacca)속 및 그 제제
- 피파제테이트 및 그 염류
- 6-(피페리디닐)-2,4-피리미딘디아민-3-옥사이드(미녹시딜), 그 염류 및 유도체
- α-피페리딘-2-일벤질아세테이트 좌회전성의 트레오포름(레보파세토페란) 및 그 염류
- 피프라드롤 및 그 염류
- 피프로쿠라륨및 그 염류
- 형광증백제(다만, Fluorescent Brightener 367은 손·발톱용 제품류 중 베이스 코트, 언더 코트, 네일 폴리시, 네일 에나멜, 탑코트에 0.12% 이하일 경우는 제외)+
- 히드라스틴, 히드라스티닌 및 그 염류
- (4-하이드라지노페닐)-N-메칠메탄설폰아마이드 하이드로클로라이드
- 히드라지드 및 그 염류
- 히드라진, 그 유도체 및 그 염류
- 하이드로아비에틸 알코올
- 히드로겐시아니드 및 그 염류
- 히드로퀴논
- 히드로플루오릭애씨드, 그 노르말 염, 그 착화합물 및 히드로플루오라이드
- N-[3-하이드록시-2-(2-메칠아크릴로일아미노메톡시)프로폭시메칠]-2-메칠아크릴아마이드, N-[2,3-비 스-(2-메칠아크

제 2 편

- 메칠 트랜스-2-부테노에이트
- 2-[3-(메칠아미노)-4-니트로페녹시]에탄올 및 그 염류 (예) 3-메칠아미노-4-니트로페녹시에탄올)(다만, 비산화염모제에서 용법·용량에 따른 혼합물의 염모 성분으로서 0.15% 이하는 제외)
- N-메칠아세타마이드
- (메칠-ONN-아조시)메칠아세테이트
- 2-메칠아지리딘(프로필렌이민)
- 메칠옥시란
- 메칠유게놀(다만, 식물추출물에 의하여 자연적으로 함유되어 다음 농도 이하인 경우에는 제외. 향료원액을 8% 초과하여 함유하는 제품 0.01%, 향료원액을 8% 이하로 함유하는 제품 0.004%, 방향용 크림 0.002%, 사용 후 씻어내는 제품 0.001%, 기타 0.0002%)
- N,N'-((메칠이미노)디에칠렌))비스(에칠디메칠암모늄) 염류(예) 아자메토늄브로마이드)
- 메칠이소시아네이트
- 6-메칠쿠마린(6-MC)
- 7-메칠쿠마린
- 메칠크레속심
- 1-메칠-2,4,5-트리하이드록시벤젠 및 그 염류
- 메칠페니데이트 및 그 염류
- 3-메칠-1-페닐-5-피라졸론 및 그 염류(예) 페닐메칠피라졸론)(다만, 페닐메칠피라졸론은 산화염모제에서 용법·용량에 따른 혼합물의 염모성분으로서 0.25% 이하는 제외)
- 메칠페닐렌디아민류, 그 N-치환 유도체류 및 그 염류(예) 2,6-디하이드록시에칠아미노톨루엔)(다만, 염모제 에서 염모성분으로 사용하는 것은 제외)
- 2-메칠-m-페닐렌 디이소시아네이트
- 4-메칠-m-페닐렌 디이소시아네이트
- 4,4'-[(4-메칠-1,3-페닐렌)비스(아조)]비스[6-메칠-1,3-벤젠디아민](베이직브라운 4) 및 그 염류
- 4-메칠-6-(페닐아조)-1,3-벤젠디아민 및 그 염류
- N-메칠포름아마이드
- 5-메칠-2,3-헥산디온
- 2-메칠헵틸아민 및 그 염류
- 메카밀아민
- 메타닐옐로우
- 메탄올(에탄올 및 이소프로필알콜의 변성제로서만 알콜 중 5%까지 사용)
- 메테토헵타진 및 그 염류
- 메토카바몰
- 메토트렉세이트
- 2-메톡시-4-니트로페놀(4-니트로구아이아콜) 및 그 염류
- 2-[(2-메톡시-4-니트로페닐)아미노]에탄올 및 그 염류(예) 2-하이드록시에칠아미노-5-니트로아니솔)(다만, 비산화염모제에서 용법·용량에 따른 혼합물의 염모성분으로서 0.2% 이하는 제외)
- 1-메톡시-2,4-디아미노벤젠(2,4-디아미노아니솔 또는 4-메톡시-m-페닐렌디아민 또는 CI76050) 및 그 염류
- 1-메톡시-2,5-디아미노벤젠(2,5-디아미노아니솔) 및 그 염류
- 2-메톡시메칠-p-아미노페놀 및 그 염산염
- 6-메톡시-N2-메칠-2,3-피리딘디아민 하이드로클로라이드 및 디하이드로클로라이드염(다만, 염모제에서 용법·용량에 따른 혼합물의 염모성분으로 산으로서 0.68% 이하, 디하이드로클로라이드염으로서 1.0% 이하는 제외)
- 에칠비스(4-히드록시-2-옥소-1-벤조피란-3-일)아세테이트 및 그 산의 염류
- 4-에칠아미노-3-니트로벤조익애씨드(N-에칠-3-니트로 파바) 및 그 염류
- 에칠아크릴레이트
- 3'-에칠-5',6',7',8'-테트라히드로-5',6',8',8',-테트라메칠-2'-아세토나프탈렌(아세틸에칠테트라메칠테트라린, AETT)
- 에칠페나세미드(페네투라이드)
- 2-[[4-[에칠(2-하이드록시에칠)아미노]페닐]아조]-6-메톡시-3-메칠-벤조치아졸리움 및 그 염류
- 2-에칠헥사노익애씨드
- 2-에칠헥실[[[3,5-비스(1,1-디메칠에칠)-4-하이드록시페닐]-메칠]치오]아세테이트
- O,O'-(에테닐메칠실릴렌디[(4-메칠펜탄-2-온)옥심]
- 에토헵타진 및 그 염류
- 7-에톡시-4-메칠쿠마린
- 4'-에톡시-2-벤즈이미다졸아닐라이드
- 2-에톡시에탄올(에칠렌글리콜 모노에칠에텔, EGMEE)
- 에톡시에탄올아세테이트
- 5-에톡시-3-트리클로로메칠-1,2,4-치아디아졸
- 4-에톡시페놀(히드로퀴논모노에칠에텔)
- 4-에톡시-m-페닐렌디아민 및 그 염류(예) 4-에톡시-m-페닐렌디아민 설페이트)
- 에페드린 및 그 염류
- 1,2-에폭시부탄
- (에폭시에칠)벤젠
- 1,2-에폭시-3-페녹시프로판
- R-2,3-에폭시-1-프로판올
- 2,3-에폭시프로판-1-올
- 2,3-에폭시프로필-o-톨일에텔
- 에피네프린
- 옥사디아질
- (옥사릴비스이미노에칠렌)비스((o-클로로벤질)디에칠암모늄)염류, (예) 암베노늄클로라이드)
- 옥산아미드 및 그 유도체
- 옥스페네리딘 및 그 염류
- 4,4'-옥시디아닐린(p-아미노페닐 에텔) 및 그 염류
- (s)-옥시란메탄올 4-메칠벤젠설포네이트
- 옥시염화비스머스 이외의 비스머스화합물
- 옥시퀴놀린(히드록시-8-퀴놀린 또는 퀴놀린-8-올) 및 그 황산염
- 옥타목신 및 그 염류
- 옥타밀아민 및 그 염류
- 옥토드린 및 그 염류
- 올레안드린
- 와파린 및 그 염류
- 요도메탄
- 요오드
- 요힘빈 및 그 염류
- 우레탄(에칠카바메이트)
- 우로카닌산, 우로카닌산에칠
- Urginea scilla Stern. 및 그 생약제제
- 우스닉산 및 그 염류(구리염 포함)
- 2,2'-이미노비스-에탄올, 에피클로로히드린 및 2-니트로-1,4-벤젠디아민의 반응생성물(에이치시 청색 No.5) 및 그 염류
- (마이크로-((7,7'-이미노비스(4-하이드록시-3-((2-하이드록시-5-(N-메칠설파모일)페닐)아조)나프탈렌-2- 설포네이토))(6-)))디쿠프레이트 및 그 염류
- 4,4'-(4-이미노사이클로헥사-2,5-디에닐리덴메칠렌)디아닐린 하이드로클로라이드
- 2-메칠-N-(2-메칠아크릴로일아미노메톡시)프로폭시메칠-2-메칠아크릴아미드, 메타크릴아마이드 및 2-메칠-N- (2-메칠아크릴로일아미노메톡시메칠)-아크릴아마이드
- 4-히드록시-3-메톡시신나밀알코올의벤조에이트(천연에센스에 자연적으로 함유된 경우는 제외)
- (6-(4-하이드록시)-3-(2-메톡시페닐아조)-2-설포네이토-7-나프틸아미노)-1,3,5-트리아진-2,4-디일)비스[(아미노이-1-메칠에칠)암모늄]포메이트
- 1-하이드록시-3-니트로-4-(3-하이드록시프로필아미노)벤젠 및 그 염류 (예) 4-하이드록시프로필아미노-3-니트로페놀)(다만, 염모제에서 용법·용량에 따른 혼합물의 염모성분으로서 2.6% 이하는 제외)
- 1-하이드록시-2-베타-하이드록시에칠아미노-4,6-디니트로벤젠 및 그 염류(예) 2-하이드록시에칠피크라믹 애씨드)(다만, 2-하이드록시에칠피크라믹애씨드는 산화염모제에서 용법·용량에 따른 혼합물의 염모성분으로서 1.5% 이하, 비산화염모제에서 용법·용량에 따른 혼합물의 염모성분으로서 2.0% 이하는 제외)
- 5-하이드록시-1,4-벤조디옥산 및 그 염류
- 하이드록시아이소헥실 3-사이클로헥센 카보스알데히드(HICC)
- N1-(2-하이드록시에칠)-4-니트로-o-페닐렌디아민(에이치시 황색 No. 5) 및 그 염류
- 하이드록시에칠-2,6-디니트로-p-아니시딘 및 그 염류
- 3-[[4-[(2-하이드록시에칠)메칠아미노]-2-니트로페닐]아미노]-1,2-프로판디올 및 그 염류
- 하이드록시에칠-3,4-메칠렌디옥시아닐린; 2-(1,3-벤진디옥솔-5-일아미노)에탄올 하이드로클로라이드 및 그 염류 (예) 하이드록시에칠-3,4-메칠렌디옥시아닐린 하이드로클로라이드)(다만, 산화염모제에서 용법·용량에 따른 혼합물의 염모성분으로서 1.5% 이하는 제외)
- 3-[[4-[(2-하이드록시에칠)아미노]-2-니트로페닐]아미노]-1,2-프로판디올 및 그 염류
- 4-(2-하이드록시에칠)아미노-3-니트로페놀 및 그 염류 (예) 3-니트로-p-하이드록시에칠아미노페놀)(다만, 3-니트로-p-하이드록시에칠아미노페놀은 산화염모제에서 용법·용량에 따른 혼합물의 염모성분으로서 3.0% 이하, 비산화염모제에서 용법·용량에 따른 혼합물의 염모성분으로서 1.85% 이하는 제외)
- 2,2'-[[4-[(2-하이드록시에칠)아미노]-3-니트로페닐]이미노]바이세타놀 및 그 염류(예) 에이치시 청색 No.2)(다만, 비산화염모제에서 용법·용량에 따른 혼합물의 염모성분으로서 2.8% 이하는 제외)
- 1-[(2-하이드록시에칠)아미노]-4-(메칠아미노-9,10-안트라센디온 및 그 염류
- 하이드록시에칠아미노메칠-p-아미노페놀 및 그 염류
- 5-[(2-하이드록시에칠)아미노]-o-크레졸 및 그 염류(예) 2-메칠-5-하이드록시에칠아미노페놀)(다만, 2-메 칠-5-하이드록시에칠아미노페놀은 염모제에서 용법·용량에 따른 혼합물의 염모성분으로서 0.5% 이하는 제외)
- (4-(4-히드록시-3-요오도페녹시)-3,5-디요오도페닐)아세틱애씨드 및 그 염류

로서 1.0% 이하는 제외)
- 2-(4-메톡시벤질-N-(2-피리딜)아미노)에칠디메칠아민말리에이트
- 메톡시아세틱애씨드
- 2-메톡시에칠아세테이트(메톡시에탄올아세테이트)
- N-(2-메톡시에칠)-p-페닐렌디아민 및 그 염산염
- 2-메톡시에탄올(에칠렌글리콜 모노메칠에텔, EGMME)
- 2-(2-메톡시에톡시)에탄올(메톡시디글리콜)
- 7-메톡시쿠마린
- 4-메톡시톨루엔-2,5-디아민 및 그 염산염
- 6-메톡시-m-톨루이딘(p-크레시딘)
- 2-[[(4-메톡시페닐)메칠하이드라조노]메칠]-1,3,3-트리메칠-3H-인돌리움 및 그 염류
- 4-메톡시페놀(히드로퀴논모노메칠에텔 또는 p-히드록시아니솔)
- 4-(4-메톡시페닐)-3-부텐-2-온(4-아니실리덴아세톤)
- 1-(4-메톡시페닐)-1-펜텐-3-온(α -메칠아니실아세톤)
- 2-메톡시프로판올
- 2-메톡시프로필아세테이트
- 6-메톡시-2,3-피리딘디아민 및 그 염산염
- 메트알데히드
- 메트암페프라몬 및 그 염류
- 메트포르민 및 그 염류
- 메트헵타진 및 그 염류
- 메티라폰
- 메티프릴온 및 그 염류
- 메페네신 및 그 에스텔
- 메페클로라진 및 그 염류
- 메프로바메이트
- 2급 아민함량이 0.5%를 초과하는 모노알킬아민, 모노알칸올아민 및 그 염류
- 모노크로토포스
- 모누론
- 모르포린 및 그 염류
- 모스켄(1,1,3,3,5-펜타메칠-4,6-디니트로인단)
- 모페부타존
- 목향(Saussurea lappa Clarke = Saussurea costus(Falc.) Lipsch. = Aucklandia lappa Decne) 뿌리오일
- 몰리네이트
- 몰포린-4-카르보닐클로라이드
- 무화과나무(Ficus carica)잎엡솔루트(피그잎엡솔루트)
- 미네랄 울
- 바륨염(바륨설페이트 및 색소레이크희석제로 사용한 바륨염은 제외)
- 바비츄레이트
- 2,2'-바이옥시란
- 발녹트아미드
- 발린아미드
- 미세 플라스틱(세정, 각질 제거 등의 제품으에 남아있는 5mm 크기 이하의 고체플라스틱) 【으 화장품 사용할 때의 주의사항 및 알레르기 유발 성분 표시 등에 관한 규정 [별표 1] 화장품의 유형 가. 영·유아용 제품류 1) 영·유아용 샴푸, 린스 4) 영·유아용 인체 세정용 제품 5) 영·유아용 목욕용 제품, 나. 목욕용 제품류, 다. 인체 세정용 제품류, 아. 두발용 제품류 1) 헤어 컨디셔너, 트리트먼트, 헤어팩, 린스 6) 샴푸 10) 그 밖의 두발용 제품류(사용 후 씻어내는 제품에 한함), 차. 3) 세이빙 크림 4) 세이빙 폼 5) 덴메칠렌)디아닐린 하이드로클로라이드
- 이미다졸리딘-2-치온
- 과산화물가가 10 mmol/L을 초과하는 이소디프렌
- 이소메트헵텐 및 그 염류
- 이소부틸나이트라이트
- 4,4'-이소부틸에칠리덴디페놀
- 이소소르비드디나이트레이트
- 이소카르복사지드
- 이소프레나린
- 이소프렌(2-메칠-1,3-부타디엔)
- 6-이소프로필-2-데카하이드로나프탈렌올(6-이소프로필-2-데카롤)
- 3-(4-이소프로필페닐)-1,1-디메칠우레아(이소프로투론)
- (2-이소프로필펜트-4-에노일)우레아(아프로날리드)
- 이속사풀루톨
- 이속시닐 및 그 염류
- 이부프로펜피코놀, 그 염류 및 유도체
- Ipecacuanha(*Cephaelis ipecacuaha* Brot. 및 관련된 종) (뿌리, 가루 및 생약제제)
- 이프로디온
- 인체 세포·조직 및 그 배양액(다만, 배양액 중 [별표 3]의 인체 세포·조직 배양액 안전기준에 적합한 경우는 제외)
- 인태반(Human Placenta) 유래 물질
- 인프로쿠온
- 임페라토린(9-(3-메칠부트-2-에니록시)푸로(3,2-g)크로멘-7온)
- 자이람
- 자일렌(다만, 화장품 원료의 제조공정에서 용매로 사용되었으나 완전히 제거할 수 없는 잔류용매로서 화장품의 유형에서, 자. 손·발톱용 제품류 중 1), 2), 3), 5)에 해당하는 제품 중 0.01% 이하, 기타 제품 중 0.002% 이하인 경우 제외)
- 자일로메타졸린 및 그 염류
- 자일리딘, 그 이성체, 염류, 할로겐화 유도체 및 설폰화 유도체
- 「잔류성오염물질 관리법」 제2조제1호에 따라 지정하고 있는 잔류성오염물질(잔류성오염물질의 관리에 관하여는 해당 법률에서 정하는 바에 따른다.)+
- 족사졸아민
- Juniperus sabina L.(잎, 정유 및 생약제제)
- 지르코늄 및 그 산의 염류
- 천수국꽃 추출물 또는 오일
- Chenopodium ambrosioides(정유)
- 치람
- 4,4'-치오디아닐린 및 그 염류
- 치오아세타마이드
- 치오우레아 및 그 유도체
- 치오테파
- 치오판네이트-메칠
- 카드뮴 및 그 화합물
- 카라미펜 및 그 염류
- 카르벤다짐
- 4,4'-카르본이미돌일비스[N,N-디메칠아닐린] 및 그 염류
- 카리소프로돌
- 카바독스
- 카바릴
- N-(3-카바모일-3,3-디페닐프로필)-N,N-디이소프로필메칠암모늄염(예 이소프로파미드아이오다이드)
- 카바졸의 니트로유도체
- 7,7'-(카보닐디이미노)비스(4-하이드록시-3-[[2-설포-4-[(4-설포페닐)아조]페닐]아조-2-나프탈렌설포닉애 씨드 및 그 염류
- 6-하이드록시-1-(3-이소프로폭시프로필)-4-메칠-2-옥소-5-[4-(페닐아조)페닐아조]-1,2-디하이드로-3-피리딘카보니트릴
- 4-히드록시인돌
- 2-[2-하이드록시-3-(2-클로로페닐)카르바모일-1-나프틸아조]-7-[2-하이드록시-3-(3-메칠페닐)카르바 모일-1-나프틸아조]플루오렌-9-온
- 4-(7-하이드록시-2,4,4-트리메칠-2-크로마닐)레솔시놀-4-일-트리스(6-디아조-5,6-디하이드로-5-옥소나프탈렌-1-설포네이트) 및 4-(7-하이드록시-2,4,4-트리메칠-2-크로마닐)레솔시놀비스(6-디아조-5,6-디하이드로-5-옥소나프탈렌-1-설포네이트)의 2:1 혼합물
- 11-α-히드록시프레근-4-엔-3,20-디온 및 그 에스텔
- 1-(3-하이드록시프로필아미노)-2-니트로-4-비스(2-하이드록시에칠)아미노)벤젠 및 그 염류(예 에이치시 자색 No. 2)(다만, 비산화염모제에서 용법·용량에 따른 혼합물의 염모성분으로서 2.0% 이하는 제외)
- 히드록시프로필 비스(N-히드록시에칠-p-페닐렌디아민) 및 그 염류(다만, 산화염모제에서 용법·용량에 따른 혼합물의 염모성분으로 테트라하이드로클로라이드염으로서 0.4% 이하는 제외)
- 3-하이드록시-4-[(2-하이드록시나프틸)아조]-7-니트로나프탈렌-1-설포닉애씨드 및 그 염류
- 하이드록시피리디논 및 그 염류
- 할로카르반
- 할로페리돌
- 항생물질
- 항히스타민제(예 독실아민, 디페닐피랄린, 디펜히드라민, 메타피릴렌, 브롬페니라민, 사이클리진, 클로르페녹사민, 트리펠렌아민, 히드록사진 등)
- N,N'-헥사메칠렌비스(트리메칠암모늄)염류(예 헥사메토늄브로마이드)
- 헥사메칠포스포릭-트리아마이드
- 헥사에칠테트라포스페이트
- 헥사클로로벤젠
- (1R,4S,5R,8S)-1,2,3,4,10,10-헥사클로로-6,7-에폭시-1,4,4a,5,6,7,8,8a-옥타히드로-,1,4:5,8-디메타
- 노나프탈렌(엔드린-ISO)
- 1,2,3,4,5,6-헥사클로로사이클로헥산류(예 린단)
- 헥사클로로에탄
- (1R,4S,5R,8S)-1,2,3,4,10,10-헥사클로로-1,4,4a,5,8,8a-헥사히드로-1,4:5,8-디메타노나프탈렌(이소드린-ISO)
- 헥사프로피메이트
- (1R,2S)-헥사히드로-1,2-디메칠-3,6-에폭시프탈릭안하이드라이드(칸타리딘)
- 헥사하이드로사이클로펜타(C) 피롤-1-(1H)-암모늄 N-에톡시카르보닐-N-(p-톨릴설포닐)아자나이드
- 헥사하이드로쿠마린
- 헥산
- 헥산-2-온
- 1,7-헵탄디카르복실산(아젤라산), 그 염류 및 유도체
- 트랜스-2-헥세날디메칠아세탈
- 트랜스-2-헥세날디에칠아세탈
- 헨나(Lawsonia Inermis)엽가루(다만, 염모제에서 염모성분으로 사용하는 것은 제외)

그 밖의 면도용 제품류(사용 후 씻어내는 제품에 한함) 카. 6) 팩, 마스크(사용 후 씻어내는 제품에 한함) 9) 손 · 발의 피부연화 제품(사용 후 씻어내는 제품에 한함) 10) 클렌징 워터, 클렌징 오일, 클렌징 로션, 클렌징 크림 등 메이크업 리무버 11) 그 밖의 기초 화장용 제품류(사용 후 씻어내는 제품에 한함)】
- 방사성 물질(다만, 제품에 포함된 방사능의 농도 등이 「생활주변방사선 안전관리법」 제15조의 규정에 적합한 경우 제외)

+
- 백신, 독소 또는 혈청
- 베낙티진
- 베노밀
- 베라트룸(Veratrum)속 및 그 제제
- 베라트린, 그 염류 및 생약제제
- 베르베나오일(Lippia citriodora Kunth.)
- 베릴륨 및 그 화합물
- 베메그리드 및 그 염류
- 베록시카인 및 그 염류
- 베이직바이올렛 1(메칠바이올렛)
- 베이직바이올렛 3(크리스탈바이올렛)
- 1-(베타-우레이도에칠)아미노-4-니트로벤젠 및 그 염류(예 4-니트로페닐 아미노에칠우레아)(다만, 4-니트 로페닐 아미노에칠우레아는 산화염모제에서 용법 · 용량에 따른 혼합물의 염모성분으로서 0.25% 이하, 비산화염모제에서 용법 · 용량에 따른 혼합물의 염모성분으로서 0.5% 이하는 제외)
- 1-(베타-하이드록시)아미노-2-니트로-4-N-에칠-N-(베타-하이드록시에칠)아미노벤젠 및 그 염류(예 에이치시 청색 No. 13)
- 벤드로플루메치아자이드 및 그 유도체
- 벤젠
- 1,2-벤젠디카르복실릭애씨드 디펜틸에스터(가지형과 직선형) ; n-펜틸-이소펜틸프탈레이트 ; 디-n-펜틸프 탈레이트 ; 디이소펜틸프탈레이트
- 1,2,4-벤젠트리아세테이트 및 그 염류
- 7-(벤조일아미노)-4-하이드록시-3-[[4-[(4-설포페닐)아조]페닐]아조]-2-나프탈렌설포닉애씨드 및 그 염류
- 카본디설파이드
- 카본모노옥사이드(일산화탄소)
- 카본블랙(다만, 불순물 중 벤조피렌과 디벤즈(a,h)안트라센이 각각 5 ppb 이하이고 총 다환방향족탄화수소류 (PAHs)가 0.5 ppm 이하인 경우에는 제외)
- 카본테트라클로라이드
- 카부트아미드
- 카브로말
- 카탈라아제
- 카테콜(피로카테콜)(다만, 산화염모제에서 용법 · 용량에 따른 혼합물의 염모성분으로서 1.5% 이하는 제외)
- 칸타리스, Cantharis vesicatoria
- 캡타폴
- 캡토디암
- 케토코나졸
- Coniummaculatum L.(과실, 가루, 생약제제)
- 코니인
- 코발트디클로라이드(코발트클로라이드)
- 코발트벤젠설포네이트
- 코발트설페이트
- 코우메타롤
- 콘발라톡신
- 콜린염 및 에스텔(예 콜린클로라이드)
- 콜키신, 그 염류 및 유도체
- 콜키코시드 및 그 유도체
- Colchicum autumnale L. 및 그 생약제제
- 콜타르 및 정제콜타르
- 쿠라레와 쿠라린
- 합성 쿠라리잔트(Curarizants)
- 과산화물가가 10 mmol/L을 초과하는 Cupressus sempervirens 잎의 오일 및 추출물
- 크로톤알데히드(부테날)
- Croton tiglium(오일)
- 3-(4-클로로페닐)-1,1-디메칠우로늄 트리클로로아세테이트 ; 모누론-TCA
- 크롬 ; 크로믹애씨드 및 그 염류
- 크리센
- 크산티놀(7-2-히드록시-3-[N-(2-히드록시에칠)-N-메칠아미노]프로필테오필린)
- Claviceps purpurea Tul., 그 알칼로이드 및 생약제제
- 1-클로로-4-니트로벤젠
- 트랜스-2-헥테날
- 헵타클로로에폭사이드
- 헵타클로르
- 3-헵틸-2-(3-헵틸-4-메칠-치오졸린-2-일렌)-4-메칠-치아졸리늄다이드
- 황산 4,5-디아미노-1-((4-클로르페닐)메칠)-1H-피라졸
- 황산 5-아미노-4-플루오르-2-메칠페놀
- Hyoscyamus niger L. (잎, 씨, 가루 및 생약제제)
- 히요시아민, 그 염류 및 유도체
- 히요신, 그 염류 및 유도체
- 영국 및 북아일랜드산 소 유래 성분
- BSE(Bovine Spongiform Encephalopathy) 감염조직 및 이를 함유하는 성분
- 광우병 발병이 보고된 지역의 다음의 특정 위험물질(specified risk material) 유래 성분(소 · 양 · 염소 등 반추동물의 18개 부위)
  - 뇌(brain)
  - 두개골(skull)
  - 척수(spinal cord)
  - 뇌척수액(cerebrospinal fluid)
  - 송과체(pineal gland)
  - 하수체(pituitary gland)
  - 경막(dura mater)
  - 눈(eye)
  - 삼차신경절(trigeminal ganglia)
  - 배측근신경절(dorsal root ganglia)
  - 척주(vertebral column)
  - 림프절(lymph nodes)
  - 편도(tonsil)
  - 흉선(thymus)
  - 십이지장에서 직장까지의 장관(intestines from the duodenum to the rectum)
- 「화학물질의 등록 및 평가 등에 관한 법률」 제2조제9호 및 제27조에 따라 지정하고 있는 금지물질

## 3 사용 제한이 필요한 원료 및 사용한도 「화장품 안전기준 등에 관한 규정」 [별표 2]

| 보존제 성분 | | |
|---|---|---|
| 원 료 명 | 사 용 한 도 | 비 고 |
| 글루타랄(펜탄-1,5-디알) | 0.1% | 에어로졸(스프레이에 한함) 제품에는 사용 금지 |
| 데하이드로아세틱애씨드(3-아세틸-6-메칠피란-2,4(3H)-디온) 및 그 염류 | 데하이드로아세틱애씨드로서 0.6% | 에어로졸(스프레이에 한함) 제품에는 사용 금지 |
| 4,4-디메칠-1,3-옥사졸리딘(디메칠옥사졸리딘) | 0.05%(제품의 pH는 6을 넘어야 함) | |
| 디브로모헥사미딘 및 그 염류(이세치오네이트 포함) | 디브로모헥사미딘으로서 0.1% | |
| 디아졸리디닐우레아(N-(히드록시메칠)-N-(디히드록시메칠-1,3-디옥소-2,5-이미다졸리디닐-4)-N'-(히드록시메칠) 우레아) | 0.5% | |
| 디엠디엠하이단토인(1,3-비스(히드록시메칠)-5,5-디메칠이미다졸리딘-2,4-디온) | 0.6% | |

| | | |
|---|---|---|
| 2, 4-디클로로벤질알코올 | 0.15% | |
| 3, 4-디클로로벤질알코올 | 0.15% | |
| 메칠이소치아졸리논 | 사용 후 씻어내는 제품에 0.0015%<br>(단, 메칠클로로이소치아졸리논과 메칠이 소치아졸리논 혼합물과 병행 사용 금지) | 기타 제품에는 사용 금지 |
| 메칠클로로이소치아졸리논과 메칠이소치아졸리논 혼합물(염화마그네슘과 질산마그네슘 포함) | 사용 후 씻어내는 제품에 0.0015%<br>(메칠클로로이소치아졸리논 : 메칠이소치아졸리논 = (3 : 1) 혼합물로서) | 기타 제품에는 사용 금지 |
| 메텐아민(헥사메칠렌테트라아민) | 0.15% | |
| 무기설파이트 및 하이드로젠설파이트류 | 유리 $SO_2$로 0.2% | |
| 벤잘코늄클로라이드+, 브로마이드 및 사카리네이트 | · 사용 후 씻어내는 제품에 벤잘코늄클로라이드로서 0.1%<br>· 기타 제품에 벤잘코늄클로라이드로서 0.05% | 분사형 제품에 벤잘코늄클로라이드는 사용 금지 |
| 벤제토늄클로라이드 | 0.1% | 점막에 사용되는 제품에는 사용 금지 |
| 벤조익애씨드, 그 염류 및 에스텔류** | 산으로서 0.5%<br>(다만, 벤조익애씨드 및 그 소듐염은 사용 후 씻어내는 제품에는 산으로서 2.5%) | |
| 벤질알코올** | 1.0%<br>(다만, 두발 염색용 제품류에 용제로 사용할 경우에는 10%) | |
| 벤질헤미포름알 | 사용 후 씻어내는 제품에 0.15% | 기타 제품에는 사용 금지 |
| 보레이트류(소듐보레이트, 테트라보레이트) | 밀납, 백납의 유화 목적으로 사용 시 0.76%<br>(이 경우, 밀납·백납 배합량의 $\frac{1}{2}$을 초과할 수 없다) | 기타 목적에는 사용 금지 |
| 5-브로모-5-나이트로-1,3-디옥산 | 사용 후 씻어내는 제품에 0.1%<br>(다만, 아민류나 아마이드류를 함유하고 있는 제품에는 사용 금지) | 기타 제품에는 사용 금지 |
| 2-브로모-2-나이트로프로판-1,3-디올(브로노폴) | 0.1% | 아민류나 아마이드류를 함유하고 있는 제품에는 사용 금지 |
| 브로모클로로펜(6,6-디브로모-4,4-디클로로-2,2'-메칠렌-디페놀) | 0.1% | |
| 비페닐-2-올(o -페닐페놀) 및 그 염류 | 페놀로서 0.15% | |
| 살리실릭애씨드 및 그 염류** | 살리실릭애씨드로서 0.5% | 영·유아용 제품류 또는 만 13세 이하 어린이가 사용할 수 있음을 특정하여 표시하는 제품에는 사용 금지<br>(다만, 샴푸는 제외) |
| 세틸피리디늄클로라이드* | 0.08% | |
| 소듐라우로일사코시네이트 | 사용 후 씻어내는 제품에 허용 | 기타 제품에는 사용 금지 |
| 소듐아이오데이트 | 사용 후 씻어내는 제품에 0.1% | 기타 제품에는 사용 금지 |
| 소듐하이드록시메칠아미노아세테이트<br>(소듐하이드록시메칠글리시네이트) | 0.5% | |
| 소르빅애씨드(헥사-2,4-디에노익애씨드) 및 그 염류** | 소르빅애씨드로서 0.6% | |
| 아이오도프로피닐부틸카바메이트(아이피비씨)** | · 사용 후 씻어내는 제품 0.02%<br>· 사용 후 씻어내지 않는 제품 0.01%<br>(다만, 데오드란트에 배합하는 경우에는 0.0075%) | · 입술에 사용되는 제품, 에어로졸(스프레이에 한함) 제품, 바디 로션 및 바디 크림에는 사용 금지<br>· 영·유아용 제품류 또는 만 13세 이하 어린이가 사용할 수 있음을 특정하여 표시하는 제품에 사용 금지(목욕용 제품, 샤워젤류 및 샴푸류는 제외) |
| 알킬이소퀴놀리늄브로마이드 | 사용 후 씻어내지 않는 제품에 0.05% | |
| 알킬(C12-C22)트리메칠암모늄 브로마이드 및 클로라이드(브롬화세트리모늄 포함) | 두발용 제품류를 제외한 화장품에 0.1% | |

제 2 편

| | | |
|---|---|---|
| 에칠라우로일알지네이트 하이드로클로라이드 | 0.4% | 입술에 사용되는 제품 및 에어로졸(스프레이에 한함) 제품에는 사용 금지 |
| 엠디엠하이단토인 | 0.2% | |
| 알킬디아미노에칠글라이신하이드로클로라이드용액(30%) | 0.3% | |
| 운데실레닉애씨드 및 그 염류 및 모노에탄올아마이드 | 사용 후 씻어내는 제품에 산으로서 0.2% | 기타 제품에는 사용 금지 |
| 이미다졸리디닐우레아(3,3'-비스(1-하이드록시메칠-2,5-디옥소이미다졸리딘-4-일)-1,1'메칠렌디우레아) | 0.6% | |
| 이소프로필메칠페놀(이소프로필크레졸, o-시멘-5-올) | 0.1% | |
| 징크피리치온** | 사용 후 씻어내는 제품에 0.5% | 기타 제품에는 사용 금지 |
| 쿼터늄-15(메텐아민 3-클로로알릴클로라이드) | 0.2% | |
| 클로로부탄올 | 0.5% | 에어로졸(스프레이에 한함) 제품에는 사용 금지 |
| 클로로자이레놀 | 0.5% | |
| p-클로로-m-크레졸 | 0.04% | 점막에 사용되는 제품에는 사용 금지 |
| 클로로펜(2-벤질-4-클로로페놀) | 0.05% | |
| 클로페네신(3-(p-클로로페녹시)-프로판-1,2-디올) | 0.3% | |
| 클로헥시딘, 그 디글루코네이트, 디아세테이트 및 디하이드로클로라이드 | · 점막에 사용하지 않고 씻어내는 제품에 클로헥시딘으로서 0.1%,<br>· 기타 제품에 클로헥시딘으로서 0.05% | |
| 클림바졸[1-(4-클로로페녹시)-1-(1H-이미다졸릴)-3,3-디메칠-2-부타논] | 두발용 제품에 0.5% | 기타 제품에는 사용 금지 |
| 테트라브로모-o-크레졸 | 0.3% | |
| 트리클로산** | 사용 후 씻어내는 인체 세정용 제품류, 데오도런트(스프레이 제외), 페이스파우더, 피부 결점을 감추기 위해 국소적으로 사용하는 파운데이션(블레미쉬컨실러)에 0.3% | 기타 제품에는 사용 금지 |
| 트리클로카반(트리클로카바닐리드) | 0.2%<br>(다만, 원료 중 3,3',4,4'-테트라클로로아조벤젠 및 3,3',4,4'-테트라클로로아족시벤젠 1ppm 미만 함유) | |
| 페녹시에탄올** | 1.0% | |
| 페녹시이소프로판올(1-페녹시프로판-2-올) | 사용 후 씻어내는 제품에 1.0% | 기타 제품에는 사용 금지 |
| 포믹애씨드 및 소듐포메이트* | 포믹애씨드로서 0.5% | |
| 폴리(1-헥사메칠렌바이구아니드)에이치씨엘 | 0.05% | 에어로졸(스프레이에 한함) 제품에는 사용 금지 |
| 프로피오닉애씨드 및 그 염류** | 프로피오닉애씨드로서 0.9% | |
| 피록톤올아민(1-하이드록시-4-메칠-6(2,4,4-트리메칠펜틸)2-피리돈 및 그 모노에탄올아민염) | · 사용 후 씻어내는 제품에 1.0%<br>· 기타 제품에 0.5% | |
| 피리딘-2-올 1-옥사이드 | 0.5% | |
| p-하이드록시벤조익애씨드, 그 염류 및 에스텔류**(다만, 에스텔류 중 페닐은 제외) | · 단일 성분일 경우 0.4%(산으로서)<br>· 혼합 사용의 경우 0.8%(산으로서) | |
| 헥세티딘 | 사용 후 씻어내는 제품에 0.1% | 기타 제품에는 사용 금지 |
| 헥사미딘(1,6-디(4-아미디노페녹시)-n-헥산) 및 그 염류(이세치오네이트 및 p-하이드록시벤조에이트) | 헥사미딘으로서 0.1% | |

| 자외선 차단 성분 | | | |
|---|---|---|---|
| 원 료 명 | 사용한도 | 원 료 명 | 사용한도 |
| 티타늄디옥사이드 | 25% | 에칠헥실메톡시신나메이트 | 7.5% |
| 징크옥사이드 | 25% | 디갈로일트리올리에이트 | 5% |
| 드로메트리졸트리실록산 | 15% | 멘틸안트라닐레이트 | 5% |
| 티이에이-살리실레이트 | 12% | 벤조페논-3(옥시벤존) | 5% |
| 옥토크릴렌 | 10% | 벤조페논-4 | 5% |
| 디에칠헥실부타미도트리아존 | 10% | 부틸메톡시디벤조일메탄 | 5% |
| 디에칠아미노하이드록시벤조일헥실벤조에이트 | 10% | 시녹세이트 | 5% |
| 메칠렌비스-벤조트리아졸릴테트라메칠부틸페놀 | 10% | 에칠디하이드록시프로필파바 | 5% |
| 비스에칠헥실옥시페놀메톡시페닐트리아진 | 10% | 에칠헥실살리실레이트 | 5% |
| 이소아밀-p-메톡시신나메이트 | 10% | 에칠헥실트리아존 | 5% |
| 폴리실리콘-15(디메치코디에칠벤잘말로네이트) | 10% | 4-메칠벤질리덴캠퍼 | 4% |
| 호모살레이트 | 10% | 페닐벤즈이미다졸설포닉애씨드 | 4% |
| 디소듐페닐디벤즈이미다졸테트라설포네이트 | 산으로서 10% | 벤조페논-8(디옥시벤존) | 3% |
| 테레프탈릴리덴디캠퍼설포닉애씨드 및 그 염류 | 산으로서 10% | 드로메트리졸 | 1.0% |
| 에칠헥실디메칠파바 | 8% | 로우손과 디하이드록시아세톤의 혼합물 | 로우손 0.25%,<br>디하이드록시아세톤 3% |

※ 다만, 제품의 **변색 방지**를 목적으로 그 사용농도가 **0.5% 미만**인 것은 자외선 차단 제품으로 인정하지 않음
※ 염류 : 양이온염으로 소듐, 포타슘, 칼슘, 마그네슘, 암모늄 및 에탄올아민, 음이온염으로 클로라이드, 브로마이드, 설페이트, 아세테이트

| 염모제 성분 | | |
|---|---|---|
| 원료명 | 사용할 때 농도상한(%) | 비 고 |
| p-니트로-o-페닐렌디아민 | 산화염모제에 1.5% | 기타 제품에는 사용 금지 |
| 니트로-p-페닐렌디아민 | 산화염모제에 3.0% | 기타 제품에는 사용 금지 |
| 2-메칠-5-히드록시에칠아미노페놀 | 산화염모제에 0.5% | 기타 제품에는 사용 금지 |
| 2-아미노-4-니트로페놀 | 산화염모제에 2.5% | 기타 제품에는 사용 금지 |
| 2-아미노-5-니트로페놀 | 산화염모제에 1.5% | 기타 제품에는 사용 금지 |
| 2-아미노-3-히드록시피리딘 | 산화염모제에 1.0% | 기타 제품에는 사용 금지 |
| 4-아미노-m-크레솔 | 산화염모제에 1.5% | 기타 제품에는 사용 금지 |
| 5-아미노-o-크레솔 | 산화염모제에 1.0% | 기타 제품에는 사용 금지 |
| 5-아미노-6-클로로-o-크레솔 | - 산화염모제에 1.0%<br>- 비산화염모제에 0.5% | 기타 제품에는 사용 금지 |
| m-아미노페놀 | 산화염모제에 2.0% | 기타 제품에는 사용 금지 |
| o-아미노페놀 | 산화염모제에 3.0% | 기타 제품에는 사용 금지 |
| p-아미노페놀 | 산화염모제에 0.9% | 기타 제품에는 사용 금지 |
| 염산 2,4-디아미노페녹시에탄올 | 산화염모제에 0.5% | 기타 제품에는 사용 금지 |
| 염산 톨루엔-2,5-디아민 | 산화염모제에 3.2% | 기타 제품에는 사용 금지 |
| 염산 m-페닐렌디아민 | 산화염모제에 0.5% | 기타 제품에는 사용 금지 |
| 염산 p-페닐렌디아민 | 산화염모제에 3.3% | 기타 제품에는 사용 금지 |
| 염산 히드록시프로필비스(N-히드록시에칠-p-페닐렌디아민) | 산화염모제에 0.4% | 기타 제품에는 사용 금지 |
| 톨루엔-2,5-디아민 | 산화염모제에 2.0% | 기타 제품에는 사용 금지 |
| m-페닐렌디아민 | 산화염모제에 1.0% | 기타 제품에는 사용 금지 |
| p-페닐렌디아민 | 산화염모제에 2.0% | 기타 제품에는 사용 금지 |
| N-페닐-p-페닐렌디아민 및 그 염류 | 산화염모제에 N-페닐-p-페닐렌디아민으로서 2.0% | 기타 제품에는 사용 금지 |
| 피크라민산 | 산화염모제에 0.6% | 기타 제품에는 사용 금지 |

| 황산 p-니트로-o-페닐렌디아민 | 산화염모제에 2.0% | 기타 제품에는 사용 금지 |
|---|---|---|
| 황산 p-메칠아미노페놀+ | 산화염모제에 0.68% | 기타 제품에는 사용 금지 |
| 황산 5-아미노-o-크레솔 | 산화염모제에 4.5% | 기타 제품에는 사용 금지 |
| 황산 m-아미노페놀 | 산화염모제에 2.0% | 기타 제품에는 사용 금지 |
| 황산 o-아미노페놀 | 산화염모제에 3.0% | 기타 제품에는 사용 금지 |
| 황산 p-아미노페놀 | 산화염모제에 1.3% | 기타 제품에는 사용 금지 |
| 황산 톨루엔-2,5-디아민 | 산화염모제에 3.6% | 기타 제품에는 사용 금지 |
| 황산 m-페닐렌디아민 | 산화염모제에 3.0% | 기타 제품에는 사용 금지 |
| 황산 p-페닐렌디아민 | 산화염모제에 3.8% | 기타 제품에는 사용 금지 |
| 황산N,N-비스(2-히드록시에칠)-p-페닐렌디아민 | 산화염모제에 2.9% | 기타 제품에는 사용 금지 |
| 2,6-디아미노피리딘 | 산화염모제에 0.15% | 기타 제품에는 사용 금지 |
| 염산 2,4-디아미노페놀 | 산화염모제에 0.5% | 기타 제품에는 사용 금지 |
| 1,5-디히드록시나프탈렌 | 산화염모제에 0.5% | 기타 제품에는 사용 금지 |
| 피크라민산 나트륨 | 산화염모제에 0.6% | 기타 제품에는 사용 금지 |
| 황산 2-아미노-5-니트로페놀 | 산화염모제에 1.5% | 기타 제품에는 사용 금지 |
| 황산 o-클로로-p-페닐렌디아민 | 산화염모제에 1.5% | 기타 제품에는 사용 금지 |
| 황산 1-히드록시에칠-4,5-디아미노피라졸 | 산화염모제에 3.0% | 기타 제품에는 사용 금지 |
| 히드록시벤조모르포린 | 산화염모제에 1.0% | 기타 제품에는 사용 금지 |
| 6-히드록시인돌 | 산화염모제에 0.5% | 기타 제품에는 사용 금지 |
| 1-나프톨(α-나프톨) | 산화염모제에 2.0% | 기타 제품에는 사용 금지 |
| 레조시놀 | 산화염모제에 2.0% | |
| 2-메칠레조시놀 | 산화염모제에 0.5% | 기타 제품에는 사용 금지 |
| 몰식자산 | 산화염모제에 4.0% | |
| 카테콜(피로카테콜) | 산화염모제에 1.5% | 기타 제품에는 사용 금지 |
| 피로갈롤 | 산화염모제에 2.0% | 기타 제품에는 사용 금지 |
| 염기성등색31호(Basic Orange 31)+ | 산화염모제에 0.5% | 그 외 사용 기준은 「화장품의 색소 종류와 기준 및 시험 방법」에 따른다 |
| 염기성적색51호(Basic Red 51)+ | 산화염모제에 0.5% | 그 외 사용 기준은 「화장품의 색소 종류와 기준 및 시험 방법」에 따른다 |
| 염기성황색87호(Basic Yellow 87)+ | 산화염모제에 1.0% | 그 외 사용 기준은 「화장품의 색소 종류와 기준 및 시험 방법」에 따른다 |
| · 과붕산나트륨<br>· 과붕산나트륨일수화물<br>· 과산화수소수<br>· 과탄산나트륨 | 염모제(탈염 · 탈색 포함)에서 과산화수소로서 12.0% | |
| · 과황산나트륨+<br>· 과황산암모늄+<br>· 과황산칼륨+ | – | 염모제(탈염 · 탈색 포함)에서 산화보조제로서 사용 |
| 인디고페라(*Indigofera tinctoria*) 엽가루+ | 비산화염모제에 25% | 기타 제품에는 사용 금지 |
| 헤마테인+ | 비산화염모제에 0.1% | 산화염모제에 사용 금지 |
| 황산은+ | 비산화염모제에 0.4% | 산화염모제에 사용 금지 |
| 황산철수화물($FeSO_4 \cdot 7H_2O$)+ | 비산화염모제에 6% | 산화염모제에 사용 금지 |

※ 염모제 성분 중 염이 다른 동일 성분은 1개 품목에 1종만 배합 가능

| 기 타 | | |
|---|---|---|
| 원료명 | 사용 한도 | 비고 |
| 감광소<br>감광소 101호(플라토닌)<br>감광소 201호(쿼터늄-73)<br>감광소 301호(쿼터늄-51)<br>감광소 401호(쿼터늄-45)<br>기타의 감광소<br>의 합계량 | 0.002% | |
| 건강틴크<br>칸타리스틴<br>고추틴크<br>의 합계량 | 1% | |
| 과산화수소 및 과산화수소 생성물질 | • 두발용 제품류에 과산화수소로서 3%<br>• 손톱 경화용 제품에 과산화수소로서 2% | 기타 제품에는 사용 금지 |
| 글라이옥살 | 0.01% | |
| α-다마스콘(시스-로즈 케톤-1) | 0.02% | |
| 디아미노피리미딘옥사이드(2,4-디아미노-피리미딘-3-옥사이드) | 두발용 제품류에 1.5% | 기타 제품에는 사용 금지 |
| 땅콩 오일, 추출물 및 유도체** | | 원료 중 땅콩 단백질의 최대 농도는 0.5ppm을 초과하지 않아야 함 |
| 라우레스-8, 9 및 10 | 2% | |
| 레조시놀 | • 산화염모제에 용법·용량에 따른 혼합물의 염모 성분으로서 2.0%<br>• 기타 제품에 0.1% | |
| 로즈 케톤-3 또는 로즈 케톤-4 또는 로즈 케톤-5 | 0.02% | |
| 시스-로즈 케톤-2 | 0.02% | |
| 트랜스-로즈 케톤-1 또는 2 또는 3 또는 5 | 0.02% | |
| 리튬하이드록사이드 | • 헤어 스트레이트너 제품에 4.5%<br>• 제모제에서 pH 조정 목적으로 사용되는 경우 최종 제품의 pH는 12.7 이하 | 기타 제품에는 사용 금지 |
| 만수국꽃 추출물 또는 오일** | • 사용 후 씻어내는 제품에 0.1%<br>• 사용 후 씻어내지 않는 제품에 0.01% | • 원료 중 알파 테르티에닐 (테르티오펜) 함량은 0.35% 이하<br>• 자외선 차단 제품 또는 자외선을 이용한 태닝(천연 또는 인공)을 목적으로 하는 제품에는 사용 금지<br>• 만수국아재비꽃 추출물 또는 오일과 혼합 사용 시 '사용 후 씻어내는 제품'에 0.1%, '사용 후 씻어내지 않는 제품'에 0.01%를 초과하지 않아야 함 |
| 만수국아재비꽃 추출물 또는 오일** | • 사용 후 씻어내는 제품에 0.1%<br>• 사용 후 씻어내지 않는 제품에 0.01% | • 원료 중 알파 테르티에닐(테르티오펜) 함량은 0.35% 이하<br>• 자외선 차단 제품 또는 자외선을 이용한 태닝(천연 또는 인공)을 목적으로 하는 제품에는 사용 금지<br>• 만수국꽃 추출물 또는 오일과 혼합 사용 시 '사용 후 씻어내는 제품'에 0.1%, '사용 후 씻어내지 않는 제품'에 0.01%를 초과하지 않아야 함 |
| 머스크자일렌 | • 향수류 : 향료 원액을 8% 초과하여 함유하는 제품에 1.0%, 향료원액을 8% 이하로 함유하는 제품에 0.4%<br>• 기타 제품에 0.03% | |
| 머스크케톤 | • 향수류 : 향료 원액을 8% 초과하여 함유하는 제품 1.4%, 향료 원액을 8% 이하로 함유하는 제품 0.56%<br>• 기타 제품에 0.042% | |
| 3-메칠논-2-엔니트릴 | 0.2% | |
| 메칠 2-옥티노에이트(메칠헵틴카보네이트) | 0.01%<br>(메칠옥틴카보네이트와 병용 시 최종 제품에서 두 성분의 합은 0.01%, 메칠옥틴카보네이트는 0.002%) | |

| | | |
|---|---|---|
| 메칠옥틴카보네이트(메칠논-2-이노에이트) | 0.002%<br>(메칠 2-옥티노에이트와 병용 시 최종 제품에서 두 성분의 합이 0.01%) | |
| p-메칠하이드로신나믹알데하이드 | 0.2% | |
| 메칠헵타디에논 | 0.002% | |
| 메톡시디시클로펜타디엔카르복스알데하이드 | 0.5% | |
| 무기설파이트 및 하이드로젠설파이트류 | 산화염모제에서 유리 $SO_2$로 0.67% | 기타 제품에는 사용 금지 |
| 베헨트리모늄 클로라이드** | (단일 성분 또는 세트리모늄 클로라이드, 스테아트리모늄 클로라이드와 혼합 사용의 합으로서)<br>• 사용 후 씻어내는 두발용 제품류 및 두발 염색용 제품류에 5.0%<br>• 사용 후 씻어내지 않는 두발용 제품류 및 두발 염색용 제품류에 3.0% | (세트리모늄 클로라이드 또는 스테아트리모늄 클로라이드와 혼합 사용하는 경우) 세트리모늄 클로라이드 및 스테아트리모늄 클로라이드의 합은<br>• '사용 후 씻어내지 않는 두발용 제품류'에 1.0% 이하<br>• '사용 후 씻어내는 두발용 제품류 및 두발 염색용 제품류'에 2.5% 이하여야 함 |
| 4-tert--부틸디하이드로신남알데하이드 | 0.6% | |
| 1,3-비스(하이드록시메칠)이미다졸리딘-2-치온 | • 두발용 제품류 및 손·발톱용 제품류에 2%<br>• 다만, 에어로졸(스프레이에 한함) 제품에는 사용 금지 | 기타 제품에는 사용 금지 |
| 비타민 E(토코페롤)* | 20% | |
| 살리실릭애씨드 및 그 염류** | • 인체 세정용 제품류에 살리실릭애씨드로서 2%<br>• 사용 후 씻어내는 두발용 제품류에 살리실릭애씨드로서 3% | • 영·유아용 제품류 또는 만 13세 이하 어린이가 사용할 수 있음을 특정하여 표시하는 제품에는 사용 금지 (단, 샴푸는 제외)<br>• 기능성 화장품의 유효성분으로 사용하는 경우에 한하며 기타 제품에는 사용 금지 |
| 세트리모늄 클로라이드, 스테아트리모늄 클로라이드** | (단일 성분 또는 혼합 사용의 합으로서)<br>• 사용 후 씻어내는 두발용 제품류 및 두발용 염색용 제품류에 2.5%<br>• 사용 후 씻어내지 않는 두발용 제품류 및 두발 염색용 제품류에 1.0% | |
| 소듐나이트라이트 | 0.2% | 2급, 3급 아민 또는 기타 니트로사민 형성 물질을 함유하고 있는 제품에는 사용 금지 |
| 소합향나무(Liquidambar orientalis) 발삼오일 및 추출물* | 0.6% | |
| 수용성 징크 염류(징크 4-하이드록시벤젠설포네이트와 징크피리치온 제외) | 징크로서 1% | |
| 시스테인, 아세틸시스테인 및 그 염류** | • 퍼머넌트 웨이브용 제품에 시스테인으로서 3.0~7.5%<br>• (다만, 가온2욕식 퍼머넌트 웨이브용 제품의 경우 시스테인으로서 1.5~5.5%, 안정제로 치오글라이콜릭애씨드 1.0%를 배합할 수 있으며, 첨가하는 치오글라이콜릭애씨드의 양을 최대한 1.0%로 했을 때 주성분인 시스테인의 양은 6.5%를 초과할 수 없다) | |
| 실버나이트레이트 | 속눈썹 및 눈썹 착색 용도의 제품에 4% | 기타 제품에는 사용 금지 |
| 아밀비닐카르비닐아세테이트 | 0.3% | |
| 아밀시클로펜테논 | 0.1% | |
| 아세틸헥사메칠인단 | 사용 후 씻어내지 않는 제품에 2% | |
| 아세틸헥사메칠테트라린 | • 사용 후 씻어내지 않는 제품 0.1%<br>- 하이드로알콜성 제품에 배합할 경우 1%<br>- 순수 향료 제품에 배합할 경우 2.5%<br>- 방향 크림에 배합할 경우 0.5%<br>• 사용 후 씻어내는 제품 0.2% | |
| 알에이치(또는 에스에이치) 올리고펩타이드-1 (상피세포 성장인자) | 0.001% | |
| 알란토인클로로하이드록시알루미늄(알클록사)* | 1% | |

| | | |
|---|---|---|
| 알릴헵틴카보네이트 | 0.002% | 2-알키노익애씨드 에스텔 (예시 메칠헵틴카보네이트)을 함유하고 있는 제품에는 사용 금지 |
| 알칼리금속의 염소산염 | 3% | |
| 암모니아* | 6% | |
| 에칠라우로일알지네이트 하이드로클로라이드* | 비듬 및 가려움을 덜어주고 씻어내는 제품(샴푸)에 0.8% | 기타 제품에는 사용 금지 |
| 에탄올 · 붕사 · 라우릴황산나트륨(4:1:1)혼합물 | 외음부 세정제에 12% | 기타 제품에는 사용 금지 |
| 에티드로닉애씨드 및 그 염류(1-하이드록시에칠리덴-디-포스포닉애씨드 및 그 염류) | • 두발용 제품류 및 두발 염색용 제품류에 산으로서 1.5%<br>• 인체 세정용 제품류에 산으로서 0.2% | 기타 제품에는 사용 금지 |
| 오포파낙스 | 0.6% | |
| 옥살릭애씨드, 그 에스텔류 및 알칼리 염류 | 두발용 제품류에 5% | 기타 제품에는 사용 금지 |
| 우레아* | 10% | |
| 이소베르가메이트 | 0.1% | |
| 이소사이클로제라니올 | 0.5% | |
| 징크페놀설포네이트 | 사용 후 씻어내지 않는 제품에 2% | |
| 징크피리치온** | 비듬 및 가려움을 덜어주고 씻어내는 제품(샴푸, 린스) 및 탈모 증상의 완화에 도움을 주는 화장품에 총 징크피리치온으로서 1.0% | 기타 제품에는 사용 금지 |
| 치오글라이콜릭애씨드, 그 염류 및 에스텔류** | • 퍼머넌트 웨이브용 및 헤어 스트레이트너 제품에 치오글라이콜릭애씨드로서 11% (다만, 가온2욕식 헤어 스트레이트너 제품의 경우에는 치오글라이콜릭애씨드로서 5%, 치오글라이콜릭애씨드 및 그 염류를 주성분으로 하고 제1제 사용 시 조제하는 발열 2욕식 퍼머넌트 웨이브용 제품의 경우 치오글라이콜릭애씨드로서 19%에 해당하는 양)<br>• 제모용 제품에 치오글라이콜릭애씨드로서 5%<br>• 염모제에 치오글라이콜릭애씨드로서 1%<br>• 사용 후 씻어내는 두발용 제품류에 2% | 기타 제품에는 사용 금지 |
| 칼슘하이드록사이드 | • 헤어 스트레이트너 제품에 7%<br>• 제모제에서 pH 조정 목적으로 사용되는 경우 최종 제품의 pH는 12.7 이하 | 기타 제품에는 사용 금지 |
| Commiphora erythrea engler var. glabrescens 검 추출물 및 오일 | 0.6% | |
| 쿠민(Cuminum cyminum) 열매 오일 및 추출물 | 사용 후 씻어내지 않는 제품에 쿠민 오일로서 0.4% | |
| 퀴닌 및 그 염류 | • 샴푸에 퀴닌염으로서 0.5%<br>• 헤어 로션에 퀴닌염으로서 0.2% | 기타 제품에는 사용 금지 |
| 클로라민T | 0.2% | |
| 톨루엔* | 손 · 발톱용 제품류에 25% | 기타 제품에는 사용 금지 |
| 트리알킬아민, 트리알칸올아민 및 그 염류** | 사용 후 씻어내지 않는 제품에 2.5% | |
| 트리클로산* | 사용 후 씻어내는 제품류에 0.3% | • 기능성 화장품의 유효성분으로 사용하는 경우에 한함<br>• 기타 제품에는 사용 금지 |
| 트리클로카반(트리클로카바닐리드) | 사용 후 씻어내는 제품류에 1.5% | • 기능성 화장품의 유효성분으로 사용하는 경우에 한함<br>• 기타 제품에는 사용 금지 |
| 페릴알데하이드 | 0.1% | |
| 페루발삼(Myroxylon pereirae의 수지) 추출물(extracts), 증류물(distillates) | 0.4% | |
| 포타슘하이드록사이드 또는 소듐하이드록사이드 | • 손톱 표피 용해 목적일 경우 5%<br>• pH 조정 목적으로 사용되고 최종 제품이 제5조 제5항에 pH 기준이 정하여 있지 아니한 경우에도 최종 제품의 pH는 11 이하<br>• 제모제에서 pH 조정 목적으로 사용되는 경우 최종 제품의 pH는 12.7 이하 | |

| | | |
|---|---|---|
| 폴리아크릴아마이드류 | • 사용 후 씻어내지 않는 바디 화장품에 잔류 아크릴아마이드로서 0.00001%<br>• 기타 제품에 잔류 아크릴아마이드로서 0.00005% | |
| 풍나무(Liquidambar styraciflua) 발삼오일 및 추출물 | 0.6% | |
| 프로필리덴프탈라이드 | 0.01% | |
| 하이드롤라이즈드밀단백질** | | 원료 중 펩타이드의 최대 평균 분자량은 3.5 kDa 이하이어야 함 |
| 트랜스-2-헥세날 | 0.002% | |
| 2-헥실리덴사이클로펜타논 | 0.06% | |
| ※ 염류(염기성과 산성의 화합물)**<br>예시 소듐, 포타슘, 칼슘, 마그네슘, 암모늄, 에탄올아민, 클로라이드, 브로마이드, 설페이트, 아세테이트, 베타인 등<br>※ 에스텔류 : 메칠, 에칠, 프로필, 이소프로필, 부틸, 이소부틸, 페닐 | | |

## 4 화장품에 사용할 수 있는 색소 종류 「화장품의 색소 종류와 기준 및 시험 방법」 [별표 1]

화장품에 사용할 수 있는 색소 종류, 사용 부위 및 사용한도

### 1) 사용(부위) 제한이 있는 타르 색소

#### (1) **눈 주위 및 입술**에 사용할 수 없는 타르 색소

| |
|---|
| ▣ 녹색 204호(피라닌콘크, Pyranine Conc)* CI 59040<br>8-히드록시-1, 3, 6-피렌트리설폰산의 트리나트륨염 ◎ 사용한도 0.01% |
| ▣ 녹색 401호(나프톨그린 B, Naphthol Green B)* CI 10020<br>5-이소니트로소-6-옥소-5, 6-디히드로-2-나프탈렌설폰산의 철염 |
| ▣ 등색 206호(디요오드플루오레세인, Diiodofluorescein)* CI 45425:1<br>4′, 5′-디요오드-3′, 6′-디히드록시스피로[이소벤조푸란-1(3H), 9′-[9H]크산텐]-3-온 |
| ▣ 등색 207호(에리트로신 옐로위쉬 NA, Erythrosine Yellowish NA)* CI 45425<br>9-(2-카르복시페닐)-6-히드록시-4, 5-디요오드-3H-크산텐-3-온의 디나트륨염 |
| ▣ 자색 401호(알리주롤퍼플, Alizurol Purple)* CI 60730<br>1-히드록시-4-(2-설포-p-톨루이노)-안트라퀴논의 모노나트륨염 |
| ▣ 적색 205호(리톨레드, Lithol Red)* CI 15630<br>2-(2-히드록시-1-나프틸아조)-1-나프탈렌설폰산의 모노나트륨염 ◎ 사용한도 3% |
| ▣ 적색 206호(리톨레드 CA, Lithol Red CA)* CI 15630:2<br>2-(2-히드록시-1-나프틸아조) -1-나프탈렌설폰산의 칼슘염 ◎ 사용한도 3% |
| ▣ 적색 207호(리톨레드 BA, Lithol Red BA) CI 15630:1<br>2-(2-히드록시-1-나프틸아조)-1-나프탈렌설폰산의 바륨염 ◎ 사용한도 3% |
| ▣ 적색 208호(리톨레드 SR, Lithol Red SR) CI 15630:3<br>2-(2-히드록시-1-나프틸아조)-1-나프탈렌설폰산의 스트론튬염 ◎ 사용한도 3% |
| ▣ 적색 219호(브릴리안트레이크레드 R, Brilliant Lake Red R)* CI 15800<br>3-히드록시-4-페닐아조-2-나프토에산의 칼슘염 |
| ▣ 적색 225호(수단 Ⅲ, Sudan Ⅲ)* CI 26100<br>1-[4-(페닐아조)페닐아조]-2-나프톨 |
| ▣ 적색 405호(퍼머넌트레드 F5R, Permanent Red F5R) CI 15865:2<br>4-(5-클로로-2-설포-p-톨릴아조)-3-히드록시-2-나프토에산의 칼슘염 |
| ▣ 적색 504호(폰소 SX, Ponceau SX)* CI 14700<br>2-(5-설포-2, 4-키실릴아조)-1-나프톨-4-설폰산의 디나트륨염 |

| ▣ 청색 404호(프탈로시아닌블루, Phthalocyanine Blue)* CI 74160<br>프탈로시아닌의 구리착염 |
|---|
| ▣ 황색 202호의 (2)(우라닌 K, Uranine K)* CI 45350<br>9-올소-카르복시페닐-6-히드록시-3-이소크산톤의 디칼륨염 ◎ 사용한도 6% |
| ▣ 황색 204호(퀴놀린옐로우 SS, Quinoline Yellow SS)* CI 47000<br>2-(2-퀴놀릴)-1, 3-인단디온 |
| ▣ 황색 401호(한자옐로우, Hanza Yellow)* CI 11680<br>N-페닐-2-(니트로-p-톨릴아조)-3-옥소부탄아미드 |
| ▣ 황색 403호의 (1)(나프톨옐로우 S, Naphthol Yellow S) CI 10316<br>2, 4-디니트로-1-나프톨-7-설폰산의 디나트륨염 |

* 해당 색소의 바륨, 스트론튬, 지르코늄레이크는 사용 불가능

### (2) 눈 주위에 사용할 수 없는 타르 색소

| ▣ 등색 205호(오렌지 II, Orange II) CI 15510<br>1-(4-설포페닐아조)-2-나프톨의 모노나트륨염 |
|---|
| ▣ 황색 203호(퀴놀린옐로우 WS, Quinoline Yellow WS) CI 47005<br>2-(1, 3-디옥소인단-2-일)퀴놀린 모노설폰산 및 디설폰산의 나트륨염 |
| ▣ 등색 201호(디브로모플루오레세인, Dibromofluorescein) CI 45370<br>4′, 5′-디브로모-3′, 6′-디히드로시스피로[이소벤조푸란-1(3H),9-[9H]크산텐-3-온 |
| ▣ 적색 103호의 (1)(에오신 YS, Eosine YS) CI 45380<br>9-(2-카르복시페닐)-6-히드록시-2, 4, 5, 7-테트라브로모-3H-크산텐-3-온의 디나트륨염 |
| ▣ 적색 104호의 (1)(플록신 B, Phloxine B) CI 45410<br>9-(3, 4, 5, 6-테트라클로로-2-카르복시페닐)-6-히드록시-2, 4, 5, 7-테트라브로모-3H-크산텐-3-온의 디나트륨염 |
| ▣ 적색 104호의 (2)(플록신 BK, Phloxine BK) CI 45410<br>9-(3, 4, 5, 6-테트라클로로-2-카르복시페닐)-6-히드록시-2, 4, 5, 7-테트라브로모-3H-크산텐-3-온의 디칼륨염 |
| ▣ 적색 218호(테트라클로로테트라브로모플루오레세인, Tetrachlorotetrabromofluorescein) CI 45410:1<br>2′, 4′, 5′, 7′-테트라브로모-4, 5, 6, 7-테트라클로로-3′, 6′-디히드록시피로[이소벤조푸란-1(3H),9′-[9H]크산텐]-3-온 |
| ▣ 적색 223호(테트라브로모플루오레세인, Tetrabromofluorescein) CI 45380:2<br>2′, 4′, 5′, 7′-테트라브로모-3′, 6′-디히드록시스피로[이소벤조푸란-1(3H),9′-[9H]크산텐]-3-온 |

### (3) 영 · 유아용 또는 만 13세 이하 어린이 사용 표시 제품에 사용할 수 없는 타르 색소

| ▣ 적색 2호(아마란트, Amaranth) CI 16185<br>3-히드록시-4-(4-설포나프틸아조)-2, 7-나프탈렌디설폰산의 트리나트륨염 |
|---|
| ▣ 적색 102호(뉴콕신, New Coccine) CI 16255<br>1-(4-설포-1-나프틸아조)-2-나프톨-6, 8-디설폰산의 트리나트륨염의 1.5 수화물 |

### (4) 점막에 사용할 수 없는 타르 색소

| ▣ 등색 401호(오렌지 401, Orange no. 401)* CI 11725 |
|---|

* 해당 색소의 바륨, 스트론튬, 지르코늄레이크는 사용 불가능

### (5) 적용 후 바로 씻어내는 제품 및 염모용 화장품에만 사용되는 타르 색소

| ▣ 등색 204호(벤지딘오렌지 G, Benzidine Orange G)* CI 21110<br>4, 4′-[(3, 3′-디클로로-1, 1′-비페닐)-4, 4′-디일비스(아조)]비스[3-메틸-1-페닐-5-피라졸론] |
|---|
| ▣ 적색 106호(애시드레드, Acid Red)* CI 45100<br>2-[[N, N-디에틸-6-(디에틸아미노)-3H-크산텐-3-이미니오]-9-일]-5-설포벤젠설포네이트의 모노나트륨염 |
| ▣ 적색 221호(톨루이딘레드, Toluidine Red)* CI 12120<br>1-(2-니트로-p-톨릴아조)-2-나프톨 |

| |
|---|
| ▣ 적색 401호(비올라민 R, Violamine R) CI 45190<br>9-(2-카르복시페닐)-6-(4-설포-올소-톨루이디노)-N-(올소-톨릴)-3H-크산텐-3-이민의 디나트륨염 |
| ▣ 적색 506호(패스트레드 S, Fast Red S)* CI 15620<br>4-(2-히드록시-1-나프틸아조)-1-나프탈렌설폰산의 모노나트륨염 |
| ▣ 황색 407호(패스트라이트옐로우 3G, Fast Light Yellow 3G)* CI 18820<br>3-메틸-4-페닐아조-1-(4-설포페닐)-5-피라졸론의 모노나트륨염 |
| ▣ 흑색 401호(나프톨블루블랙, Naphthol Blue Black)* CI 20470<br>8-아미노-7-(4-니트로페닐아조)-2-(페닐아조)-1-나프톨-3, 6-디설폰산의 디나트륨염 |

* 해당 색소의 바륨, 스트론튬, 지르코늄레이크는 사용 불가능

## (6) 염모용 화장품에만 사용되는 타르 색소

| |
|---|
| ▣ 염기성 갈색 16호(Basic Brown 16) CI 12250 |
| ▣ 염기성 청색 99호(Basic Blue 99) CI 56059 |
| ▣ 염기성 적색 76호(Basic Red 76) CI 12245 ◎ 사용한도 2% |
| ▣ 염기성 갈색 17호(Basic Brown 17) CI 12251 ◎ 사용한도 2% |
| ▣ 염기성 황색 87호(Basic Yellow 87) ◎ 사용한도 1% |
| ▣ 염기성 황색 57호(Basic Yellow 57) CI 12719 ◎ 사용한도 2% |
| ▣ 염기성 적색 51호(Basic Red 51) ◎ 사용한도 1% |
| ▣ 염기성 등색 31호(Basic Orange 31) ◎ 사용한도 1% |
| ▣ 에치씨 청색 15호(HC Blue No. 15) ◎ 사용한도 0.2% |
| ▣ 에치씨 청색 16호(HC Blue No. 16) ◎ 사용한도 3% |
| ▣ 분산 자색 1호(Disperse Violet 1) CI 61100 ◎ 사용한도 0.5%<br>1,4-디아미노안트라퀴논 |
| ▣ 에치씨 적색 1호(HC Red No. 1) ◎ 사용한도 1%<br>4-아미노-2-니트로디페닐아민 |
| ▣ 2-아미노-6-클로로-4-니트로페놀 ◎ 사용한도 2% |
| ▣ 4-하이드록시프로필 아미노-3-니트로페놀 ◎ 사용한도 2.6% |
| ▣ 염기성 자색 2호(Basic Violet 2) CI 42520 ◎ 사용한도 0.5% |
| ▣ 분산 흑색 9호(Disperse Black 9) ◎ 사용한도 0.3% |
| ▣ 에치씨 황색 7호(HC Yellow No. 7) ◎ 사용한도 0.25% |
| ▣ 산성 적색 52호(Acid Red 52) CI 45100 ◎ 사용한도 0.6% |
| ▣ 산성 적색 92호(Acid Red 92) ◎ 사용한도 0.4% |
| ▣ 에치씨 청색 17호(HC Blue 17) ◎ 사용한도 2% |
| ▣ 에치씨 등색 1호(HC Orange No. 1) ◎ 사용한도 1% |
| ▣ 분산 청색 377호(Disperse Blue 377) ◎ 사용한도 2% |
| ▣ 에치씨 청색 12호(HC Blue No. 12) ◎ 사용한도 1.5% |
| ▣ 에치씨 황색 17호(HC Yellow No. 17) ◎ 사용한도 0.5% |

## (7) 화장 비누에만 사용되는 타르 색소

| |
|---|
| ▣ 피그먼트 적색 5호(Pigment Red 5)* CI 12490<br>엔-(5-클로로-2,4-디메톡시페닐)-4-[[5-[(디에칠아미노)설포닐]-2-메톡시페닐]아조]-3-하이드록시나프탈렌-2-카복사마이드 |
| ▣ 피그먼트 자색 23호(Pigment Violet 23) CI 51319 |
| ▣ 피그먼트 녹색 7호(Pigment Green 7) CI 74260 |

* 해당 색소의 바륨, 스트론튬, 지르코늄레이크는 사용 불가능

## 2) 사용(부위) 제한이 없는 타르 색소

- ▣ 녹색 3호(패스트그린 FCF, Fast Green FCF) CI 42053
  2-[α-[4-(N-에틸-3-설포벤질이미니오)-2, 5-시클로헥사디에닐덴]-4-(N에틸-3-설포벤질아미노)벤질]-5-히드록시벤젠설포네이트의 디나트륨염
- ▣ 녹색 201호(알리자린시아닌그린 F, Alizarine Cyanine Green F)* CI 61570
  1, 4-비스-(2-설포-p-톨루이디노)-안트라퀴논의 디나트륨염
- ▣ 녹색 202호(퀴니자린그린 SS, Quinizarine Green SS)* CI 61565
  1, 4-비스(p-톨루이디노)안트라퀴논
- ▣ 자색 201호(알리주린퍼플 SS, Alizurine Purple SS)* CI 60725
  1-히드록시-4-(p-톨루이디노)안트라퀴논
- ▣ 적색 40호(알루라레드 AC, Allura Red AC) CI 16035
  6-히드록시-5-[(2-메톡시-5-메틸-4-설포페닐)아조]-2-나프탈렌설폰산의 디나트륨염
- ▣ 적색 201호(리톨루빈 B, Lithol Rubine B) CI 15850
  4-(2-설포-p-톨릴아조)-3-히드록시-2-나프토에산의 디나트륨염
- ▣ 적색 202호(리톨루빈 BCA, Lithol Rubine BCA) CI 15850:1
  4-(2-설포-p-톨릴아조)-3-히드록시-2-나프토에산의 칼슘염
- ▣ 적색 220호(디프마룬, Deep Maroon)* CI 15880:1
  4-(1-설포-2-나프틸아조)-3-히드록시-2-나프토에산의 칼슘염
- ▣ 적색 226호(헬린돈핑크 CN, Helindone Pink CN)* CI 73360
  6, 6'-디클로로-4, 4'-디메틸-티오인디고
- ▣ 적색 227호(패스트애시드마겐타, Fast Acid Magenta)* CI 17200
  8-아미노-2-페닐아조-1-나프톨-3, 6-디설폰산의 디나트륨염 ◎ 사용한도 3%(입술 적용을 목적으로 하는 화장품만 해당)
- ▣ 적색 228호(퍼마톤레드, Permaton Red) CI 12085
  1-(2-클로로-4-니트로페닐아조)-2-나프톨 ◎ 사용한도 3%
- ▣ 적색 230호의 (2) (에오신 YSK, Eosine YSK) CI 45380
  9-(2-카르복시페닐)-6-히드록시-2, 4, 5, 7-테트라브로모-3H-크산텐-3-온의 디칼륨염
- ▣ 청색 1호(브릴리안트블루 FCF, Brilliant Blue FCF) CI 42090
  2-[α-[4-(N-에틸-3-설포벤질이미니오)-2, 5-시클로헥사디에닐리덴]-4-(N-에틸-3-설포벤질아미노)벤질]벤젠설포네이트의 디나트륨염
- ▣ 청색 2호(인디고 카르민, Indigo Carmine) CI 73015
  5, 5'-인디고틴디설폰산의 디나트륨염
- ▣ 청색 201호(인디고, Indigo)* CI 73000
  인디고틴
- ▣ 청색 204호(카르반트렌 블루, Carbanthrene Blue)* CI 69825
  3, 3'-디클로로인단스렌
- ▣ 청색 205호(알파주린 FG, Alphazurine FG)* CI 42090
  2-[α-[4-(N-에틸-3-설포벤질이미니오)-2, 5-시클로헥산디에닐리덴]-4-(N-에틸-3-설포벤질아미노)벤질]벤젠설포네이트의 디암모늄염
- ▣ 황색 4호(타르트라진, Tartrazine) CI 19140
  5-히드록시-1-(4-설포페닐)-4-(4-설포페닐아조)-1H-피라졸-3-카르본산의 트리나트륨염
- ▣ 황색 5호(선셋 옐로우 FCF, Sunset Yellow FCF) CI 15985
  6-히드록시-5-(4-설포페닐아조)-2-나프탈렌설폰산의 디나트륨염
- ▣ 황색 201호(플루오레세인, Fluorescein)* CI 45350:1
  3', 6'-디히드록시스피로[이소벤조푸란-1(3H), 9'-[9H]크산텐]-3-온 ◎ 사용한도 6%
- ▣ 황색 202호의 (1)(우라닌, Uranine)* CI 45350
  9-(2-카르복시페닐)-6-히드록시-3H-크산텐-3-온의 디나트륨염

* 해당 색소의 바륨, 스트론튬, 지르코늄레이크는 사용 불가능

### 3) 사용 부위 및 한도 제한 없이 사용되는 색소

- ▣ 안나토(Annatto) CI 75120
- ▣ 라이코펜(Lycopene) CI 75125
- ▣ 베타카로틴(Beta-Carotene) CI 40800, CI 75130
- ▣ 구아닌(2-아미노-1,7-디하이드로-6H-퓨린-6-온, Guanine, 2-Amino-1,7-dihydro-6H-purin-6-one) CI 75170
- ▣ 커큐민(Curcumin) CI 75300
- ▣ 카민류(Carmines) CI 75470
- ▣ 클로로필류(Chlorophylls) CI 75810
- ▣ 알루미늄(Aluminum) CI 77000
- ▣ 벤토나이트(Bentonite) CI 77004
- ▣ 울트라마린(Ultramarines) CI 77007
- ▣ 바륨설페이트(Barium Sulfate) CI 77120
- ▣ 비스머스옥시클로라이드(Bismuth Oxychloride) CI 77163
- ▣ 칼슘카보네이트(Calcium Carbonate) CI 77220
- ▣ 칼슘설페이트(Calcium Sulfate) CI 77231
- ▣ 카본블랙(Carbon black) CI 77266
- ▣ 본블랙, 본챠콜(본차콜, Bone black, Bone Charcoal) CI 77267
- ▣ 베지터블카본(코크블랙, Vegetable Carbon, Coke Black) CI 77268:1
- ▣ 크로뮴옥사이드그린(크롬(III) 옥사이드, Chromium Oxide Greens) CI 77288
- ▣ 크로뮴하이드로사이드그린(크롬(III) 하이드록사이드, Chromium Hydroxide Green) CI 77289
- ▣ 코발트알루미늄옥사이드(Cobalt Aluminum Oxide) CI 77346
- ▣ 구리(카퍼, Copper) CI 77400
- ▣ 금(Gold) CI 77480
- ▣ 페러스옥사이드(Ferrous oxide, Iron Oxide) CI 77489
- ▣ 적색산화철(아이런옥사이드레드, Iron Oxide Red, Ferric Oxide) CI 77491
- ▣ 황색산화철(아이런옥사이드옐로우, Iron Oxide Yellow, Hydrated Ferric Oxide) CI 77492
- ▣ 흑색산화철(아이런옥사이드블랙, Iron Oxide Black, Ferrous-Ferric Oxide) CI 77499
- ▣ 페릭암모늄페로시아나이드(Ferric Ammonium Ferrocyanide) CI 77510
- ▣ 페릭페로시아나이드(Ferric Ferrocyanide) CI 77510
- ▣ 마그네슘카보네이트(Magnesium Carbonate) CI 77713
- ▣ 망가니즈바이올렛(암모늄망가니즈(3+) 디포스페이트, Manganese Violet, Ammonium Manganese(3+) Diphosphate) CI 77742
- ▣ 실버(Silver) CI 77820
- ▣ 티타늄디옥사이드(Titanium Dioxide) CI 77891
- ▣ 징크옥사이드(Zinc Oxide) CI 77947
- ▣ 리보플라빈(락토플라빈, Riboflavin, Lactoflavin)
- ▣ 카라멜(Caramel)
- ▣ 파프리카추출물, 캡산틴/캡소루빈(Paprika Extract Capsanthin/ Capsorubin)
- ▣ 비트루트레드(Beetroot Red)
- ▣ 안토시아닌류(시아니딘, 페오니딘, 말비딘, 델피니딘, 페투니딘, 페라고니딘, Anthocyanins)
- ▣ 알루미늄스테아레이트/징크스테아레이트/마그네슘스테아레이트/칼슘스테아레이트(Aluminum Stearate/ Zinc Stearate/ Magnesium Stearate/ Calcium Stearate)
- ▣ 디소듐이디티에이-카퍼(Disodium EDTA-copper)
- ▣ 디하이드록시아세톤(Dihydroxyacetone)
- ▣ 구아이아줄렌(Guaiazulene)
- ▣ 피로필라이트(Pyrophyllite)
- ▣ 마이카(Mica) CI 77019
- ▣ 청동(Bronze)

## 5 기능성 화장품 고시 원료의 종류, 사용한도 「기능성 화장품 심사에 관한 규정」 [별표 4]

기능성 화장품별 고시 원료의 종류 및 사용한도는 기능성 화장품 심사자료의 제출 면제를 위한 함량으로 실제로 법령에서 정하는 '사용 제한' 원료는 아님

### 1) 피부의 **미백**에 도움을 주는 제품의 성분 및 함량

| 연번 | 성 분 명 | 함 량 |
|---|---|---|
| 1 | 닥나무추출물 | 2% |
| 2 | 알부틴 | 2~5% |
| 3 | 에칠아스코빌에텔 | 1~2% |
| 4 | 유용성감초추출물 | 0.05% |
| 5 | 아스코빌글루코사이드 | 2% |
| 6 | 마그네슘아스코빌포스페이트 | 3% |
| 7 | 나이아신아마이드 | 2~5% |
| 8 | 알파-비사보롤 | 0.5% |
| 9 | 아스코빌테트라이소팔미테이트 | 2% |

### 2) 피부의 **주름 개선**에 도움을 주는 제품의 성분 및 함량

| 연번 | 성 분 명 | 함 량 |
|---|---|---|
| 1 | 레티놀 | 2,500 IU/g |
| 2 | 레티닐팔미테이트 | 10,000 IU/g |
| 3 | 아데노신 | 0.04% |
| 4 | 폴리에톡실레이티드레틴아마이드 | 0.05~0.2% |

### 3) 피부를 곱게 태워주거나 **자외선**으로부터 피부를 보호하는 데 도움을 주는 제품의 성분 및 함량

| 연번 | 성 분 명 | 최대 함량 |
|---|---|---|
| 1 | 드로메트리졸 | 1% |
| 2 | 디갈로일트리올리에이트 | 5% |
| 3 | 4-메칠벤질리덴캠퍼 | 4% |
| 4 | 멘틸안트라닐레이트 | 5% |
| 5 | 벤조페논-3 | 5% |
| 6 | 벤조페논-4 | 5% |
| 7 | 벤조페논-8 | 3% |
| 8 | 부틸메톡시디벤조일메탄 | 5% |
| 9 | 시녹세이트 | 5% |
| 10 | 에칠헥실트리아존 | 5% |
| 11 | 옥토크릴렌 | 10% |

| 12 | 에칠헥실디메칠파바 | 8% |
|---|---|---|
| 13 | 에칠헥실메톡시신나메이트 | 7.5% |
| 14 | 에칠헥실살리실레이트 | 5% |
| 15 | 페닐벤즈이미다졸설포닉애씨드 | 4% |
| 16 | 호모살레이트 | 10% |
| 17 | 징크옥사이드 | 25%(자외선 차단성분으로서) |
| 18 | 티타늄디옥사이드 | 25%(자외선 차단성분으로서) |
| 19 | 이소아밀p-메톡시신나메이트 | 10% |
| 20 | 비스-에칠헥실옥시페놀메톡시페닐트리아진 | 10% |
| 21 | 디소듐페닐디벤즈이미다졸테트라설포네이트 | 산으로 10% |
| 22 | 드로메트리졸트리실록산 | 15% |
| 23 | 디에칠헥실부타미도트리아존 | 10% |
| 24 | 폴리실리콘-15(디메치코디에칠벤잘말로네이트) | 10% |
| 25 | 메칠렌비스-벤조트리아졸릴테트라메칠부틸페놀 | 10% |
| 26 | 테레프탈릴리덴디캠퍼설포닉애씨드 및 그 염류 | 산으로 10% |
| 27 | 디에칠아미노하이드록시벤조일헥실벤조에이트 | 10% |

### 4) 모발의 색상을 변화(탈염 · 탈색 포함)시키는 기능을 가진 제품의 성분 및 함량

| 연번 | 성 분 명 | 사용할 때 농도 상한(%) |
|---|---|---|
| 1 | p-니트로-o-페닐렌디아민 | 1.5 |
| 2 | 니트로-p-페닐렌디아민 | 3.0 |
| 3 | 2-메칠-5-히드록시에칠아미노페놀 | 0.5 |
| 4 | 2-아미노-4-니트로페놀 | 2.5 |
| 5 | 2-아미노-5-니트로페놀 | 1.5 |
| 6 | 2-아미노-3-히드록시피리딘 | 1.0 |
| 7 | 5-아미노-o-크레솔 | 1.0 |
| 8 | m-아미노페놀 | 2.0 |
| 9 | o-아미노페놀 | 3.0 |
| 10 | p-아미노페놀 | 0.9 |
| 11 | 염산 2,4-디아미노페녹시에탄올 | 0.5 |
| 12 | 염산 톨루엔-2,5-디아민 | 3.2 |
| 13 | 염산 m-페닐렌디아민 | 0.5 |
| 14 | 염산 p-페닐렌디아민 | 3.3 |
| 15 | 염산 히드록시프로필비스(N-히드록시에칠-p-페닐렌디아민) | 0.4 |
| 16 | 톨루엔-2,5-디아민 | 2.0 |
| 17 | m-페닐렌디아민 | 1.0 |
| 18 | p-페닐렌디아민 | 2.0 |
| 19 | N-페닐-p-페닐렌디아민 | 2.0 |
| 20 | 피크라민산 | 0.6 |
| 21 | 황산 p-니트로-o-페닐렌디아민 | 2.0 |

| 22 | 황산 p-메칠아미노페놀 | 0.68 |
|---|---|---|
| 23 | 황산 5-아미노-o-크레솔 | 4.5 |
| 24 | 황산 m-아미노페놀 | 2.0 |
| 25 | 황산 o-아미노페놀 | 3.0 |
| 26 | 황산 p-아미노페놀 | 1.3 |
| 27 | 황산 톨루엔-2,5-디아민 | 3.6 |
| 28 | 황산 m-페닐렌디아민 | 3.0 |
| 29 | 황산 p-페닐렌디아민 | 3.8 |
| 30 | 황산 N,N-비스(2-히드록시에칠)-p-페닐렌디아민 | 2.9 |
| 31 | 2,6-디아미노피리딘 | 0.15 |
| 32 | 염산 2,4-디아미노페놀 | 0.5 |
| 33 | 1,5-디히드록시나프탈렌 | 0.5 |
| 34 | 피크라민산 나트륨 | 0.6 |
| 35 | 황산 2-아미노-5-니트로페놀 | 1.5 |
| 36 | 황산 o-클로로-p-페닐렌디아민 | 1.5 |
| 37 | 황산 1-히드록시에칠-4,5-디아미노피라졸 | 3.0 |
| 38 | 히드록시벤조모르포린 | 1.0 |
| 39 | 6-히드록시인돌 | 0.5 |
| 40 | α-나프톨 | 2.0 |
| 41 | 레조시놀 | 2.0 |
| 42 | 2-메칠레조시놀 | 0.5 |
| 43 | 몰식자산 | 4.0 |
| 44 | 카테콜 | 1.5 |
| 45 | 피로갈롤 | 2.0 |
| 46 | 과붕산나트륨사수화물, 과붕산나트륨일수화물, 과산화수소수, 과탄산나트륨 | 과산화수소로서 제품 중 농도가 12% 이하일 것 |

### 5) **체모를 제거**하는 기능을 가진 제품의 성분 및 함량

| 연번 | 성 분 명 | 함 량 |
|---|---|---|
| 1 | 치오글리콜산 80% | 치오글리콜산으로서 3.0~4.5% |

※ pH 범위는 7.0 이상 12.7 미만이어야 함

### 6) **여드름성 피부를 완화**하는 데 도움을 주는 제품의 성분 및 함량 [인체 세정용 제품류 (비누 조성의 제제)]

| 연번 | 성 분 명 | 함 량 |
|---|---|---|
| 1 | 살리실릭애씨드 | 0.5% |

# Chapter 2 착향제 성분 중 알레르기 유발 물질

## 1 착향제 성분 중 알레르기 유발 고시 성분

### 1) 착향제

화장품에서 **좋은 향이 나도록 돕는 향료**

### 2) 알레르기 유발 성분 표시 의무화('20.1.1 시행)

| 알레르기 유발 성분 함유 시 | → | 해당 성분의 명칭 표시 |
|---|---|---|
| 알레르기 유발 성분 미함유 시 | → | "향료"로 표시 가능 |

**알레르기 유발 성분 표시 의무**★★

**씻어내는 제품 기준(0.01% 초과), 씻어내지 않는 제품 기준(0.001% 초과)인 경우에 한하여** 해당 성분명을 기재 · 표시

### 3) 관련 법령 및 규정

(1) 「화장품법 시행규칙」 [별표 4] 3. 화장품 제조에 사용된 성분

알레르기 유발 성분이 있는 경우 '향료'로 표시 불가, 해당 성분의 명칭을 기재·표시

(2) 「화장품 사용할 때의 주의사항 및 알레르기 유발 성분 표시에 관한 규정」 [별표 2]

성분명을 기재 · 표시해야 하는 알레르기 유발 성분의 종류

| 착향제 구성 성분 중 알레르기 유발 성분의 종류 | | |
|---|---|---|
| 아밀신남알 | 벤질살리실레이트 | 리날룰 |
| 벤질알코올 | 신남알 | 벤질벤조에이트 |
| 신나밀알코올 | 쿠마린 | 시트로넬올 |
| 시트랄 | 제라니올 | 헥실신남알 |
| 유제놀 | 아니스알코올 | 리모넨 |
| 하이드록시시트로넬알 | 벤질신나메이트 | 메틸2-옥티노에이트 |
| 아이소유제놀 | 파네솔 | 알파-아이소메틸아이오논 |
| 아밀신나밀알코올 | 부틸페닐메틸프로피오날 | 참나무이끼추출물 |
| 나무이끼추출물 | | |

## 2 알레르기 유발 성분 표시 기준

### 1) 표시 대상 「착향제 중 알레르기 유발 물질 표시 지침」

(1) 해당 알레르기 유발 성분이 제품의 **내용량에서 차지하는 함량 비율**

**"사용 후 씻어내는 제품 0.01%", "사용 후 씻어내지 않는 제품 0.001%" 초과 시**

Key Point

> 알레르기 유발 성분 산출 방법**
>
> 예시 바디로션(250 g) 제품에 알레르기 유발 성분인 시트랄이 0.05 g 포함 시,
> 0.05 g ÷ 250 g × 100 = 0.02%[바디 로션(250 g)에 알레르기 유발 성분 0.02% 함유]
> – 사용 후 씻어내지 않는 제품에 0.001% 초과 함유되어 있으므로 표시 대상



(2) 천연 오일 또는 식물 추출물에 함유된 알레르기 유발 물질

① 식물의 꽃·잎·줄기 등에서 추출한 에센셜 오일이나 추출물이 **착향의 목적**으로 사용된 경우

② 해당 성분이 **착향의 특성**이 있는 경우

(3) 내용량 10 mL(g) 초과 50 mL(g) 이하인 소용량 화장품

표시 면적이 확보되는 경우 표시하는 것을 권장(단, **면적이 부족한 사유로 생략**한 해당 정보는 홈페이지 등에서 확인할 수 있어야 함)

(4) 온라인상에서도 전성분 표시사항에 향료 중 알레르기 유발 성분 표시

> 알레르기 유발 성분을 제품에 표시하는 경우, 화장품 책임판매업자 및 맞춤형 화장품 판매업자는 알레르기 유발 성분이 기재된 증빙자료를 구비·보관(원료 목록 보고 시 포함)
> ※ 증빙자료 : 제조증명서나 제품표준서 또는 제조사에서 제공한 신뢰성 있는 자료(시험성적서, 원료규격서 등)

### 2) 표시 방법

① 고시된 알레르기 유발 성분(25종)의 표시는 **소비자 안전 확보**를 위한 것으로 "사용할 때의 주의사항"에 기재할 사항이 아님

② 별도 표기 시 소비자 오인·오해(해당 성분만 알레르기 유발) 우려가 있어 부적절

③ 알레르기 유발 성분의 함량에 따른 표시 방법이나 순서를 별도로 정하고 있지 않으나, 전성분 표시 방법 적용을 권장

예시 제품에 알레르기 유발 성분인 "시트랄, 리날룰"이 포함된 경우

| 1안 | 가능 | A, B, C, 향료, 시트랄, 리날룰 | |
|---|---|---|---|
| 2안 | 가능 | A, 리날룰, B, 시트랄, C | |
| 3안 | 불가 | A, B, C, 향료(시트랄, 리날룰) | 소비자 오인·오해 우려 |
| 4안 | 불가 | A, B, C, 향료, 시트랄, 리날룰(알레르기 유발 성분) | 소비자 오인·오해 우려 |

# PART 4 화장품 관리

## Chapter 1 화장품의 취급 방법

### 1 화장품 용기 및 포장

#### 1) 법적 기준

(1) 안전용기 · 포장

화장품 책임판매업자 및 맞춤형 화장품 판매업자는 어린이가 화장품을 잘못 사용하여 **인체에 위해를 끼치는 사고가 발생하지 않도록 안전용기 · 포장**을 **사용**해야 함

※ 안전용기 · 포장 : 성인이 개봉하기는 어렵지 아니하나 만 5세 미만의 어린이가 개봉하기는 어렵게 된 것

(2) 안전용기 · 포장 품목 및 기준

① 아세톤을 함유하는 **네일 에나멜 리무버** 및 **네일 폴리시 리무버**

② **어린이용 오일** 등 개별 포장당 **탄화수소**류를 **10%** 이상 함유하고 운동 점도가 21 센티스톡스(섭씨 40도 기준) 이하인 비 에멀션 타입의 액체 상태의 제품

③ 개별 포장당 **메틸** 살리실레이트를 **5%** 이상 함유하는 액체 상태의 제품

④ 제외 품목 : 일회용 제품, 용기 입구 부분이 펌프 또는 방아쇠로 작동되는 분무 용기 제품, 압축 분무 용기 제품(에어로졸 제품 등)

#### 2) 포장 폐기물 발생 억제 및 재활용 촉진 「제품의 포장 재질 · 포장 방법에 관한 기준 등에 관한 규칙(환경부령)」

(1) 제품의 포장 재질

재활용이 쉬운 포장재를 사용하고, 중금속이 함유된 재질의 포장재를 제조하거나 유통 금지

(2) 포장 방법 및 기준

① 제품 포장 시에는 포장재의 사용량과 포장 횟수를 줄여 불필요한 포장을 억제

② **제외 품목** : 주 제품을 위한 전용 계량 도구나 그 구성품, 30 mL(g) 이하의 비매품(증정품) 및 설명서, 규격서, 메모 카드 같은 참조용 물품

| 제품의 종류 | | | 기 준 | |
|---|---|---|---|---|
| | | | 포장 공간 비율 | 포장 횟수 |
| 단위 제품 | 화장품류 | 인체 및 두발 세정용 제품류 | 15% 이하 | 2차 이내 |
| | | 그 밖의 화장품류(방향제를 포함) | 10% 이하(향수 제외) | 2차 이내 |
| | 세제류 | 세제류 | 15% 이하 | 2차 이내 |
| 종합 제품 | 1차 식품, 가공 식품, 음료, 건강기능식품, 화장품류, 세제류, 의약외품류, 신변잡화류 등 | | 25% 이하 | 2차 이내 |
| ※ **단위 제품** : 1회 이상 포장한 **최소 판매** 단위 제품, **종합 제품** : 같은 종류 또는 다른 최소 판매 단위 제품을 **2개 이상 함께 포장**한 제품 | | | | |



**포장 방법에 관한 기준** 「제품의 포장 재질 · 포장 방법에 관한 기준 등에 관한 규칙(환경부령)」

- 제품 특성상 1개씩 낱개로 포장한 후 여러 개를 함께 포장하는 단위 제품의 경우 낱개 제품 포장은 포장 공간 비율 및 포장 횟수 적용 대상에서 제외
- 제조 · 수입 · 판매 과정에서 부스러짐 방지 및 자동화를 위해 받침 접시를 사용하는 경우 포장 횟수에서 제외
- 종합 제품의 경우 종합 제품을 구성하는 각각의 단위 제품은 제품별 포장 공간 비율 및 포장 횟수 기준에 적합해야 하며, 단위 제품의 포장 공간 비율 및 포장 횟수는 종합 제품의 포장 공간 비율 및 포장 횟수에 산입(算入)하지 않음
- 종합 제품으로서 복합합성수지 재질 · 폴리비닐클로라이드 재질 또는 합성섬유 재질로 제조된 받침 접시 또는 포장용 완충재를 사용한 제품의 포장 공간 비율은 20% 이하
- 단위 제품인 화장품의 내용물 보호 및 훼손 방지를 위해 2차 포장 외부에 덧붙인 필름(투명 필름류만 해당)은 포장 횟수의 적용 대상에 해당하지 않음

### (3) 포장재의 재질 및 포장의 표시 방법

포장 재질은 포장 차수(1차 및 2차) 또는 내부 · 외부 포장재별로 주된 재질을 표시

| 검사결과 | 포장 재질 | 1차 : | 2차 : |
|---|---|---|---|
| | 포장 공간 비율 | %(기준 : % 이하) | |
| | 포장 횟수 | 차(기준 : 차 이내) | |
| 검사성적서 발행번호 | | | |
| 검사일 등 | | | |
| 전문검사기관명 | | | |



분리배출 표시 등 포장재의 재질을 표시하는 경우 생략 가능, 위 표의 방법으로 표시하기 곤란한 경우에는 포장의 크기나 상태 등을 고려하여 표시

### (4) 포장 제품의 재포장 금지

제품을 제조 또는 수입하는 자, **대규모 점포** 및 면적이 **33제곱미터 이상인 매장**에서 포장된 제품을 판매하는 자는 포장되어 생산된 제품을 **재포장하여 제조 · 수입 · 판매 금지**

### 3) 분리배출 표기 「자원의 절약과 재활용 촉진에 관한 법률」, 「분리배출에 관한 지침」

폐기물의 재활용을 촉진을 위해 분리수거 표시가 필요한 제품·포장재는 제조자 등이 환경부 장관이 정하여 고시하는 지침에 따라 **그 제품·포장재에 분리배출 표시**를 해야 함

Key Point

**분리배출 표시 제품 · 포장재**

① 종이팩[합성수지 또는 알루미늄박이 부착된 종이팩만 해당], 유리병, 금속캔, 합성수지 재질의 포장재[용기류, 필름 · 시트형 포장재 및 쟁반형 용기(tray) 포함

② 세제류(표준산업분류에 따른 치약, 비누 및 기타 세제 제조업의 제조 대상이 되는 비누 및 세제), 「화장품법」에 따른 화장품 및 애완동물용 샴푸 · 린스 등

#### (1) 분리배출 표기 적용 예외

① 각 포장재의 표면적이 50 ㎠ 미만(용기, 트레이류), 100 ㎠ 미만(필름 포장재류)

② 내용물의 용량이 30밀리리터 또는 30그램 이하인 포장재

③ 소재·구조면에서 기술적으로 인쇄, 각인, 라벨 부착 등의 방법으로 표시할 수 없는 포장재

④ 두께가 20 ㎛ 미만인 랩 필름 포장재

⑤ 합성수지 재질의 용기·포장에 대한 재질 표시를 한 경우 **일괄 표시 부분**(구성 부분의 명칭과 재질명) 생략 가능

#### (2) 분리배출 기준 및 방법

① 기준일

제품의 제조일

② 표시 위치

제품·포장재의 정면, 측면 또는 바코드 상하좌우(불가능한 경우 밑면, 뚜껑 등에 표시 가능)

③ 다중 포장재

㉠ 분리되는 각 부분품 또는 포장재마다 분리배출 표시

㉡ 소재·구조상 분리배출 표시가 어려운 경우 주요 부분 한곳에 일괄 표시

④ 수입 제품

외포장된 상태로 수입되는 화장품의 경우 **용기 등의 기재 사항**(「화장품법」 제10조)과 함께 **분리배출 표시**

⑤ 도포·첩합 등에 해당하는 경우

㉠ 종이팩(합성수지 마개 및 잡자재의 중량이 전체 중량 10%를 초과하는 경우에 한함)

㉡ 폴리스티렌페이퍼(PSP)

㉢ 페트병

㉣ 기타 합성수지 용기·트레이류(발포합성수지 제외)

**도포 · 첩합**

제품 · 포장재의 구성 부분에 타 소재 · 재질(금속, 생분해성 수지 등)이 혼합되거나, 도포(코팅) 또는 첩합(라이네이션) 등의 방법이 부착된 것으로 타 소재 · 재질이 해당 구성 부분으로부터 분리가 불가능한 경우

### 4) 분리배출 표시 [개정 도안]

| 페트병 | | | | | |
|---|---|---|---|---|---|
| 몸체와 분리 불가능한 금속 스프링 펌프 | | 몸체와 분리 불가능한 **타 재질**(종이, 합성수지 이외) 라벨 | | 유색 페트에 금속 스프링 펌프 사용 | |
| | | 타재질 라벨 | | | 플라스틱 PET 펌프·종량제 배출 |
| 무색 페트 재질의 몸체에 분리 가능한 금속 스프링 펌프를 사용 | | | PET-G 몸체에 몸체와 분리 가능한 합성수지 이외의 복합재질 스포이드 마개를 사용 | | |
| | 무색페트 펌프·종량제 배출 | | | 플라스틱 OTHER 마개·종량제 배출 | |

| 합성수지 용기류 | | | |
|---|---|---|---|
| 복합재질로 몸체와 분리가 가능한 금속 스프링 펌프 사용 | | 몸체와 분리 불가능한 **타 재질**(종이, 합성수지 이외) 라벨 | |
| | 플라스틱 OTHER 펌프·종량제 배출 | 타재질 라벨 | |
| 합성수지 이외의 재질과 병합 사용 (합성수지 + 탄산칼슘, 생분해성 수지, 미네랄 등) | | 합성수지 이외의 재질로 몸체와 분리가 불가능한 잡자재 사용 | |
| | | 금속 부착 | |

## 2 맞춤형 화장품의 안정성

### 1) 작업장 및 시설 위생관리

#### (1) 작업장 위생유지활동

① 위생 기준에 따라 위생 상태 식별
② 작업장 청소관리 및 청소 방법에 따라 작업장 상태 유지관리

#### (2) 위생관리 표준절차 설계

맞춤형 화장품의 품질 유지 등을 위해 주기적으로 시설 또는 설비 등을 점검·관리

### 2) 작업자 위생관리

맞춤형 화장품 판매업소의 작업자 위생관리를 위한 주의사항 준수

① 피부 외상 및 증상이 있는 직원은 건강 회복 전까지 혼합·소분 행위 금지
② 혼합 전·후 손 소독 및 세척(다만, 일회용 장갑을 착용하는 경우 예외)
③ 혼합·소분 시 위생복 및 필요시 마스크 착용

### 3) 소분(리필) 장치 및 용기 위생관리

(1) 소분 장치의 위생 상태를 주기적으로 확인

① 샘플링한 내용물 상태는 육안 확인, 필요시 직접 미생물 검사 의뢰 후 부적합하다고 판단되는 경우 폐기 조치
② 소분(리필)에 사용되는 소분 장치를 장시간 이용하지 않을 경우, 내용물의 제형과 점도를 고려해 위생이 유지되는 방법 선택

(2) 리필용기 선택 및 재사용

① 화장품 내용물과 용기의 구성물질 간 상호작용을 고려해 사용 가능한 용기의 범위(기준) 마련
② 용기의 특성에 따라 소분(리필)용 재사용 가능 여부 판단
③ 판매장 전용 용기 이용 시, 내용물 공급자(화장품 책임판매자)로부터 소분 용기와 내용물 간의 적합성 검토 결과(반응성, 용출시험 결과 등)를 제공받아 확인

# Chapter 2 화장품의 사용 방법

## 1 화장품 사용 방법

화장품은 각 유형마다 다양한 제품이 포함, 용도 및 제형에 따라 사용 방법이 상이하므로 판매자의 경우 소비자에게 화장품의 사용 방법에 대해 설명하는 것이 중요함

(1) 사용 시 **깨끗한 손, 깨끗하게 관리된 도구 사용**

① 씻지 않거나 물기 있는 손으로 로션이나 크림을 덜어내는 일은 절대 금물!
② 퍼프나 아이섀도 팁 등의 화장도구는 수시로 미지근한 물에 중성세제로 세탁
③ 화장도구는 완전히 말랐을 때 사용

(2) 먼지나 미생물의 유입 방지를 위해 **사용 후 항상 뚜껑을 꼭 닫아서 보관**

용기 내에서 잦은 펌핑은 제품 내 원료의 오염 촉진(매니큐어, 마스카라 등)

(3) 별도의 보관조건을 명시하지 않은 경우, **직사광선을 피해** 서늘하고 그늘지며 **건조한 곳에 보관**

냉장 보관 시 성에 발생 및 수분 증발 가능(리퀴드 파운데이션 등 메이크업 제품류)

(4) 여러 사람이 같이 사용하면 감염, 오염의 위험이 있으므로 주의

판매장의 **테스트용 제품은 일회용 도구 사용 권장**

(5) 화장품의 사용기한과 사용법을 확인하여 **사용기한 내**에 사용

## 2 화장품 용기 및 포장에 담긴 표시사항

### 1) 화장품 1차 및 2차 포장 법적인 표시 · 기재 사항

(1) 화장품 기재 사항

① 화장품의 명칭
② 영업자의 상호 및 주소
③ 해당 화장품 제조에 사용된 모든 성분(인체 무해한 소량 함유 성분 등 총리령으로 정하는 성분 제외)
④ 내용물의 용량 또는 중량
⑤ 제조번호
⑥ 사용기한 또는 개봉 후 사용기간(제조 연월일 병행 표기)
⑦ 가격
⑧ 기능성 화장품의 경우 "기능성 화장품"이라는 글자 또는 식품의약품안전처장이 정하는 기능성 화장품을 나타내는 도안

⑨ 사용할 때의 주의사항
⑩ 그 밖에 총리령으로 정하는 사항
㉠ 식품의약품안전처장이 정하는 바코드(맞춤형 화장품의 경우 제외)
㉡ **기능성 화장품**의 경우 **심사 받거나 보고한 효능·효과, 용법·용량**
㉢ **성분명을 제품 명칭의 일부로 사용**한 경우 그 **성분명과 함량**(단, 방향용 제품은 제외)
㉣ **인체 세포·조직 배양액**이 들어있는 경우 그 **함량**
㉤ 화장품에 **천연 또는 유기농으로 표시·광고**하려는 경우 **원료의 함량**
㉥ 수입 화장품인 경우 제조국의 명칭(원산지를 표시한 경우 제조국 명칭 생략 가능), 제조회사명 및 그 소재지(맞춤형 화장품의 경우 제외)
㉦ 기능성 화장품(제2조8호~11호)의 경우 "**질병의 예방 및 치료를 위한 의약품이 아님**"이라는 문구
㉧ 만 3세 이하의 **영·유아용 제품류** 또는 만 4세 이상부터 만 13세 이하까지의 **어린이가 사용할 수 있는 제품**임을 특정하여 표시·광고하려는 경우 사용 기준이 지정·고시된 원료 중 **보존제의 함량**

## 2) 표시 기준 및 표시 방법 「화장품법 시행규칙」 [별표 4]

### (1) 다른 제품과 구별할 수 있도록 **화장품의 명칭** 표시

### (2) 영업자의 상호 및 주소

① **등록·신고필증**에 적힌 소재지, **반품·교환 업무를 대표**하는 소재지의 **주소**를 기재·표시
② 영업자는 **각각 구분**하여 기재·표시(단, 다른 영업을 함께 영위하고 있는 경우 한꺼번에 기재·표시)
③ 공정별로 2개 이상의 제조소에서 생산된 화장품의 경우 일부 공정을 수탁한 화장품 제조업자의 상호 및 주소 생략 가능
④ 수입 화장품의 경우(제조국의 명칭, 제조회사명 및 그 소재지) 국내 "화장품 제조업자"와 구분해 기재·표시

### (3) 해당 화장품 제조에 사용된 모든 성분

① 글자 크기 **5포인트** 이상
② 화장품 제조에 사용된 함량이 많은 것부터 기재·표시(단, **1% 이하**로 사용된 성분, 착향제 또는 착색제는 순서에 상관없이 기재·표시 가능)
③ 혼합 원료는 혼합된 개별 성분의 명칭을 기재·표시
④ 색조·눈 화장용, 두발 염색용 또는 손·발톱용 제품류에서 호수별로 착색제가 다르게 사용된 경우 '± 또는 +/-'의 표시 다음에 사용된 모든 착색제 성분을 함께 기재·표시
⑤ 착향제는 "**향료**"로 표시(단, 착향제 구성 성분 중 식품의약품안전처장이 정하여 고시한 **알레르기 유발 성분**이 있는 경우 **향료로 표시할 수 없고, 해당 성분의 명칭**을 기재·표시)

⑥ 산성도(pH) 조절 목적으로 사용되는 성분은 그 성분을 표시하는 대신 중화반응에 따른 생성물로, 비누화 반응을 거치는 성분은 비누화 반응에 따른 생성물로 기재·표시
⑦ 전성분을 기재·표시할 경우 영업자의 정당한 이익을 현저히 침해할 우려가 있을 때 영업자는 식약처장에게 그 근거자료를 제출해야 하고, 식약처장이 정당한 이익을 침해할 우려가 있다고 인정하는 경우 "기타 성분"으로 기재·표시

(4) 내용물의 용량 또는 중량
① 1차 또는 2차 포장의 무게가 포함되지 않은 용량 또는 중량을 기재·표시
② **화장 비누**의 경우 **수분을 포함한 중량**과 **건조 중량을 함께** 기재·표시

(5) 제조번호
① 사용기한(또는 개봉 후 사용기간)과 쉽게 구별되도록 기재·표시
② 개봉 후 사용기간을 표시하는 경우 병행 표기해야 하는 제조 연월일(**맞춤형 화장품 경우 혼합·소분일**)도 각각 구별되도록 기재·표시

(6) 사용기한 또는 개봉 후 사용기간
① "사용기한", 또는 "까지" 등의 문자와 "연월일"(단, 연월을 표시하는 경우 사용기한을 넘지 않은 범위)을 소비자가 알기 쉽도록 기재·표시
② 개봉 후 사용기간은 문자와 "00월" 또는 "00개월"을 조합하거나 개봉 후 사용기간을 나타내는 심벌과 기간을 기재·표시 【12월(또는 개월)/12M】

(7) 소비자에게 화장품을 **직접 판매하는 자**가 가격을 기재·표시

(8) 기능성 화장품
"기능성 화장품"이라는 글자 바로 아래에 동일한 글자 크기 이상, **인쇄** 또는 **각인** 등의 방법으로 알아보기 쉽도록 표시

## 3) 주의사항 표시 문구

### (1) 화장품 함유 성분별 주의사항

「화장품 사용할 때의 주의사항 및 알레르기 유발 성분 표시에 관한 규정」 [별표 1]

| No | 대상 제품 | 표시 문구 |
|---|---|---|
| 1 | 과산화수소 및 과산화수소 생성 물질 함유 제품★★ | 눈에 접촉을 피하고 눈에 들어갔을 때는 즉시 씻어낼 것 |
| 2 | 벤잘코늄클로라이드, 벤잘코늄브로마이드 및 벤잘코늄사카리네이트 함유 제품 | 눈에 접촉을 피하고 눈에 들어갔을 때는 즉시 씻어낼 것 |
| 3 | 스테아린산아연 함유 제품★<br>(기초 화장용 제품류 중 파우더 제품에 한함) | 사용 시 흡입되지 않도록 주의할 것 |
| 4 | 살리실릭애씨드 및 그 염류 함유 제품★★<br>(샴푸 등 사용 후 바로 씻어내는 제품 제외) | 만 3세 이하 어린이에게는 사용하지 말 것 |
| 5 | 실버나이트레이트 함유 제품 | 눈에 접촉을 피하고 눈에 들어갔을 때는 즉시 씻어낼 것 |

| | | |
|---|---|---|
| 6 | 아이오도프로피닐부틸카바메이트(IPBC) 함유 제품★★<br>(목욕용 제품, 샴푸류 및 바디클렌저 제외) | 만 3세 이하 어린이에게는 사용하지 말 것 |
| 7 | 알루미늄 및 그 염류 함유 제품<br>(체취 방지용 제품류에 한함) | 신장 질환이 있는 사람은 사용 전에 의사, 약사, 한의사와 상의할 것 |
| 8 | 알부틴 2% 이상 함유 제품★★ | 알부틴은 「인체 적용시험 자료」에서 구진과 경미한 가려움이 보고된 예가 있음 |
| 9 | 알파-하이드록시애시드($\alpha$-hydroxyacid, AHA) 함유 제품<br>(0.5% 이하 함유 제품은 제외)★★ | • 햇빛에 대한 피부 감수성을 증가시킬 수 있으므로 **자외선 차단제를 함께 사용**할 것(씻어 내는 제품 · 두발용 제품 제외)<br>• 일부에 시험, 사용해 피부 이상을 확인할 것<br>• 고농도의 AHA 성분이 들어있어 **부작용 발생 우려**가 있으므로 전문의 등에게 상담할 것 (AHA 성분이 **10% 초과 함유** 또는 **산도가 3.5 미만**인 제품만 표시) |
| 10 | 카민 함유 제품 | 카민 성분에 과민하거나 **알레르기**가 있는 사람은 신중히 사용할 것 |
| 11 | 코치닐추출물 함유 제품 | 코치닐추출물 성분에 과민하거나 **알레르기**가 있는 사람은 신중히 사용할 것 |
| 12 | 포름알데하이드 0.05% 이상 검출된 제품 | 포름알데하이드 성분에 과민한 사람은 신중히 사용할 것 |
| 13 | 폴리에톡실레이티드레틴아마이드 0.2% 이상 함유 제품 | 폴리에톡실레이티드레틴아마이드는 「인체 적용시험 자료」에서 경미한 발적, 피부 건조, 화끈감, 가려움, 구진이 보고된 예가 있음 |
| 14 | 부틸 · 프로필 · 이소부틸파라벤 또는 이소프로필파라벤 함유 제품★<br>{영 · 유아용 제품류 및 기초 화장용 제품류(만 3세 이하 어린이 사용 제품) 중 사용 후 씻어내지 않는 제품에 한함} | 만 3세 이하 어린이의 기저귀가 닿는 부위에는 사용하지 말 것 |

### (2) 착향제의 구성 성분 중 알레르기 유발 성분

① 사용 후 **씻어내는 제품에 0.01% 초과, 씻어내지 않는 제품에 0.001% 초과 함유**하는 경우에 한하여 성분명을 기재 · 표시

② 「화장품 사용할 때의 주의사항 및 알레르기 유발 성분 표시에 관한 규정」 [별표 2]

| |
|---|
| 아밀신남알, 벤질살리실레이트, 리날룰, 벤질알코올, 신남알, 벤질벤조에이트, 신나밀알코올, 쿠마린, 시트로넬올, 시트랄, 제라니올, 헥실신남알, 유제놀, 아니스알코올, 아이소유제놀, 리모넨, 하이드록시시트로넬알, 벤질신나메이트, 메틸2-옥티노에이트, 부틸페닐메틸프로피오날, 아밀신나밀알코올, 파네솔, 알파-아이소메틸아이오논, 참나무이끼추출물, 나무이끼추출물 |

# Chapter 3 화장품의 보관 방법

## 1 화장품 안정성 시험 「화장품 안정성 시험 가이드라인」

### 1) 화장품 안정성 시험의 목적

① 화장품 저장 방법 및 사용기한 설정을 위해 경시 변화에 따른 품질 안정성 평가
② 제조된 날부터 적절한 보관조건에서 성상·품질 변화 없이 사용할 수 있는 최소한의 기한과 저장 방법 설정
③ 안정성 확보 및 안전하고 우수한 제품 공급



### 2) 화장품 안정성 시험의 종류 및 평가항목

#### (1) 장기보존시험★★

화장품의 저장조건에서 사용기한을 설정하기 위해 장기간에 걸쳐 물리적·화학적, 미생물학적 안정성 및 용기 적합성을 확인하는 시험

<table>
<tr><th>항 목</th><th colspan="2">조 건</th></tr>
<tr><td>로트 선정</td><td colspan="2">3개 로트 이상 원칙, 시중에 유통할 제품과 동일한 처방, 제형 및 포장 용기 사용</td></tr>
<tr><td>보존 조건</td><td colspan="2">제품 유통 조건을 고려해 온도, 습도, 시험기간 및 측정 시기를 설정해 실험<br>예시 실온보관(온도/상대습도) 25±2℃/60±5% 또는 30±2℃/66±5%<br>냉장보관(온도) 5±3℃</td></tr>
<tr><td>시험 기간</td><td colspan="2">6개월 이상 원칙, 화장품 특성에 따라 따로 정할 수 있음</td></tr>
<tr><td>측정 시기</td><td colspan="2">시험 개시 때와 1년간은 3개월마다, 2년까지는 6개월마다, 2년 이후부터 1년에 1회</td></tr>
<tr><td rowspan="5">시험 항목</td><td colspan="2">일반 화장품은 제품 유형 및 제형에 따라 과학적 근거 및 경험 등을 바탕 설정 (단, 기능성 화장품의 경우 기준 및 시험 방법에서 설정한 전 항목을 원칙으로 전 항목을 실시하지 않을 경우 이에 대한 과학적 근거를 제시해야 함)</td></tr>
<tr><td>일반시험</td><td>균등성, 향취 및 색상, 사용감, 액상, 유화형, 내온성시험</td></tr>
<tr><td>물리·화학시험</td><td>성상, 향, 사용감, 점도, 질량 변화, 분리도, 유화 상태, 경도 및 pH 등 제제의 물리·화학 성질을 평가</td></tr>
<tr><td>미생물시험</td><td>정상적으로 제품 사용 시 미생물 증식을 억제하는 능력이 있음을 증명하는 미생물시험 및 필요시 기타 특이적 시험을 통해 미생물에 대한 안정성 평가</td></tr>
<tr><td>용기 적합성시험</td><td>제품과 용기 사이의 상호작용(용기의 제품 흡수, 부식, 화학 반응 등)에 대한 적합성 평가</td></tr>
</table>

(2) 가속시험

장기보존시험하의 저장조건을 벗어난 단기간의 가속조건이 물리·화학적, 미생물학적 안정성 및 용기 적합성에 미치는 영향을 평가하기 위한 시험

| 항 목 | 조 건 |
|---|---|
| 로트 선정 | 장기보존시험 조건 기준 |
| 보존 조건 | - 유통경로나 제형 특성에 적절한 시험조건 설정<br>- 장기보존시험의 지정 저장 온도보다 15℃ 이상 높은 온도에서 시험<br>예시 실온보관(온도/상대습도) 40±2℃/75 ±5%<br>냉장보관(온도/상대습도) 25±2℃ 60±5% |
| 시험 기간 | 6개월 이상 원칙(필요시 조정 가능) |
| 측정 시기 | 시험 개시 때를 포함해 최소 3번 측정 |
| 시험 항목 | 장기보존시험 조건 기준 |

(3) 가혹시험

가혹조건에서 화장품의 분해과정 및 분해산물 등을 확인하기 위한 시험

| 항 목 | 조 건 |
|---|---|
| 로트 선정 | 검체의 특성 및 시험조건에 따라 적절히 설정 |
| 보존 조건 | 3가지(광선, 온도, 습도) 조건을 검체 특성에 따라 설정<br>예시 온도 순환(-15℃~45℃), 동결-해동 또는 저온-고온, 진동, 광안정성 |
| 시험 기간 | 검체의 특성 및 시험조건에 따라 적절히 설정 |
| 시험 항목 | 장기보존시험 조건 기준에 따르고 품질관리상 중요한 항목 및 분해산물의 생성 여부를 확인 |

(4) 개봉 후 안정성 시험★★

화장품 사용 시에 일어날 수 있는 오염 등을 고려한 사용기한을 설정하기 위해 장기간에 걸쳐 물리·화학적, 미생물학적 안정성 및 용기 적합성을 확인하는 시험

| 항 목 | 조 건 |
|---|---|
| 로트 선정 | 장기보존시험 조건 기준 |
| 보존 조건 | 제품의 사용 조건을 고려해 적절한 온도, 시험기간 및 측정 시기를 설정<br>예시 계절별로 각각의 연평균 온도, 습도 등 |
| 시험 기간 | 6개월 이상 원칙(특성에 따라 조정 가능) |
| 측정 시기 | 시험 개시 때와 1년간은 3개월마다, 2년까지는 6개월마다, 2년 이후부터 1년에 1회 |
| 시험 항목 | - 장기보존시험 조건 기준<br>- 개봉 전 시험 항목과 미생물 한도시험, 살균보존제, 유효성 성분시험 수행 [단, 개봉할 수 없는 용기로 되어 있는 제품(스프레이 등), 일회용 제품(마스크팩) 등은 제외] |

## 2 사용기한 설정 및 보관조건

적합한 사용기한과 보관조건에 용기 및 용량을 결정할 수 있으며 화장품 내용량은 유통 화장품 안전관리 기준에 따른 내용량 기준에 적합해야 함

### 1) 사용기한 설정

(1) 용기 및 용량

사용기한(또는 조제일자)/개봉 후 사용기간(제조 연월일 병기)을 기재해야 함

(2) 사용기한★

화장품이 제조된 날부터 적정한 보관상태에서 **제품의 고유한 특성을 간직한 채 소비자가 안정적으로 사용**할 수 있는 최소한의 기한

(3) 사용기한 설정

① **제품의 제조일자, 보관 상태, 제품의 특성을 고려**하여 소비자가 **안정적으로 사용할 수 있는 적절한 사용기한**을 설정
② 화장품 제조업자 또는 수입자가 자체적으로 실시한 품목별 안정성 시험 결과를 근거로 설정
③ 안정성 시험은 사용기한을 입증할 수 있는 과학적·합리적으로 타당성이 인정되는 시험일 것
※ 외국에서 시험한 품목별 안정성 시험이 상기 규정에 적합한 경우 해당 시험 결과를 인정

### 2) 기재 · 표시사항 중 보관조건

**화장품 유형과 사용할 때의 주의사항**에 따라 보관조건 준수

(1) 퍼머넌트 웨이브 제품 및 헤어 스트레이트너 제품

섭씨 15도 이하의 어두운 장소에 보존할 것

(2) 고압가스를 사용하는 에어로졸 제품

섭씨 40도 이상의 장소 또는 밀폐된 장소에 보관하지 말 것

(3) 산화 · 비산화염모제

① 혼합한 염모액으로부터 발생하는 가스의 압력으로 용기 파손 우려가 있어 위험하므로 밀폐된 용기에 보존하지 말 것
② 혼합한 액의 잔액은 효과가 없으므로 반드시 바로 버릴 것
③ 사용 후 혼합하지 않은 액은 직사광선을 피하고 공기와 접촉을 피해 서늘한 곳에 보관할 것

(4) 탈염 · 탈색제

① 혼합한 제품으로부터 발생하는 가스의 압력으로 용기 파열 염려가 있어 위험하므로 밀폐된 용기에 보존하지 말 것
② 혼합한 액의 잔액은 효과가 없으므로 반드시 바로 버릴 것

### 3) 화장품 용기 「기능성 화장품 기준 및 시험 방법」 Ⅰ.통칙

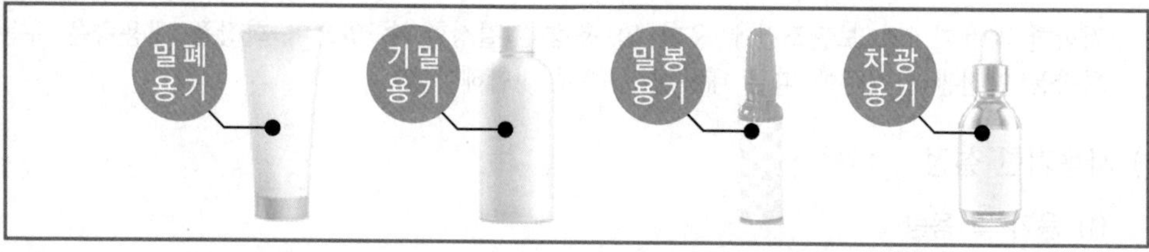


※ 용기의 기능은 내부 구조에 따라 달라질 수 있음

#### (1) 용기의 형태

① 밀폐용기

일상의 취급 또는 보통 보존 상태에서 외부로부터 **고형의 이물**이 들어가는 것을 방지, **고형의 내용물**이 손실되지 않도록 보호할 수 있는 용기(밀폐용기로 규정되어 있는 경우 기밀용기도 쓸 수 있음)

② 기밀용기

일상의 취급 또는 보통 보존 상태에서 **액상 또는 고형의 이물** 또는 **수분 침입을 막고** 내용물을 **손실, 풍화, 조해 또는 증발로부터 보호**할 수 있는 용기(기밀용기로 규정되어 있는 경우 밀봉용기도 쓸 수 있음)

③ 밀봉용기

일상의 취급 또는 보통의 보존상태에서 **기체 또는 미생물**이 **침입**할 염려가 없는 용기

④ 차광용기*

**광선의 투과를 방지**하는 **용기** 또는 투과를 방지하는 **포장을 한 용기**

#### (2) 화장품 용기 시험 방법

① 화장품 용기에 충전된 내용물의 건조 감량을 측정하는 **내용물 감량** 시험법
내용물 일부가 쉽게 휘발되는 제품(마스카라, 아이라이너 등)에 적용

② 내용물에 따른 인쇄 문자, 핫스탬핑, 증착 또는 코팅막의 용기 표면과의 마찰을 측정하는 **내용물에 의한 용기 마찰** 시험법
내용물에 의한 인쇄문자, 코팅막 등의 변형, 박리, 용출을 확인

③ 내용물이 충전된 용기 또는 용기를 구성하는 각종 소재의 **내한성 및 내열성** 시험법
혹서기, 혹한기 또는 수출 시 유통환경 변화에 따른 제품 변질 방지를 위함

④ 유리 소재 화장품 용기의 내압 강도를 측정하는 **유리병 내부 압력** 시험법
화려한 디자인 및 독특한 형상의 유리병은 내부 압력에 취약

⑤ 화장품 펌프 용기 버튼의 **펌프 누름 강도** 측정법
펌프 제품의 사용 편리성을 확인

⑥ 화장품 용기 소재(유리, 금속, 플라스틱)의 유기·무기 코팅막이나 도금층의 밀착성을 측정하는 **크로스컷트** 시험법
규정된 점착 테이프를 압착한 후 떼어내어 코팅층의 박리 여부를 확인

⑦ 플라스틱 용기, 조립 용기, 접착 용기의 낙하에 따른 파손, 분리 및 작용 여부를 측정하는 **낙하** 시험법
다양한 형태의 조립 포장 재료가 부착된 화장품 용기에 적용

⑧ 액상 내용물을 담는 용기의 마개, 펌프, 패킹 등의 밀폐성을 측정하는 **감압누설** 시험법

⑨ 용기와 내용물의 장기간 접촉에 따른 용기의 팽창, 수축, 변질, 탈색, 연화, 발포, 균열, 용해 등을 측정하는 **내용물에 의한 용기의 변형** 시험법
내용물에 침적된 용기 재료의 물성 저하 또는 변화 상태, 내용물 간의 색상 전이 등을 확인

⑩ 유리병 내부에 존재하는 알칼리를 황산과 중화반응 원리를 이용하여 측정하는 **유리병 표면 알칼리 용출량** 시험법
고온다습한 환경에서 장기 방치 시 발생하는 표면의 알칼리화 변화량을 확인

⑪ 화장품용 유리병의 급격한 온도 변화에 따른 내구력을 측정하는 **유리병 열충격** 시험법
유리병 제조 시 열처리 과정에서 발생하는 불량 방지

⑫ 화장품 용기에 표시(인쇄문자, 코팅막, 라미네이팅)된 밀착성을 측정하는 **접착력** 시험법
용기 표면의 인쇄문자, 코팅막 및 필름을 접착테이프로 박리 여부 확인

⑬ 화장품 포장의 접착력(라벨, 스티커 또는 수지 지지체) 측정하는 **라벨 접착력** 시험법
시험편이 붙어있는 접착판을 인장 시험기로 시험

(3) 화장품 용기에 필요한 특성

① 품질 유지성
내용물 보호를 위해 내용물과의 재료 적합성 및 용기 소재의 안전성 요구

② 기능성
사용상의 기능, 사용상의 안전성(어린이 용기 등) 요구

③ 경제성 및 상품성
디자인 등 실용성의 판매 촉진성 요구

### 4) 화장품 내용량

적합한 사용기한과 보관조건에 용기 및 용량을 결정할 수 있으며 화장품 내용량은 유통화장품 안전관리기준에 따른 내용량 기준에 적합해야 함 「화장품 안전기준 등에 관한 규정」 제6조

(1) 제품 3개를 시험한 결과 **평균 내용량이 표기량의 97% 이상**인 경우 허용
화장 비누의 내용량 기준 : 건조 중량

(2) 상기 기준치를 벗어날 경우 제품 6개를 추가 시험, **총 9개** 평균 내용량이 표기량에 대하여 **97% 이상**인 경우 허용

## 3 미생물의 오염

### 1) 미생물 오염에 대한 영향 및 환경 모니터링

(1) 제조 및 유통 과정 중 오염된 미생물이 증식해 화장품이 부패하거나 변질

① 상품 품질 열화 및 미생물의 대사산물로 인한 독성 발생 가능

② 병원성 미생물 오염은 소비자에 피부질환, 안질환 등의 질병 유발

(2) 미생물 오염의 종류*

| | | |
|---|---|---|
| 1차 오염 | 공장 제조 유래 오염 | 작업장 먼지(공기), 오염된 물, 화장품 재료, 보관, 기타 제조 장비 등 |
| 2차 오염 | 소비자에 의한 사용 중 미생물 오염 | • 손으로 덜어 사용하고 남은 내용물을 다시 넣거나 뚜껑을 연 채로 방치한 경우<br>• 얼굴 · 손에도 다량의 균이 상재(피부상재균) |

① 일반적인 피부 감염 미생물

| 세균(bacteria) | | 진균(Fungi) |
|---|---|---|
| Acinetobacter<br>Aerococcus<br>Bacteroides<br>Bacillus<br>Clostridium<br>Corynebacterium | Micrococcus<br>Peptostreptococcus<br>Propionibacterium<br>Staphylococcus<br>Streptococcus | Candida<br>Malassezia |

② 대표적인 오염균

| 세균 | 진균 | |
|---|---|---|
| 박테리아(bacteria) | 효모(yeast) | 곰팡이(mold) |
| 대장균(Escherichia coli)<br>녹농균(Pseudomonas aeruginosa)<br>황색포도상구균(Staphylococcus aureus) | 칸디다균 | 푸른곰팡이 |

(3) 미생물 환경 모니터링

화장품 제조업자, 책임판매업자 및 맞춤형 화장품 판매업자는 화장품의 품질, 안전성, 유효성 확보를 위해 화장품 **원료**, 화장품과 직접 접촉하는 **용기 · 포장** 및 **최종 제품의 미생물 오염을 방지**해야 함

① 전부 또는 일부가 **변패된 화장품, 병원 미생물에 오염된 화장품** 판매하거나 판매할 목적으로 제조 · 수입 · 보관 또는 진열 불가 「화장품법」 제15조

② 주기적 미생물 샘플링 검사(제품 출시 전 적합한 모든 화장품 및 그 성분의 안전성은 시험 · 검사 또는 검정 시행)

◈ 미생물

눈으로 보기 힘들고 현미경 같은 확대경을 통해서나 볼 수 있는 작은 크기의 생물을 총칭. 학문학적 정의는 단세포 생물이면서 스스로 생명을 유지하고 자손을 퍼트리며 독립적으로 생육하는, 육안으로 볼 수 없는 생물

- 크기 : 1–10 ㎛의 범위, 바이러스는 nm 수준
- 종류 : 세균(bacteria), 곰팡이(mold), 효모(yeast), 리케차(rickettsia), 바이러스(virus), 스피로헤타(spirochetes), 원생동물(protozoas), 조류(algae) 등이 포함

◈ 대장균(Escherichia coli)

- 사람을 포함한 포유류 장 속에 기생하고 있는 장내 세균, 그람 음성의 막대균으로 포도당을 분해하여 산을 생산
- 유전자 조작이 간편하고 생장이 빨라 분자생물학에서 주로 쓰이며 일반적으로 체온에서 최적 생장
- 균혈증(bacteremia), 비뇨기 감염, 복강 내 감염, 위장염 등을 일으킴

◈ 미생물 배양법(평판도말법 · 주입평판법)

모두 액체 시료 또는 미생물 배양액을 고체 배지에 접종, 평판도말법은 고체 배지 위에 접종하는 반면, 주입평판법은 함께 섞어서 접종

- 평판도말법 : 표면에만 미생물 집락이 형성(순수 분리, 배양 등 추가 실험 가능)
- 주입평판법 : 배지의 내부에서도 미생물 집락이 형성, 고체 배지가 온도(45~50℃)를 유지한 상태에서 함께 접종되는 것으로 미생물 종에 따라 열 손실 발생 가능

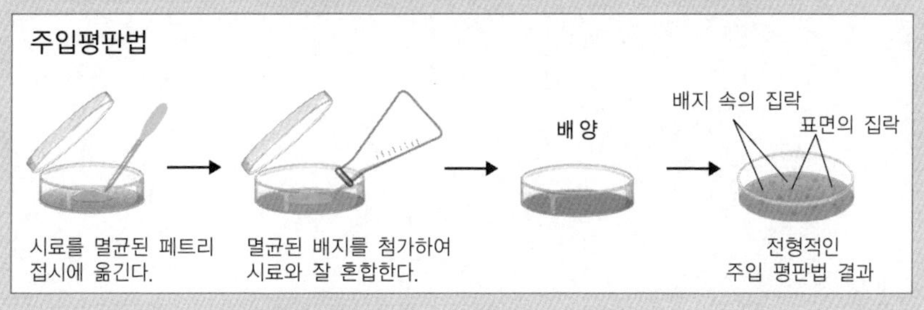


(4) 우수 화장품 제조 및 품질관리기준(CGMP)의 3대 요소★★

① **인위적인 과오** 최소화

② **미생물 오염 및 교차오염**으로 인한 품질 저하 방지

③ **고도의 품질관리체계** 확립

## 2) 맞춤형 화장품 판매업자의 미생물 오염 관리

### (1) 준수 사항

「화장품법」 제8조 및 「화장품 안전기준 등에 관한 규정」 제6조에 따른 유통 화장품 안전관리기준 준수, 특히 **맞춤형 화장품에 대한 미생물 오염관리**를 철저히 할 것(주기적 미생물 샘플링 검사 등)

(2) 시설 기준

① 맞춤형 화장품의 품질, 안전 확보를 위해 **혼합·소분 공간은 그 외의 용도로 사용되는 공간과 분리 또는 구획할 것**(보건위생상 위해 발생 우려가 없다고 인정되는 경우는 제외)

※ 벽, 칸막이, 에어 커튼 등으로 구획

② 맞춤형 화장품 간 **혼입, 미생물 오염 등을 방지**할 수 있는 시설 또는 설비 등을 확보

### 3) 유통 화장품의 안전관리기준에 따른 미생물 한도

(1) 총 호기성 생균 수

① 영·유아용 제품류 및 눈 화장용 제품류 : 500개/g(mL) 이하

② 물휴지 : 세균 및 진균 수는 각각 100개/g(mL) 이하

③ 기타 화장품 : 1,000개/g(mL) 이하

(2) 병원성균

대장균(Escherichia coli), 녹농균(Pseudomonas aeruginosa), 황색포도상구균(Staphylococcus aureus) : 불검출

# Chapter 4 화장품의 사용상 주의사항

## 1 맞춤형 화장품 사용상 주의사항

### 1) 사용상 주의사항에 관한 법령 및 규정

(1) 사용할 때의 주의사항

「화장품법 시행규칙」 [별표 3] 1. 공통사항

(2) 화장품 안전정보와 관련한 유형별 · 함유 성분별 주의사항

「화장품 사용할 때의 주의사항 및 알레르기 유발 성분 표시에 관한 규정」 [별표 1] 2. 사용할 때의 주의사항(제2조 관련)

(3) 기재 · 표시 대상 알레르기 유발 성분의 종류

「화장품 사용할 때의 주의사항 및 알레르기 유발 성분 표시에 관한 규정」 [별표 2] 착향제 구성 성분 중 알레르기 유발 성분(제3조 관련)

### 2) 맞춤형 화장품 판매업자 준수 사항

맞춤형 화장품 판매 시 혼합 · 소분에 사용된 **내용물 · 원료의 내용 및 특성, 사용할 때의 주의사항**을 소비자에게 설명

## 3 일반 화장품 및 기능성 화장품 유형별 주의사항

### 1) 사용할 때의 주의사항★★

(1) **공통사항**

① 화장품 사용 시 또는 사용 후 직사광선에 의하여 사용 부위가 붉은 반점, 부어오름 또는 가려움증 등의 이상 증상이나 부작용이 있는 경우 전문의 등과 상담할 것

② 상처가 있는 부위 등에는 사용을 자제할 것

③ 보관 및 취급 시의 주의사항

㉠ 어린이의 손이 닿지 않는 곳에 보관할 것

㉡ 직사광선을 피해서 보관할 것

(2) **유형별** 주의사항

① 미세한 알갱이가 함유된 스크럽 세안제

**알갱이가 눈에 들어갔을 때는 물로 씻어내고,** 이상이 있는 경우에는 전문의와 상담할 것

제2편

② 팩

**눈 주위를 피하여 사용**할 것

③ 두발용, 두발 염색용 및 눈 화장용 제품류

**눈에 들어갔을 때는 즉시 씻어낼 것**

④ 샴푸

㉠ 눈에 들어갔을 때는 즉시 씻어낼 것

㉡ **사용 후 물로 씻어내지 않으면 탈모 또는 탈색의 원인**이 될 수 있으므로 주의할 것

⑤ 퍼머넌트 웨이브 제품 및 헤어 스트레이트너 제품

㉠ **두피·얼굴·눈·목·손 등에 약액이 묻지 않도록 유의**하고, 얼굴 등에 약액이 묻었을 때는 즉시 물로 씻어낼 것

㉡ **특이체질, 생리 또는 출산 전후이거나 질환이 있는 사람 등은 사용을 피할 것**

㉢ 머리카락의 손상 등을 피하기 위하여 **용법·용량을 지켜야** 하며, 가능하면 일부에 시험적으로 사용하여 볼 것

㉣ **섭씨 15도 이하의 어두운 장소에 보존**하고, 색이 변하거나 침전된 경우 사용하지 말 것

㉤ **개봉한 제품은 7일 이내**에 사용할 것
(에어로졸 제품이나 사용 중 공기 유입이 차단되는 용기는 표시하지 않음)

㉥ 2단계 퍼머액 중 그 **주성분이 과산화수소인 제품은 검은 머리카락이 갈색으로 변할 수 있으므로 유의**하여 사용할 것

⑥ 외음부 세정제

㉠ 외음부에만 사용하며, 질 내에 사용하지 않도록 할 것(추가, 개정 시행일 '22.12.19)

㉡ **정해진 용법과 용량**을 잘 지켜 사용할 것

㉢ **만 3세 이하 어린이에게는 사용하지 말 것**

㉣ **임신 중에는 사용하지 않는 것이 바람직**하며, 분만 직전의 외음부 주위에는 사용하지 말 것

㉤ **프로필렌글라이콜**(Propylene glycol)을 함유하고 있으므로 이 성분에 **과민하거나 알레르기 병력이 있는사람은 신중히 사용**할 것(프로필렌글라이콜 함유 제품만 표시)

⑦ 손·발의 피부 연화 제품(우레아를 포함하는 핸드 크림 및 풋 크림)

㉠ **눈, 코 또는 입 등에 닿지 않도록 주의**하여 사용할 것

㉡ 프로필렌글라이콜(Propylene glycol)을 함유하고 있으므로 이 성분에 **과민하거나 알레르기 병력이 있는 사람은 신중히 사용**할 것(프로필렌글라이콜 함유 제품만 표시)

⑧ 체취 방지용 제품

**털을 제거한 직후에는 사용하지 말 것**

⑨ 고압가스를 사용하는 에어로졸 제품(무스의 경우 보관 및 취급상의 주의사항만 해당)

㉠ **같은 부위**에 연속해서 **3초 이상 분사하지 말 것**(삭제, 개정 시행일 '22.12.19)

㉡ **특정 부위**에 계속해서 **장기간 사용하지 말 것**(추가, 개정 시행일 '22.12.19)

㉢ 가능한 **인체에서 20센티미터 이상 떨어져서 사용**할 것
㉣ **눈 주위 또는 점막 등에 분사하지 말 것**(다만, 자외선 차단제의 경우 얼굴에 직접 분사하지 말고 손에 덜어 얼굴에 바를 것)
㉤ **분사 가스는 직접 흡입하지 않도록 주의**할 것
㉥ **보관 및 취급상**의 주의사항
※ 무스의 경우 보관 및 취급상의 주의사항만 기재 · 표시
ⓐ 불꽃 길이 시험에 의한 화염이 인지되지 않는 것으로서 가연성 가스를 사용하지 않는 제품
- 섭씨 40도 이상의 장소 또는 밀폐된 장소에 보관하지 말 것
- 사용 후 남은 가스가 없도록 하고 불 속에 버리지 말 것
ⓑ 가연성 가스를 사용하는 제품(화기 주의)
- 불꽃을 향하여 사용하지 말 것
- 난로, 풍로 등 화기 부근 또는 화기를 사용하고 있는 실내에서 사용하지 말 것
- 섭씨 40도 이상의 장소 또는 밀폐된 장소에서 보관하지 말 것
- 밀폐된 실내에서 사용한 후에는 반드시 환기할 것
- 불 속에 버리지 말 것
- 사용 후 잔 가스가 없도록 하여 버릴 것(추가, 개정 시행일 '22.12.19)

⑩ 고압가스를 사용하지 않는 분무형 자외선 차단제
얼굴에 직접 분사하지 말고 손에 덜어 얼굴에 바를 것

### (3) 함유 성분별 주의사항

① 과산화수소 및 과산화수소 생성 물질 함유 제품
눈에 접촉을 피하고 눈에 들어갔을 때는 즉시 씻어낼 것
② 벤잘코늄클로라이드, 벤잘코늄브로마이드 및 벤잘코늄사카리네이트 함유 제품
눈에 접촉을 피하고 눈에 들어갔을 때는 즉시 씻어낼 것
③ 스테아린산아연 함유 제품(기초 화장용 제품류 중 파우더 제품에 한함)
사용 시 흡입되지 않도록 주의할 것
④ 살리실릭애씨드 및 그 염류 함유 제품(샴푸 등 사용 후 바로 씻어내는 제품 제외)
만 3세 이하 영·유아에게는 사용하지 말 것
⑤ 실버나이트레이트 함유 제품
눈에 접촉을 피하고 눈에 들어갔을 때는 즉시 씻어낼 것
⑥ 아이오도프로피닐부틸카바메이트(IPBC) 함유 제품(목욕용 제품, 샴푸류 및 바디클렌저 제외)
만 3세 이하 영·유아에게는 사용하지 말 것
⑦ 알루미늄 및 그 염류 함유 제품(체취 방지용 제품류에 한함)
신장 질환이 있는 사람은 사용 전에 의사, 약사, 한의사와 상의할 것
⑧ 알부틴 2% 이상 함유 제품
알부틴은 「인체 적용시험 자료」에서 구진과 경미한 가려움이 보고된 예가 있음

⑨ 알파-하이드록시애시드(α-hydroxyacid, AHA) **0.5% 이상** 함유 제품

㉠ 햇빛에 대한 피부의 감수성을 증가시킬 수 있으므로 자외선 차단제를 함께 사용할 것(씻어내는 제품 및 두발용 제품 제외)

㉡ 일부에 시험 사용해 피부 이상을 확인할 것

㉢ 고농도의 AHA 성분이 들어있어 부작용이 발생할 우려가 있으므로 전문의 등에게 상담할 것(AHA 성분이 10퍼센트를 초과하여 함유되어 있거나 산도가 3.5 미만인 제품만 표시)

⑩ 카민 함유 제품

카민 성분에 과민하거나 **알레르기**가 있는 사람은 신중히 사용할 것

⑪ 코치닐추출물 함유 제품

코치닐추출물 성분에 과민하거나 **알레르기**가 있는 사람은 신중히 사용할 것

⑫ 포름알데하이드 0.05% 이상 검출된 제품

포름알데하이드 성분에 과민한 사람은 신중히 사용할 것

⑬ 폴리에톡실레이티드레틴아마이드 0.2% 이상 함유 제품

폴리에톡실레이티드레틴아마이드는 「인체 적용시험 자료」에서 경미한 발적, 피부건조, 화끈감, 가려움, 구진이 보고된 예가 있음

⑭ 부틸파라벤, 프로필파라벤, 이소부틸파라벤 또는 이소프로필파라벤 함유 제품(만 3세 이하 영·유아용 제품류 중 사용 후 씻어내지 않는 제품 및 기초 화장용 제품류)

만 3세 이하 영·유아의 기저귀가 닿는 부위에는 사용하지 말 것

## 2) 기능성 화장품 사용상 주의사항

### (1) "**질병의 예방 및 치료를 위한 의약품이 아님**"이라는 주의사항 표시

① 탈모 증상의 완화에 도움(물리적으로 굵게 보이는 제품 제외)을 주는 기능성 화장품

② 여드름성 피부 완화에 도움(인체 세정용 제품류)을 주는 기능성 화장품

③ 피부장벽 기능을 회복해 가려움 등의 개선에 도움을 주는 기능성 화장품

④ 튼 살로 인한 붉은 선을 엷게 하는 데 도움을 주는 기능성 화장품

### (2) 산화·비산화염모제(세부적으로 구분하여 명시)

① 사용하지 말아야 할 피부 및 신체 상태

사용 후 피부나 신체가 과민상태, 이상반응(부종, 염증 등), 현재 증상 악화 가능

㉠ 지금까지 '과황산염'이 함유된 탈색제로 몸이 부은 경험, 사용 중·사용 후 구역, 구토 등 속이 좋지 않았던 경우('과황산염'이 배합된 염모제에만 표시)

㉡ 지금까지 염모제 사용 시 피부이상 반응이 있었거나, 염색 중·염색 직후 발진, 발적, 가려움, 구역, 구토 등 속이 좋지 않았던 경험이 있었던 경우

㉢ 피부시험(패취테스트, patch test) 결과, 이상 반응이 있었던 경우

㉣ 두피, 얼굴, 목덜미에 부스럼, 상처, 피부병이 있는 경우

㉤ 생리 중, 임신 중 또는 임신할 가능성이 있는 경우

ⓑ 출산 후, 병중, 병후의 회복 중, 그 밖의 신체에 이상이 있는 경우
ⓢ 특이체질, 신장질환, 혈액질환이 있는 경우
ⓞ 미열, 권태감, 두근거림, 호흡곤란의 증상이 지속되거나 코피 등의 출혈이 잦고 생리, 그 밖에 출혈이 멈추기 어려운 증상이 있는 경우
ⓙ 첨가제로 함유된 프로필렌글리콜 성분에 과민하거나 알레르기 반응을 보였던 적이 있는 경우 사용 전 의사 또는 약사와 상의할 것(프로필렌글리콜 함유 제제에만 표시)

② 염모제 **사용 전** 주의사항

㉠ 염색 **2일 전**(48시간 전)에는 **매회** 반드시 **패취테스트**(patch test)를 실시할 것 (과거에 아무 이상 없이 염색한 경우에도 체질의 변화에 따라 부작용이 발생 가능)

> **◈ 패취테스트 순서**
>
> 팔의 안쪽이나 귀 뒤쪽 머리카락이 난 주변의 피부를 비눗물로 잘 씻고 탈지면으로 가볍게 닦기 → 제품 소량을 정해진 용법대로 혼합해 실험액을 준비 → 세척한 부위에 동전 크기로 바르고 자연 건조시킨 후 그대로 48시간 방치 → 도포 후 30분, 48시간 후(총 2회) 테스트 부위 관찰 도포 부위에 발진, 발적, 가려움, 수포, 자극 등의 피부 등의 이상이 있는 경우, 손 등으로 만지지 말고 바로 씻어내고 염모하지 말 것(테스트 중, 피부 이상을 느낀 경우, 바로 테스트액을 씻어내고 염모하지 말 것) → 48시간 이내 이상이 발생하지 않는다면 바로 염모

㉡ 눈썹, 속눈썹 등에는 염모액이 눈에 들어갈 염려가 있어 위험하므로 두발 이외에는 염색하지 말 것
㉢ **면도 직후에는 염색하지 말 것**
㉣ **염모 전후 1주간은 파마 · 웨이브(퍼머넌트 웨이브)를 하지 말 것**

③ **염모 시** 주의사항

㉠ 염모액 또는 머리를 감는 동안 그 액이 눈에 들어가지 않도록 할 것. 심한 통증, 경우에 따라 눈에 손상(각막의 염증)을 입을 수 있음. 만일, 눈에 들어갔을 때는 절대로 손으로 비비거나 임의로 안약 등을 사용하지 말고 바로 물이나 미지근한 물로 15분 이상 잘 씻어 주고 곧바로 안과 전문의의 진찰을 받을 것
㉡ 염색 중, 목욕을 하거나 염색 전, 머리를 적시거나 감지 말 것. 땀이나 물방울 등을 통해 염모액이 눈에 들어갈 염려가 있음
㉢ **염모 중 피부이상**(발진, 발적, 부어오름, 가려움, 강한 자극감 등)이나 **구역, 구토 등의 이상**을 느꼈을 때는 **즉시 염색을 중지**하고 염모액을 **잘 씻어낼 것** (그대로 방치 시 증상 악화 가능)
㉣ 염모액이 피부에 묻었을 때는 곧바로 물 등으로 씻어내고 손가락이나 손톱을 보호하기 위해 **장갑을 끼고 염색**할 것
㉤ 환기가 잘 되는 곳에서 염모할 것

④ **염모 후** 주의사항

㉠ 머리, 얼굴, 목덜미 등에 피부 이상반응(발진, 발적, 가려움, 수포, 자극 등)이 발생한 경우, 손으로 긁고 문지르거나 임의로 의약품 등을 사용하지 말고 바로 피부과 전문의의 진찰을 받을 것

㉡ 염모 중이나 염모 후 신체 이상(속이 안 좋아지는 등)을 느끼는 사람은 의사에게 상담할 것

⑤ 보관 및 취급상의 주의사항

㉠ 혼합한 염모액을 **밀폐된 용기에 보존하지 말 것**. 혼합한 액으로부터 발생한 가스 압력으로 용기 파손 위험성이 있으며 혼합한 염모액이 위로 튀어 올라 주변을 오염시키고 지워지지 않음

㉡ **혼합한 액의 잔액**은 효과가 없으므로 **반드시 바로 버릴 것**

㉢ 용기를 버릴 때는 **반드시 뚜껑을 열어서** 버릴 것

㉣ **사용 후 혼합하지 않은 액**은 **직사광선과 공기 접촉을 피해 서늘한 곳**에 보관할 것

(3) **탈염 · 탈색제**(세부적으로 구분하여 명시)

① 사용하지 말아야 할 · 신중히 사용할 피부 및 신체 상태

사용 후 피부나 신체가 과민상태, 피부 이상반응 및 현재 증상 악화 가능

㉠ 두피, 얼굴, 목덜미에 부스럼, 상처, 피부병이 있는 경우

㉡ 생리 중, 임신 중 또는 임신할 가능성이 있는 경우

㉢ 출산 후, 병중이거나 회복 중, 그 밖에 신체에 이상이 있는 경우

㉣ 특이체질, 신장질환, 혈액질환 등의 병력이 있는 경우 피부과 전문의와 상의하여 신중히 사용할 것

㉤ 첨가제로 함유된 프로필렌글리콜 성분에 과민하거나 알레르기 반응을 보였던 적이 있는 경우 사용 전 의사 또는 약사와 상의하고 신중히 사용할 것

② 탈염 · 탈색제 **사용 전** 주의사항

㉠ 눈썹, 속눈썹에는 제품이 눈에 들어갈 염려가 있어 위험하므로 두발 이외의 부분(손 · 발의 털 등)에는 사용하지 말 것. 피부에 부작용(피부 이상반응, 염증 등)이 나타날 수 있음

㉡ **면도 직후**에는 **사용하지 말 것**

㉢ **사용 전후 1주일 사이**에는 **퍼머넌트 웨이브 · 헤어 스트레이트너** 제품을 **사용하지 말 것**

③ **사용 시** 주의사항

㉠ 제품 또는 머리를 감는 동안 눈에 들어가지 않도록 할 것. 만일, 눈에 들어갔을 때는 절대로 손으로 비비거나 임의로 안약 등을 사용하지 말고 바로 물이나 미지근한 물로 15분 이상 잘 씻어 주고 곧바로 안과 전문의의 진찰을 받을 것

㉡ 사용 중 목욕을 하거나 사용 전 머리를 적시거나 감지 말 것. 땀이나 물방울 등을 통해 제품이 눈에 들어갈 염려가 있음

㉢ 사용 중 피부이상(발진, 발적, 부어오름, 가려움, 강한 자극감 등)을 느끼면 즉시 사용을 중지하고 잘 씻어낼 것

㉣ 제품이 피부에 묻었을 때는 곧바로 물 등으로 씻어내고 손가락이나 손톱을 보호하기 위해 장갑을 끼고 사용할 것

㉤ 환기가 잘 되는 곳에서 사용할 것

④ **사용 후**의 주의사항

㉠ 두피, 얼굴, 목덜미 등에 피부 이상반응(발진, 발적, 가려움, 수포, 자극 등)이 발생한 경우, 손으로 긁고 문지르거나 임의로 의약품 등을 사용하지 말고 바로 피부과 전문의의 진찰을 받을 것

㉡ 사용 중이나 사용 후 신체 이상(구역, 구토 등)을 느끼는 사람은 의사에게 상담할 것

⑤ 보관 및 취급상의 주의사항

㉠ 혼합한 제품을 **밀폐된 용기**에 **보존하지 말 것**. 혼합한 제품으로부터 발생한 가스 압력으로 용기 파열 위험성이 있으며 혼합한 제품이 위로 튀어 올라 주변을 오염시키고 지워지지 않음

㉡ **혼합한 액의 잔액**은 효과가 없으므로 **반드시 바로 버릴 것**

㉢ 용기를 버릴 때는 뚜껑을 열어서 버릴 것

(4) **제모제**(**치오글라이콜릭애씨드 함유 제품**에만 표시)

① 사용하지 말아야 할 피부 및 신체 상태

㉠ 생리 전후, 산전, 산후, 병후의 환자

㉡ 얼굴, 상처, 부스럼, 습진, 짓무름, 기타의 염증, 반점 또는 자극이 있는 피부

㉢ 유사 제품에 부작용이 나타난 적이 있는 피부

㉣ 약한 피부 또는 남성의 수염 부위

② 사용하는 동안 주의해야 할 약이나 화장품의 사용

**땀 발생 억제제**(Antiperspirant), **향수**, **수렴 로션**(Astringent Lotion)은 이 **제품 사용 후 24시간 후에 사용**할 것

③ 피부 반응

㉠ 부종, 홍반, 가려움, 피부염(발진, 알레르기), 광과민 반응, 중증의 화상 및 수포 등의 증상 발현 가능

㉡ 증상 발현 시 제품 사용을 즉각 중지하고 의사 또는 약사와 상의할 것

④ 그 밖의 주의사항

㉠ 사용 중 따가운 느낌, 불쾌감, 자극 발생 시 즉시 닦아내어 제거, 찬물로 씻어내고 불쾌감이나 자극이 지속될 경우 의사 또는 약사와 상의할 것

㉡ 자극감이 나타날 수 있으므로 **매일 사용하지 말 것**

㉢ 제품 사용 전후, **비누류 사용 시 자극감**이 나타날 수 있으므로 주의할 것

㉣ **외용으로만 사용**할 것

PART 5

# 위해사례 판단 및 보고

## Chapter 1 위해 여부 판단

### 1 화장품 원료 및 제품의 위해 여부 판단에 관한 법령

| 「화장품법」 제8조<br>(화장품 안전기준 등) | 「화장품법 시행규칙」 제17조<br>(화장품 원료 등의 위해 평가) |
|---|---|
| 식품의약품안전처장은 국민 보건상 위해 우려가 제기되는 화장품 원료 등을 신속히 평가하여 그 위해 여부를 결정 | 위해성 평가는 확인 · 결정 · 평가 등의 과정을 거쳐 실시 |

### 2 위해 평가 및 회수 대상 화장품

1) **위해 평가** 「인체 적용 제품의 위해성 평가 등에 관한 규정」

화장품에 존재하는 위해 요소가 인체의 건강을 해치거나 해칠 우려가 있는지 여부(위해영향)와 그 정도(발생 확률)를 과학적으로 평가하는 것

> **위해 요소**
> 인체의 건강을 해치거나 해칠 우려가 있는 화학적 · 생물학적 · 물리적 요인

(1) 위해 평가 대상

① 국민 보건상 위해 우려가 제기되는 화장품 원료
② 국제기구 또는 외국 정부가 인체의 건강을 해칠 우려가 있다고 인정하여 판매하거나 판매할 목적으로 생산 · 판매 등을 금지한 「화장품법」 제2조제1호에 따른 화장품
③ 새로운 원료 또는 성분을 사용하거나 새로운 기술을 적용한 것으로서 안전성에 대한 기준 및 규격이 정해지지 아니한 「화장품법」 제2조제1호에 따른 화장품
④ 소비자 단체(「소비자기본법」 제29조) 또는 소비자 등이 위해 평가를 요청한 「화장품법」 제2조제1호에 따른 화장품
⑤ 그 밖에 인체의 건강을 해칠 우려가 있다고 인정되는 「화장품법」 제2조제1호에 따른 화장품

(2) 위해 평가 방법

① 고려할 위해 요소의 특성

㉠ 인체에 유해한 화학물질 등 **화학적 요인**

㉡ 생물 유래 독소 및 유해 미생물 등 **생물학적 요인**

㉢ 형태 및 이물 등 **물리적 요인**

② 결과 보고서 작성 시 포함 사항

㉠ 위해 평가 대상 화장품의 명칭과 관련 위해 요소

㉡ 위해 평가 기간

㉢ 해당 위해 요소에 대한 물리적·화학적·생물학적 특성 평가 및 독성정보

㉣ 해당 위해 요소 안전기준

㉤ 해당 위해 요소에 노출되어 있는 정도

㉥ 해당 위해 요소가 인체에 미치는 위해성 정도



(3) 위해 평가 과정**

위험성 **확인**과정 → 위험성 **결정**과정 → 노출 **평가**과정 → **위해도 결정**과정

(4) 위해 평가의 수행

① 현행 인체 노출 안전기준 검토

② 인체 내 독성 등 위해 요소에 대한 확인

③ 제품별 위해 요소 노출 기여도 산출

④ 위해 요소의 위해성 종합판단

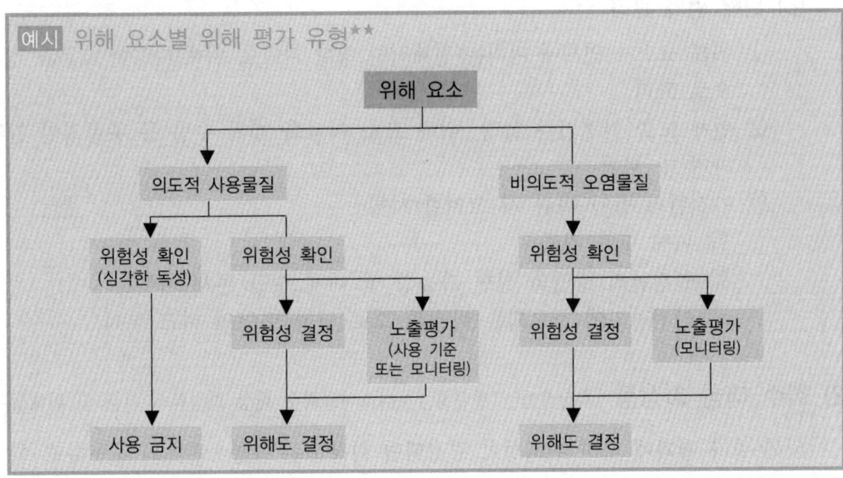


(5) 위해 평가 기준(위해 요소 특성에 따라 예외 존재)

① 독성시험 실시

㉠ 필요한 자료 확보를 위해 독성의 정도를 동물실험 등을 통해 과학적으로 평가

㉡ 독성시험 항목 : 단회 투여 독성시험, 반복 투여시험, 생식·발생 독성시험, 유전 독성시험, 항원성시험, 면역 독성시험, 발암성시험, 국소 독성시험, 흡입 독성시험, 기타 화장품 특성에 따른 독성시험

② 이상 사례 조사

㉠ 위해 평가 대상 선정 등 위해 평가 활용을 위해 제품으로 인해 발생한 이상 사례를 조사

㉡ 조사 대상 : 「화장품법 시행규칙」 제12조(화장품 책임판매업자의 준수 사항) 및 제12조의2(맞춤형 화장품 판매업자의 준수 사항)에 따라 보고된 **부작용 사례**

③ 일시적 금지 조치

위해 평가가 끝나기 전 사전 예방적 조치가 필요한 경우 사업자에 대해 위원회 심의를 거쳐 해당 제품의 생산·판매 등을 일시적으로 금지 조치(단, 국민의 안전과 건강을 급박하게 해칠 우려가 있는 경우 먼저 일시적 금지 조치 후 위원회 심의)

④ 인체 노출 안전기준 설정

위해 결과에 따라 위원회 심의를 거쳐 **2종 이상의 화장품에 존재하는 위해 요소**에 대해 인체 노출 안전기준 설정

⑤ 위해 평가 불필요

불법으로 유해 물질을 혼입, 안전성·유효성이 입증된 기허가 기능성 화장품, 위험에 대한 충분한 정보가 부족한 경우

**인체 노출 안전기준**

단일 또는 2종 이상의 제품(「화장품법」 제2조제1호에 따른 화장품)에 존재하는 위해 요소에 노출되었을 경우 인체에 유해한 영향이 나타나지 않는 것으로 판단되는 기준

#### (6) 위해 평가 관리

① 위해 요소가 인체에 미치는 전체적인 영향 파악을 위해 다양한 제품과 경로를 종합적으로 고려

② 인체 노출 안전기준 설정, 위해 요소 저감화 계획 수립 등 종합적인 안전관리 방안 마련 및 시행

③ 안전관리 방안 마련 시 고려할 사항

㉠ 위해 평가 결과

㉡ 안전관리 방안의 실현 가능성 및 대체 수단 존재 여부

㉢ 안전관리에 소요되는 비용과 그로 인한 편익의 비교 분석

### 2) 회수 대상 화장품 「화장품법 시행규칙」 제14조의2(회수 대상 화장품의 기준 및 위해성 등급)

위해 평가 결과에 따라 위해성이 결정되면 화장품은 유통·판매되지 못하고 회수되기도 함

#### (1) 회수 대상 화장품의 기준

① 화장품법 제9조(안전용기·포장 등)에 위반되는 화장품

화장품 판매업자 및 맞춤형 화장품 판매업자의 안전용기·포장 등에 대한 규정 위반

② 화장품법 제15조(영업의 금지)에 위반되는 화장품

㉠ 법 제4조에 따라 기능성 화장품으로 판매 등을 하려는 화장품 제조업자, 책임판매업자 또는 대학·연구소 등이 심사(또는 보고서)받지 않은 기능성 화장품

㉡ 전부 또는 일부가 변패(變敗)된 화장품
㉢ 병원 미생물에 오염된 화장품
㉣ 이물이 혼입되었거나 부착된 것
㉤ 화장품에 사용할 수 없는 원료를 사용하였거나 유통 화장품 안전관리기준에 적합하지 않은 화장품
㉥ 코뿔소 뿔 또는 호랑이 뼈와 그 추출물을 사용한 화장품
㉦ 보건위생상 위해가 발생할 우려가 있는 비위생적인 조건이나 제조업자의 시설 기준에 적합하지 않은 시설에서 제조된 것
㉧ 용기나 포장이 불량해 해당 화장품이 보건위생상 위해 발생 우려가 있는 것
㉨ 화장품 기재 사항에 따른 사용기한 또는 개봉 후 사용기간(병행 표기된 제조 연월일을 포함)을 위조·변조한 화장품
㉩ 식품의 형태·냄새·색깔·크기·용기 및 포장 등을 모방하여 섭취 등 식품으로 오용될 우려가 있는 화장품

③ 화장품법 제16조제1항(판매 등의 금지)에 위반되는 화장품
㉠ 화장품 제조업·화장품 책임판매업 등록을 하지 아니한 자가 제조한 화장품 또는 제조·수입하여 유통·판매한 화장품
㉡ 맞춤형 화장품 판매업 신고를 하지 아니한 자가 판매한 맞춤형 화장품
㉢ 맞춤형 화장품 판매업자가 맞춤형 화장품 조제관리사를 두지 아니하고 판매한 맞춤형 화장품
㉣ 화장품 기재 사항, 가격 표시, 기재·표시상의 주의사항에 위반되는 화장품 또는 의약품으로 잘못 인식할 우려가 있게 기재·표시된 화장품
㉤ 판매의 목적이 아닌 제품의 홍보·판매 촉진 등을 위하여 미리 소비자가 시험·사용하도록 제조 또는 수입된 화장품
㉥ 화장품의 포장 및 기재·표시사항을 훼손(맞춤형 화장품 판매를 위해 필요한 경우 제외) 또는 위조·변조한 화장품

### (2) 회수 대상 화장품 위해성 등급

| 위반사항 | 위해성 등급 | 기준 |
|---|---|---|
| • 안전용기·포장을 위반한 화장품 | 나 | 제9조 |
| • 전부 또는 일부가 변패(變敗)된 화장품 | 다 | 제15조 제2호 |
| • 병원미생물에 오염된 화장품 | 다 | 제15조 제3호 |
| • 이물이 혼입되었거나 부착된 것 중 보건위생상 위해 발생 우려 화장품 | 다 | 제15조 제4호 |

| | | |
|---|---|---|
| • 화장품에 사용할 수 없는 원료를 사용한 화장품 | 가 | 제15조 제5호 |
| • 유통 화장품 안전관리기준(내용량의 기준에 관한 부분은 제외)에 적합하지 아니한 화장품 | 나† 또는 다‡ | |
| • 화장품 기재 사항에 따른 사용기한 또는 개봉 후 사용기간(병행 표기된 제조 연월일을 포함)을 위조 · 변조한 화장품 | 다 | 제15조 제9호 |
| • 식품의 형태 · 냄새 · 색깔 · 크기 · 용기 및 포장 등을 모방하여 섭취 등 식품으로 오용될 우려가 있는 화장품 | 나 | 제15조 제10호 |
| • 등록을 하지 아니한 자가 제조한 화장품이거나 제조 · 수입하여 유통 · 판매한 화장품 | 다 | 제16조 제1항 |
| • 신고를 하지 아니한 자가 판매한 맞춤형 화장품 | 다 | |
| • 맞춤형 화장품 조제관리사를 두지 아니하고 판매한 맞춤형 화장품 | 다 | |
| • 기재 사항, 가격 표시, 기재 · 표시상의 주의사항에 위반되는 화장품 또는 의약품으로 잘못 인식할 우려가 있게 기재 · 표시된 화장품 | 다 | |
| • 판매의 목적이 아닌 제품의 홍보 · 판매 촉진 등을 위하여 미리 소비자가 시험 · 사용하도록 제조 또는 수입된 화장품 | 다 | |
| • 화장품의 포장 및 기재 · 표시사항을 훼손(맞춤형 화장품 판매를 위하여 필요한 경우는 제외) 또는 위조 · 변조한 것 | 다 | |
| • 그 밖에 영업자 스스로 국민 보건에 위해를 끼칠 우려가 있어 회수가 필요하다고 판단한 화장품 | 다 | |

† **나등급**(기능성 화장품의 기능성을 나타나게 하는 주원료의 함량이 기준치에 부적합한 경우는 제외)
‡ **다등급**(기능성 화장품의 기능성을 나타나게 하는 주원료의 함량이 기준치에 부적합한 경우만 해당)

### 3) 위해 화장품 회수 「화장품법」 제5조 및 「화장품법 시행규칙」 제14조의3

#### (1) 위해 화장품 회수조치

① 영업자는 국민 보건에 위해(危害)를 끼치거나 끼칠 우려가 있는 화장품이 유통 중인 사실을 알게 된 경우 **지체 없이 해당 화장품을 회수**하거나 **회수하는 데에 필요한 조치**

② 영업자는 **회수계획**을 식품의약품안전처장에게 **미리 보고**

※ 회수 또는 회수에 필요한 조치를 성실하게 이행한 경우, **행정처분을 감경 또는 면제**

#### (2) 회수계획 및 회수절차

① 회수 의무자(회수하거나 회수하는 데에 필요한 조치를 하려는 화장품 제조업자 또는 책임판매업자)는 해당 화장품에 대해 즉시 판매중지 등의 필요한 조치 시행

② 회수 대상 화장품이라는 사실을 안 날부터 **5일 이내**에 회수계획서와 첨부 서류를 지방식품의약품안전청장에게 제출

㉠ 첨부 서류 : 해당 품목의 제조·수입기록서 사본, 판매처별 판매량·판매일, 회수 사유 등의 기록

㉡ 제출기한까지 회수계획서 제출이 곤란하다 판단될 경우, 그 사유를 밝히고 제출기한 연장

**위해성 등급에 따른 회수 기간**

- 가등급 : 회수를 시작한 날부터 15일 이내
- 나등급 또는 다등급 : 회수를 시작한 날부터 30일 이내

③ 회수계획의 통보

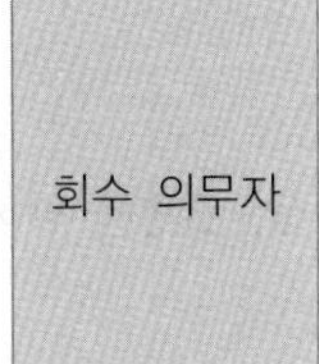


④ 회수 화장품의 폐기

㉠ 회수한 회수 화장품을 폐기하려는 회수 의무자는 **폐기신청서**에 회수계획서 및 **회수확인서 사본**을 첨부하여 지방식품의약품안전청장에게 제출

㉡ 관계 공무원의 참관하에 환경 관련 법령에서 정하는 바에 따라 폐기

※ 폐기한 회수 의무자는 폐기확인서를 작성하여 **2년간 보관**

⑤ 회수 의무자는 회수 대상 화장품의 회수 완료 시, 회수종료신고서와 첨부 서류(회수확인서, 폐기확인서 및 평가보고서 사본)를 지방식품의약품안전청장에게 제출

⑥ 회수 종료 후 지방식품의약품안전청의 조치

㉠ 회수계획서에 따른 적절한 회수 이행 시 : **회수 종료 확인** 후 회수 의무자에게 **서면 통보**

㉡ 회수가 효과적이지 않았다 판단 시 : 회수 의무자에게 회수에 필요한 **추가 조치**를 명함

# Chapter 2 위해사례 보고

## 1 유해사례 및 안전성 정보관리 규정

### 1) 유해사례(adverse event/adverse experience, AE)

**화장품의 사용 중** 발생한 바람직하지 않고 의도되지 않은 **징후, 증상, 질병**을 말하며, 당해 화장품과 반드시 인과관계를 가져야 하는 것은 아님

#### (1) 유해사례와 관련된 법령

① 「화장품법 시행규칙」 제12조(화장품 책임판매업자의 준수 사항)
국민 보건에 직접 영향을 미칠 수 있는 **안전성·유효성에 관한 새로운 자료,** 정보사항(**화장품 사용에 의한 부작용 발생 사례**를 포함) 등을 알게 되었을 때는 식품의약품안전처장이 정하여 고시하는 바에 따라 **보고**하고, **필요한 안전대책을 마련**할 것

② 「화장품법 시행규칙」 제12조의2(맞춤형 화장품 판매업자의 준수 사항)
**맞춤형 화장품 사용과 관련된 부작용 발생 사례**에 대해 식품의약품안전처장이 정하여 고시하는 바에 따라 **보고**

#### (2) 화장품 유해사례

초기반응 유사, 농도에 의존하는 **자극**(irritation)과 농도와 무관한 **알레르기**로 구분

| 초기 반응 | Redness, Itching, Burning and/or pain, Hives(두드러기, 작은 물집) |
|---|---|
| **자극(Irritation)**<br>• 몇 시간 내 사라짐<br>• 농도가 묽어짐에 따라 반응 감소 또는 반응 없음<br>• 농도에 따라 자극이 나타남<br>(농도를 묽게 하면 patch test 결과 음성이 될 수 있음) | **알러지(Allergic reactions)**<br>• 며칠~몇 주간 지속, 다른 부위로 퍼질 수 있음<br>• 농도 낮아도 알러지 반응 일어날 수 있음<br>• 농도 차이는 반응 정도와 관계 없음<br>(allergen만 있으면 세포 면역이 작용하여 자극 반응 일어남) |

### 2) 화장품 안전성 정보관리 규정(유해사례 발생 시 적용)

#### (1) 화장품 취급·사용 시 인지되는 안전성 관련 정보관리

안전성(유해사례) 관련 정보를 체계적, 효율적으로 **수집·검토·평가**하여 적절한 안전대책을 마련함으로써 **국민 보건상 위해 방지**

**안전성 정보★★**

화장품과 관련하여 국민 보건에 직접 영향을 미칠 수 있는 **안전성·유효성**에 관한 새로운 자료, 유해사례 정보 등

(2) 안전성 정보의 관리체계★

화장품 안전성 정보의 **보고 - 수집 - 평가 - 전파**

### 3) 안전성 정보의 보고

(1) 의사·약사·간호사·판매자·소비자 또는 관련단체 등의 장은 **안전성 정보**에 대해 **화장품 유해사례 보고서** 또는 **화장품 안전성 정보 보고서**를 참조하여 식품의약품안전처장, 화장품 책임판매업자 또는 맞춤형 화장품 판매업자에게 **보고**

※ 보고 방법 : 식품의약품안전처 홈페이지, 전화·우편·팩스·정보통신망 등

(2) 안전성 정보의 신속보고★★

화장품 책임판매업자 및 맞춤형 화장품 판매업자는 **화장품 안전성 정보를 알게 되면** 그 정보를 알게 된 날로부터 **15일 이내** 식품의약품안전처장에게 신속히 보고

① 중대한 유해사례 또는 이와 관련하여 식약처장이 보고를 지시한 경우

※ 중대한 유해사례 : 사망을 초래하거나 생명을 위협하는 경우, 입원 또는 입원 기간의 연장이 필요, 지속적 또는 중대한 불구나 기능 저하를 초래, 선천적 기형 또는 이상을 초래하거나 기타 의학적으로 중요한 상황인 경우

② 판매 중지나 회수에 준하는 외국 정부의 조치 또는 이와 관련하여 식약처장이 보고를 지시한 경우

(2) 안전성 정보의 정기보고★★

화장품 책임판매업자는 신속보고 되지 아니한 화장품 안전성 정보를 **화장품 안전성 정보 일람표**에 따라 작성한 후 **매 반기 종료 후 1월 이내**에 식품의약품안전처장에게 보고

※ 예외 : 상시 근로자 수가 2인 이하, 직접 제조한 화장 비누만을 판매하는 화장품 책임판매업자

### 4) 안전성 정보의 검토 및 평가

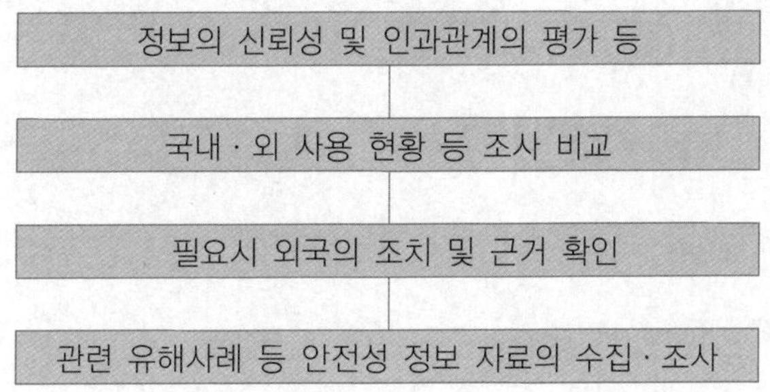


종합적으로 검토, 필요한 경우 화장품 전문가(안전관련 분야 등)의 자문을 받을 수 있음

# 핵심노트

맞춤형화장품조제관리사

# 제 3 편

## 화장품의 유통 및 안전관리 등에 관한 사항

# PART 1 작업장 위생관리

## Chapter 1 작업장의 위생 기준

### 1 우수 화장품 제조 및 품질관리기준「Cosmetic Good Manufacturing Practice, CGMP」

**품질이 보장된 우수한 화장품**을 제조・공급하기 위한 제조 및 품질관리에 관한 기준으로 직원, 시설・장비 및 원자재, 반제품, 완제품 등의 **취급과 실시 방법**을 정한 것

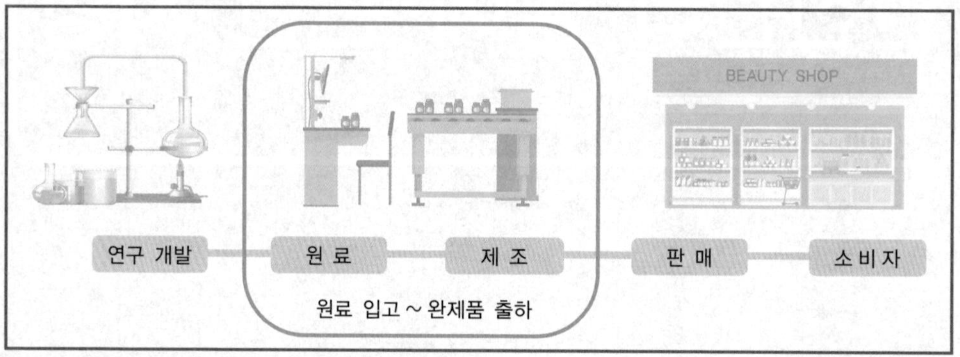


1) **화장품 제조업자 관련 CGMP 규정**(CGMP 업체, 아닌 업체 모두 준수)

(1) 「화장품법」 제5조제1항(영업자의 의무)

기록, 시설, 기구 등의 관리 방법, 원료, 자재, 완제품 등에 대한 시험, 검사, 검정 실시 방법 및 의무 등에 관해 총리령으로 정하는 사항을 준수할 것

(2) 「화장품 시행규칙」 제11조제1항, 제2항, 제3항(제조업자의 준수 사항 등)

① 원료 및 자재의 입고부터 완제품 출고에 이르기까지 필요한 시험, 검사 또는 검정을 할 것

〈행정처분 기준〉

| 구 분 | 1차 위반 | 2차 위반 | 3차 위반 | 4차 위반 |
|---|---|---|---|---|
| 제조 또는 해당 품목 제조업무정지 | 15일 | 1개월 | 3개월 | 6개월 |

② 우수 화장품 제조관리기준을 준수하도록 제조업자에게 권장 및 지원

(3) 우수 화장품 제조 및 품질관리기준(식약처 고시)

화장품 품질 향상 국가 경쟁력 제고, 소비자 보호 및 국민 보건 향상

### 2) 우수 화장품 제조 및 품질관리기준(CGMP) 세부사항

(1) CGMP 목적

① 인위적인 과오의 최소화
② 미생물 오염 및 교차오염으로 인한 품질 저하 방지
③ 고도의 품질관리체계 확립

(2) 기준서 작성 및 보관

화장품 **제조 및 품질관리의 적합성**을 보장하는 기본 요건들을 충족하고 있음을 보증하기 위해 제품표준서, 제조관리기준서, 품질관리기준서 제조위생관리기준서를 작성 및 보관

(3) **우대조치**(우수 화장품 제조 및 품질관리기준 적합 판정을 받은 업소) 「CGMP」 제31조

① 정기 수거 검정 및 정기 감시 대상에서 제외
② 해당 제조업소와 그 업소에서 제조한 화장품에 표시하거나 광고할 수 있음

(4) **사후관리**(우수 화장품 제조 및 품질관리기준 적합 판정을 받은 업소) 「CGMP」 제32조

① 실시상황평가표에 따라 **3년에 1회 이상 실태조사 실시**
② 사후관리 결과 **부적합 업소**에 대하여 일정 기간을 정해 **시정 또는 적합업소 판정 취소**

제 3 편

**용어의 정의**★★ 「우수 화장품 제조 및 품질관리기준」 제2조

- **제조** : 원료 물질의 칭량부터 혼합, 충전(1차 포장), 2차 포장 및 표시 등의 일련의 작업
- **품질보증** : 제품이 적합 판정 기준에 충족될 것이라는 신뢰를 제공하는데 필수적인 모든 계획되고 체계적인 활동
- **일탈** : 제조 또는 품질관리 활동 등의 미리 정하여진 기준을 벗어나 이루어진 행위
- **기준일탈(out-of-specification)** : 규정된 합격 판정 기준에 일치하지 않는 검사, 측정 또는 시험 결과
- **원료** : 벌크 제품의 제조에 투입하거나 포함되는 물질
- **원자재** : 화장품 원료 및 자재
- **불만** : 제품이 규정된 적합 판정 기준을 충족시키지 못한다고 주장하는 외부 정보
- **회수** : 판매한 제품 가운데 품질 결함이나 안전성 문제 등으로 나타난 제조번호의 제품(필요시 여타 제조번호 포함)을 제조소로 거두어들이는 활동
- **오염** : 제품에서 화학적, 물리적, 미생물학적 문제 또는 이들이 조합되어 나타내는 바람직하지 않은 문제의 발생
- **청소** : 화학적인 방법, 기계적인 방법, 온도, 적용시간과 이러한 복합된 요인에 의해 청정도를 유지하고 일반적으로 표면에서 눈에 보이는 먼지를 분리, 제거하여 외관을 유지하는 모든 작업
- **유지관리** : 적절한 작업 환경에서 건물과 설비가 유지되도록 정기적 · 비정기적인 지원 및 검증 작업
- **주요 설비** : 제조 및 품질 관련 문서에 명기된 설비로 제품의 품질에 영향을 미치는 필수적인 설비

- **교정** : 규정된 조건하에서 측정기기나 측정 시스템에 의해 표시되는 값과 표준기기의 참값을 비교하여 이들의 오차가 허용범위 내에 있음을 확인하고, 허용범위를 벗어나는 경우 허용범위 내에 들도록 조정하는 것
- **"제조번호"** 또는 **"뱃치번호"** : 일정한 제조단위분에 대하여 제조관리 및 출하에 관한 모든 사항을 확인할 수 있도록 표시된 번호로서 숫자 · 문자 · 기호 또는 이들의 특정적인 조합
- **반제품** : 제조공정 단계에 있는 것으로서 필요한 제조공정을 더 거쳐야 벌크 제품이 되는 것
- **벌크 제품** : 충전(1차 포장) 이전의 제조 단계까지 끝낸 제품
- **"제조단위"** 또는 **"뱃치"** : 하나의 공정이나 일련의 공정으로 제조되어 균질성을 갖는 화장품의 일정한 분량을 말한다.
- **완제품** : 출하를 위해 제품의 포장 및 첨부 문서에 표시공정 등을 포함한 모든 제조공정이 완료된 화장품
- **재작업** : 적합 판정 기준을 벗어난 완제품, 벌크 제품 또는 반제품을 재처리하여 품질이 적합한 범위에 들어오도록 하는 작업
- **수탁자** : 직원, 회사나 조직을 대신하여 작업을 수행하는 사람, 회사, 외부 조직
- **공정관리** : 제조공정 중 적합 판정 기준의 충족을 보증하기 위하여 공정을 모니터링하거나 조정하는 모든 작업
- **감사** : 제조 및 품질과 관련한 결과가 계획된 사항과 일치하는지의 여부와 제조 및 품질관리가 효과적으로 실행되고 목적 달성에 적합한지 여부를 결정하기 위한 체계적이고 독립적인 조사
- **변경 관리** : 모든 제조, 관리 및 보관된 제품이 규정된 적합 판정 기준에 일치하도록 보장하기 위하여 우수 화장품 제조 및 품질관리기준이 적용되는 모든 활동을 내부 조직의 책임하에 계획하여 변경하는 것
- **내부감사** : 제조 및 품질과 관련한 결과가 계획된 사항과 일치하는지의 여부와 제조 및 품질관리가 효과적으로 실행되고 목적 달성에 적합한지 여부를 결정하기 위한 회사 내 자격이 있는 직원에 의해 행해지는 체계적이고 독립적인 조사
- **포장재** : 화장품의 포장에 사용되는 모든 재료(운송을 위해 사용되는 외부 포장재는 제외)
- **적합 판정 기준** : 시험 결과의 적합 판정을 위한 수적인 제한, 범위 또는 기타 적절한 측정법
- **소모품** : 청소, 위생 처리, 유지 작업 동안 사용되는 물품(세척제, 윤활제 등)
- **관리** : 적합 판정 기준을 충족시키는 검증
- **제조소** : 화장품을 제조하기 위한 장소
- **건물** : 제품, 원료 및 포장재의 수령, 보관, 제조, 관리 및 출하를 위해 사용되는 물리적 장소, 건축물 및 보조 건축물
- **위생관리** : 대상물의 표면에 있는 바람직하지 못한 미생물 등 오염물을 감소시키기 위해 시행되는 작업
- **출하** : 주문 준비와 관련된 일련의 작업과 운송 수단에 적재하는 활동으로 제조소 외로 제품을 운반하는 것

## 2 제조위생관리기준서의 구성과 작업장의 위생 기준

### 1) 제조위생관리기준서

작업장 및 직원의 위생에 관한 사항을 규정

(1) 목적

① 개인위생, 작업장 위생, 작업 전후의 위생, 작업 중 위생관리를 함으로써 **품질의 안전화 도모**

② **위생상 위해 발생 방지** 및 **소비자의 보건 증진** 기여

(2) 제조위생관리기준서 내 주요 내용

① 작업원의 건강관리 및 **건강 상태**의 파악·조치 방법

② 작업원의 수세, 소독 방법 등 **위생**에 관한 사항

③ **작업 복장**의 규격, 세탁 방법 및 착용 규정

④ **작업실** 등의 청소(필요한 경우 소독 포함) 방법 및 청소 주기

⑤ **청소 상태**의 평가 방법

⑥ **제조시설**의 세척 및 평가

㉠ 책임자 지정

㉡ 세척 및 소독 계획

㉢ 세척 방법과 세척에 사용되는 약품 및 기구

㉣ 제조시설의 분해 및 조립 방법

㉤ 이전 작업 표시 제거 방법

㉥ 청소 상태 유지 방법

㉦ 작업 전 청소 상태 확인 방법

⑦ **곤충, 해충**이나 **쥐**를 막는 방법 및 점검 주기

⑧ 그 밖에 필요한 사항

### 2) 작업장의 위생 기준

(1) 청소 기준

① 청소 방법 및 주기

② 청소 도구 및 소독제의 구분 관리

③ 작업실별 청소, 소독 방법 및 주기

④ 작업장 위생관리 점검 시기 및 방법

⑤ 소독제의 취급 사용 관리

⑥ 청소 상태 평가 방법

⑦ 청소 및 소독 시 유의사항

⑧ 작업장 내 금지 사항

(2) 방충·방서 관리기준

① 방충 관리

② 방서 관리

③ 방충·방서 시설 점검 및 관리

④ 소독제 투약 시 주의사항

# Chapter 2 작업장의 위생 상태

## 1 청결한 작업장의 위생 상태

### 1) 작업장의 건물 상태 「우수 화장품 제조 및 품질관리기준(CGMP)」 제7조(건물)

(1) 건물의 위치, 설계, 건축 및 이용 기준

① **제품이 보호되도록** 할 것

㉠ 공기조화장치는 제품 또는 사람의 안전에 해로운 오염물질의 이동을 최소화시키도록 설계

㉡ 관리와 안전을 위해 모든 공정, 포장 및 보관지역에 적절한 조명 설계

② 청소가 용이하고 필요한 경우 위생 및 유지관리가 가능하도록 할 것

㉠ 제조 공장 출입구는 해충, 곤충의 침입에 대비해 보호, 정기적으로 모니터링

㉡ 바닥은 먼지 발생, 흘린 물질의 고임이 최소화되도록 하고, 청소가 용이하도록 설계 및 건축

③ 제품, 원료 및 포장재 등의 **혼동이 없도록** 할 것

(2) 제품의 제형, 현재 상황 및 청소 등을 고려해 설계

① 배수관은 냄새의 제거와 적절한 배수를 확보하기 위해 건설

② 화장품 제조에 적합한 물 공급

**화장품 생산 시설(facilities, premises, buildings)**

화장품을 생산하는 설비와 기기가 들어있는 건물, 작업실, 건물 내의 통로, 갱의실, 손을 씻는 시설 등을 포함하여 원료, 포장재, 완제품, 설비, 기기를 외부와 주위 환경 변화로부터 보호하는 것으로 화장품의 종류, 양, 품질 등에 따라 달라짐

### 2) 작업장의 시설 상태★★ 「우수 화장품 제조 및 품질관리기준(CGMP)」 제8조(시설)

① 제조하는 화장품의 종류·제형에 따라 적절히 구획·구분되어 있어 **교차오염** 우려가 없을 것

- **구분** : 선, 그물망, 줄 등으로 충분한 간격을 두어 착오나 혼동이 일어나지 않는 상태
- **구획** : 동일 건물 내에서 벽, 칸막이, 에어커튼 등으로 교차오염 및 외부 오염물질의 혼입이 방지될 수 있는 상태

② 바닥, 벽, 천장은 가능한 청소하기 쉽게 **매끄러운 표면**을 지니고 소독제 등의 **부식성에 저항력** 보유

**바닥, 벽, 천장 및 창문의 설계 및 건축**

천장, 벽, 바닥이 접하는 부분은 **틈이 없어야 하고** 먼지 등 이물질이 쌓이지 않도록 **둥글게 처리**

예시 실리콘 처리, 판넬, 석고텍스

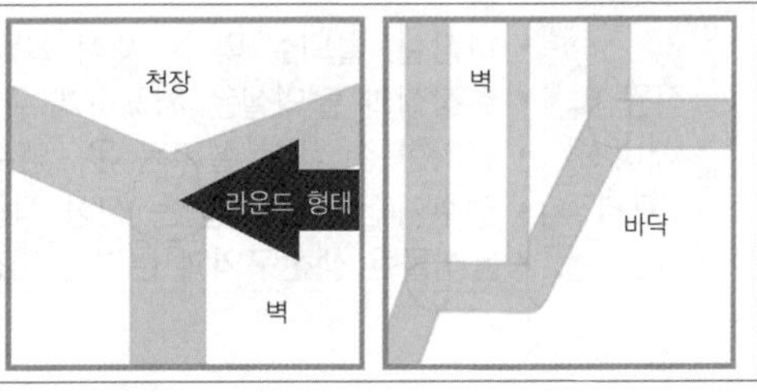


③ **환기**가 잘되고 청결할 것
④ 외부와 연결된 창문은 **가능한 열리지 않도록** 할 것
⑤ 수세실과 화장실은 **접근이 쉬워야 하나 생산구역과 분리**되어 있을 것
⑥ 작업장 전체에 **적절한 조명 설치**, 조명의 **파손에 대비**해 제품을 보호할 수 있는 처리 절차 준비

예시 작업장 내 모든 조명 설비는 노출되어 있지 않은 매립형, 조명 커버 설치

⑦ 제품의 오염을 방지하고 적절한 온도 및 습도를 유지할 수 있는 **공기조화시설 등 적절한 환기 시설**을 갖출 것
⑧ 각 제조 구역별 청소 및 위생관리 절차에 따라 **효능이 입증된 세척제 및 소독제**를 사용할 것
⑨ 제품의 **품질에 영향을 주지 않는 소모품을 사용**할 것

제3편

### 3) 작업장의 구성 요소별 상태

#### (1) 작업장 및 부속시설 준수 사항

화장품 제조 관련 작업장의 위생 상태에 대해 고려

| 작업장 | 준수 사항 |
|---|---|
| 보관 구역 | • 통로는 교차오염의 위험이 없어야 함<br>• 손상된 팔레트는 수거하여 수선 또는 폐기<br>• 매일 바닥의 폐기물을 치우고 동물이나 해충이 침입하기 쉬운 환경은 개선 |
| 원료 취급 구역 | • 원료 보관소와 칭량실은 구획<br>• 엎지르거나 흘리는 것을 방지, 즉각적으로 치우는 시스템 절차를 시행<br>• 드럼의 윗부분은 필요시 이송 전(또는 칭량구역)에서 개봉 전 검사<br>• 원료 포장이 훼손된 경우 봉인하거나 즉시 별도 저장조에 보관 후 품질상의 처분 결정을 위해 격리 |
| 제조 구역 | • 모든 호스는 필요시 청소하거나 위생 처리(청소 후 완전히 비우고 건조)<br>• 호스는 바닥에 닿지 않도록 정리해 보관<br>• 모든 배관이 사용될 수 있도록 설계, 우수한 정비 상태로 유지<br>• 표면은 청소하기 용이한 재료로 설계, 벗겨진 페인트칠은 보수해야 함<br>• 폐기물(예시 여과지, 개스킷, 폐기 가능한 도구들, 플라스틱 봉지)은 주기적으로 처리 |
| 포장 구역 | • 제품의 교차 오염을 방지할 수 있도록 설계(사용하지 않는 부품, 제품이나 폐기물 제거를 쉽게 할 수 있도록 구역 설계)<br>• 설비의 팔레트, 포장 작업의 다른 재료들의 폐기물, 사용되지 않는 장치, 질서를 무너뜨리는 다른 재료들의 반입 금지<br>• 폐기물 저장통은 필요시 청소 및 위생 처리 |

<table>
<tr><td>직원 및 서비스 구역</td><td>• 화장실, 탈의실 및 손 세척 설비 제공(쉽게 이용할 수 있으나 작업구역과 분리)<br>• 화장실과 탈의실은 깨끗하게 유지, 적절히 환기<br>• 편리한 손 세척 설비는 온 · 냉수, 세척제, 1회용 종이(또는 손 건조기)를 포함<br>• 정수기(음용수 제공)는 정상 작동하는 상태로 위생적일 것<br>• 음식물은 생산구역과 분리된 지정 구역에서만 보관, 취급(작업장 내부 반입 금지)</td></tr>
</table>

## 2 작업장 위생관리

### 1) 공기 조절

#### (1) 공기 조절의 정의 및 목적

① 공기의 **온도, 습도, 공중미립자, 풍량, 풍향, 기류**의 전부 또는 일부를 **자동으로 제어**하는 것으로 공기조화장치 등을 이용

② CGMP 지정을 받기 위해서는 청정도 기준에 제시된 **청정도 등급 이상**으로 설정

#### (2) 공기 조절 방식

화장품 제조에는 공기의 온・습도, 공중미립자, 풍량, 풍향, 기류를 일련의 도관을 사용해서 제어하는 "센트럴 방식"이 가장 적합하며 주기적으로 점검

| 공기조화장치 | 공기 조절 4대 요소 | | 공기조화장치 |
|---|---|---|---|
| 가습기 | 습도 | 청정도 | 공기정화기 |
| 송풍기 | 기류 | 실내 온도 | 열 교환기 |
| ※ 공기조화장치는 청정 등급 유지에 필수적, 주기적으로 점검 · 기록 | | | |

#### (3) 화장품 제조에 사용할 수 있는 에어 필터

① 프리 필터(Pre Filter, P/F), 미디엄 필터(Medium Filter, M/F), 헤파 필터(HEPA Filter, H/F)

② **중성능 필터**의 설치 권장(필터 입자 : 0.5 ㎛)

③ 고도의 환경 관리가 필요한 경우 고성능 헤파 필터 설치

#### (4) 차압

① 공기 조절기로 작업장의 실압 관리(**외부와 일정하게 유지**)

② 4등급 〈 3등급 〈 2등급 순으로 실압을 높이고 외부의 먼지가 작업장으로 유입되지 않도록 설계

③ "결로"는 곰팡이 발생으로 이어지므로 온・습도 설정 시 고려

㉠ 온도는 1~30℃, 습도는 80% 이하로 관리

㉡ 온・습도에 민감한 제품의 경우, 해당 온・습도를 유지・관리

(5) 청정도 등급 및 관리 기준★★

| 등급 | 대상 시설 | 작업실 | 청정 공기 순환 | 구조 조건 | 관리 기준 | 작업 복장 |
|---|---|---|---|---|---|---|
| 1 | 청정도 엄격 관리 | Clean Bench | 20회/hr 이상 또는 차압 관리 | Pre-filter, Med-filter, HEPA-filter, Clean Bench /Booth, 온도 조절 | 낙하균 : 10개/hr 또는 부유균 : 20개/㎥ | 작업복, 작업모, 작업화 |
| 2 | 화장품 내용물이 노출되는 작업실 | 제조실, 성형실, 충전실, 내용물 보관소, 원료 칭량실, 미생물 시험실 | 10회/hr 이상 또는 차압 관리 | Pre-filter, Med-filter (필요시 HEPA-filter), 분진 발생실 주변 양압, 제진 시설 | 낙하균 : 30개/hr 또는 부유균 : 200개/㎥ | 작업복, 작업모, 작업화 |
| 3 | 화장품 내용물이 노출 안 되는 곳 | 포장실 | 차압 관리 | Pre-filter, 온도 조절 | 옷 갈아입기, 포장재의 외부 청소 후 반입 | 작업복, 작업모, 작업화 |
| 4 | 일반 작업실 (내용물 완전 폐색) | 포장재 보관소, 완제품 보관소, 관리품 보관소, 원료 보관소, 탈의실, 일반 실험실 | 환기 장치 | 환기 (온도 조절) | | |

제 3 편

# Chapter 3 작업장의 위생 유지관리 활동

## 1 위생 기준에 따른 청결한 작업장 유지 및 관리

위생 기준에 따라 위생 상태를 식별하고 작업장 청소관리 및 청소 방법에 따라 관리

| 이물질에 대한 오염 | 미생물에 대한 오염 |
|---|---|
| ↓ | ↓ |
| 육안 등으로 판정 | 낙하균 또는 부유균 평가법으로 상태 판단 |
| ↓ 이상 발견 | ↓ 세균 오염 또는 관리 필요성 있는 작업실 |
| 즉시 개선 조치 | 정기적인 낙하균 시험 수행 |

세균 오염 또는 세균 수 관리의 필요성이 있는 작업실(각 제조 작업실, 칭량실, 반제품 저장실, 포장실)은 정기적인 낙하균 시험 확인 후 이상 발생 시 조치

### 1) 작업장 위생 유지 활동의 필요성

#### (1) 방충 · 방서

작업장, 보관소 및 부속 건물 내외에 해충, 쥐의 침입을 방지 또는 제거함으로써 **직원 및 작업소의 위생 상태를 유지하고 우수 화장품을 제조**

#### (2) 위생 기준

위생 상태 식별, 작업장 청소관리 및 방법에 따라 작업장 상태를 유지 · 관리

### 2) 작업장 위생관리 방법

#### (1) 작업장 위생관리

진공청소기, 걸레, 위생수건 등 다양한 청소 도구들이 사용

| 진공청소기 | **별도 설치**하여 청소 도구, 소독액 및 세제 등을 보관 · 관리 |
|---|---|
| 소독액 | 특성에 따라 **필요 장소**에 보관 |
| 불결한 청소도구 | 세척과 소독을 통해 청결 상태로 보관 |

#### (2) 작업실별 청소, 소독 방법 및 주기

① 청소 및 소독 실시 시기

㉠ 모든 작업장 및 보관소는 작업 종료 후 청소 실시

㉡ 모든 작업장은 월 1회 이상 전체 소독 실시
(작업장 소독은 통상 소독 전문 업체에 위탁해 주기적으로 실시)

② 청소 및 소독 점검 주기
청소 점검은 작업소별로 매일 실시 원칙

③ 청소 방법 및 주기
칭량실, 제조실, 반제품 보관소, 세척실, 충전실, 포장실, 원료 보관소, 원자재 보관소, 화장실 등 작업장별로 구분하여 **청소 방법 및 주기를 달리함**

(3) 작업장 위생관리 점검 시기 및 방법

① **수시** 및 **정기 점검**으로 시기 구분
② 위생관리점검표 기준 각 작업장별로 요구되는 청정도에 따라 **육안 검사** 실시
③ 부적합 사항의 처리
작업장 및 보관소 위생 상태가 제품에 영향이 있다고 판단 시 작업을 금함

(4) 청소 시 유의사항

① **눈에 보이지 않는 곳, 하기 힘든 곳 등에 유의**해 세밀하게 진행하고 물청소 후에는 **물기를 제거**
② 청소 시 **기계, 기구류, 내용물 등에 절대 오염이 되지 않도록** 함
③ **청소도구는 사용 후 세척**하여 건조 또는 **필요시 소독**하여 오염원이 되지 않도록 함



(5) 작업장 내 금지사항

① 사물(서적, 지갑, 핸드백) 등을 작업소로 유입
② 작업장에서 **음식의 휴대, 섭취, 흡연, 화장**
③ 작업장 바닥, 벽, 시설물, 쓰레기통에 **침을 뱉는 행위**
④ 화장품의 제조 및 포장 목적 이외의 다른 용도로의 작업장 사용
⑤ 작업 중 외부인의 설비 수리 시 먼지 등 이물이 발생하는 업무

### 3) 작업장의 방충 · 방서 관리

(1) 방충 · 방서 대책 원칙

① 벌레가 좋아하는 것을 제거
② 빛이 밖으로 새어나가지 않게 함
③ 생식 상황 감시
④ 조사 및 구제를 실시

(2) 방충 대책의 구체적인 예★★

① 벽, 천장, 창문, 파이프 구멍에 틈이 없도록 함
② 개방할 수 있는 창문은 만들지 않음
③ 창문은 차광하고 야간에 빛이 새어나가지 않도록 함
④ 배기구, 흡기구에 필터를 설치
⑤ 벌레의 집이 될 수 있는 골판지, 나무 부스러기를 방치하지 않음
⑥ 공기조화장치로 실내압을 외부보다 높게 함
⑦ 청소와 정리정돈
⑧ 해충 · 곤충의 조사와 구제를 실시

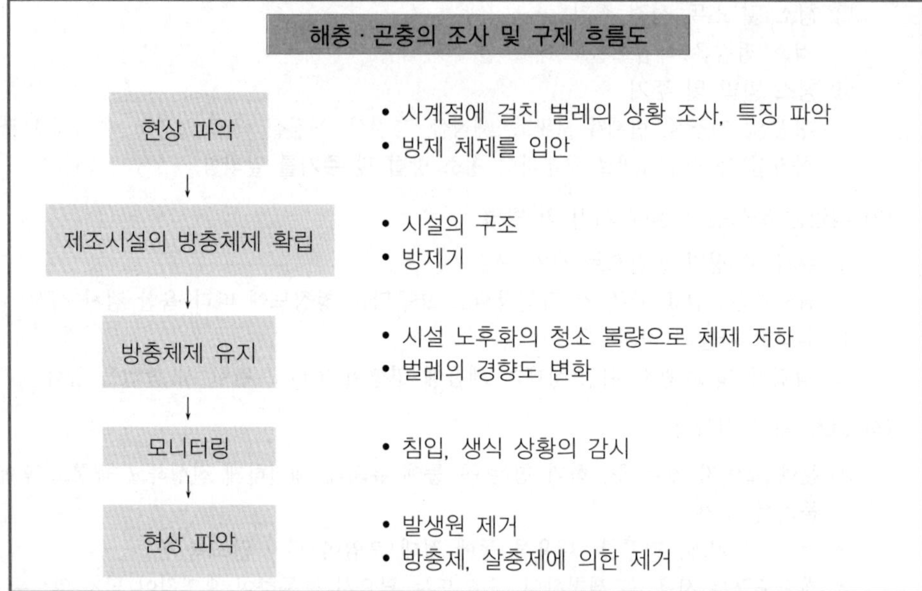


(3) 방충 · 방서 장치

① 방충등

㉠ 모기, 파리, 나방, 날파리 등(출입구 안쪽 천장에 설치)

㉡ 곤충이 감지하기 쉬운 파장의 불빛으로 유인해 고전압으로 전격 살충

② 전자방서기

㉠ 쥐 등(출입구 하부, 바닥에서 0.5 cm 이내)

㉡ 동물이나 해충이 싫어하는 전자 음파를 발생시켜 특정 구역 접근을 차단

## 2 작업장의 낙하균 관리

### 1) 낙하균 평가법

(1) 원리

① 대상 작업장에서 **오염된 부유 미생물을 직접 평판 배지 위에 일정 시간 자연 낙하**시켜 측정하는 방법

② 한천 평판 배지를 일정 시간 노출해 배양접시에 낙하된 미생물을 배양하여 증식된 집락 수를 측정하고 단위시간당의 생균 수로서 산출하는 방법

- colony(집락)
  고체 배지 위에 한 종류의 미생물만으로 형성된, 육안으로 관찰 가능한 크기의 미생물 모임
- 평판 배지(plate media)
  배양접시에 배지를 약 4 mm 두께 정도 넣어 굳힌 것. 주로 호기성 미생물의 분리 배양, 집락의 관찰 등에 이용

(2) 장 · 단점

**실내 · 외 불문, 특별한 기기 없이** 언제, 어디서라도 실시할 수 있는 **간단하고 편리한 방법**이지만, 공기 중의 **전체 미생물 측정은 불가능**

## 2) 작업장의 낙하균 측정

### (1) 배지 및 기구

배양접시(내경 9 cm)에 멸균된 배지(세균용 · 진균용)를 각각 부어 굳혀 낙하균 측정용 배지 준비(측정할 위치마다 2~3개씩)

**평판 배지 만들기**

액체 배지를 플라스크에 넣고 한천(agar)을 1.5% 되도록 넣은 다음 섞는다 → 플라스크를 121℃에서 15분간 유지하여 멸균 → 플라스크를 자석 교반기를 사용하여 내용물을 잘 섞어주고 65℃ 정도로 식힌다 → 플라스크의 입구를 알코올 램프로 화염 살균하고 멸균된 페트리 접시에 약 20 ml씩 부어 담는다 → 평판 배치가 굳어지면 뒤집어서 4℃에서 보관

### (2) 측정 장소의 위치 선정 및 노출 시간 결정

| 구분 | 내용 |
|---|---|
| 측정 위치 | • 일반적으로 작은 방일 경우, 약 5개소 측정<br>• 비교적 큰방일 경우, 측정소 수를 증가<br>• 방 이외의 격벽 구획이 명확하지 않은 장소(복도, 통로 등)일 경우 전체 환경을 대표한다고 생각되는 장소 선택(5개 이하 측정 시 올바른 평가 어려움)<br>• 벽에서 30 cm 떨어진 곳이 좋음<br>• 바닥에서 측정하는 것이 원칙, 부득이한 경우 바닥으로부터 20~30 cm 높은 위치에서 측정 가능 |
| 노출 시간 | • 공중 부유 미생물 수의 많고 적음에 따라 결정<br>• 청정도가 높은 시설(무균실, 준무균실) : 30분 이상 노출<br>• 청정도가 낮고, 오염도가 높은 시설(원료 보관실, 복도, 포장실, 창고) : 측정시간 단축 |

### (3) 낙하균 측정 및 산출

① 선정된 측정 위치마다 세균용 · 진균용 배지를 1개씩 놓고 배양접시 뚜껑을 열어 배지에 낙하균이 떨어지도록 함

② 정해진 노출 시간이 지나면 배양접시의 뚜껑을 닫아 **세균용 배지는 30~35℃, 48시간 이상, 진균용 배지는 20~25 ℃, 5일 이상** 배양기에서 배양(매일 관찰하고 균 수의 변동 기록)

③ 배양 종료 후 세균 및 진균의 평판마다 집락 수를 측정하고, 사용한 배양접시 수로 나누어 평균 집락 수를 구하고 단위시간당 집락 수를 산출하여 균 수로 함

낙하균 시험(측정 전)

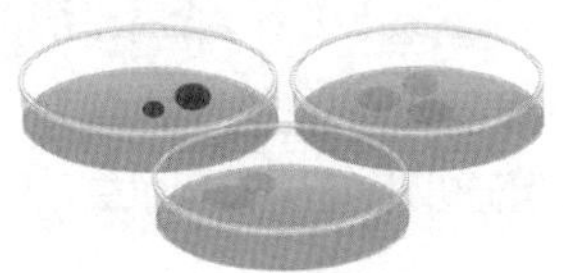

낙하균 시험(측정 후)

# Chapter 4 작업장 위생 유지를 위한 세제의 종류와 사용법

## 1 작업장의 오염 종류

작업장 및 설비 표면 오염들은 매우 다양하고 서로 다른 함량과 다양한 조건으로 결합되어 있어 적정한 세제 선정이 중요

| 작업장의 오염물질 | 설비 표면 물질 |
| --- | --- |
| 오일, 지방, 왁스, 안료, 탄닌, 규산염, 탄산염(석회물질), 산화물(금속가루, 녹), 부식 성분 등 | 석재, 콘크리트, 금속, 목재, 유리, 플라스틱, 페인트 도장 |

## 2 세제의 종류와 세정 방법

### 1) 세제의 구성 조건

#### (1) 세제의 요구 조건

① 우수한 세정력
② 적절한 기포 거동
③ 세척 물질 표면 보호
④ 인체 및 환경 안전성
⑤ 세정 후 표면에 잔류물이 없는 건조 상태
⑥ 충분한 저장 안정성
⑦ 사용 및 계량의 편리성

#### (2) 세제의 구성 요건

사용이 편리하고 유용해야 함

<table>
<tr><td rowspan="2">• 가정 : 손으로 직접 사용<br>• 작업장 : 보조장치, 기구 이용<br>(바닥연마기, 고압장치, 기포 발생기)</td><td>다목적 세제<br>(중성~약알칼리성)</td><td>– 범용 제품<br>– 물과 상용성이 있는 모든 표면에 적용</td></tr>
<tr><td>연마 세제</td><td>– 기계적으로 저항성이 있는 물질에 한정적으로 사용<br>– 희석하지 않고 아주 소량의 물을 사용해 직접 표면에 사용하여 잘 헹구어 줌</td></tr>
<tr><td colspan="3">표면은 헹굼이나 재세척 없이도 건조 후 깨끗하고 잔유물이 남지 않아야 함</td></tr>
</table>

### 2) 세제의 구성 성분

오염물질을 물리적·화학적 메커니즘에 의해 제거

| | | |
|---|---|---|
| 음이온 및 비이온 계면활성제 | 알코올류 등과 같은 살균제 | 용제 |
| 4급 암모늄 화합물 | 금속이온 봉쇄제 | 연마제 |
| 양성계면활성제류 | 유기폴리머 | 표백 성분 |

### 3) 세제의 종류와 사용법

#### (1) 세제 선택

① 세척물에 대한 **화학적 영향**이나 연마제에 의한 표면의 손상 등 **적합성**을 **고려**해 적절한 세정 성분 선택

② 고착되었거나 오랫동안 **숙성된 오염**은 **연마제가 함유**된 세제 사용

※ 연마제 : 기계적 작용에 의한 세정효과 증대(칼슘카보네이트, 클레이, 석영 등)

#### (2) 작업장별 세제의 사용법

| 시설 | 청소 주기 | 세제 | 청소 방법 | 점검 방법 |
|---|---|---|---|---|
| 원료 창고 | 수시 | 상수 | • 작업 종료 후 비 또는 진공청소기로 청소(먼지, 이물질 제거)하고 물걸레로 닦음 | 육안 |
| | 1회/월 | 상수 | • 진공청소기 등으로 바닥, 벽, 창, 선반, 원료통 주위의 먼지를 청소하고 물걸레로 닦음 | 육안 |
| 칭량실 | 작업 후 | 상수, 70% 에탄올 | • 원료통, 작업대, 저울 등을 70% 에탄올을 묻힌 걸레 등으로 닦음<br>• 바닥은 진공청소기로 청소하고 물걸레로 닦음 | 육안 |
| | 1회/월 | **중성세제,** 70% 에탄올 | • 바닥, 벽, 문, 원료통, 저울, 작업대 등을 진공청소기, 걸레 등으로 청소하고, 걸레에 전용 세제 또는 70% 에탄올을 묻혀 찌든 때를 제거한 후 깨끗한 걸레로 닦음 | 육안 |
| 제조실, 충전실, 반제품 보관실, 미생물 실험실 | 수시 (최소 1회/일) | **중성세제,** 70% 에탄올 | • 작업 전 작업대와 테이블, 저울을 70% 에탄올로 소독<br>• 작업 종료 후 바닥 작업대와 테이블 등을 진공청소기로 청소하고 물걸레로 깨끗이 닦음<br>• 클린 벤치는 작업 전, 작업 후 70% 에탄올로 소독 | 육안 |
| | 1회/월 | **중성세제,** 70% 에탄올 | • 바닥, 벽, 문, 작업대와 테이블 등을 진공청소기로 청소하고, 상수에 **중성세제**를 섞어 바닥에 뿌린 후 걸레로 세척<br>• 작업대와 테이블을 70% 에탄올로 소독 | 육안 |
| ※ 작업장별 청소 주기는 생산품의 특성에 따라 그 횟수를 제조업자가 정해서 진행 가능 | | | | |

# Chapter 5 작업장 소독을 위한 소독제 종류와 사용법

## 1 소독제 종류 및 사용 방법

### 1) 작업장의 소독제

(1) 소독액

70% 에탄올(가연성으로 **화기 주의**)

(2) 소독액 보관 관리

수시 소독이 가능하도록 필요 장소에 **별도 비치**

### 2) 소독 방법 및 주기

(1) 소독 실시 및 점검

① 모든 작업장은 **월 1회 이상** 전체 소독 실시
② 제조설비의 **반·출입, 수리 후**에는 **수시 소독**
③ 소독 점검 주기 : 매일 실시 원칙
④ 소독할 때에는 해당 직원 이외의 **출입 통제**
⑤ 소독 시, **'소독 중' 표지판**을 출입구에 부착

(2) 소독 방법

칭량실, 제조실, 반제품 보관소, 세척실, 충전실, 포장실, 원료 보관소, 화장실 등 작업장별로 구분하여 소독 **방법 및 주기를 달리함**

| 작업장 | 소독 방법 |
|---|---|
| 원료 보관소 | • 연성 세제, 또는 락스를 이용하여 오염물을 제거 |
| 제조실 | • 작업실 내부에 설치되어 있는 배수로 및 배수구를 **월 1회 락스 소독** 후 내용물 잔류물, 기타 이물 등을 완전히 제거<br>• 환경균 측정 결과 부적합 또는 기타 필요시 소독<br>• 소독 시 제조기계, 기구류 등을 **완전히 밀봉**하여 먼지, 이물, 소독 액제가 오염되지 않도록 함 |
| 세척실 | • **알코올 70% 소독액**을 이용하여 배수로 및 세척실 내부 소독 |
| 화장실 | • 바닥에 잔존하는 이물을 완전히 제거하고 소독제로 바닥 세척 |

### 3) 소독 시 유의사항

눈에 보이지 않는 곳이나 하기 힘든 곳 등에 유의하여 세밀하게 진행하고 물청소 후에는 물기 제거

# PART 2 작업자 위생관리

## Chapter 1 작업장 내 직원의 위생 기준 설정

### 1 작업장의 위생관리를 위한 작업장 내 직원의 위생 기준

#### 1) 직원의 위생관리

① 화장품 제조에 직접 종사하는 직원의 청결 및 위생을 다루는 것으로 정기적인 검사를 통해 직원의 건강관리를 파악해야 함
② 신입사원 채용 시 병원에서 발급한 건강진단서를 첨부, 작업원 및 화장품을 오염시킬 수 있는 질병(전염성 질병 포함)이 없으며 업무 수행에 지장이 없는 자를 채용
③ 직원을 작업장 배치 시 항상 건강 상태를 점검

제3편

#### 2) 제조위생관리기준 중 작업장 내 직원의 위생 기준

(1) **위생관리** 기준

① 적절한 위생관리 기준 및 절차 준비
② 제조소 내 **모든 직원**이 준수
③ 피부에 **외상**이 있거나 **질병**에 걸린 직원은 건강이 **양호**해지거나 화장품 품질에 영향을 주지 않는다는 **의사 소견**이 있기 전까지 화장품과 직접적으로 접촉되지 않도록 격리 조치

(2) **복장 관리** 기준

① 작업장 및 보관소 내의 모든 직원은 화장품 오염 방지를 위해 **규정된 작업복** 착용
② 제조구역별 접근 권한이 있는 직원 및 방문객
㉠ 가급적 **제조, 관리 및 보관구역** 내에 들어가지 않음
㉡ 불가피한 경우 사전에 **직원위생에 대한 교육** 및 **복장 규정**에 따르도록 하고 감독

# Chapter 2 작업장 내 직원의 위생 상태 판정

## 1 작업장 내 위생

화장품 오염 경로는 "원재료, 직원, 작업장 환경" 크게 3가지로 구별되며 직원이 내용물을 다루는 과정에서 각종 **미생물 유입**으로 인한 제품 오염이 주원인으로 파악

## 2 작업장 내 직원의 위생 상태 판정 및 위생관리

### 1) 직원의 위생 상태

(1) 적절한 **위생관리 기준 및 절차** 확립

(2) 제조소 내의 모든 직원이 위생관리 기준 및 절차를 준수할 수 있도록 **교육훈련**

① 신규 직원 : 위생교육 실시
② 기존 직원 : 정기적으로 교육 실시

Key Point

**직원의 위생관리 기준 및 절차**

- 직원의 작업 시 **복장**
- 직원 **건강 상태** 확인
- 직원에 의한 제품의 **오염 방지**에 관한 사항
- 직원의 작업 중 **주의사항**
- 방문객 및 교육훈련을 받지 않은 직원의 **위생관리**
- 직원의 **손 씻는 방법**

### 2) 개인 위생관리 및 점검

(1) 제품 품질과 **안전성에 악영향**을 미칠지도 모르는 건강 조건을 가진 직원

원료, 포장, 제품 또는 제품 표면에 **직접 접촉 금지**

(2) **명백한 질병** 또는 노출된 피부에 **상처**가 있는 직원

증상이 회복되거나 의사가 제품 품질에 영향을 끼치지 않을 것이라고 진단할 때까지 제품과 **직접 접촉 금지**

# Chapter 3 혼합 · 소분 시 위생관리 규정

## 1) 작업장 내 직원의 위생관리 규정★★

(1) 방문객 또는 안전 위생의 교육훈련을 받지 않은 직원
화장품 생산, 관리, 보관구역으로의 **출입 금지**

(2) 영업상의 이유, 신입 사원 교육 등을 위해 안전 위생의 교육훈련을 받지 않은 사람들이 생산, 관리, 보관구역으로 출입하는 경우

① 안전 위생의 **교육훈련 자료 사전 작성**

② 출입 전 **교육훈련 실시**

※ 교육내용 : 직원용 안전대책, 작업 위생 규칙, 작업복 등의 착용, 손 씻는 절차 등

(3) 방문객과 훈련받지 않은 직원이 생산, 관리 보관구역 **출입 시 동행 필요**

(4) 방문객은 필요한 보호 설비를 구비, 적절한 **지시**에 따라야 함

(5) 생산, 관리, 보관구역 출입 시 기록서에 **기록(성명, 입 · 퇴장 시간 및 자사 동행자)**

## 2) 혼합 · 소분의 안전관리★

① 혼합 · 소분 시 **위생복** 및 **마스크** 착용

② 피부 **외상** 및 **증상**이 있는 직원은 건강 회복 전까지 **혼합 · 소분 행위 금지**

③ 혼합 전 · 후 **손 소독 및 세척**(일회용 장갑 착용 시 예외)

# Chapter 4 작업자 위생 유지를 위한 세제의 종류와 사용법

## 1 손 세정 제품 및 인체용 세제

### 1) 손 세정 제품의 구성

(1) 손이 다른 신체 부위와 다른 점

① 끊임없이 오염
② 사회적 활동에 따라 미생물을 포함한 각종의 오염물에 오염 가능
③ 오염이 있는 경우 또는 화장실 사용 후나 식사 전, 외출 후 등 수시 세정 필요
④ 손에 대한 오염물질과 청결에 대한 요구 정도는 직업, 장소에 따라 다양

(2) 손을 대상으로 하는 세정 제품

| 비누 | 손 세정제(핸드 워시) | 손 소독제(핸드 새니타이저) |
|---|---|---|
| 고형 타입 | 액상 타입 | 물을 사용하지 않고 세정감을 줌 |

(3) 손 씻기 방법

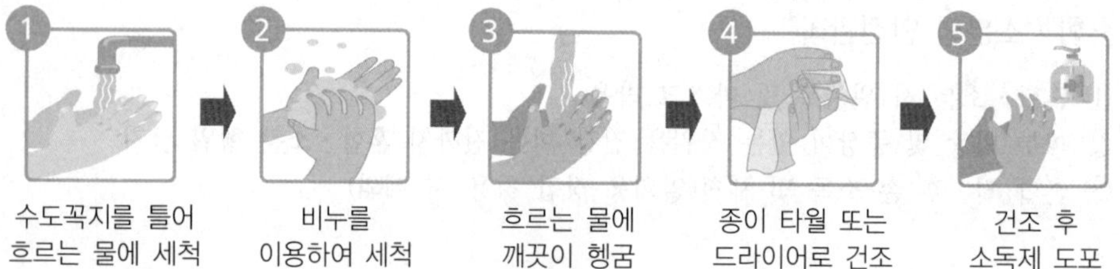

수도꼭지를 틀어 흐르는 물에 세척 → 비누를 이용하여 세척 → 흐르는 물에 깨끗이 헹굼 → 종이 타월 또는 드라이어로 건조 → 건조 후 소독제 도포

### 2) 인체용 세제

(1) 사용 시기

① **작업 전 손 세정** 실시 및 작업장 입실 전, **분무식 소독기**로 손 소독
② 운동 등에 의한 **오염, 땀, 먼지 등의 제거**를 위해 입실 전, 수세 설비가 비치된 장소에서 손 세정 후 입실
③ **화장실 퇴실 시** 손 세정 후 작업실에 입실

(2) 사용 방법

| 시 기 | 방 법 | 세척 및 소독제 |
|---|---|---|
| • 작업장 입실 전<br>• 작업 중 손 오염 시<br>• 화장실 이용 후 | • 수도꼭지를 틀어 흐르는 물에 손을 세척<br>• 비누를 이용하여 손을 세척<br>• 흐르는 물에 손을 깨끗이 헹굼<br>• 종이 타월 또는 드라이어를 이용해 건조<br>• 건조 후 소독제 도포 | • 상수<br>• 비누<br>• 종이 타월<br>• 소독제<br>(70% 에탄올 등) |

(3) 인체용 세제의 종류

① 비누, 비누(고형)의 제형상 문제를 개선한 액체 세제, 젤 세제 등으로 분류됨

② 액체 세제는 사용 편리성, 빠른 거품 형성과 풍부한 거품, 사용 후 촉촉함 등으로 사용률 증가

Key Point

인체용 세제의 분류

| 성상 | | 액상, 젤상, 크림상, 페이스트(고형)상, 거품(무스)상 |
|---|---|---|
| 외관 | 투명 | 다양한 색상 부여 |
| | 불투명 | 펄 타입, 백탁 타입 |
| 처방 | 비누 베이스 | 알칼리성 액체 비누가 주세정 성분인 타입 |
| | 계면활성제 베이스 | 계면활성제가 주세정 성분인 약산성, 중성 타입 |
| | 혼합 베이스 | 액체 비누와 계면활성제를 조합한 중성 타입 |

# Chapter 5 작업자 소독을 위한 소독제의 종류와 사용법

## 1 손 소독제의 종류, 선택 조건 및 특성

### 1) 소독제

**병원 미생물을 사멸**시키기 위해 인체의 피부, 점막의 표면이나 기구, 환경의 소독을 목적으로 사용하는 화학 물질

### 2) 손 세정과 관련된 소독제의 종류★

| | |
|---|---|
| 알코올 (Alcohol) | 클로록시레놀 (Chloroxylenol) |
| 아이오다인과 아이오도퍼 (Iodine & Iodophors) | 일반 비누 |
| 클로르헥시딘디글루코네이트 (Chlorhexidinedigluconate) | 트리클로산 (Triclosan) |
| 헥사클로로펜 (Hexachlorophene, HCP) | 4급 암모늄 화합물 (Quaternary Ammonium Compounds) |

### 3) 손 소독제의 사용법

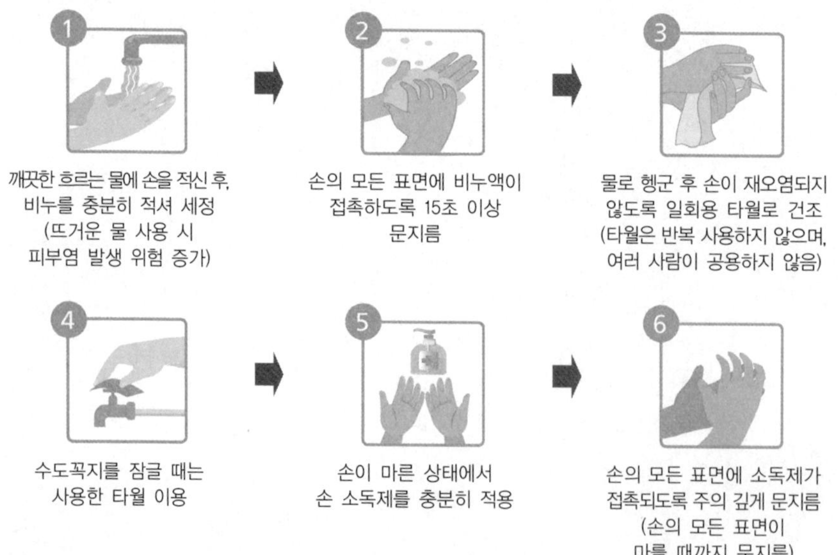

### 4) 소독제의 선택 조건 및 특성

#### (1) 소독제의 조건

① 사용 기간 동안 활성 유지
② **불쾌한 냄새**가 남지 않을 것
③ 사용 농도에서 **독성**이 없을 것
④ 제품이나 설비와 반응하지 않을 것
⑤ **5분 이내의 짧은 처리**에도 효과 구현
⑥ 광범위한 항균 스펙트럼 보유
⑦ 소독 전 존재하던 미생물을 최소한 **99.9% 이상 사멸**
⑧ 이용이 쉽고 **경제적**일 것

#### (2) 소독제 선택 시 고려할 사항

① 대상 미생물의 **종류와 수**
② **항균 스펙트럼**의 범위
③ 미생물 사멸에 필요한 **작용 시간, 작용의 지속성**
④ 물에 대한 용해성 및 **사용 방법의 간편성**
⑤ **부식성** 및 소독제의 향취
⑥ 적용 장치의 종류, 설치 장소 및 사용하는 **표면의 상태**
⑦ **내성균**의 출현 빈도
⑧ pH, 온도, 물리적 환경요인이 **약제에 미치는 영향**
⑨ 잔류성 및 잔류하여 **제품에 혼입**될 가능성
⑩ 종업원의 **안전성**, 법 규제 및 소요 비용

#### (3) 소독제 효과에 영향을 주는 요인

① 사용 약제의 **종류**나 **사용 농도, 액성**(pH) 등
② 균에 대한 **접촉 시간**(작용 시간) 및 **접촉 온도**
③ 실내 온도, 습도
④ 다른 사용 약제와의 **병용 효과, 화학 반응**
⑤ 단백질 등의 **유기물**이나 **금속이온**의 존재
⑥ 흡착성, 분해성
⑦ **미생물의 종류**, 상태, 균 수
⑧ 미생물의 성상, **약제에 대한 저항성, 약제 자화성** 등의 유무
⑨ 미생물의 분포, 부착, 부유 상태
⑩ 작업자의 숙련도

# Chapter 6 작업자 위생관리를 위한 복장 청결 상태 판단

## 1 개인위생 중 작업 복장의 관리

### 1) 작업자의 복장 상태

작업 전 청정도에 맞는 적절한 **작업복**, **모자**, **신발**을 착용하고 필요할 경우 마스크, 장갑을 착용

### 2) 작업 복장의 착용 기준

(1) 작업복의 기준

① **땀의 흡수 및 방출이 용이**하고 가벼워야 함
② **보온성이 적당**하여 작업에 불편이 없어야 함
③ **내구성**이 우수하여야 함
④ 작업환경에 적합하고 **청결**하여야 함
⑤ 작업 시 **섬유질의 발생** 및 **먼지의 부착성이 적어야** 하고 **세탁이 용이**하여야 함
⑥ 착용 시 **내의가 노출되지 않아야** 함
※ 내의 기준 : 단추 및 모털이 서있는 의류는 착용 금지

(2) 작업모의 기준

① 가볍고 **착용감**이 좋아야 함
② 착용이 용이하고 착용 후 **머리카락 형태가 원형을 유지**해야 함
③ 착용 시 **머리카락을 전체적으로 감싸줄 수 있어야 함**
④ **공기 유통이 원활**하고 분진, 기타 이물 등이 나오지 않도록 함

(3) 작업화의 기준

① **가볍고** 땀의 흡수 및 방출이 용이해야 함
② **제조실 근무자**는 등산화 형식의 **안전화** 및 신발 **바닥이 우레탄 코팅**이 되어 있는 것을 사용

## 2 작업복의 착용 방법 및 관리

### 1) 작업복의 착용 시기와 방법

(1) 작업실 상주자

① 작업실 입실 전, **개인 사물함에 의복을 보관**하고 깨끗한 사물함(Clean Locker)에서 **작업복을 꺼내어 착용** 후 작업실에 입실
② 제조소 이외 구역으로 **외출, 이동 시**에는 **탈의실에서 작업복을 탈의** 후 외출

(2) 임시 작업자 및 외부 방문객

작업실로 입실 시 **탈의실에서 해당 작업복을 착용** 후 입실

(3) 입실자

① 작업장 전용 **실내화(작업화)** 착용
② 비치된 **위생 모자**를 머리카락이 밖으로 나오지 않도록 착용

(4) 2급지 작업실의 상부 작업자

반드시 **방진복**을 착용하고 작업장 입실

(5) 제조실 작업자

**에어 샤워실**에 들어가 양팔을 들고 천천히 몸을 1~2회 회전시켜 청정한 공기로 에어 샤워

### 2) 작업복의 관리

① 작업복은 **1인 2벌** 기준으로 지급
② 매일 작업 전, **생산부서 관리자**가 청결 상태 확인
③ **주 2회 세탁 원칙**, 하절기에는 그 횟수를 늘릴 수 있음
④ 작업 중 일탈로 인한 작업복 오염 시, 즉각 여벌 작업복으로 교체 가능

PART 3

# 설비 및 기구관리

## Chapter 1 설비 · 기구의 위생 기준 설정

### 1 설비 · 기구의 관리 방법

#### 1) 화장품 생산설비

화장품 생산 시 사용되는 많은 설비, 제조하는 화장품의 종류, 양, 품질에 따라 다양하게 사용

(1) 제조설비

분체혼합기, 유화기, 혼합기, 충전기, 포장기 등

(2) 부대설비

냉각장치, 가열장치, 분쇄기, 에어로졸 제조장치 등

(3) 계측기기

저울, 온도계, 압력계 등

#### 2) 화장품 생산설비에 필요한 사항

설계 · 설치, 검정, 세척 · 소독, 유지관리, 소모품, 사용기한, 대체 시스템

| 화장품 생산에 사용되는 설비 · 기구의 조건(자동화시스템 도입 시에도 동일) | | |
|---|---|---|
| 사용 목적에 적합 | **청소** 가능 | 필요시 **위생 · 유지관리** 가능 |

### 2 설비 · 기구의 위생관리 기준

#### 1) 설비 · 기구의 위생 기준 「우수 화장품 제조 및 품질관리기준(CGMP)」 제8조제2항(설비)

(1) 제품 및 오염원 등으로부터 설비 · 기구 보호

① 사용하지 않는 설비 · 기구는 **건조한 상태**로 유지하고 **먼지, 얼룩 또는 다른 오염**으로부터 보호

② 설비는 제품 및 청소 소독제와 화학반응을 일으키지 않는 재질일 것

③ 노출한 배관은 청소가 쉽도록 벽에서 거리를 두고 설치

④ **시설 및 기구에 사용되는 소모품**이 제품의 품질에 영향을 주지 않도록 할 것

(2) 제품 오염 방지 및 배수가 용이하도록 설계 및 설치

① 천정 주위의 **대들보, 파이프, 도관** 등이 가급적 **노출**되지 않도록 설계
※ 파이프는 받침대로 고정하고 청소가 용이하도록 벽에 닿지 않게 함

② 설비 위치 선정 시 **원자재** 또는 **직원의 이동**으로 인해 제품의 품질이 영향받지 않도록 주의

③ **배관·배수관** 설치 시 설비가 오염되지 않도록 주의, 배수관은 역류되지 않게 청결 유지

④ 저장소, 저장탱크, 펌크, 믹서, 필터·카트리지 필터는 **설비·기구별 세척 및 소독 관리 기준**에 따라 유지·관리

## 2) 제조설비 · 기구 세척 및 소독 주기

제조탱크, 저장탱크, 믹서(호모·아지), 펌프, 필터, 카트리지 필터

① 제품 변경 시, 일일 작업 완료 후
② 미사용 72시간 경과 후, 밀폐되지 않은 상태로 방치 시
③ 오염 발생 혹은 시스템 문제 발생 시



## 3) 제조설비 · 기구별 세척 및 소독 관리 표준서

(1) 제조탱크, 저장탱크(일반 제품)

| 세척 도구 | • 스펀지, 수세미, 솔, 스팀 세척기 |
|---|---|
| 세제 및 소독액 | • 일반 주방 세제(0.5%), 70% 에탄올 |
| 세척 및 소독 주기 | • 제품 변경 시 또는 작업 완료 후<br>• 설비 미사용 72시간 경과 후, 밀폐되지 않은 상태로 방치 시<br>• 오염 발생 혹은 시스템 문제 발생 시 |
| 세척 방법 | • 제조 탱크, 저장 탱크를 스팀 세척기로 깨끗이 세척<br>• 상수를 탱크의 80%까지 채우고 80℃로 가온(저장탱크 생략)<br>• 페달 25 rpm, 호모 2,000 rpm으로 10분간 교반 후 배출(저장탱크 생략)<br>• 탱크 벽과 뚜껑은 스펀지와 세척제로 닦아 잔류하는 반제품이 없도록 제거한 후 상수 세척<br>• 정제수로 2차 세척 후 UV로 처리한 깨끗한 수건·부직포 등을 이용해 물기를 완전히 제거<br>• 잔류하는 제품이 있는지 확인하고, 필요시 위의 방법 반복 |
| 소독 방법 | • 세척된 탱크 내부 표면 전체에 70% 에탄올이 접촉되도록 고르게 스프레이<br>• 탱크의 뚜껑을 닫고 30분간 정체해 둠<br>• 정제수로 헹군 후 필터 된 공기로 완전히 건조<br>• 뚜껑은 70% 에탄올을 적신 스펀지로 닦아 소독한 후 자연 건조(설비에 물이나 소독제가 잔류하지 않도록 함)<br>• 사용하기 전까지 뚜껑을 닫아서 보관 |
| 점검 방법 | • 점검 책임자는 육안으로 세척 상태를 점검, 그 결과를 점검표에 기록<br>• 품질관리 담당자는 매 분기별로 세척 및 소독 후 마지막 헹굼수를 채취하여 미생물 유무를 시험 |

(2) 호모게나이저, 믹서, 펌프, 필터카트리지, 필터

| 세척 도구 | • 스펀지, 수세미, 솔, 스팀 세척기 |
|---|---|
| 세제 및 소독액 | • 일반 주방 세제(0.5%), 70% 에탄올 |
| 세척 및 소독 주기 | • 제품 변경 또는 작업 완료 후<br>• 설비 미사용 72시간 경과 후, 밀폐되지 않은 상태로 방치 시<br>• 오염 발생 혹은 시스템 문제 발생 시 |
| 세척 방법 | • 호모게나이저, 믹서, 필터 하우징은 장비 매뉴얼에 따라 분해<br>• 제품이 잔류하지 않을 때까지 호모게나이저, 믹서, 펌프, 필터, 카트리지 필터를 온수로 세척<br>• 스펀지와 세척제를 이용해 닦아 낸 다음 상수와 정제수를 이용하여 헹굼<br>• 필터를 통과한 깨끗한 공기로 건조시킴<br>• 잔류하는 제품이 있는지 확인하고, 필요에 따라 위의 방법 반복 |
| 소독 방법 | • 세척이 완료된 설비 및 기구를 70% 에탄올에 10분간 침적<br>• 70% 에탄올에서 꺼내어 필터를 통과한 깨끗한 공기로 건조하거나 UV로 처리한 수건이나 부직포 등을 이용하여 닦아 냄<br>• 세척된 설비는 다시 조립하고, 비닐 등을 씌워 2차 오염이 발생하지 않도록 보관 |
| 점검 방법 | • 점검 책임자는 육안으로 세척 상태를 점검하고, 그 결과를 점검표에 기록<br>• 품질관리 담당자는 매 분기별로 세척 및 소독 후 마지막 헹굼수를 채취하여 미생물 유무를 시험 |

# Chapter 2 설비 · 기구의 위생 상태 판정

## 1 설비 · 기구의 유지관리

유지관리는 예방적 활동(preventive activity), 유지보수(maintenance), 정기 검교정(calibration)으로 나눌 수 있으며, 설비 및 기구의 위생 상태를 판정하고 기록 · 관리

### 1) 설비 · 기구의 위생 상태 점검 및 판정

#### (1) 위생 상태 판정 기준

① 예방적 실시(preventive maintenance)가 원칙
유지 기준을 포함한 **절차서**를 설비마다 작성하여 **연간계획** 실행
② 책임 내용을 명확하게 함
③ 점검 체크시트를 사용하면 편리

#### (2) 설비 및 기구의 위생 상태 점검 항목

① **외관** 검사(더러움, 녹, 이상 소음, 이취 등)
② **작동** 점검(스위치, 연동성 등)
③ **기능** 측정(회전 수, 전압, 투과율, 감도 등)
④ **청소**(외부 표면, 내부)
⑤ **부품** 교환
⑥ 개선(품질에 영향을 미치지 않는 일이 확인되면 적극적으로 개선)

#### (3) 세척 확인 방법의 종류*

① 육안 확인
② 천으로 문지른 후 부착물로 확인
③ 린스액 화학 분석

### 2) 혼합 · 소분 장비 및 도구의 위생 상태 점검 및 판정

#### (1) 위생관리

| 세척 | **사용 전 · 후 세척** 등을 통해 오염 방지<br>– 사용되는 세제 · 세척제는 잔류하거나 표면 이상을 초래하지 않는 것 |
|---|---|

↓

| 건조 | 세척 후 잘 건조하여 다음 사용 시까지 오염 방지 |
|---|---|

↓

| 살균 | 자외선 살균기 내 **자외선램프의 청결 상태를 확인** 후<br>– 충분한 자외선 노출을 위해 장비 및 도구가 서로 겹치지 않게 한 층으로 보관 |
|---|---|

(2) 위생 환경 모니터링

① 맞춤형 화장품 판매업자는 **위생 환경 모니터링 주기**를 정하여 판매장 등의 특성에 맞도록 위생관리

② **맞춤형 화장품 판매장 위생 점검표**에 맞춤형 화장품 판매업소에 대한 위생 환경 모니터링 결과 기록(작업자 위생, 작업환경 위생, 장비·도구 관리 등)

## 2 설비·기구 위생 상태 판정 기준

### 1) 세척 후 판정 방법

(1) 육안 판정 실시

① 가장 정확하고 간편, 판정자에 따라 차이가 발생하는 단점이 있으므로 세척 육안 판정 자격자를 선임

② 각각 설비에 맞는 소도구(손전등, 거울 등) 준비

③ 육안 판정 장소(그림으로 제시)는 미리 정해 놓고 판정 결과를 기록서에 기록

(2) 닦아내기 판정 실시

① 전회 제조물의 종류에 따라 닦아내는 천(흰, 검)의 종류를 결정, 천은 무진포(無塵布)가 바람직

② 닦아내기 판정 자격자 선임(교육 훈련과 경험 연수 필요)

③ 흰 천이나 검은 천으로 **설비 내부의 표면**을 닦아내고 천 표면 잔류물 유무로 세척 결과를 판정

(3) 린스 정량법 실시

① 린스액을 선정해 설비 세척

② 린스액의 현탁도를 확인, 필요시 다음 중에서 적절한 방법을 선택하여 정량하고 그 결과를 기록

㉠ 린스액의 최적 정량을 위해 HPLC법 이용

㉡ 잔존물 유무 판정을 위해 박층 크로마토그래프법(TLC)에 의한 간편 정량법 실시

㉢ 총 유기 탄소(Total Organic Carbon, TOC) 측정기로 린스액 중의 총 유기 탄소를 측정

㉣ UV를 흡수하는 물질의 잔존 여부 확인

### 2) 표면균 측정 방법(surface sampling methods)

세척·소독된 제조설비는 설비별로 정해진 주기에 따라 표면균 시료 채취 방법을 이용해 **설비 청결 상태**를 확인, 면봉 시험법과 콘택트 플레이트법이 가장 일반적인 표면균 시료 채취 방법이지만 시료 표면의 모든 미생물 채취는 불가능

(1) 면봉 시험법(swab)

① 면봉을 사용해 **불규칙한 표면**이나 **닿기 힘든 위치**의 시료 채취 시 사용(가장 많이 사용)

② 장점
㉠ 저렴, 사용이 간편
㉡ **불규칙한 표면**에 적합, 오염이 심한 곳에 사용 가능
㉢ 수집된 모든 미생물의 검출, 정성적 또는 정량적일 수 있음

③ 단점
㉠ 면봉으로부터 미생물 용출이 어려워 까다로운 미생물의 검출을 억제할 수 있음
㉡ 잔류물 제거 필요

(2) 콘택트 플레이트법(contact plates)

① 장점
㉠ 매회 **동일한 면적**의 샘플링 가능
㉡ 정성정 또는 정량적일 수 있음

② 단점
㉠ 비싸고 보관 기간이 짧음
㉡ 불규칙한 표면에 부적합
㉢ 미생물의 과도 증식 문제, 잔류물 제거 필요

(3) 린스 정량법(rinse water)

① 멸균된 용액을 설비의 표면에 흘려서 시료를 채취하는 방법, 설비 **내부 표면 미생물을 측정** 시 사용

② 장점
㉠ 접근이 어려운 곳의 측정에 사용(호스나 틈새기의 세척 판정에 적합)
㉡ 샘플링 면적이 커질 수 있음, 정량적(수치로 결과 확인)

③ 단점
㉠ 정량적이지만 측정이 불가능할 수 있음(신뢰도 떨어짐)
㉡ 많은 애플리케이션에 부적합, 상세한 조작이 필요

# Chapter 3 오염물질 제거 및 소독 방법

## 1 설비 및 기구의 세척과 소독

### 1) 세척과 소독

(1) 세척

**제품 잔류물과 흙, 먼지, 기름때 등의 오염물 제거** 과정으로 세척, 소독 절차의 첫 번째 단계

(2) 소독

**오염 미생물 수를 허용 수준 이하로 감소**시키기 위해 수행하는 과정

(3) 세정제

① 접촉면에서 바람직하지 않은 오염물질을 제거하기 위해 사용하는 화학물질 또는 이들의 혼합액으로 용매, 산, 염기, 세제 등이 주로 사용

② 안전성이 높아야 하고 환경, 작업자의 건강 문제로 수용성 세정제가 많이 사용

③ 세정력 우수, 헹굼 용이, 가격 저렴, 기구·장치의 재질에 부식성이 없고 법적 인가 제품일 것

### 2) 제조설비별 세척과 위생 처리

(1) Clean-in-place 시스템

① 최초 사용 전 모든 설비는 세척되어야 하고 사용 목적에 따라 소독되어야 함

② 반응할 수 있는 제품의 경우 표면 패시배이션(passivation)하는 것을 추천

③ Clean-in-place 시스템(스프레이볼/스팀 세척기 등)은 제품과 접촉되는 표면에 쉽게 접근할 수 없을 때 사용

※ 단, 설비의 악화, 손상 확인 및 처리되는 동안 모든 장비는 해체 시켜 청소

④ 가는 관을 연결해 사용 시 물리적/미생물 또는 교차 오염 문제 발생(청소하기 어려움)

(2) 탱크(tanks)*

① **완전히 내용물이 빠지도록** 설계

② 위생(sanitary) 밸브와 연결 부위

㉠ 세척/위생 처리를 용이하게 함

㉡ 비위생적인 틈을 방지, 여러 가지 상태에서 사용할 수 있게 함

③ 모든 밸브들은 청소하기 어려운 부분이나 정체 부위(dead leg)가 발생하지 않도록 설치

(3) 제품 충전기(product filler)

① 조작 중 **제품이 뭉치는 것을 최소화**, 설비에서 물질이 완전히 빠져나가도록 설계
② 제품이 고여 설비의 오염이 생기는 **사각지대가 없도록** 함
③ **고온 세척**이나 **화학적 위생처리 조작 시** 구성 물질과 다른 설계 조건에 있어 문제가 일어나지 않아야 함
④ 청소를 위한 해체가 용이, 청소와 위생처리 과정의 효과는 적절한 방법으로 확인

(4) 펌프(pumps)

① 펌핑 시 생성되는 **압력을 고려**해 설계
② 위생적인 압력 해소 장치 설치

(5) 호스(hoses)

① **부속품 해체**와 청소가 용이하도록 설계
② 길이가 짧은 경우 청소, 건조, 취급이 쉽고 제품이 축적되지 않게 하기 때문에 선호
③ 세척제(스팀, 세제, 소독제 및 용매)들이 호스와 부속품 제재에 적합한지 검토

(6) 이송 파이프(transport piping)

① 축소와 확장을 최소화하도록 고안
② 오염시킬 수 있는 막힌 관(dead legs)이 없도록 함
③ 밸브와 부속품은 일반적인 오염원, **최소의 숫자**로 설계될 것



## 2 설비 세척

### 1) 오염물질 제거 및 소독 방법

(1) 작업 후 설비 및 도구들을 반드시 세척, **도구**들은 **계획과 절차**에 따라 위생 처리 및 기록

(2) 설비는 적절히 세척, 필요시 소독

(3) 설비 세척은 **오염 물질** 및 세척 **대상 설비**에 따라 적절히 시행

① 세척 대상 물질 및 세척 시 고려사항

| 화학물질(원료, 혼합물) | 미립자 | 미생물 |
|---|---|---|

㉠ 동일 제품인지? 이종 제품인지?
㉡ **쉽게 분해**되는 물질인지? **안정된** 물질인지?
㉢ **세척이 쉬운** 물질인지? **세척이 곤란한** 물질인지?
㉣ **불용** 물질인지? **가용** 물질인지?
㉤ **검출이 곤란한** 물질인지? 검출이 쉬운 물질인지?

② 세척 대상 물질이 있는 세척 대상 설비 및 세척 시 고려사항

| 설비 | 배관 | 용기 | 호스 | 부속품 |
|---|---|---|---|---|

㉠ 단단한 표면(용기 내부), 부드러운 표면(호스)인지?
㉡ 규모는 큰 설비인지? 작은 설비인지?
㉢ 세척이 곤란한 설비인지? 용이한 설비인지?

(4) **물** 또는 **증기**만으로 세척, 필요시 **브러시** 등의 세척 기구를 적절히 사용 가능

## 2) 설비 세척의 원칙

### (1) 세척

① **위험성이 없는 용제(물이 최적)**로 세척
가능하면 세제를 사용하지 않음
② **증기 세척** 좋은 방법
필요시 브러시 등으로 문질러 지우는 것을 고려
③ 분해할 수 있는 설비는 **분해**해 세척

### (2) 판정

세척 후 **잔존 세척제** 및 **오염물질 제거 여부 반드시 '판정'**

### (3) 보존

① 판정 후 설비는 **건조·밀폐**해 보존
② **세척의 유효 기간** 설정

**세제(계면활성제) 세척 시 유의사항****

- 세제는 설비 내벽에 남기 쉬우므로 **철저하게 닦아 냄**
  - 잔존한 세척제는 제품에 악영향을 미칠 수 있으므로 확인 후 제거
- **화장품 제조설비 세척**용으로 적당한 세제 선정 및 사용
  - 세제가 잔존하고 있지 않는 것을 설명하기 위해서는 **고도의 화학 분석** 필요

## 3) 설비의 종류와 세척 방법

제1선택, 제2선택, 심한 더러움 시의 대안을 마련, 세척 대상이 되는 설비의 상태에 맞게 세척 방법을 선택

### (1) 제1선택(물 + 브러시) 세척

유화기 등 일반적인 제조설비에 가장 좋은 방법

### (2) 지우기 어려운 잔유물

에탄올 등의 유기 용제를 사용

## 3 설비 세척제 및 소독제 유형

### 1) 화학적 세척제

| 유형 | pH | 오염 제거 물질 | 장 · 단점 | 세척제 |
|---|---|---|---|---|
| 무기산과 약산성 세척제 | 0.2~5.5 | 무기염, 수용성 금속 Complex | • 산성에 녹는 물질, 금속 산화물 제거에 효과적<br>• 독성, 환경 및 취급 문제 | • 강산<br>– 염산(hydrochloric acid)<br>– 황산(sulfuric acid)<br>– 인산(phosphoric acid)<br>• 약산(희석한 유기산)<br>– 초산(acetic acid)<br>– 구연산(citric acid) |
| 중성 세척제 | 5.5~8.5 | 기름때, 작은 입자 | • 용해나 유화에 의한 제거<br>• 낮은 독성, 부식성 | • 약한 계면활성제 용액(알코올과 같은 수용성 용매 포함 가능) |
| 약알칼리, 알칼리 세척제 | 8.5~12.5 | 기름, 지방, 입자 | • 알칼리는 비누화, 가수분해 촉진 | • 수산화암모늄(ammonium hydroxide)<br>• 탄산나트륨(sodium carbonate)<br>• 인산나트륨(sodium phosphate)<br>• 붕산액 |
| 부식성 알칼리 세척제 | 12.5~14 | 찌든 기름 | • 오염물의 가수분해 시 효과 좋음<br>• 독성 주의, 부식성 | • 수산화나트륨(sodium hydroxide)<br>• 수산화칼륨 (potassium hydroxide)<br>• 규산나트륨(sodium silicate) |

### 2) 물리적 소독 방법

| 구분 | 스팀 | 온수 | 직열 |
|---|---|---|---|
| 농도 시간 | • 100℃ 물<br>• 30분 소요 | • 80~100℃ 30분 소요<br>• 70~80℃ 2시간 소요 | • 전기 가열 테이프<br>• 다른 방법과 같이 사용 |
| 장점 | • **소독 효과** 높음<br>• **바이오 필름 파괴**<br>• 제품과 우수한 **적합성**<br>• 용이한 사용성 | • 제품과의 우수한 **적합성**<br>• 용이한 **사용성**<br>• **부식성** 없음<br>• **긴 파이프**에 적합 | 다루기 어려운 설비나 파이프에 효과적 |
| 단점 | • 보일러나 파이프에 부적합 (잔류물)<br>• **고에너지** 소비<br>• **긴 소독 시간**<br>• **습기 다량** 발생 | • **많은 양** 필요<br>• **긴 체류 시간**<br>• **습기 다량** 발생<br>• **고에너지** 소비 | 일반적인 사용 방법 아님 |

### 3) 화학적 소독제

살균 · 소독제는 살균 · 소독의 대상 표면의 오염 상태, 침적물의 용해도 특성 등에 따라 다르게 사용

(1) 화학적 소독제의 조건

① 효력 발휘 범위가 넓을 것

② 신속한 사멸이 가능할 것
③ 수용성이며 쉽게 조제할 수 있을 것
④ 사용하기에 안전할 것
⑤ 부식성이 없을 것
⑥ 환경 친화적이며 독성이 없을 것
⑦ 유기물 찌꺼기, 경수 등에 대한 내성이 있을 것
⑧ 경제적일 것

| 유형 | 설명 | 사용농도/시간 | 장점 | 단점 |
|---|---|---|---|---|
| 염소 유도체 (chlorine derivative) | 치아염소산나트륨, 치아염소산칼슘, 치아염소산리튬, 염소가스 | 200 ppm / 30분 | • 우수한 효과<br>• 사용 용이<br>• 단독 사용 가능 (찬물 용해) | • 향, pH 증가 시 효과 감소<br>• 금속 표면과 반응성으로 부식<br>• 빛과 온도에 예민<br>• 피부 보호 필요 |
| 양이온 계면활성제 (cationic surfactant) | 4급 암모늄 화합물 | 200 ppm (제조사 추천 농도) | • 세정 작용<br>• 우수한 효과<br>• 부식성 없음,<br>• 단독 사용 가능 (물에 용해)<br>• 무향, 높은 안정성 | • 중성/약알칼리에서 가장 효과적<br>• 경수, 음이온 세정제에 의해 불활성화 됨<br>• 포자에 효과 없음 |
| 아이오도포 (Iodophors) | $H_3PO_4$를 함유한 비이온 계면활성제에 아이오딘을 첨가 | 12.5~25 ppm / 10분 | • 우수한 소독 효과<br>• 잔류효과 있음<br>• 사용 농도에서 독성 없음 | • 포자에 효과 없음<br>• 얼룩 남음<br>• 사용 후 세척 필요 |
| 알코올 (alcohol) | 아이소프로필알코올, 에탄올 | 60~70% / 15분, 60~95% / 15분 | • 세척 불필요<br>• 사용 용이<br>• 빠른 건조<br>• 단독 사용 | • 세균 포자에 효과 없음<br>• 화재 폭발 위험<br>• 피부 보호 필요 |
| 페놀 (phenol) | 페놀, 염소화페놀 | 1 : 200 용액 | • 세정작용<br>• 우수한 효과<br>• 탈취작용 | • 조제해 사용<br>• 세척 필요<br>• 고가<br>• 용액 상태로 불안정 (2~3시간 이내 사용)<br>• 피부 보호 필요 |
| 솔 (Pine) | 비누나 계면활성제와 혼합한 솔유 | 제조사 지시에 따름 | • 세정작용<br>• 우수한 효과<br>• 탈취작용<br>• 기름때 제거에 효과 | • 조제해 사용<br>• 냄새가 어떤 제품에는 부적합할 수 있음 |
| 인산 (phosphoric acid) | 인산 용액 (phosphoric acid) | 제조사 지시에 따름 | • 효과 좋음<br>• 스테인리스에 좋음<br>• 저렴한 가격<br>• 낮은 온도에서 사용<br>• 접촉 시간 짧음 | • 산성 조건하에서 사용이 좋음<br>• 피부 보호 필요 |
| 과산화수소 (hydrogen peroxide) | 안정화된 용액으로 구입 | 35% 용액의 1.5% / 30분 | • 유기물에 효과적 | • 고농도 시 폭발성<br>• 반응성 있음<br>• 피부 보호 필요 |

※ 소독제에 의한 미생물 내성이 생길 수 있으므로 소독약은 주기적으로 바꾸어 사용

# Chapter 4 설비 · 기구의 구성 재질 구분

## 1 화장품 제조에 사용되는 각종 설비의 구성 재질

### 1) 설비의 구성 요건

(1) 안전한 화장품 제조 및 생산

① **설비의 구성 재질과 소모품이 화장품 품질에 영향을 주지 않을 것**
필터, 개스캣, 보관용기, 봉지의 성분 등은 화장품에 녹아 흡수 · 부착 · 화학반응을 일으켜서는 안 됨

② 설비와 소모품 선택 시 재질 표면과 제품과의 상호작용을 검토해 신중히 선택

(2) 설비와 내용물의 상용성

① 모든 설비 및 기구의 내용물과의 접촉면은 **내용물과의 반응성 철저 배제**

② 반응성이 없는 재질인 경우에도 **친화성이 떨어지는 재질 배제**
수중유(water in oil) 타입 에멀젼의 경우 유리 재질의 접촉면은 지양

제 3 편

### 2) 제조설비별 구성 요건, 재질 및 특성

설비의 재질은 **내열성, 내약품성, 내수성, 내부식성**이 있어야 함

(1) 탱크(tanks)*

① 공정 단계 및 완성된 포뮬레이션 과정에서 공정 중 또는 보관용 원료를 저장하기 위해 사용

② 적절한 커버를 갖춰야 하고, 청소와 유지관리를 쉽게 할 수 있을 것

| | |
|---|---|
| 구성 요건 | • 온도/압력 범위가 조작 전반과 모든 공정 단계의 제품에 적합<br>• 제품에 해로운 영향을 미치거나 세제 및 소독제와 반응해서는 안 됨<br>• 제품과의 반응으로 부식되거나 분해를 초래하는 반응이 있어서는 안 됨<br>• 제조과정, 설비 세척, 유지관리에 사용되는 동안 다른 물질이 스며들어서는 안 됨<br>• 전기 화학반응을 최소화하도록 고안 |
| 재질 | • 일반적으로 탱크의 제품에 접촉하는 표면 물질로 스테인리스 스틸 선호 |
| 특성 및 관리점 | • 미생물학적으로 민감하지 않은 물질 또는 제품에는 강화 유리 섬유 폴리에스터와 플라스틱으로 안을 댄 탱크를 사용<br>• 기계로 만들고 광을 낸 표면 선호, 모든 용접 및 결합 부위는 가능한 한 매끄러우며 평면 유지<br>• 주형 물질은 미생물이나 교차 오염 문제로 화장품에 비추천<br>• 외부 표면 코팅은 제품에 대해 저항력(product-esistant)이 있어야 함 |

(2) 펌프(pumps)

다양한 점도의 액체를 한 지점에서 다른 지점으로 이동, 제품 혼합(재순환 또는 균질화)을 위해 사용

| | |
|---|---|
| 구성 요건 | • 모터, 개스킷(Gasket), 패킹, 윤활제 |
| 특성 | • 펌프 종류는 미생물학적인 오염을 방지하기 위해 원하는 속도, 펌프될 물질의 점성, 수송 단계 필요 조건, 청소/위생관리의 용이성에 따라 선택 |
| 관리점 | • 펌프된 물질에 따라 물리적 성질 변화를 일으킬 수 있으며 즉각 나타나지 않고 물질의 보관 및 스트레스 시험 후 명백히 나타남<br>• 펌핑 테스트를 통해 물성에 끼치는 영향을 확증한 후 최종 펌프 선택<br>• 펌프의 기계적 작동이 에멀젼 분해를 가속화시켜 불안전한 제품을 만들 수 있음 |

(3) 호스(hoses)

화장품 생산 작업에 유연성 제공(제품 전달을 위해 사용)

| | |
|---|---|
| 구성 재질 | • 강화된 식품 등급의 고무 또는 네오프렌, tygon 또는 강화된 tygon, 폴리에칠렌 또는 폴리프로필렌 또는 나일론 |
| 관리점 | • 작동 전반적인 범위의 온도와 압력에 적합, 위생적인 측면 고려 |

(4) 이송파이프(transport piping)

| | |
|---|---|
| 구성 요소 | • 파이프, 필터, 부속품(엘보, 리듀서), 밸브, 이덕터 또는 배출기 |
| 구성 재질 | • 유리, 스테인리스 스틸 #304 또는 #316, 구리, 알루미늄 등 |
| 관리점 | • 제품 점도, 유속 등을 고려<br>• 교차오염 가능성 최소화<br>• 역류 방지 설계 |

(5) 필터, 여과기 및 체

화장품 원료와 완제품에서 원하는 입자 크기, 덩어리 모양을 깨뜨리기 위해, 불순물 제거, 현탁액에서 초과 물질 제거를 위해 사용

| | |
|---|---|
| 구성 재질 | • 스테인리스 #316L, 비반응성 섬유 |
| 특성 | • 효율성, 청소의 용이성, 처분의 용이성 |

# Chapter 5 설비 · 기구의 폐기 기준

## 1 설비 · 기구의 유지관리

### 1) 설비 관리

(1) 이력 관리

설비의 최적 운용은 제품 생산성 및 품질과 직결되며 **설비 이력 관리**는 설비 **가동률**과 **고장률** 파악

① 설비 점검·정비 주기의 단축 또는 연장 여부 결정
② 설비 부품 교체 시기 결정
③ 설비의 진단과 폐기 시점 결정

(2) 설비 · 기구의 유지관리 기준

① 모든 제조 관련 설비는 **승인된 자만이 접근·사용**
② **정기적으로 점검**, 화장품의 제조 및 품질관리에 지장이 없도록 **유지·관리·기록**
③ **세척한 설비**는 다음 사용 시까지 **오염되지 않도록 관리**
④ 제품의 품질에 영향을 줄 수 있는 **검사, 측정, 시험 장비 및 자동화 장치**는 계획을 수립하여 **정기적으로 교정**, 계획 수립 후 **성능점검 및 결과 기록**
※ 결함 발생 및 정비 중, 고장 등 사용 불가한 설비는 적절한 방법으로 표시
⑤ 유지관리 작업이 제품의 품질에 영향을 주지 않도록 주의

(3) 설비 유지관리 원칙

① **예방**적 실시(preventive maintenance)
② 설비마다 **절차서** 작성(유지 기준 포함)
③ **연간계획** 수립 및 실행
④ **점검 체크시트** 사용
※ 점검 항목 : 외관 검사(더러움, 녹, 이상 소음, 이취), 작동 점검(스위치, 연동성), 기능 측정(회전 수, 전압, 투과율, 감도) , 청소(외부 표면, 내부), 부품 교환, 개선 등

### 2) 설비 · 기구의 유지, 보수 및 점검

(1) 설비 관리

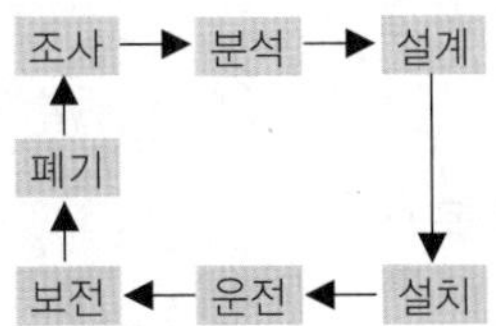


설비 생애(life cycle)의 전 단계에 걸쳐서
설비의 생산성을 높이는 활동

### (2) 설비 보전

생산설비 등을 최적의 상태로 효율적으로 유지하기 위해 **일상 점검 및 정기 점검을 통한 설비 진단**과 **고장 부위를 정비 또는 유지, 보수, 관리, 운용**하는 활동

### (3) 설비 유지 · 보수

설비 보전과 같은 개념이나 보통은 설비 보전 활동 중 기본적인 **점검, 정비, 그리고 보수(부품 교체와 부분 수리)를 통해 설비가 제대로 동작하도록 유지**시키는 활동에 국한

Key Point

> **설비의 유지 · 보수 목적**
>
> 예방 정비, 기기의 수명 예측을 통한 설비의 정상 가동 및 안전운전 유지

### (4) 정비 계획 수립

제조공정, 생산설비와 제조공정도에 대한 이해가 필요

### (5) 정비 계획에 따른 점검 · 정비

① 설비 대장의 **점검 · 정비 주기**와 **연간 정비 계획표** 수립

② 정비 업무 계획표에 따라 점검과 정비 실시

③ 설비 점검은 **설비별 점검 기준서**를 기초로 하여 일상 · 정기 점검 실시

㉠ 일상 점검

**일간 또는 주간** 주기로 실시, 설비 점검표에 점검 결과 기록

㉡ 정기 점검

**연간 정비 계획서에 따라** 정기 정비와 함께 실시, 설비 점검표에 점검 결과 기재 및 **기록 · 보관**

> **점검 기준서**
>
> 설비 구조도면, 명칭, 기능, 취급 방법, 기계요소 및 내구 수명, 작업 내용, 설비 기본 정보(설비 번호, 설비명, 설치 연월, 설치 장소), 설비 사진 또는 도면(일련번호와 함께 점검과 정비 대상인 기계요소의 번호, 명칭, 기능), 점검 부위명, 점검 기준, 점검 방법, 점검 주기, 조치 방법, 담당자명 포함

### (6) 설비 결함

수시 점검과 정비를 통해 설비 결함의 발생 빈도를 감소

① **설비 손상**은 고장의 원인

② **설비 효율** 및 **생산 효율 저해**

③ 설비 효율 저해 요인

㉠ 고장 로스 ㉡ 작업 준비 · 조정 로스

㉢ 일시 정체 로스 ㉣ 속도 로스

㉤ 불량 · 수정 로스 ㉥ 초기 수율 로스

(7) 부품 교체

**부품 교체 주기표, 유지·보수 계획서, 장기 보전 계획표**에 정해진 기간에 실시하고 예비품 관리대장에 기록

### 3) 저울의 관리

(1) 저울의 점검

① 저울의 검사, 측정 및 관리
검사, 측정 및 시험 장비의 정밀도를 유지·보존

② 전자저울 점검 기준

| 점검 항목 | 주기 | 시기 | 방법 | 판정 기준 | 조치 사항 |
|---|---|---|---|---|---|
| 영점<br>(zero point) | 매일 | 가동 전 | zero point setting | "0" setting 확인 | 수리 의뢰 및 필요 조치 |
| 수평 | 매일 | 가동 전 | 육안 확인 | 수평임을 확인 | 자가 조절 후 수리 의뢰 및 필요 조치 |
| 전체 점검 | 1개월 | – | 표준 분동으로 실시 | 직선성 : ± 0.5% 이내<br>정밀성 : ± 0.5% 이내<br>편심오차 : ± 0.1% 이내 | 수리 의뢰 및 필요 조치 |

(2) 저울의 검·교정 확인

① 정확한 칭량을 위해 주기적으로 검사 및 교정 실시
② 세팅이 무효화되지 않도록 취급·보관 및 상태가 식별될 수 있도록 관리
③ 품질보증팀에서 매년 교정계획 수립(전자저울 12개월, 분동 24개월)
④ 교정 후 결과를 확인하고 관련 문서 보관
ⓐ 적합 : 저울에 교정필증 부착, 교정 검사 성적서 보관
ⓑ 부적합 : 수리 의뢰, 수리 완료 시 재교정 수행
ⓒ 수리 불가능, 재교정 후에도 부적합 : 규정에 따라 폐기 등의 처리

## 2 설비 · 기구의 폐기

사용 조건과 설비 관리의 적절성에 따라 내구연한이 단축 또는 연장

### 1) 설비 · 기구의 이력 관리 및 폐기 기준

(1) 설비 이력 관리

① 설비 가동률과 고장률 파악
② 점검·정비 주기의 단축 또는 연장 여부 결정
③ 부품의 교체 시기, 설비의 정밀 진단과 폐기 시점 결정
④ 설비 가동 일지 기록
※ 설비 번호, 설비명, 설치 장소, 설치 연월과 같은 기본 항목 이외에 생산일 및 시간, 조업 시간, 정지 시간, 부하 시간, 가동 시간, 가동률 기록

(2) 설비의 폐기

내구연한(어떠한 물체를 원래의 상태대로 사용할 수 있는 기간) 종료 시

2) 설비 이력카드

(1) 설비 상세 명세 구성 항목

설비번호, 설비명, 설치 장소, 제작번호, 제작사, 제조 연월, 구입처, 설치 연월, 설비 사진과 주요 기계요소 명칭, 일련번호와 주요 부속품 및 장치명

(2) 유지 · 보수 이력 구성 항목

유지 · 보수 일시, 항목 및 내용, 조치사항, 조치 결과, 작업자

(3) 부품 교체 이력 구성 항목

부품 교체 일시, 부품명, 교체 방법, 수량, 이전 교체일, 구입처, 작업자

PART 4

# 내용물 및 원료관리

## Chapter 1 내용물 및 원료의 입고 기준

### 1 내용물 및 원료의 입고 관리 「우수 화장품 제조 및 품질관리기준(CGMP)」 제11조(입고 관리)

#### 1) 내용물 및 원료의 입고 기준

내용물 및 원료의 안전성 확보, 부적절한 사용 및 오염 방지

(1) 제조업자는 원자재 공급자에 대한 **관리 감독** 수행

① 원자재 공급업자에 대한 평판

② 내용물 또는 원료 물질의 품질을 입증할 수 있는 검증 자료 제공 유무 확인

(2) 원자재 **용기 및 시험기록서**의 필수 기재 사항★★

① 원자재 공급자가 정한 **제품명**

② 원자재 **공급자명**

③ 공급자가 부여한 **제조번호(제조LOT)** 또는 **관리번호**

④ **수령 일자(입고 일자)**

Key Point

내용물 및 원료의 입고 기준 또는 확인 사항

- 구매요구서, 원자재 **공급업체 성적서 및 현품의 일치** 유무
- 원자재 용기의 **제조번호**
- 원료 수령에 대한 절차서 확립
- 구매요구서, 인도문서, 인도물의 일치 여부
- 원료 선적 용기의 표기 오류, 용기 손상, 봉인 파손, 오염 등에 대한 **육안 검사**
- **품질성적서**(원료규격서) : 원료명, 밀봉 상태, 성상, 이물, 관능, 부적합 기준 등

(3) 철저한 **입고 관리**

① 원료 입고 검사 순서

| 입고 차량 검사 | → | 원료 육안 검사 | → | 원료 수불일지 작성 |
|---|---|---|---|---|
| 청결 상태, 시건장치, 타코메타(냉장, 냉동) | | 용기 손상, 오염 등 | | 자재 입출에 관한 사항을 일별로 기재 |

② 물품 결함 발견 시 **입고 보류 - 격리 보관 - 폐기 또는 반송**

③ 입고된 원자재 상태 표시 : **"적합", "부적합", "검사 중"**★★

# Chapter 2 유통 화장품의 안전관리기준

## 1 안전관리기준

### 1) 원료별 안전관리기준★★

(1) 인위적으로 첨가하지 않은 사용 제한 원료 및 사용할 수 없는 원료가 검출된 경우

**비의도적으로 유래**된 사실이 객관적인 자료로 확인되고 기술적으로 완전한 제거가 불가능한 경우, **해당 물질의 검출량을 일정 한도까지 허용**

| | |
|---|---|
| 납 | • 점토를 원료로 사용한 분말 제품 : 50 ㎍/g 이하<br>• 그 밖의 제품 : 20 ㎍/g 이하 |
| 니켈 | • 눈 화장용 제품 : 35 ㎍/g 이하<br>• 색조 화장용 제품 : 30 ㎍/g 이하<br>• 그 밖의 제품 : 10 ㎍/g 이하 |
| 비소 | • 10 ㎍/g 이하 |
| 수은 | • 1 ㎍/g 이하 |
| 안티몬 | • 10 ㎍/g 이하 |
| 카드뮴 | • 5 ㎍/g 이하 |
| 디옥산 | • 100 ㎍/g 이하 |
| 메탄올 | • 0.2(v/v)% 이하<br>• 물휴지 : 0.002%(v/v) 이하 |
| 포름알데하이드 | • 2,000 ㎍/g 이하,<br>• 물휴지 : 20 ㎍/g 이하 |
| 프탈레이트류 | • 총 합으로서 100 ㎍/g 이하<br>(디부틸프탈레이트, 부틸벤질프탈레이트 및 디에칠헥실프탈레이트에 한함) |

(2) 사용할 수 없는 원료가 비의도적으로 검출된 경우

「화장품법 시행규칙」 제17조에 따라 위해 평가 후 위해 여부 결정

### 2) 미생물의 한도★★

(1) 총 호기성 생균 수(세균 및 진균)

① 영・유아용 제품류 및 눈 화장용 제품류 : **500개/g(mL) 이하**

② 물휴지 : **각각 100개/g(mL) 이하**

③ 기타 화장품 : **1,000개/g(mL) 이하**

(2) 병원성균 : **불검출**

**대장균**(Escherichia coli), **녹농균**(pseudomonas aeruginosa), **황색포도상구균**(staphylococcus aureus)

미생물 한도 시험법

|  |  |
|---|---|
| 검체(화장품)에 희석액, 분산제 등을 넣어 **검체 전처리**(검액 제조) | – 보존제 등 항균활성물질을 중화시키거나 제거해 실험의 정확도 향상 |
| ⬇ | |
| 시험법 **적합성 시험** 수행★★<br>(시험법 적합성, 배지 성능 시험) | – 검액(시험균)에서 회수된 미생물 수가 대조균에서 회수된 미생물 수의 $\frac{1}{2}$ **미만**일 경우 **부적합 → 시험법 변경**<br>– 미생물별(생화학테스트 포함) 수행 시 시험 · 대조군 모두 **음성 판정**일 경우 **부적합**<br>– 화장품 없는 검액에서 접종 미생물의 충분한 회수가 되지 않는 경우 **배지 성능 문제 확인** |
| ⬇ 시험법 적합성 판단 시 | |
| **총 호기성 생균 수 시험, 특정 미생물** 시험 수행 | – 검체 내 **미생물 오염 수준 확인**<br>– 세균과 진균 수 측정, 대장균 · 녹농균 · 황색포도상구균 검출 여부 확인 |



### 3) 유통 화장품의 내용량 기준

① 제품 3개 시험 결과 **평균 내용량이 표기량의 97% 이상**인 경우 허용
② 화장 비누의 내용량 기준 : 건조 중량

Key Point

유통 화장품이 내용량이 제품 3개 시험 결과 기준치를 벗어날 경우★★

- 제품 6개 추가 시험 결과 **총 9개의 평균 내용량이 표기량의 97% 이상**인 경우 허용
- 그 밖의 특수한 제품은 대한민국약전(식품의약품안전처 고시) 준수

## 2 유형별 안전관리기준

### 1) 기능성 화장품 중 기능성을 나타내는 주원료의 함량 기준

「화장품법」 제4조 및 같은 법 제9조 · 제10조에 따라 심사(또는 보고)한 기준

### 2) 유리알칼리 관리 기준★★

0.1% 이하(화장 비누에 한함)

### 3) 액상 제품의 pH 기준★★

| 영·유아용 제품류 | 눈 화장용 제품류 | 색조 화장용 제품류 | 두발용 제품류 | 면도용 제품류 | 기초 화장용 제품류 |
|---|---|---|---|---|---|

액, 로션, 크림 및 이와 유사한 제형의 액상 제품의 pH 기준 3.0~9.0

| pH 1 | pH 2 | pH 3 | pH 4 | pH 5 | pH 6 | pH 7 | pH 8 | pH 9 | pH 10 | pH 11 |
|---|---|---|---|---|---|---|---|---|---|---|

**물을 포함하지 않는** 제품과 **사용한 후 곧바로 물로 씻어 내는** 제품 **제외**

## 3 퍼머넌트 웨이브용 및 헤어 스트레이트너 제품의 안전관리기준

### 1) 치오글라이콜릭애씨드 또는 그 염류를 주성분으로 하는 냉2욕식 퍼머넌트 웨이브용 제품

실온 사용, 제1제(치오글라이콜릭애씨드 또는 그 염류가 주성분) 및 제2제(산화제 함유)로 구성

#### (1) 제1제 ψ

① 불휘발성 무기알칼리의 총량이 치오글라이콜릭애씨드의 대응량 이하인 액제

② 산성에서 끓인 후의 환원성 물질 함량이 7.0% 초과하는 경우, 초과분에 대해 디치오디글라이콜릭애씨드 또는 그 염류를 디치오디글라이콜릭애씨드로서 같은 양 이상 배합

③ pH : 4.5~9.6, 중금속 : 20 μg/g 이하, 비소 : 5 μg/g 이하, 철 : 2 μg/g 이하

④ 알칼리 : 0.1 N 염산 소비량은 검체 1 mL에 대해 7.0 mL 이하

⑤ 환원 후의 환원성 물질(디치오디글라이콜릭애씨드) : 함량 4.0% 이하

⑥ 산성에서 끓인 후의 환원성 물질(치오글라이콜릭애씨드)
- 치오글라이콜릭애씨드로서 2.0~11.0%

⑦ 산성에서 끓인 후의 환원성 물질 이외의 환원성 물질(아황산염, 황화물 등)
- 검체 1 mL 중 산성에서 끓인 후의 환원성 물질 이외의 환원성 물질에 대한 0.1 N 요오드액의 소비량이 0.6 mL 이하

#### (2) 제2제 º

| 구 분 | 브롬산나트륨 함유 제제 | 과산화수소수 함유 제제 |
|---|---|---|
| pH | 4.0~10.5 | 2.5~4.5 |
| 중금속 | 20 μg/g 이하 | 20 μg/g 이하 |

### 2) 시스테인, 시스테인염류 또는 아세틸시스테인을 주성분으로 하는 냉2욕식 퍼머넌트 웨이브용 제품

실온 사용, 제1제(시스테인, 시스테인염류 또는 아세틸시스테인이 주성분) 및 제2제(산화제 함유)로 구성

#### (1) 제1제

① 불휘발성 무기알칼리를 함유하지 않은 액제
② pH : 8.0~9.5
③ 알칼리 : 0.1 N 염산의 소비량은 검체 1 mL에 대해 12 mL 이하
④ 시스테인 : 3.0~7.5%, 환원 후의 환원성 물질(시스틴) : 0.65% 이하
⑤ 중금속 : 20 μg/g 이하, 비소 : 5 μg/g 이하, 철 : 2 μg/g 이하

#### (2) 제2제

치오글라이콜릭애씨드 또는 그 염류를 주성분으로 하는 냉2욕식 퍼머넌트 웨이브용 제2제으 기준에 따름

### 3) 치오글라이콜릭애씨드 또는 그 염류를 주성분으로 하는 냉2욕식 헤어 스트레이트너용 제품

실온 사용, 제1제(치오글라이콜릭애씨드 또는 그 염류가 주성분) 및 제2제(산화제 함유)로 구성

#### (1) 제1제

치오글라이콜릭애씨드 또는 그 염류를 주성분으로 하는 냉2욕식 퍼머넌트 웨이브용 제1제Ψ 기준과 동일

#### (2) 제2제 기준

치오글라이콜릭애씨드 또는 그 염류를 주성분으로 하는 냉2욕식 퍼머넌트 웨이브용 제2제으 기준에 따름

### 4) 치오글라이콜릭애씨드 또는 그 염류를 주성분으로 하는 가온2욕식 퍼머넌트 웨이브용

사용할 때 약 60℃ 이하로 가온 조작해 사용, 제1제(치오글라이콜릭애씨드 또는 그 염류를 주성분) 및 제2제(산화제 함유)로 구성

#### (1) 제1제 X

① 치오글라이콜릭애씨드 또는 그 염류를 주성분으로 하고 불휘발성 무기알칼리의 총량이 치오글라이콜릭애씨드의 대응량 이하인 액제
② pH : 4.5~9.3, 중금속 : 20 μg/g 이하, 비소 : 5 μg/g 이하, 철 : 2 μg/g 이하
③ 알칼리 : 0.1 N 염산 소비량은 검체 1 mL 에 대해 5 mL 이하

④ 환원 후의 환원성 물질(디치오디글라이콜릭애씨드) : 4.0% 이하
⑤ 산성에서 끓인 후의 환원성 물질(치오글라이콜릭애씨드) : 1.0~5.0%
⑥ 산성에서 끓인 후의 환원성 물질 이외의 환원성 물질(아황산염, 황화물 등)
- 검체 1 mL 중 산성에서 끓인 후의 환원성 물질 이외의 환원성 물질에 대한 0.1 N 요오드액의 소비량이 0.6 mL 이하

(2) 제2제 기준

치오글라이콜릭애씨드 또는 그 염류를 주성분으로 하는 냉2욕식 퍼머넌트 웨이브용 제2제의 기준에 따름

### 5) 시스테인, 시스테인염류 또는 아세틸시스테인을 주성분으로 하는 가온2욕식 퍼머넌트 웨이브용 제품

약 60℃ 이하로 가온 조작해 사용, 제1제(시스테인 시스테인염류 또는 아세틸시스테인이 주성분) 및 제2제(산화제 함유)로 구성

(1) 제1제

① 불휘발성 무기알칼리를 함유하지 않는 액제
② pH : 4.0~9.5
③ 알칼리 : 0.1 N 염산의 소비량은 검체 1 mL에 대하여 9 mL 이하
④ 환원 후의 환원성 물질(시스틴) : 0.65% 이하, 시스테인 : 1.5~5.5%
⑤ 중금속 : 20 μg/g 이하, 비소 : 5 μg/g 이하, 철 : 2 μg/g 이하

(2) 제2제 기준

치오글라이콜릭애씨드 또는 그 염류를 주성분으로 하는 냉2욕식 퍼머넌트 웨이브용 제2제의 기준에 따름

### 6) 치오글라이콜릭애씨드 또는 그 염류를 주성분으로 하는 가온2욕식 헤어 스트레이트너 제품

시험할 때 약 60℃ 이하로 가온 조작해 사용, 제1제(치오글라이콜릭애씨드 또는 그 염류가 주성분) 및 제2제(산화제 함유)로 구성

(1) 제1제

치오글라이콜릭애씨드 또는 그 염류를 주성분으로 하는 가온2욕식 퍼머넌트 웨이브용 제1제의 기준과 동일

(2) 제2제 기준

치오글라이콜릭애씨드 또는 그 염류를 주성분으로 하는 냉2욕식 퍼머넌트 웨이브용 제2제의 기준에 따름

### 7) 치오글라이콜릭애씨드 또는 그 염류를 주성분으로 하는 고온정발용 열기구를 사용하는 가온2욕식 헤어 스트레이트너 제품

시험할 때 약 60℃ 이하로 가온해 제제를 처리한 후 물로 충분히 세척하여 수분을 제거하고 고온정발용 열기구(180℃ 이하)를 사용, 제1제(치오글라이콜릭애씨드 또는 그 염류가 주성분) 및 제2제(산화제 함유)로 구성

(1) 제1제

치오글라이콜릭애씨드 또는 그 염류를 주성분으로 하는 가온2욕식 퍼머넌트 웨이브용 제1제의 기준과 동일

(2) 제2제 기준

치오글라이콜릭애씨드 또는 그 염류를 주성분으로 하는 냉2욕식 퍼머넌트 웨이브용 제2제의 기준에 따름

### 8) 치오글라이콜릭애씨드 또는 그 염류를 주성분으로 하는 냉1욕식 퍼머넌트 웨이브용 제품(실온 사용)

① 치오글라이콜릭애씨드 또는 그 염류를 주성분으로 하고, 불휘발성 무기알칼리의 총량이 치오글라이콜릭애씨드의 대응량 이하인 액제
② pH : 9.4~9.6, 중금속 : 20 μg/g 이하, 비소 : 5 μg/g 이하, 철 : 2 μg/g 이하
③ 알칼리 : 0.1 N 염산 소비량은 검체 1 mL에 대해 3.5~4.6 mL
④ 환원 후의 환원성 물질(디치오디글라이콜릭애씨드) : 0.5% 이하
⑤ 산성에서 끓인 후의 환원성 물질(치오글라이콜릭애씨드) : 3.0~3.3%
⑥ 산성에서 끓인 후의 환원성 물질 이외의 환원성 물질(아황산염, 황화물 등)
- 검체 1 mL 중 산성에서 끓인 후의 환원성 물질 이외의 환원성 물질에 대한 0.1 N 요오드액의 소비량이 0.6 mL 이하

### 9) 치오글라이콜릭애씨드 또는 그 염류를 주성분으로 하는 제1제 사용 시 조제하는 발열 2욕식 퍼머넌트 웨이브용 제품

사용 시 제1제의 1 및 제1제의 2를 혼합하면 약 40℃로 발열되어 사용, 제1제의 1(치오글라이콜릭애씨드 또는 그 염류가 주성분)과 제1제의 2(제1제의 1중의 치오글라이콜릭애씨드 또는 그 염류의 대응량 이하의 과산화수소 함유), 제2제(과산화수소를 산화제로 함유)로 구성

(1) 제1제의 1

① 치오글라이콜릭애씨드 또는 그 염류를 주성분으로 하는 액제
② pH : 4.5~9.5, 중금속 : 20 μg/g 이하, 비소 : 5 μg/g 이하, 철 : 2 μg/g 이하
③ 알칼리 : 0.1 N 염산 소비량은 검체 1 mL에 대해 3.5~4.6 mL
④ 환원 후의 환원성 물질(디치오디글라이콜릭애씨드) : 0.5% 이하
⑤ 산성에서 끓인 후의 환원성 물질(치오글라이콜릭애씨드) : 8.0~19.0%

⑥ 산성에서 끓인 후의 환원성 물질 이외의 환원성 물질(아황산염, 황화물 등)
- 검체 1 mL 중 산성에서 끓인 후의 환원성 물질 이외의 환원성 물질에 대한 0.1 N 요오드액의 소비량이 0.8 mL 이하

(2) 제1제의 2

① 제1제의 1중에 함유된 치오글라이콜릭애씨드 또는 그 염류의 대응량 이하의 과산화수소를 함유한 액제
② pH : 2.5~4.5
③ 중금속 : 20 μg/g 이하
④ 과산화수소 : 2.7~3.0%

(3) 제제의 1 및 제제의 2의 혼합물

① 제제의 1 및 제제의 2를 용량비 3 : 1로 혼합한 액제
② 치오글라이콜릭애씨드 또는 그 염류를 주성분으로 하고 불휘발성 무기알칼리의 총량이 치오글라이콜릭애씨드의 대응량 이하인 것
③ pH : 4.5~9.4
④ 알칼리 : 0.1 N 염산의 소비량은 검체 1 mL에 대하여 7 mL 이하
⑤ 산성에서 끓인 후의 환원성 물질(치오글라이콜릭애씨드) : 2.0~11.0%
⑥ 산성에서 끓인 후의 환원성 물질 이외의 환원성 물질(아황산염, 황화물 등)
- 산성에서 끓인 후의 환원성 물질 이외의 환원성 물질에 대한 0.1 N 요오드액의 소비량은 0.6 mL 이하
⑦ 환원 후의 환원성 물질(디치오디글라이콜릭애씨드) : 3.2~4.0%
⑧ 온도 상승 : 온도의 차는 14℃~20℃

(4) 제제

치오글라이콜릭애씨드 또는 그 염류를 주성분으로 하는 냉2욕식 퍼머넌트 웨이브용 제2제º 기준에 따름

# Chapter 3 입고된 원료 및 내용물의 관리 기준

## 1 입고된 원료 및 내용물의 관리 기준 및 조건

### 1) 원료 및 내용물의 품질관리기준

(1) **품질성적서**(시험성적서) 확인
밀봉 상태, 성상, 이물, 관능, 부적합 기준, 개봉하지 않은 내용물이 유통 화장품 안전관리기준에 적합함을 확인할 수 있는 자료 등

(2) 보관조건 확인 : 온도, 차광, 습도, 냉장고(저온 보관 시) 등

(3) 부적합 일지 작성 : 부적합 기준이 기재된 품질성적서(원료규격서)에 근거

(4) 원료(내용물) 수불일지(입출고) 작성
① 원료명, 원료의 유형, 입고일, 입고 수량/중량, 사용량, 사용일, 재고량 등
② 내용물의 입고, 사용, 폐기 내역 등

(5) 원료 샘플링 : 조도 540룩스 이상의 별도 공간에서 실시

### 2) 입고된 원료의 관리 및 보관조건*

품질이 부적합되지 않도록 수취와 이송 중의 손상, 보관 온도, 습도, 다른 제품과의 접근성을 고려

(1) 입고된 **원자재 상태**("적합", "부적합", "검사 중")**를 표시**
동일 수준의 보증이 가능한 다른 시스템이 있다면 대체 가능

(2) 입고된 원료는 검사 중, 적합, 부적합에 따라 **각각 구분된 공간에 별도 보관**
① 필요시 부적합된 원료를 보관하는 공간은 잠금장치 추가
② 혼동을 방지할 수 있는 경우 해당 시스템을 통해 관리 가능

(3) 한번에 입고된 원료는 **제조단위별로 각각 구분**해 관리

### 3) 입고된 내용물 관리 및 보관조건

(1) 품질이 부적합되지 않도록 품질에 영향을 최소화할 수 있는 적합한 장소에 밀폐 상태로 보관
화장품 책임판매업자가 정한 보관조건 준수

(2) 벌크 용기에 입출고 날짜를 표시

(3) 입고된 미개봉 내용물의 포장상태, 보관 중 품질 이상 여부를 주기적으로 점검
내용물 고유정보는 화장품 책임판매업자로부터 문서화된 자료로 수령

# Chapter 4 보관 중인 원료 및 내용물 출고 기준

## 1 원료 및 내용물의 보관 및 출고 기준

### 1) 원료 및 내용물의 보관 관리

(1) 보관조건★

① **품질에 나쁜 영향을 미치지 않는 조건**에서 **보관기한을 설정**해 보관
② 바닥과 벽에 닿지 않도록 보관
③ 완제품 품질 향상을 위한 **선입선출**(재고품 순환을 고려해 오래된 것을 먼저 사용)에 의해 출고할 수 있도록 보관

(2) 원료 보관 관리 항목

보관 – 검체 채취 – 보관용 검체 – 제품 시험 – 합격·출하 판정 – 출하 – 재고 관리 – 반품

(3) 보관용 검체★★

① 제품을 사용기한 중 재검토(재시험, 불만사항 해결)할 때에 대비
㉠ 제품을 그대로, 가장 안정한 조건에서 보관
㉡ 각 뱃치를 대표하는 검체를 보관
㉢ 일반적으로 **각 뱃치별로** 제품 시험을 **2번 실시할 수 있는 양을 보관**
② **사용기한 경과 후 1년**간, 또는 개봉 후 사용기간을 기재하는 경우 **제조일로부터 3년**간 보관

### 2) 원료 보관 기준 「우수 화장품 제조 및 품질관리기준(CGMP)」 제13조(보관 관리)

| 원자재, 시험 중인 제품, 부적합품 | 재평가시스템 |
|---|---|
| • 각각 구획된 장소에서 보관<br>• 서로 혼동을 일으킬 우려가 없는 시스템의 경우 제외 | • 설정된 보관기한이 지나면 사용의 적절성을 결정하기 위해 재평가 시스템 확립<br>※ 최대 보관기한을 설정하는 것이 바람직<br>• 동시스템을 통해 보관기한이 경과한 경우 사용하지 않도록 규정 |

### 3) 원료 및 내용물의 출고관리

(1) 선입선출 방식의 주요 사항

① 입고 및 출고 상황을 관리·기록
② 특별한 환경을 제외하고 재고품 순환은 **오래된 것이 먼저 사용**되도록 보증
③ 나중에 입고된 물품이 **사용기한이 짧은 경우 또는 특별한 사유가 발생할 경우**, 먼저 입고된 물품보다 먼저 출고 가능

(2) 출고할 원료 및 내용물의 보관 장소

**지정된 보관 장소**에 **선입선출**이 가능하도록 **식별표**를 부착해 입고·보관

(3) 출고할 원료 및 내용물의 보관조건★★

① 각 **원료와 포장재**에 적합할 것
② 과도한 열기, 추위, 햇빛 또는 습기에 노출되어 **변질되는 것**을 **방지**할 수 있어야 함
③ **물질의 특징** 및 **특성**에 맞도록 보관, 취급(특수한 보관조건은 적절하게 준수 및 모니터링)
④ 원료의 용기는 **밀폐**된 상태로 청소와 검사가 용이하도록 **충분한 간격으로 바닥과 떨어진 곳**에 보관
⑤ 원료가 재포장될 경우, **원래의 용기와 동일하게 표시**되어야 함
⑥ 철저한 원료관리를 통해 **허가되지 않거나, 불합격 판정, 의심스러운 물질** 사용 방지
예시 물리적 격리(quarantine)나 수동 컴퓨터 위치 제어 등의 방법

## 4) 원료 및 내용물의 출고 기준 「우수 화장품 제조 및 품질관리기준(CGMP)」 제12조(출고 관리)

(1) **선입선출**을 기준으로 **출고 절차** 마련

모든 보관소에서 선입선출 절차가 사용되며 모든 물품은 원칙적으로 선입선출 방법으로 출고

(2) 출고 관련 **책임자 지정**

시험 결과 적합으로 판정되고 품질보증부서 책임자가 출고 승인한 것만을 출고

(3) 출고 **문서화**

포장 및 유통을 위해 불출되기 전, 해당 제품이 규격서를 준수하고 지정된 권한을 가진 자에 의해 승인된 것임을 확인하는 절차서가 수립되어야 함

(4) **검체가 원료 기준을 충족**시킬 때 **불출**

뱃치에서 취한 검체가 모든 합격 기준에 부합할 때 뱃치가 불출될 수 있음

# Chapter 5 내용물 및 원료의 폐기 기준

## 1 원료 및 내용물의 폐기 기준

### 1) 원료 물질의 변질 · 변패를 위한 관능검사

감각기관(후각, 시각, 미각, 촉각 등)을 통해 원료 사용 가능 여부를 **1차적으로 판정**

① 냄새의 발생(암모니아 냄새, 아민 냄새, 산패한 냄새, 알코올 냄새 등)
② 색깔의 변화(변색, 퇴색, 광택 등)
③ 성상의 변화(고형의 경우 액상화, 액상화의 경우 고형화 등)
④ 이상한 맛이나 불쾌한 맛의 발생(신맛, 쓴맛, 자극적인 맛 등)

### 2) 폐기 기준 「우수 화장품 제조 및 품질관리기준(CGMP)」 제22조(폐기 처리 등)

원료 및 내용물의 품질에 문제가 있거나 회수·반품된 제품은 폐기 기준을 설정해 관리

#### (1) 재작업★★

뱃치 전체 또는 일부에 **추가 처리**
(한 공정 이상의 작업을 추가하는 일)

부적합품을 적합품으로 **재가공**

① 적합 판정 기준을 벗어난 **완제품** 또는 **벌크 제품**을 **재처리**하여 품질이 **적합한 범위**에 들어오도록 하는 작업
② 재작업 여부는 **품질보증 책임자에 의해 승인**되어 진행
③ 재작업은 변질·변패 또는 병원 미생물에 오염되지 않고, 제조일로부터 1년 이하 또는 사용기한이 1년 이상 남아있는 경우 가능

#### (2) 기준일탈 제품

① 원료와 포장재, 벌크 제품과 완제품이 **적합 판정 기준을 만족시키지 못한 제품**
② 기준일탈 제품의 처리
㉠ 기준일탈 원료 발생 시 미리 정한 절차를 따라 확실한 처리 후 모두 문서에 남김
㉡ 기준일탈된 원료 또는 벌크 제품은 재작업 가능
㉢ 기준일탈 원료는 폐기하는 것이 가장 바람직
㉣ 일단 부적합 원료의 재작업을 쉽게 허락할 수 없으며 먼저 권한 소유자(부적합 제품의 제조 및 관리 책임자)에 의한 원인 조사가 필요
㉤ 그 다음 재작업을 해도 제품 품질에 악영향을 미치지 않는 것을 예측해야 함

#### (3) 재입고 불가 제품의 처리

폐기 처리 규정을 작성, 폐기 대상은 별도 보관 후 규정에 따라 신속하게 폐기

# Chapter 6 내용물 및 원료의 (개봉 후)사용기한 확인 · 판정

## 1 내용물 및 원료의 (개봉 후)사용기한 확인 및 판정

### 1) 내용물 및 원료의 (개봉 후)사용기한 설정

용기 내에서 보존되던 내용물 및 원료가 개봉 후 **다양한 환경 인자**(산소, 빛 미생물)에 노출될 경우 **변성**이 일어날 수 있음

**(1) 원료 공급처의 사용기한 준수**

① 사용기한 내에서 **자체적인 재시험 기간**과 **최대 보관기한** 설정
② 사용기한이 정해지지 않은 원료(색소 등)는 자체적으로 사용기한 설정

**(2) 문서화된 시스템 확립**

① 사용기한이 규정되어 있지 않은 원료는 품질 부문에서 사용기한 설정
② **정해진 사용기한이 지나면 재평가**하여 사용 적합성 결정
※ 재평가 방법에는 원료 등 및 화장품 제조의 장기 안정성 데이터의 뒷받침이 필요
③ 최대 사용기한을 설정하는 것이 바람직

(3) 내용물 및 원료 보관 시 필요한 환경

① 출입제한
② 오염 방지(시설 대응, 동선관리 필요)
③ 방충 · 방서 대책
④ 온도 · 습도 · 차광
※ 안정성 시험 결과, 제품 표준서 등을 토대로 제품마다 필요한 항목 설정

### 2) 원료 및 내용물의 (개봉 후)사용기한 확인 · 판정

① 표시 기재된 사용기한을 **육안**으로 확인
② 사용기한 확인 일자 표기

# Chapter 7 내용물 및 원료의 변질 상태 확인

## 1 검체 채취 및 보관 「우수 화장품 제조 및 품질관리기준(CGMP)」 제21조

### 1) 내용물 및 원료의 품질 특성을 고려한 변질 상태(변색, 변취 등) 판단

(1) 시험용 검체 채취

① 채취 시 **오염되거나 변질되지 않도록** 주의
② 채취 후 **원상태에 준하는 포장**을 하고 검체가 채취되었음을 표시
③ **여러 번 재보관과 재사용 반복을 피함**
④ **관능검사**로 변질 상태 확인, **필요시 이화학적 검사** 실시

**시험용 검체의 보존기간 및 양**

- 일반적으로 시험용 검체는 전 제품 시험 필요량을 체취
- 제품 시험이 종료되고 시험 결과가 승인될 때까지 보존

(2) 시험용 검체 용기 기재 사항★★

① 명칭 또는 확인 코드
② 제조번호
③ 검체 채취 일자

### 2) 사용기한 중 제품의 재검토★★

(1) 보관용 검체(완제품)

**제품의 경시 변화를 추적**하고 사고 등이 발생했을 때 제품을 시험하는 데 충분한 양을 확보하기 위한 것

① 각 제조단위를 대표하는 검체를 보관
② 시판용 제품의 포장형태와 동일하여야 함
③ 제조단위 · 제조 번호(또는 코드) 그리고 날짜로 확인되어야 함

(2) 보관용 검체의 보관

① 극단의 고온다습, 저온저습을 피하고 제품 유통 시의 환경 조건에 준하는 조건(실온) 보관
② 안정성 시험 계획을 세우고 특정 제조단위에 대하여 충분한 양의 검체를 보존
③ 동일 제조단위에서 포장 형태는 같으나 포장단위가 다른 경우에는 어느 포장단위라도 무방하나, 포장 형태가 다른 경우에는 각각을 보관
④ **사용기한 경과 후 1년간, 개봉 후 사용기간**을 기재하는 경우 **제조일로부터 3년간** 보관

# Chapter 8 내용물 및 원료의 폐기 절차

## 1 내용물 및 원료의 폐기 기준 및 절차

### 1) 결함, 불량 원료, 폐기 대상 원료 및 내용물의 폐기

(1) 폐기 기준 설정

완제품의 만족도 향상 및 소비자 불만을 사전에 예방, 폐기 대상 내용물 및 원료 발생 시 투명한 절차를 통해 처리

(2) 폐기 기준

품질에 문제가 있거나 회수·반품된 제품의 **폐기 또는 재작업 여부는 품질보증 책임자에 의해 승인**

### 2) 기준일탈 제품의 처리

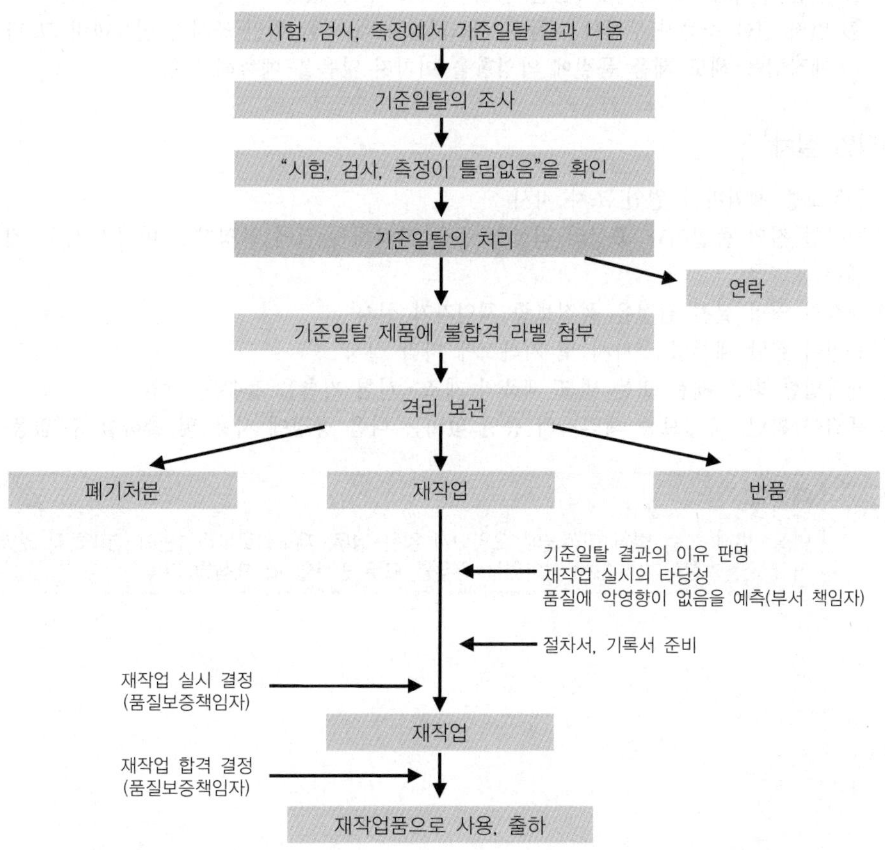

(1) 기준일탈 원료의 폐기 절차★★

① 시험, 검사, 측정에서 기준일탈
② 기준일탈의 조사
③ "시험, 검사, 측정이 틀림없음"을 확인
④ 기준일탈의 처리
⑤ 기준일탈 제품에 불합격 라벨 첨부
⑥ 격리 보관
⑦ 폐기처분
⑧ 필요시 반품 처리

(2) 기준일탈 원료의 처리

① 원료가 적합 판정 기준을 만족시키지 못할 경우
② 미리 정한 절차를 따라 확실한 처리를 하고 실시한 내용을 모두 문서에 남김
③ 기준일탈이 된 완제품 또는 벌크 제품은 재작업 가능
④ 기준일탈 제품은 폐기하는 것이 가장 바람직
⑤ 폐기하면 큰 손해가 되므로 재작업을 고려
⑥ 일단 부적합 제품의 재작업을 쉽게 허락할 수는 없음
⑦ 먼저 권한 소유자(부적합 제품의 제조책임자)에 의한 원인 조사가 필요하며 그 다음 재작업을 해도 제품 품질에 악영향을 미치지 않음을 예측해야 함

### 3) 재작업 절차★

① 품질보증 책임자가 원인 조사 지시
② 재작업 전의 품질이나 공정의 적합함 등을 고려해 품질에 악영향을 미치지 않는 것을 예측
③ 재작업 처리 실시 결정은 품질보증 책임자가 실시
④ 승인이 끝난 재작업 절차서 및 기록서에 따라 실시
⑤ 재작업한 최종 제품 또는 벌크 제품의 제조·시험 기록을 충분히 남김
⑥ 품질이 확인, 품질보증 책임자의 승인 없이는 다음 공정에 사용 및 출하할 수 없음

**재작업★★**

변질·변패 또는 병원 미생물에 오염되지 않은 경우, 제조일로부터 1년이 경과하지 않았거나 사용기한이 1년 이상 남아있는 경우를 모두 만족할 때 재작업 가능

# PART 5 포장재의 관리

## Chapter 1 포장재 입고 기준

### 1 화장품에 사용되는 포장재의 종류 및 입고 기준

#### 1) 화장품 포장재의 소재별 분류 및 특징

(1) 유리

① **투명**감이 좋고 **광택**이 있으며 **착색**이 가능
② 화장품 원료(유지, 유화제 등)에 대해 내성이 큼
③ 수분, 향료, 에탄올, 기체 등이 투과되지 않음
④ 세정, 건조, 멸균의 조건에서도 잘 견딤

(2) 플라스틱

① 거의 모든 화장품 용기에 이용
② 열가소성 수지(PET, PP, PS, PE, ABS)와 열경화성 수지(페놀, 멜라민, 에폭시수지)로 분류
㉠ 장점 : **가공이 용이**, 자유로운 착색, **투명성**이 좋음, 가볍고 튼튼, 전기 절연성, 내수성, 단열성
㉡ 단점 : **열에 약함**, 변형되기 쉬움, 표면에 흠집이 잘 생김, 오염되기 쉬움, 강도가 금속에 비해 약함, 가스나 수증기 등의 투과성, 용제에 약함

(3) 금속

① 철, 스테인리스강, 놋쇠, 알루미늄, 주석 등
② 화장품 용기의 튜브, 뚜껑, 에어로졸 용기, 립스틱 케이스 등에 사용
㉠ 장점 : 기계적 강도가 큼, 얇아도 **충분한 강도**가 있음, 충격에 강함, 가스 등을 투과시키지 않으며 도금, 도장 등의 표면 가공이 쉬움
㉡ 단점 : **녹에 대한 주의** 필요, 불투명, 무거움, 가격이 높음

(4) 종이

① 주로 포장상자, 완충제, 종이드럼, 포장지, 라벨 등에 이용
※ 포장지·라벨의 경우 종이 소재에 필름을 붙이는 코팅을 하여 광택을 증가시키는 것도 있음
② 상자에는 통상의 접는 상자, 풀로 붙이는 상자, 선물세트 등

제3편

## 2) 포장재의 입고 관리 「우수 화장품 제조 및 품질관리기준(CGMP)」 제11조(입고 관리) 준용

| ① 시험성적서 확인 | ② 관능검사 | ③ 유통기한 확인 |
|---|---|---|
| 포장재 규격서에 따른 용기 종류 및 재질을 파악 · 점검 | 재질, 용량, 치수, 외관, 인쇄내용, 이물질 오염 등 **위생 상태** 점검 | |

(1) 화장품 제조와 포장에 사용되는 **모든 포장재**는 해당 물질의 검증, 확인, 보관, 취급 및 사용을 보장할 수 있도록 **절차 수립**

① 보증의 검증은 주기적으로 관리

② 확인, 검체 채취, 규정 기준에 대한 검사 및 시험, 승인된 자에 의한 불출 전까지 어떠한 물질도 사용되어서는 안 된다는 것을 명시하는 원료 수령에 대한 **절차서 수립**

(2) 구매 요구서, 인도문서, 인도물이 서로 일치

① 품질을 입증할 수 있는 검증 자료를 공급자로부터 공급받아야 함

② 포장재 확인 시 검토 사항

㉠ 인도문서와 포장에 표시된 품목 제품명

㉡ 공급자가 명명한 제품명과 다를 경우 제조절차에 따른 품목 제품명/해당 코드번호

㉢ CAS 번호(적용 가능한 경우)

㉣ 수령 일자와 수령 확인번호

㉤ 공급자명

㉥ 공급자가 부여한 뱃지 정보 또는 수령 시 주어진 뱃지 정보

㉦ 기록된 양

(3) 포장재 선적 용기에 대해 **육안 검사**(표기 오류, 용기 손상, 봉인 파손, 오염 등)

① 외부로부터 공급된 포장재의 규정된 완제품 품질 합격 판정 기준을 충족시켜야 함

② 결함을 보이는 포장재는 **결정이 완료될 때까지 보류** 상태

㉠ 격리 보관 및 폐기

㉡ 포장재 공급업자에게 반송

(4) 제품 식별과 혼동 위험을 없애기 위한 라벨링

① 외부로부터 반입되는 모든 포장재는 관리를 위해 표시, 필요한 경우 포장 외부를 청소

② 포장재 용기는 **물질과 뱃치 정보를 확인할 수 있는 표시 부착**

③ 포장재 용기의 필수 기재 사항

㉠ 포장재 공급자가 정한 제품명

㉡ 포장재 공급자명

㉢ 공급자가 부여한 제조번호 또는 관리번호

(5) 입고된 포장재는 **표시된 상태(검사 중, 적합, 부적합)**에 따라 각각 구분된 공간에 **별도 보관**

① 자동화 창고와 같은 시스템으로 관리 시 예외

② 부적합 포장재 보관 공간은 필요한 경우 잠금장치 추가

③ 한번에 입고된 포장재는 제조단위별로 각각 구분해 관리

# Chapter 2 입고된 포장재 관리 기준

## 1 입고된 포장재의 품질관리 및 보관조건

### 1) 입고된 포장재 관리 기준

(1) **포장재의 보관조건** 「우수 화장품 제조 및 품질관리기준(CGMP)」 제13조(보관 관리)

| 적합한 보관조건에 따른 보관 | 정기적 재고조사 실시 | 오래된 재고 선불출(선입선출) |
|---|---|---|

① 품질에 **악영향을 주지 않는 조건에서 보관, 보관기한** 설정
② **바닥과 벽에 닿지 않도록** 보관
㉠ 포장재 용기는 밀폐
㉡ 청소와 검사가 용이하도록 충분한 간격으로 바닥과 떨어진 곳
③ **선입선출**에 의해 출고할 수 있도록 보관(재고 회전 보증을 위한 방법 확립)
④ 시험 중인 제품 및 부적합품 등은 **각각 구획된 장소**에서 보관
㉠ 서로 혼동을 일으킬 우려가 없는 시스템에 의해 보관되는 경우는 제외
㉡ 물리적 격리, 수동컴퓨터 위치 제어 등의 방법으로 불합격, 불허, 의심스러운 포장재의 허가되지 않은 사용 방지
⑤ **설정된 보관기한 경과 시 재평가시스템 확립**(동 시스템을 통해 보관기한이 경과한 경우 사용하지 않도록 규정)

(2) **포장재의 적절한 보관 관리 방법**

도난, 분실, 변질 등의 문제가 발생하지 않도록 작업자 외에 보관소 출입을 제한

(3) **포장재 관리에 필요한 사항**

중요도 분류 – 공급자 결정 – 발주 – 입고 – 식별·표시 – 합격·불합격 판정 – 보관 – 불출 – 보관 환경 설정 – 사용기한 설정 – 정기적 재고 관리 – 재평가 – 재보관

### 2) 포장재의 품질관리기준

화장품 제조·판매업자가 자체적으로 포장재에 대한 기준 규격 설정

(1) 1차 포장 용기의 **청결성** 확보

① 자체 세척 또는 용기 공급업자 제공
② 세척 방법에 대한 유효성 및 정기적 점검 확인

(2) 작업 시 확인 및 점검

포장 작업 전에 이물질의 혼입이 없도록 작업구역 정리

(3) 완제품의 포장재에 **제조번호** 부여

# Chapter 3 보관 중인 포장재 출고 기준

## 1 포장재의 출고 기준

### 1) 포장 작업 「우수 화장품 제조 및 품질관리기준(CGMP)」 제18조

① **문서화된 절차**를 수립 · 유지
② 포장지시서에 의해 수행
※ 포장지시서 포함 사항 : 제품명, 포장설비명, 포장재 리스트, 상세한 포장공정, 포장 생산 수량

### 2) 포장재의 보관 및 출고 관리 「우수 화장품 제조 및 품질관리기준(CGMP)」 제12조, 제19조

**(1) 불출된 포장재만이 사용되고 있음을 확인하기 위한 적절한 시스템 확립**
물리적 시스템 또는 대체 시스템(전자시스템 등)

**(2) 보관 중인 포장재는 승인된 자만이 불출(출고) 절차를 수행, 품질보증부서 책임자가 승인한 것만 출고**
① 포장재의 적절한 보관, 취급 및 유통을 보장하는 절차서 수립
② 출고 전 모든 포장재는 설정된 시험 방법에 따라 관리, 합격 판정 기준에 부합했을 때만 포장재를 출고
③ 포장재는 불출되기 전까지 사용을 금지하는 격리를 위해 특별한 절차 이행

**(3) 출고할 포장재는 원자재, 부적합품, 반품된 제품과 구획된 장소에서 보관**
서로 혼동을 일으킬 우려가 없는 시스템에 의해 보관되는 경우 예외

**(4) 선입선출 방식의 출고와 이를 확인할 수 있는 체계 수립**
① 모든 보관소에서는 선입선출의 절차가 사용
② 특별한 사유가 있을 경우, 적절하게 문서화된 절차에 따라 나중에 입고된 물품을 먼저 출고

# Chapter 4 포장재의 폐기 기준

## 1 포장재의 품질관리 및 폐기 기준

### 1) 포장재의 적합 판정 기준

#### (1) 포장재의 품질관리

① 포장재에 대한 적합 기준 마련, 제조번호별로 시험 기록을 작성·유지
② 적합한 것을 확인하기 위해 문서화
③ 규정된 합격 판정 기준을 만족하는 포장재를 확인하기 위한 필수적인 시험 방법이 모두 적용

#### (2) 시험성적서

① 시험의 결과를 시험성적서에 정리
② 모든 시험 기록은 검토한 후 **적합, 부적합, 보류 판정**



### 2) 포장재의 폐기 기준

#### (1) 폐기 기준 설정

완제품 완성도를 높이며 소비자의 안전한 사용을 위해 필요

#### (2) 폐기 기준 및 관리

① 보관기간, 유효기간 경과 시 업소 자체 규정에 따라 폐기
② 포장 중 불량품 발견 시 정상 제품과 구분하여 불량 포장재를 인수·인계 또는 별도 장소로 이송
③ 부적합한 불량 포장재는 창고 이송 후 반품 또는 폐기 처리(해당 업체에 시정 요구 등 필요 조치)

### 3) 포장재의 일탈 관리 및 폐기 처리

#### (1) 일탈

① 포장재가 적합 판정의 기준(제품표준서, 포장작업절차서 등)을 벗어나 이루어진 행위
② 일탈 제품 발생 시 일탈에 대해 조사한 후 필요한 조치를 마련

#### (2) 기준일탈 및 재작업

① 어떤 원인에 의해서든 포장재가 적합 판정 기준을 만족시키지 못한 경우
② 기준일탈 제품 발생 시 엄격한 절차를 마련해 조사하고 확실한 처리 후 문서화
※ 재작업 실시의 제안은 제조 책임자가 하나 실시에 대한 결정 및 결과에 대한 책임은 품질보증 책임자가 짐

# Chapter 5 포장재의 (개봉 후)사용기한 확인 · 판정

## 1 화장품 포장재 (개봉 후)사용기한 확인 · 판정

### 1) 화장품 포장재

완제품의 보호와 구매력 향상을 위해 필요

### 2) 화장품 (개봉 후)사용기한

화장품 포장재의 개봉 후 사용 가능성 유무 판단에 대한 기준으로 사용기한은 화장품 안정성 시험과 밀접한 관계

### 3) 포장재의 (개봉 후)사용기한 표기

(1) 사용기한 및 보관기간 결정을 위한 문서화된 시스템 확립

(2) 적절한 사용기한(보관기간) 규정

(3) 보관기간 경과 시 재평가

① 자체적으로 재평가시스템 확립
② 최대 사용기한 설정

# Chapter 6 포장재의 변질 상태 확인

## 1 품질관리를 위한 포장재의 변질 관리

### 1) 포장재의 변질 상태 판단

완제품의 **안정성 향상**, **보호제**로서의 역할 및 **표시**의 목적으로 사용하는 포장재는 그 목적을 충분히 충족하기 위해 변질 상태 유무를 확인

### 2) 포장재의 변질

포장재는 다양한 원인(코팅 불량, 부착 위치 불량, 깨짐, 뚜껑 불량으로 내용물 누출, 용기 표면 이물질 부탁, 글씨 인쇄 색상 불량, 부착 불량 등)으로 완제품 **불량** 및 **품질 저하**

(1) 변질 상태 확인

① 포장재 **소재별 특성**을 이해한 변질 상태 예측·확인
② **관능검사** 실시(변질 여부 확인)
③ 필요시 이화학적 검사 실행
④ 포장재 샘플링을 통한 엄격한 관리

(2) 변질 예방

① 포장재 **소재별 특성** 이해(유리, 플라스틱, 금속, 종이 등)
② 보관 방법, 보관조건, 보관 환경, 보관기한 등에 대한 숙지
③ 포장재 보관 관리
㉠ 벌레 및 쥐에 대비한 보관 장소
㉡ 보관 창고를 통한 오염 방지(보관소의 출입제한)
④ 재고의 회전을 보증하기 위한 방법 확립(선입선출)
㉠ 재고의 신뢰성 보증, 모든 중대한 모순을 조사하기 위해 정기적으로 재고조사 실시
㉡ 장기 재고품 처분 및 선입선출 규칙의 확인이 목적
㉢ 중대한 위반품 발견 시 일탈 처리

제3편

# Chapter 7 포장재의 폐기 절차

## 1 기준일탈 포장재 발생 시 수행되는 폐기 기준 및 절차

### 1) 포장재 폐기 기준

기준일탈의 발생 - 기준일탈의 조사 - 기준일탈의 처리 - 폐기처분

### 2) 포장재 폐기 절차

기준일탈 조사(미확인 원인에 대해 조사 실시) 결과 기준일탈이 확실하다면 제품 품질이 "부적합"

(1) 부적합 라벨 부착
기준일탈(폐기 대상) 포장재에 식별 표시

(2) 격리 보관
부적합 보관소(필요한 경우 시건장치를 채울 필요도 있음)

(3) 폐기물 수거함에 분리수거 카드 부착

(4) 폐기물 보관소로 운반하여 분리수거 확인

(5) 폐기물 대장에 기록

(6) 인계

### 3) 기준일탈 포장재의 처리 절차

(1) 기준일탈 조사
미확인 원인에 대한 조사 기준일탈 조사 실시 및 결과 재확인

(2) 부적합 라벨 부착
부적합이 확정되면 식별 표시, 부적합 보관소에 격리 보관

(3) 처리 방법(폐기처분, 재작업, 반품) 결정 및 실행
① 종합적인 원인을 조사
② 조사 결과를 근거로 부적합품의 처리 방법을 결정하고 실행
③ 위탁 제조품 및 특수한 경우 반품 고려

(4) 작업 결과는 기록에 남김

# 제 4 편

## 맞춤형 화장품의 특성 · 내용 및 관리 등에 관한 사항

# 맞춤형 화장품 개요

## Chapter 1 맞춤형 화장품 정의

### 1 맞춤형 화장품과 일반 화장품의 구분

1) 화장품 판매 방식의 변화

| 생산자 중심<br>(미리 제품을 대량 생산해<br>일반 소비자에게 판매) |  | 소비자 중심<br>(개인의 개성과 다양성을<br>반영한 소량 생산) |
|---|---|---|

2) 맞춤형 화장품 제도

**제조업 시설 등록 없이 판매장**에서 소비자 피부 타입과 특성 및 기호에 따라 **즉석으로** 화장품을 **혼합·소분(리필)**하고 소비자 안전관리를 확보하는 범위 내에서 맞춤형 화장품을 판매하는 소량 생산 방식

3) 맞춤형 화장품의 정의 「화장품법」 제2조

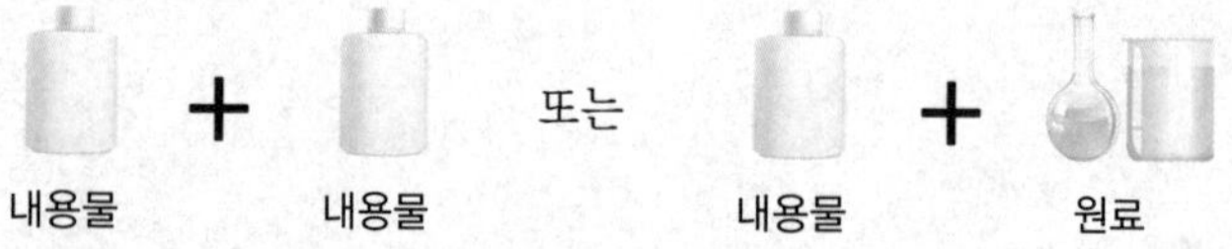


(1) 제조 또는 수입된 화장품의 내용물에 **다른 화장품의 내용물**이나 **식품의약품안전처장이 정하는 원료를 추가하여 혼합한 화장품**

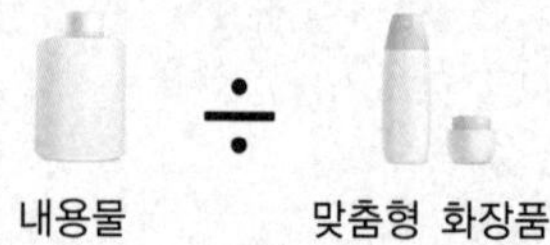


(2) 제조 또는 수입된 화장품의 내용물을 **소분(小分)한 화장품**

※ 제외 품목 : 고형(固形) 비누 등 총리령으로 정하는 화장품의 내용물을 단순 소분한 화장품

**맞춤형 화장품 제외 품목**★★

**고형(固形) 비누 등 총리령으로 정하는 화장품** : 화장 비누(고체 형태의 세안용 비누)

## 2 화장품 법령에 근거한 맞춤형 화장품 판매업

### 1) 맞춤형 화장품 판매업 및 맞춤형 화장품 판매업자의 정의

맞춤형 화장품을 판매하는 영업

### 2) 맞춤형 화장품 판매업의 세부사항

#### (1) 판매 영업의 범위 「화장품법 시행령」 제2조의3

① 제조 또는 수입된 화장품의 **내용물**에 다른 화장품의 **내용물**이나 식품의약품안전처장이 정하여 고시하는 **원료**를 추가하여 **혼합**한 화장품을 판매하는 영업

② 제조 또는 수입된 화장품의 내용물을 **소분(小分)**한 화장품을 판매하는 영업

#### (2) 맞춤형 화장품 혼합 · 소분의 범위

① 맞춤형 화장품에 사용 가능한 원료

② 제조 또는 수입된 화장품의 내용물

**원료**와 **원료의 혼합**은 맞춤형 화장품 혼합이 아닌 **화장품 제조**에 해당

#### (3) 맞춤형 화장품의 내용물 관리

① 유통 화장품 안전관리기준에 적합할 것

② 맞춤형 화장품 혼합에 사용할 수 없는 원료에 해당하지 않을 것

※ 화장품 책임판매업자로부터 관련 자료를 제공받아 확인

### 3) 맞춤형 화장품 조제관리사의 역할 및 자격

맞춤형 화장품 판매업 신고 시 **맞춤형 화장품 조제관리사 의무 채용**

#### (1) 맞춤형 화장품 조제관리사의 역할

맞춤형 화장품 판매장에서 개인의 피부 상태 · 선호도 및 진단 결과에 따라 화장품에 내용물 및 원료(색소, 향료 등)를 **혼합**하거나 **소분**하는 역할을 전문적으로 담당

#### (2) 맞춤형 화장품 조제관리사의 자격 「화장품법」 제3조의4 및 제3조의7

① 맞춤형 화장품 조제관리사가 되려는 사람은 화장품과 원료 등에 대하여 식품의약품안전처장이 실시하는 **자격시험**에 합격해야 함

② 식품의약품안전처장은 **거짓이나 그 밖의 부정한 방법**으로 자격시험에 응시하거나 부정행위를 한 사람에 대해서는 **자격시험을 정지**시키거나 **합격을 무효**로 함

③ 자격시험이 정지되거나 합격이 무효가 된 사람은 처분이 있는 날부터 **3년간 자격시험에 응시할 수 없음**

④ 맞춤형 화장품 조제관리사가 아닌 자는 **맞춤형 화장품 조제관리사** 또는 이와 **유사한 명칭을 사용 금지**

### (3) 맞춤형 화장품 조제관리사 자격의 취소 「화장품법」 제3조의8

① **거짓, 그 밖의 부정한 방법**으로 맞춤형 화장품 조제관리사의 **자격을 취득**한 경우
② 맞춤형 화장품 조제관리사의 **결격사유** 중 어느 하나에 해당하는 경우
㉠ 정신질환자
※ 전문의가 맞춤형 화장품 조제관리사로서 적합하다고 인정하는 사람은 제외
㉡ 피성년후견인
㉢ 마약류의 중독자
㉣ 금고 이상의 형을 선고받고 그 집행이 끝나지 아니하거나 그 집행을 받지 아니하기로 확정되지 아니한 자
㉤ 맞춤형 화장품 조제관리사의 자격이 취소된 날부터 3년이 지나지 아니한 자
③ 다른 사람에게 **자기의 성명을 사용하여 맞춤형 화장품 조제관리사 업무**를 하게 하거나 **맞춤형 화장품 조제관리사 자격증을 양도 또는 대여**한 경우

### (4) 맞춤형 화장품 조제관리사 자격증 발급★

① 자격시험의 합격한 경우
㉠ 자격증 발급 신청서(전자문서 포함)에 서류(전자문서를 포함)를 첨부해 식품의약품안전처장에게 제출
㉡ 첨부 서류
ⓐ **정신질환자**에 해당하지 않음을 증명하는 **최근 6개월 이내의 의사 진단서** 또는 맞춤형 화장품 조제관리사로서 적합하다고 인정하는 **전문의 진단서**
ⓑ **마약류의 중독자**에 해당하지 않음을 증명하는 **최근 6개월 이내의 의사 진단서**
② 자격증 분실 또는 훼손
㉠ 자격증 재발급 신청서(전자문서 포함)에 서류(전자문서를 포함)를 첨부해 식품의약품안전처장에게 제출
㉡ 첨부 서류
ⓐ 자격증을 잃어버린 경우 : 분실 사유서
ⓑ 자격증을 못 쓰게 된 경우 : 자격증 원본

### (5) 맞춤형 화장품 조제관리사의 교육

① 화장품의 안전성 확보 및 품질관리에 관한 교육(매년 1회)
② 자격을 취득한 해에 조제관리사로 선임된 경우, 최초 교육 면제

# Chapter 2 맞춤형 화장품 주요 규정

## 1 화장품 법령 및 규정에 근거한 맞춤형 화장품 판매업

### 1) 맞춤형 화장품 판매업의 신고 「화장품법」 제3조의2

#### (1) 신고에 대한 세부규정

① **맞춤형 화장품 판매업을 하려는 자**는 식품의약품안전처장(소재지 관할하는 지방식품의약품안전청장)에게 **신고**(신고한 사항을 **변경할 때**에도 동일)

② **시설을 갖추고** 맞춤형 화장품의 혼합·소분 등 품질·안전관리 업무에 종사하는 **맞춤형 화장품 조제관리사를 두어야 함**

#### (2) 맞춤형 화장품 판매업 신고 절차 「화장품법 시행규칙」 제8조의2

맞춤형 화장품 판매업을 신고하려는 자는 맞춤형 화장품 판매업 **신고서**(전자문서 포함)에 조제관리사 **자격증 사본, 시설 명세서** 첨부

맞춤형 화장품 판매업소 관할 소재지 **지방식품의약품안전청장에게 제출**

신고를 받은 지방식품의약품안전청장은 행정정보의 공동이용을 통해 법인등기사항 증명서(법인인 경우만 해당) 확인

신고가 요건을 갖춘 경우 맞춤형 화장품 판매업 신고 대장에 적고 **맞춤형 화장품 신고필증 발급**

※ 판매업소로 신고한 소재지 외의 장소에서 1개월의 범위에서 한시적으로 같은 영업을 하려는 경우, 해당 맞춤형 화장품 판매업 **신고서**에 맞춤형 화장품 판매업 **신고필증 사본**과 조제관리사 **자격증 사본**을 첨부해 제출

#### (3) 맞춤형 화장품 판매업 신고 대장 기입 사항

① 신고번호 및 신고 연월일
② 맞춤형 화장품 판매업을 신고한 자의 성명, 생년월일
③ 맞춤형 화장품 판매업자의 상호 및 소재지
④ 맞춤형 화장품 판매업소의 상호 및 소재지
⑤ 맞춤형 화장품 조제관리사의 성명, 생년월일, 자격증 번호
⑥ 맞춤형 화장품 조제관리사 결격사유

#### (4) 맞춤형 화장품 판매업소 시설 기준★ 「화장품법 시행규칙」 제8조의4

맞춤형 화장품의 혼합·소분 이외의 용도로 사용되는 공간과 분리 또는 구획된 맞춤형 화장품 혼합·소분을 위한 공간을 갖출 것

※ 혼합·소분 행위가 맞춤형 화장품 품질·안전 등 보건위생상 위해 발생 우려가 없다고 인정되는 경우 예외

제 4 편

(5) 결격사유★★ 「화장품법」 제3조의3

① **피성년후견인** 또는 **파산선고**를 받고 복권되지 아니한 자

② 「화장품법」 또는 「보건범죄 단속에 관한 특별조치법」을 위반하여 **금고 이상의 형을 선고받고 그 집행이 끝나지 아니하거나 그 집행을 받지 아니하기로 확정되지 아니한 자**

③ 「화장품법」 제24조에 따라 **등록이 취소**되거나 **영업소가 폐쇄된 날부터 1년이 지나지 아니한 자**

## 2) 맞춤형 화장품 판매업의 변경 신고 「화장품법 시행규칙」 제8조의3

| 구 분 | 제출 서류 |
|---|---|
| 공통 | • 맞춤형 화장품 판매업 변경 신고서<br>• 맞춤형 화장품 판매업 신고필증(기 신고한 신고필증) |
| 맞춤형 화장품 **판매업자** 변경 | • 사업자등록증 및 법인 등기부등본(법인에 한함)<br>• 양도·양수 또는 합병의 경우, 이를 증빙할 수 있는 서류<br>• **상속**의 경우 **가족관계증명서**★★ |
| 맞춤형 화장품 **판매업소 상호** 변경 | • 사업자등록증 및 법인등기부등본(법인에 한함) |
| 맞춤형 화장품 **판매업소 소재지** 변경<br>(새로운 소재지를 관할하는 지방식품의약품안전청장에게 제출) | • 사업자등록증 및 법인등기부등본(법인에 한함)<br>• 건축물 관리대장<br>• 임대차 계약서(임대의 경우에 한함)<br>• 혼합·소분 장소·시설 등을 확인할 수 있는 세부 평면도 및 상세 사진 |
| 맞춤형 화장품 **조제관리사** 변경 | • 맞춤형 화장품 조제관리사 자격증 사본 |

## 3) 맞춤형 화장품 판매업의 폐업 등의 신고 「화장품법 시행규칙」 제15조

(1) **폐업** 또는 **휴업, 휴업 후 재개**하려는 경우

맞춤형 화장품 판매업 **폐업·휴업·재개 신고서**에 맞춤형 화장품 판매업 **신고필증**(폐업 또는 휴업만 해당)을 **첨부**하여 지방식품의약품안전청장에게 제출

(2) 폐업 또는 휴업 신고를 하려는 자가 **사업자등록 폐업·휴업 신고를 같이** 하려는 경우

① 폐업·휴업신고서와 사업자등록 폐·휴업 신고서를 함께 제출

② 지방식품의약품안전청장은 함께 제출받은 신고서를 지체 없이 관할 세무서장에게 송부(정보통신망을 이용한 송부 포함)

## 2 화장품 법령 및 규정에 근거한 맞춤형 화장품 판매업자의 준수 사항★★

### 1) 맞춤형 화장품 판매업자의 의무 「화장품법」 제5조

(1) 소비자에게 유통 · 판매되는 화장품을 **임의로 혼합 · 소분 금지**

(2) 혼합 · 소분 안전관리 준수 의무

(3) 맞춤형 화장품 판매장 **시설 · 기구의 정기적 점검 및 보건위생상 위해가 없도록 관리**

(4) 맞춤형 화장품 판매 시 혼합 · 소분되는 **내용물 · 원료에 대한 설명** 의무

(5) 안전성 관련 사항 보고 의무

① 맞춤형 화장품 사용과 관련된 **부작용 발생 사례**에 대해 식품의약품안전처장이 정하여 고시하는 바에 따라 보고(「화장품 안전성 정보관리 규정」 준용)

② 부작용 관련 안전성 정보를 알게 된 날부터 **15일 이내** 식품의약품안전처 **홈페이지, 우편 · 팩스 · 정보통신망** 등의 방법으로 신속보고

(6) 맞춤형 화장품에 사용된 **모든 원료의 목록**을 매년 1회 **식품의약품안전처장에게 보고**

**맞춤형 화장품의 원료 목록 보고** 「화장품법 시행규칙」 제13조의2

- 지난해 판매한 맞춤형 화장품에 사용된 원료의 목록을 매년 2월 말까지 식품의약품안전처장이 정하여 고시하는 바에 따라 화장품업 단체를 통해 식품의약품안전처장에게 보고
- 생산실적 및 국내 제조 화장품 원료 목록 보고 : (사)대한화장품협회

(7) 교육 이수 명령 「화장품법」 제5조제8항

식품의약품안전처장이 국민 건강상 위해를 방지하기 위해 필요하다고 인정할 때 화장품 관련 법령 및 제도(안전성 확보 및 품질관리 내용 포함)에 관한 교육 이수 명령

### 2) 맞춤형 화장품 판매업자의 준수 사항 「화장품법 시행규칙」 제12조의2

(1) 맞춤형 화장품 판매장 시설 · 기구를 정기적 점검, 보건위생상 위해가 없도록 관리

(2) **혼합 · 소분 안전관리기준 준수**

① 혼합 · 소분 전 혼합 · 소분에 사용되는 내용물 또는 원료에 대한 **품질성적서** 확인

② 혼합 · 소분 전 **손 소독** 또는 **손 세정**(일회용 장갑을 착용하는 경우 예외)

③ 혼합 · 소분 전 혼합 · 소분된 제품을 담을 포장 용기의 **오염 여부 확인**

④ 혼합 · 소분에 사용되는 장비 또는 기구 등은 사용 전 그 **위생 상태를 점검**, 사용 후에는 오염이 없도록 **세척**

(3) 맞춤형 화장품 판매 시 판매내역서(전자문서 포함) 작성 · 보관

※ 제조번호, 사용기한 또는 개봉 후 사용기간, 판매일자 및 판매량 포함

(4) 원료 및 내용물의 입고, 사용, 폐기 내역 등에 대해 기록 관리

제 4 편

(5) 맞춤형 화장품 판매 시 소비자에게 설명

① 혼합·소분에 사용된 내용물·원료의 내용 및 특성
② 맞춤형 화장품 사용할 때의 주의사항

(6) 맞춤형 화장품 사용과 관련된 부작용 발생 사례에 대해서는 식품의약품안전처장이 고시하는 바에 따라 보고

(7) 혼합·소분의 안전을 위해 식품의약품안전처장이 고시하는 사항 준수

① 내용물 원료 혼합·소분 범위 사전 검토(최종 제품 품질·안전성 확보)
② 내용물, 원료가 화장품 안전기준 등에 적합한지 확인
③ 혼합·소분 전 내용물 및 원료의 사용기한 또는 개봉 후 사용기간 확인하고 사용기한 또는 개봉 후 사용기간이 지난 것은 사용하지 말 것
④ 혼합·소분에 사용되는 내용물의 사용기한(또는 개봉 후 사용기간)을 초과하여 맞춤형 화장품의 사용기한(또는 개봉 후 사용기간)을 정하지 말 것
⑤ 사용하고 남은 내용물, 원료는 밀폐되는 용기에 담음(비의도적 오염 방지)
⑥ 소비자 피부 유형, 선호도 등 확인하지 않고 미리 혼합·소분, 보관하지 말 것

# Chapter 3 맞춤형 화장품의 안전성

| 맞춤형 화장품의 품질을 결정하는 요소 | | |
|---|---|---|
| 안전성 | 유효성 | 안정성 |

## 1 맞춤형 화장품으로 인한 피부 부작용의 유형

### 1) 부작용(side effect)

화장품을 정상적인 양으로 사용할 경우 발생하는 모든 의도되지 않은 효과를 말하며, 의도되지 않은 바람직한 효과를 포함

### 2) 자극과 알러지

초기 반응 유사(발적, 가려움, 통증, 두드러기, 수포 등)

(1) 자극(irritation)

몇 시간 내 사라지고 농도에 따라 나타남

(2) 알레르기 반응(allergic reaction)

며칠~몇 주간 지속되고 다른 부위로 퍼질 수 있으며 농도 차이는 반응 정도와 관계 없음

### 3) 화장품으로 인한 대표적 이상 반응

(1) 피부 자극

자극성 접촉 피부염(Irritant contact dermatitis)

(2) 알레르기 반응

① 알레르기 접촉 피부염(Allergic contact dermatitis)

㉠ 자극(Irritation) : 피부 조직의 선천성 면역체계와 연계된 국소염증 반응에 의해 일어남

㉡ 감작(Sensitization) : 생체 내 이종항원을 투여해 항체를 보유시키는 일로 일반적 면역 반응 활성화를 지칭

② 접촉성 두드러기(contact urticaria)

㉠ 알레르기 반응(allergic reaction)

㉡ 알레르기(Allergy) : 외부에서 침입한 이물질에 대해 체내의 면역계가 지나치게 이상 반응을 보이는 현상으로 Immunoglobulin(lgE)를 자극하는 일종의 면역 반응을 총칭

(3) Contact urticaria and anaphylaxis(제1형 과민반응)

접촉성 두드러기는 벌에 쏘였을 때 나타나는 알레르기 반응과 같은 형태의 반응으로 발진을 일으킴

(4) Allergic contact dermatitis(제4형 과민반응)

알레르기 접촉 피부염은 처음 에센셜 오일 사용 시에는 일어나지 않으며 **피부 단백질과 화학적 결합**으로 알레르기 반응이 유발됨

### 4) 부작용에 영향을 미치는 원인

(1) 피부에 접촉되는 강도 : 씻어내는 제품의 경우 그 정도가 낮음

(2) 적용되는 부위 : 눈 주위의 경우 피부의 다른 부위보다 더 민감하다고 알려져 있음

(3) 제품의 pH : 알칼리 제품의 경우 피부 부작용의 빈도가 높음

(4) 휘발성 물질 : 에탄올, 향, 분무제 등

## 2 맞춤형 화장품의 안전성 평가

### 1) 안전성 평가 방법

안전의 일반적인 원칙(화장품 제조 시 고려해야 할 사항 등)과 화장품 성분 및 제품의 위해 평가를 통해 진행

### 2) 화장품 안전의 일반사항

(1) 화장품은 제품 설명서, 표시사항 등에 따라 **정상적으로 사용**하거나 **예측 가능한 사용 조건에 따라 사용**하였을 때 **인체에 안전해야** 함

(2) 소비자, 화장품을 직업적으로 사용하는 전문가(미용사, 피부미용사 등)에게 안전해야 함

(3) 화장품의 인체 위해 여부 확인 시

① **피부 자극 및 감작**을 우선적으로 고려
② **광자극 및 감작** 고려
③ 두피 및 안면에 적용하는 제품들은 **안점막 자극** 고려
④ 화장품의 사용 방법에 따라 **피부 흡수, 예측 가능한 경구 섭취**(립스틱 등), **흡입독성**(스프레이 등)**에 의한 전신독성** 고려

(4) 화장품 안전의 확인은 화장품 원료의 선정부터 사용기한까지 **전주기에 대한 전반적인 접근** 필요

(5) 사용하는 성분에 대한 **안전성 자료의 확보 및 활용을 위한 최대한 노력**을 기울여야 함

(6) 제품에 대한 위해 평가는 제품별로 다를 수 있으나, **화장품 위험성은 각 원료 성분의 독성자료에 기초**함

(7) 모든 원료 성분에 대해 독성자료가 필요한 것은 아니며, **현재 활용 가능한 자료가 우선적으로 검토**

(8) 화장품 성분 위해 평가 시 **개인별 화장품 사용에 관한 편차를 고려**해 일반적으로 일어날 수 있는 최대 사용 환경에서 수행

① 화장품에 많이 노출되는 특수직 종사자나 어린이 및 영·유아에 영향이 있을 경우, 따로 고려

② 화장품 동시 사용이 최종 위해성에 미치는 결과를 고려

동물 대체시험법(독성자료로 활용 가능)**

동물실험 3R 원칙 : 대체(Replacement), 개체 수 감소(Reduction), 고통 경감(Refinement)

| | |
|---|---|
| 감작성 | • ARE-Nrf2 루시퍼라아제 LuSens 시험법<br>• In chemico 아미노산 유도체 결합성을 이용한 시험법(ADRA)<br>• 인체 세포주 활성화 방법(h-CLAT)<br>• 유세포 분석을 이용한 국소림프절시험(LLNA : BrdU-FCM2) |
| 자극성 | • 인체 피부 모델(Reconstructed human Epidermis, RhE)을 이용한 피부 자극 시험법 |
| 부식성 | • 장벽막(membrane barrier)을 이용한 피부 부식 시험법<br>• 경피성 전기 저항 시험법(Transcutaneous Electrical Resistance, TER) |
| 광독성 | • 활성산소종을 이용한 광반응성 시험법(Assay for photoreactivity, ROS)<br>• in vitro 3T3 NRU 시험법 |
| 안자극 | • In vitro 고분자 시험법 : Ocular Irritection<br>• 단시간 노출법(Short Time Exposure, STE)<br>• Vitrigel-안자극 시험법(Vitrigel-Eye Irritancy Test Method)<br>• 인체 각막 유사 상피 모델(Reconstructed human Cornea-like Epithelium, RhCE) 시험법 |
| 안점막 자극 | • 소각막을 이용한 안점막 자극 시험(BCOP)<br>• 닭의 안구를 이용한 안점막 자극 시험법(Isolated Chicken Eye Test Method, ICE) |
| 단회 투여 독성 | • 고정용량법 • 독성등급법 • 용량고저법 |

### 3) 위해 평가의 수행 「인체 적용 제품의 위해성 등에 관한 규정」

(1) 위해 평가 방법

(2) 현재 과학기술 수준 또는 자료 등의 제한이 있거나 신속한 위해 평가가 요구될 경우*

① 위해 요소의 인체 내 독성 등 확인과 인체 노출 안전기준 설정을 위해 국제기구 및 신뢰성 있는 국내·외 위해 평가 기관 등에서 평가한 결과를 준용하거나 인용

② 인체 노출 안전기준의 설정이 어려울 경우, 위해 요소의 인체 내 독성 등의 확인과 노출 정도만으로 위해성 예측 가능

③ 화장품의 섭취, 사용 등에 따라 사망 등의 위해가 발생하였을 경우, 위해 요소의 인체 내 독성 등의 확인만으로 위해 예측 가능

④ 인체의 위해 요소 노출 정도를 산출하기 위한 자료가 불충분하거나 없는 경우 활용 가능한 과학적 모델을 토대로 노출 정도를 산출

⑤ 특정 집단에 노출 가능성이 클 경우 어린이 및 임산부 등 민감 집단 및 고위험 집단을 대상으로 위해 평가 실시

# Chapter 4 맞춤형 화장품의 유효성

## 1 화장품의 유효성

화장품을 사용함으로써 피부에 직·간접적으로 유도되는 물리적, 화학적, 생물학적 효과 및 심리적 효과

Key Point

**유효성의 종류**

- **물리적 유효성** : 물리적 특성을 기반으로 한 효과
- **화학적 유효성** : 화학적 특성을 기반으로 한 효과
- **생물학적 유효성** : 생물학적 특성을 기반으로 한 효과
- **미적 유효성** : 자신의 취향에 맞는 아름답고 매력적인 화장 유발 효과
- **심리적 유효성** : 심리적인 특성을 기반으로 한 효과

### 1) 기능성 화장품의 유효성

피부의 미백, 주름 개선, 자외선 차단 등의 **목적**을 가지므로 유효성 여부가 품질의 주요 결정 여부

### 2) 맞춤형 화장품의 유효성

피부 및 모발의 상태를 분석하고 개인의 피부 진단이나 기호를 반영해 **특정 기능이 강조**된 화장품을 조제하기 때문에 유효성 여부가 품질의 주요 결정 여부

### 3) 의약품과 화장품의 유효성 간 제도적 차이

#### (1) 화장품

① 피부·모발의 건강을 유지 또는 증진하기 위해 사용되는 물품

② **인체에 대한 작용이 경미**한 것으로 의약품은 제외

※ 사용 목적이 맞더라도 사용 대상이 동물이거나 「약사법」에 따른 의약품에서 정의하는 효능이 있다면 화장품이 아님

#### (2) 의약품

① 사람이나 동물의 질병을 진단·치료·경감·처치 또는 예방할 목적으로 사용되는 물품

② **사람이나 동물의 구조와 기능에 약리학적 영향**을 주는 것으로 의약외품은 제외

# Chapter 5 맞춤형 화장품의 안정성

## 1 화장품의 안정성 및 평가 방법

### 1) 화장품의 안정성 조건

#### (1) 화장품의 안정성

다양한 물리·화학적 조건에서 **화장품 성분이 일정한 상태를 유지**하는 성질

#### (2) 안정성 평가 방법

화장품 안정성 시험을 통해 유무 확인

### 2) 화장품 안정성 시험의 일반적 사항

적절한 보관, 운반, 사용 조건

물리적, 화학적, 미생물학적 **안정성** | 내용물과 용기 사이의 **적합성**

보증할 수 있는 조건에서 시험을 시행

#### (1) 시험기준 및 방법

① 승인된 규격이 있는 경우 그 규격을 따르고 그 외에는 **각 제조업체의 경험에 근거**하여 제제별로 시험 방법과 관련 기준을 추가로 선정, 한 가지 이상의 온도 조건에서 안정성 시험을 수행

② 평가 대상 제품의 **예상 또는 실제 안정성을 추정**할 수 있어야 함

③ 과학적 원칙과 경험에 근거해 **합리적이라고 판단되는 경우** 시험항목 및 시험조건은 **적절히 조절 가능**

#### (2) 안정성 시험의 조건

① 화장품의 안정성은 다양한 변수에 대한 예측과 이미 **평가된 자료** 및 **경험**을 바탕으로 **과학적·합리적인** 시험조건에서 평가

② 다양한 변수 : 화장품 제형(액, 로션, 크림, 립스틱, 파우더 등)의 특성, 성분의 특성(경시 변화가 쉬운 성분의 함유 여부 등), 보관용기, 보관조건 등

제4편

## 2 혼합 · 소분 후 맞춤형 화장품 안정성 평가 방법 「화장품 안정성 시험 가이드라인」에 따라 평가

### 1) 안정성 시험의 종류

#### (1) 장기보존시험★★

화장품의 **저장조건에서 사용기한을 설정**하기 위하여 장기간에 걸쳐 물리·화학적, 미생물학적 안정성 및 용기 적합성을 확인

#### (2) 가속시험

장기보존시험의 저장조건을 벗어난 단기간의 가속조건이 물리·화학적, 미생물학적 안정성 및 용기 적합성에 미치는 영향을 확인

#### (3) 가혹시험

① 가혹조건에서 화장품의 분해과정 및 분해산물 등을 확인
② 일반적으로 개별 화장품의 취약성, 예상되는 운반, 보관, 진열 및 사용 과정에서 뜻하지 않게 일어날 가능성 있는 가혹한 조건에서 **품질 변화를 검토**하기 위해 수행
㉠ 온도 편차 및 극한 조건
㉡ 기계·물리적 시험
㉢ 광안정성

#### (4) 개봉 후 안정성 시험★

화장품 **사용 시**에 일어날 수 있는 오염 등을 고려한 **사용기한을 설정**하기 위해 **장기간**에 걸쳐 물리·화학적, 미생물학적 안정성 및 용기 적합성을 확인

### 2) 안정성 시험별 시험항목

#### (1) 장기보존시험 및 가속시험

① 일반시험 : 균등성, 향취 및 색상, 사용감, 액상, 유화형, 내온성 시험을 수행
② 물리·화학적 시험 : 성상, 향, 사용감, 점도, 질량 변화, 분리도, 유화 상태, 경도 및 pH 등 제제의 물리·화학적 성질을 평가
③ 미생물학적 시험 : 정상적으로 제품 사용 시 미생물 증식을 억제하는 능력이 있음을 증명하는 미생물학적 시험 및 필요시 기타 특이적 시험을 통해 미생물에 대한 안정성을 평가
④ 용기 적합성 시험 : 제품과 용기 사이의 상호작용(용기의 제품 흡수, 부식, 화학적 반응 등)에 대한 적합성을 평가

#### (2) 가혹시험

보존 기간 중 제품의 안전성이나 기능성에 영향을 확인할 수 있는 품질관리상 중요한 항목 및 분해산물의 생성 유무를 확인

#### (3) 개봉 후 안정성 시험★★

① 개봉 전 시험항목, 미생물한도시험, 살균보존제, 유효성 성분시험을 수행
② 개봉할 수 없는 용기로 되어 있는 제품(스프레이 등), 일회용 제품 등은 제외

PART 2

# 피부 및 모발 생리 구조

## Chapter 1 피부의 생리 구조

### 1 피부의 해부조직학적 구조와 주요 기능

#### 1) 피부의 기능 및 특성

(1) 피부의 정의

**외부 환경과 신체의 경계**를 담당하는 기관

(2) 일반적인 피부의 특징

① 성인 피부 무게 5 kg 이상, 전체 몸무게의 약 15% 차지, 가장 큰 신체 기관 중 하나
② 신체의 표면을 덮고 내부 주요 신체 기관(근육, 내부 장기, 혈관과 신경 등)을 외부의 나쁜 환경으로부터 보호

#### 2) 피부의 생리학적 기능(위치 및 생리학적 특징으로 인한 5가지 기능)

(1) 보호작용

① 피부 최외각 표면을 구성하는 각질세포의 주요 성분은 거친 섬유성 단백질인 케라틴과 피부 지질(세라마이드, 콜레스테롤, 지방산)로 탄탄한 보호막 역할
② 건강한 피부는 과도한 수분 손실 및 외부 미생물과 유해 물질의 침투 방지
※ 상처 피부 : 유해 물질이나 평소 피부에 서식하는 미생물이 상처를 통해 혈류로 침투 가능
③ **피지**(피지선에서 분비되는 기름기 있는 액체)는 피부를 **유연**하게 해주고 **방수** 기능
④ 멜라닌은 자외선을 흡수・산란시켜 자외선으로부터 피부 보호

(2) 지각(감각)작용

피부를 통해 느끼는 감각은 진피층에 있는 압력, 진동, 열, 추위, 통증에 대한 수용체를 통해 이루어지며 수용체에서 감지된 외부 신호는 뇌로 전달

(3) 체온 조절 작용

① 피부 내 모세혈관의 확장과 수축에 의한 피부 혈류량의 변화 및 발한 작용에 의해 체온 조절
② 피부 혈관은 땀샘(특히, 에크린선)과 함께 자율신경에 의해 지배됨
㉠ 온도가 낮으면(추울 때) 신경 활동 낮아짐 → 혈관 수축 유발 → 혈관에서 피부를 통한 열 발산 방지 효과
㉡ 온도가 높으면(더울 때) 신경 활동 높아짐 → 혈관 확장 및 땀샘 활성화 → 온도 발산 효과

제 4 편

(4) 흡수작용

① 표피 또는 모낭의 피지선을 통해 여러 가지 물질이 체내로 흡수

② 흡수 물질의 분자량 및 전하량, 제형의 친유성·친수성, 각질의 두께 등에 따라 피부 흡수율에 차이 발생

Key Point

**피부 흡수 과정(피부를 통과하는 일련의 과정)**

- **통과**(penetration) : 각질층으로 성분 물질이 들어가는 것처럼 물질이 특정 층이나 구조로 들어가는 것
- **침투**(permeation) : 한 층에서 다른 층으로 통과하는 것을 말하며 이때 두 개의 층은 기능 및 구조적으로 다름
- **흡수**(resorption) : 물질이 전신(lymph and/or blood vessel)으로 흡수되는 것

(5) 기타 작용

① **감정 전달** 기능

감정(기분)에 따라 홍조, 창백, 털의 역립 등이 나타남

② 자외선에 의한 비타민 D의 **생합성** 기능

피부 속에는 비타민 D의 전구체인 에스고스테롤(ergosterol)과 다이하이드로콜레스테롤(dihydrocholesterol)이 존재하는데 자외선 A에 의해 비타민 D가 생성

### 4) 피부색을 결정짓는 3요소★★

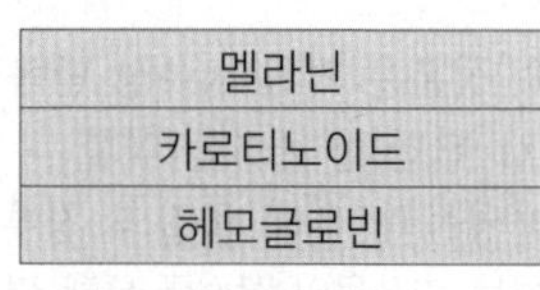


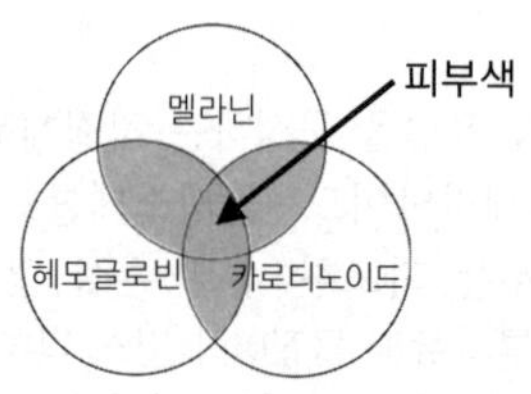


(1) 멜라닌 색소(melanin)

① 피부색을 결정하는 가장 큰 인자로 멜라노좀에서 합성

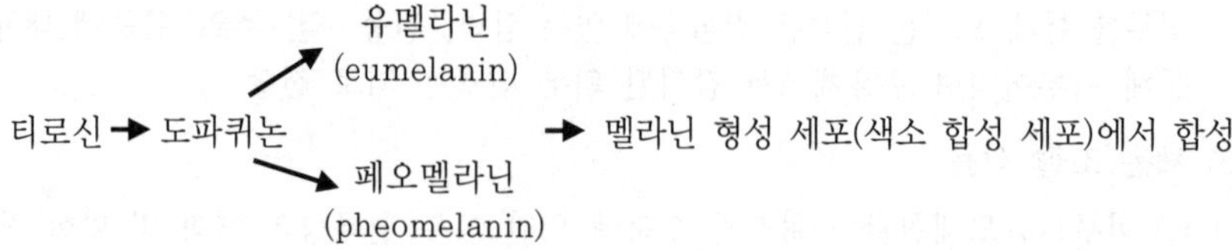


② 인종에 따라 멜라닌 형성 세포의 양적인 차이는 없으나, 멜라닌 생성능 및 합성된 멜라닌 세부 종류에 차이가 있음

(2) 카로티노이드(carotinoid)

혈중 카로티노이드는 쉽게 각질층에 침착(각질층의 두꺼운 부위, 피하조직), 점막에는 침착하지 않음

(3) 헤모글로빈(hemoglobin)

적혈구에 존재, 정맥혈 중의 환원형 헤모글로빈은 푸른 홍색, 여기에 4분자 산소가 결합한 동맥혈 중의 산화형 헤모글로빈은 선홍색을 띰

## 2 피부의 구조와 기능, 구성 세포

### 1) 피부의 구조

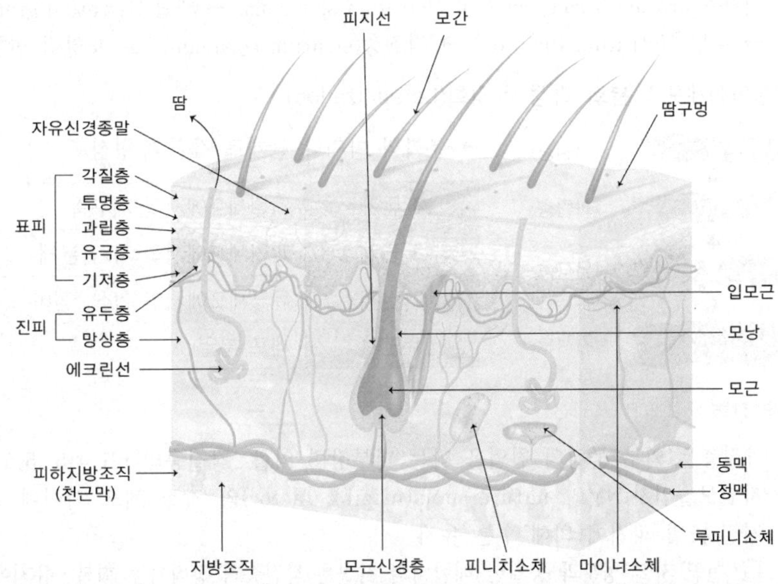


| 표피(epidermis) | 진피(dermis) | 피하조직(hypodermis) |
|---|---|---|
| • 가장 바깥쪽 층<br>• 얇은 피부 구조물<br>• 지속적으로 새롭게 생성<br>• 두께는 부위별로 차이<br>• 0.04(눈꺼풀)~1.6 mm(손바닥) | • 표피와 피하지방층 사이<br>• 피부의 90% 이상 차지<br>• 표피 두께의 10~40배<br>• 가장 두꺼운 부위 두께 5 mm<br>• 점탄성을 갖는 탄력적 조직 | • 피부에서 가장 깊은 층<br>• 지방세포가 분포하며 피하지방층을 구성 |

### 2) 표피(epidermis)★★

(1) 표피에 존재하는 세포★★

① 각질형성세포(keratinocyte)

② 멜라닌형성세포(melanocyte)

㉠ 주로 기저층에 위치, 자외선에 의해 멜라닌 합성이 자극되면 유극층에서도 관찰됨

㉡ 피부색과 관계, 멜라닌을 생성

㉢ 피부색이 다른 것은 생성되는 색소의 양과 생성 속도 및 분포 상태가 다르기 때문

③ 머켈세포(merkel cells)
㉠ 표피에 광범위하게 퍼져 있음
㉡ 각질세포 사이의 운동을 탐지 등
④ 랑게르한스세포(langerhans cells)
㉠ 주로 유극층에 위치
㉡ 피부의 면역기능 담당

(2) 각질형성세포(keratinocyte)

① 기저층의 줄기세포에서 유래, 각질을 형성하는 과정에서 만들어진 세포
② 기저층(stratum basale) → 유극층(stratum spinusum) → 과립층(stratum granulosum) → 투명층(stratum lucidum) → 각질층(stratum corneum)으로 모양이 변함

(3) 각질형성세포의 분화 과정 = 각화(keratinization)

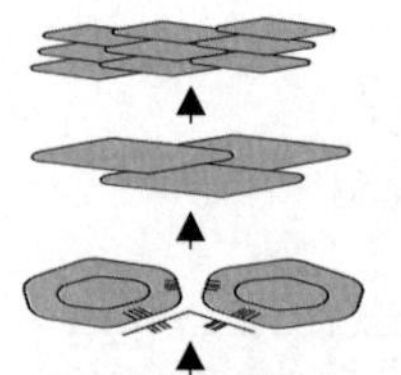


→ 분화의 마지막 단계로 각질층 형성

|  |  |
|---|---|
| 4 단계 | 각질세포에서의 재구축 |
| 3 단계 | 과립세포에서의 자기 분해 |
| 2 단계 | 유극세포에서의 합성, 정비 |
| 1 단계 | 세포 분열 |

(4) 피부장벽

① 각질층은 외부 물질의 침입을 막는 피부장벽 역할, 각질층의 pH 4.5~5.5
② 자연보습인자(NMF, nature moisturizing factor)와 각질 세포 사이에 존재하는 지질층 및 피지에 의해 수분 유지
㉠ 천연 지질 성분과 동일한 배합비의 지질은 각질층의 장벽기능 회복·유지에 중요한 역할
㉡ 세포 간 지질의 주성분★★
세라마이드(ceramide, 50%), 포화지방산(30%), 콜레스테롤(cholesterol, 15%)

**자연보습인자(NMF, nature moisturizing factor)★★**

각질층에 존재하는 수용성 보습인자를 총칭, 아미노산(40%)과 그 대사물로 이뤄짐.
**자연보습인자(NMF)를 구성하는 필라그린(fillaggrin)은 필라멘트(fillament)가 뭉쳐져 있는 단백질**, 각질층 상층에 이르는 과정에서 아미노펩티데이스(aminopeptidase), 카복시펩티데이스(carboxypeptidase) 등의 활동에 의해 최종적으로 아미노산(amino acid)으로 분해되어 자연보습인자(NMF)를 형성

③ 교소체(desmosome)는 단백질 접착 장치로 각질층에서 정상 각질세포 탈락에 필수적인 요소
㉠ '판 + 코어' 형태, 피부 결합력을 높임
㉡ 표피세포 분화 및 교소체 생성은 칼슘이온($Ca^{2+}$) 농도에 따라 조절
㉢ 교소체 이상 : 건조 피부, 극세포해리증(acantholysis) 유발

④ 각질층 구조 이상은 피부장벽 기능 약화를 초래(다양한 피부질환 및 피부 노화 유발)
⑤ 정상적인 지질층 구성은 각질세포의 정상적인 분열·분화와 밀접한 관련
⑥ 피부장벽의 파괴

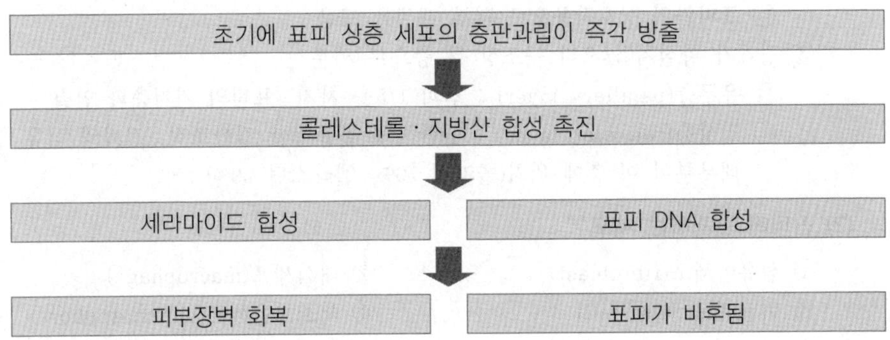


(5) 경피수분손실량(TEWL, transepidermal water loss)

① 피부 표면에서 증발되는 수분량
② 건조한 피부나 손상된 피부는 정상인에 비해 높은 값을 보임
③ 과도한 수분량의 손실은 피부 건조를 유발 → **tewl이 높은 것**은 **피부장벽기능(skin barrier function)에 이상**이 있음을 의미

(6) 피부 노화와 표피의 변화

① 표피의 각질화(각질층 탈락에 오랜 시간이 걸리므로 각질층이 두꺼워짐)
② **각질형성세포의 기능 저하**는 죽은 세포를 증가시켜 **잔주름·거친 피부**의 원인

(7) 피부의 색소 형성

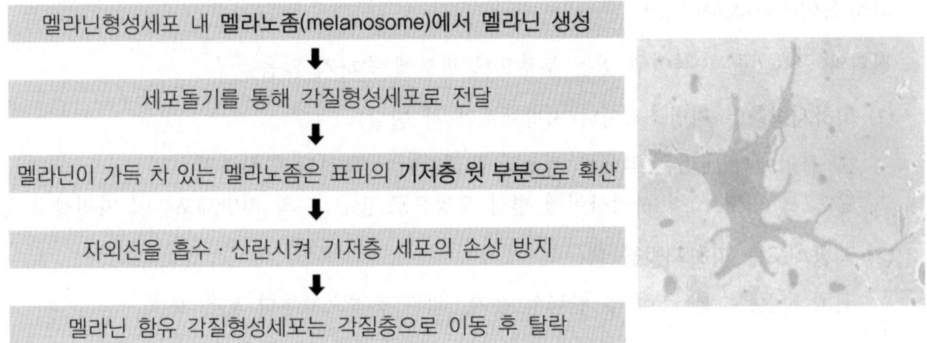


## 3) 진피(dermis)

(1) 진피의 구조

① 무정형의 **기질**(ground substance)과 섬유성 단백질인 **교원섬유**(collagen fiber), **탄력섬유**(elastic fiber), 땀샘, 혈관, 피지샘, 신경말단 등으로 구성

② 혈관계나 림프계 등이 복잡하게 얽혀 있는 형태로 표피에 영양분을 공급하여 표피를 지지
  ㉠ 강인성으로 피부 조직 유지 및 보호
  ㉡ 표피와의 상호작용으로 피부 재생을 도움

③ 경계가 확실치 않으나 구조상 두 층으로 세분
  ㉠ 유두층(papillary layer) : 진피 1/5을 차지, 표피의 기저층과 연결
  ㉡ 망상층(reticular layer) : 단단하고 불규칙한 결합조직, 진피의 섬유 성분 중 대부분이 이 층에 위치(콜라겐 70%, 엘라스틴 20%)

(2) 진피에 존재하는 세포★★

① 섬유아세포(fibroblast)
② 대식세포(macrophage)
③ 비만세포(mast cell)
④ 색소보유세포(chromatophore)

**섬유아세포(fibroblast)★★**

세포 외 기질(ECM, extracellular matrix)인 교원섬유(콜라겐)와 탄력섬유(엘라스틴)의 합성·생산을 담당

(3) 피부 노화와 진피의 변화

① 콜라겐 감소
② 탄력섬유(elastic fiber)의 감소 및 변성
③ 기질 탄수화물(Glycosaminoglycan) 감소
④ 피부 혈관의 면적 감소

### 4) 피하조직(hypodermis)

진피와 근육, 골격 사이에 있는 부분으로 피부에 속하지 않음

(1) 피하지방층(= 지방조직이나 지방세포가 잘 발달)

① 진피에서 내려온 섬유가 엉성하게 결합되어 형성된 망상조직
② 그물 형태 조직 사이사이에 벌집 모양으로 많은 수의 지방세포들이 자리잡고 있음

(2) 지방세포는 피하지방을 생산

신체 보온, 수분 조절 및 탄력성 유지, 외부 충격으로부터 몸을 보호

(3) 여성 호르몬에 관계, 여성 체형의 부드러움에 관여

(4) 노화된 피부에서는 피하조직이 위축

## 3 피부의 세포생물학적 특성으로 인해 발생 가능한 화장품 부작용

피부는 외부 자극이나 자극 물질 등에 의해 이상(발진, 발적, 부어오름, 가려움, 강한 자극감 등) 반응을 일으킬 수 있음

### 1) 자극성 접촉 피부염

#### (1) 발생기전

① 피부에 자극을 주는 **화학물질, 물리적 자극 물질에 일정 농도 이상, 일정 시간 이상 노출** 시 나타나는 피부염

② 알레르기성 접촉 피부염에 비해 **발생 빈도가 높지만 증상이 비교적 가볍고 일시적**

#### (2) 피부 자극 물질

① **세정제, 비누 등이 원인**이 되어 발생

② 직업에 따라 공업용 용제, 불산, 시멘트, 크롬산, 페놀, 아세톤, 알콜 등

③ 나무, 원예작물, 섬유유리, 인조섬유 등

### 2) 알레르기

대부분의 사람에게는 아무 반응을 나타내지 않는 외부 물질에 대해 **인체의 면역 기전이 보통보다 과민한 반응**을 나타낼 때 유발되는 증상을 총칭(피부 이상 발생 원인 중 하나)

#### (1) 알레르기 접촉 피부염(피부 감작성) 발생기전

① 어떤 물질에 대해 **면역학적으로 매개되는 피부 반응**

② 지연성 접촉 과민반응으로 **이전의 노출에 의해 활성화**된 면역체계에 의한 알레르기성 반응

③ 알레르기 유발 물질 : 항원

#### (2) 피부 감작성 원인 물질

「화장품 사용할 때의 주의사항 및 알레르기 유발 성분 표시에 관한 규정」 [별표 1] 및 [별표 2]에 명시된 알레르기 유발 성분

① [별표 1] 유형별·함유 성분별 알레르기 유발 성분
프로필렌글리콜, 치오글라이콜릭애씨드, 카민, 코치닐추출물

② [별표 2] 착향제 구성 성분 중 알레르기 유발 성분(25종)
나무이끼추출물, 리모넨, 리날룰, 메틸2-옥티노에이트, 부틸페닐메틸프로피오날, 벤질신나메이트, 벤질살리실레이트, 벤질벤조에이트, 벤질알코올, 시트로넬올, 시트랄, 신나밀알코올, 신남알, 아이소유제놀, 아니스알코올, 아밀신남알, 아밀신나밀알코올, 알파-아이소메틸아이오논, 유제놀, 제라니올, 참나무이끼추출물, 파네솔, 쿠마린, 하이드록시시트로넬알, 헥실신남알

# Chapter 2 모발의 생리 구조

## 1 모발의 구조, 기능 및 세포생물학적 특성

### 1) 모발의 구조

피부 내부에 위치한 **모근**(hair root)과 외부에 위치한 **모간**(hair shaft)으로 구분

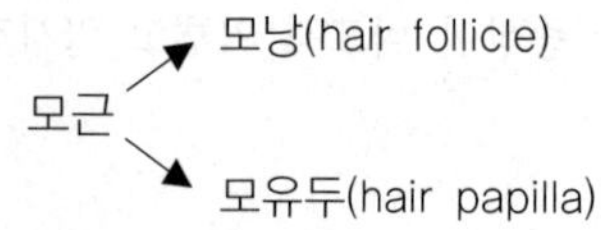


| 모근 | • 태아의 9~12주경에 형성 |
|---|---|
| 모낭 | • 모발을 둘러싸고 있음<br>• 출생~사망까지 몸 전체 모낭 수는 큰 변화 없음<br>• 두발 : 평균 10만여 개 |

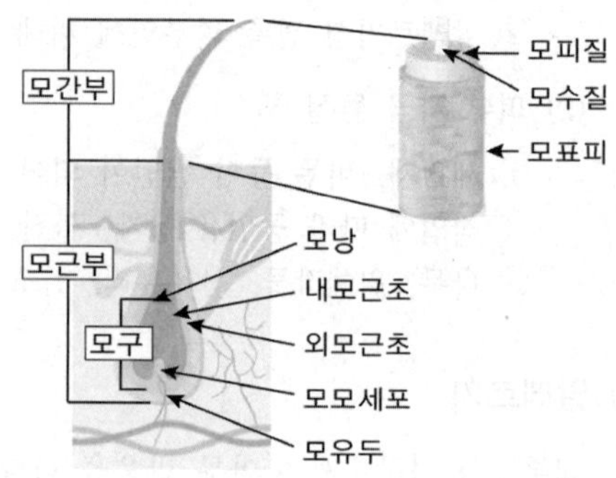


### 2) 모근부

#### (1) 모유두(hair papilla)

모근의 최하층에 위치, 모세혈관이 엉켜 있으며 **두발을 성장**시키는 영양분과 산소를 운반

#### (2) 내모근초와 외모근초

모구부(hair bulb)에서 발생한 두발을 완전히 각화가 종결될 때까지 보호, 표피까지 운송

① 내모근초(inner root sheath)

㉠ 내측의 두발 주머니로 초표피(외피에 접한 표피의 각질층), 헉슬리층(과립층), 헨레층(유극층)으로 구성

㉡ 두발을 표피까지 운송하는 역할을 마친 후 **비듬이 되어 두피에서 탈락**

② 외모근초(outer root sheath)

㉠ 표피층의 가장 안쪽인 기저층에 접함

㉡ 모유두와 분리된 휴지기 상태가 되면 입모근 근처(모구의 1/3 지점)까지 위로 밀려 올라감

### (3) 모모세포(germinal matrix)*

① 모유두(hair papilla) 조직 내에 있으면서 두발을 만들어 내는 세포
② 모낭 밑에 있는 모유두에 흐르는 **모세혈관으로부터 영양분을 흡수, 분열·증식**해 두발 형성
③ 별도의 색소세포인 멜라노사이트(melanocyte)에서 분비된 멜라닌 색소의 양과 특성에 따라 두발의 색이 결정

## 3) 모간부

### (1) 모표피(cuticle)**

① 모간의 가장 외측부, **화학적 저항성이 강한 투명층**으로 전체 두발의 10~15%를 차지
② 물리적 자극으로 모표피가 손상, 박리, 탈락되면 모피질이 손상됨
③ 표피층의 세포는 3개의 층으로 보임(모표피는 5~15층, 20층도 존재)

| | |
|---|---|
| 에피큐티클<br>(epicuticle) | • 가장 바깥층, 얇은 막, 아미노산 중 시스틴의 함유량이 많음<br>• 수증기는 통하지만 물은 통과하지 못하는 구조로 딱딱함<br>• 물리적인 자극에 약하고 각질 용해성이나 단백질 용해성의 약품(친유성, 알칼리 용액)에 대한 저항성이 가장 강한 성질을 나타냄 |
| 엑소큐티클<br>(exocuticle) | • 부드러운 케라틴층으로 시스틴이 다량 함유<br>• 시스틴 결합을 절단하는 약품의 작용을 받기 쉬운 층 |
| 엔도큐티클<br>(endocuticle) | • 가장 안쪽에 있는 층으로 시스틴 함유량이 적음<br>• 친수성, 알칼리에 약하고 내측면은 인접한 모표피를 세포막복합체(CMC, cell membrane complex)로 밀착시킴 |

### (2) 모피질(cortex)*

① 두발 대부분(85~90%)을 차지, **피질세포**(케라틴 단백질)와 세포 간 결합 물질(말단결합·펩티드)로 구성, 피질세포 사이 간층물질(matrix)로 채워진 구조
② 각화된 케라틴 피질세포가 두발 길이 방향(섬유질)으로 나열된 세포 집단
③ 멜라닌 색소 존재(두발 색상 및 응집력 결정)
④ **친수성**, 염모제 등 화학약품에 의해 손상받기 쉬움(펌, 염색 시에는 모피질을 활용)
⑤ 모발의 강도, 탄성, 유연성, 색소 등 물리적, 역학적 성질을 나타내는 중요한 요소

### (3) 모수질(medulla)**

① 두발의 중심 부근에 공동(속이 비어있는 상태) 부위
② 가는 두발의 경우 수질이 없는 것도 있음
③ 일반적으로 **모수질이 많은 두발은 웨이브 펌이 잘되고, 적은 두발은 웨이브 형성이 어려움**

### 4) 모근의 성장

① 2~3년 또는 3~4년(사람의 모는 독립적인 주기를 가짐)
② 성장 속도 : 0.2~0.5 mm/일, 1~1.5 cm/월

### 5) 모발의 생성 주기★★

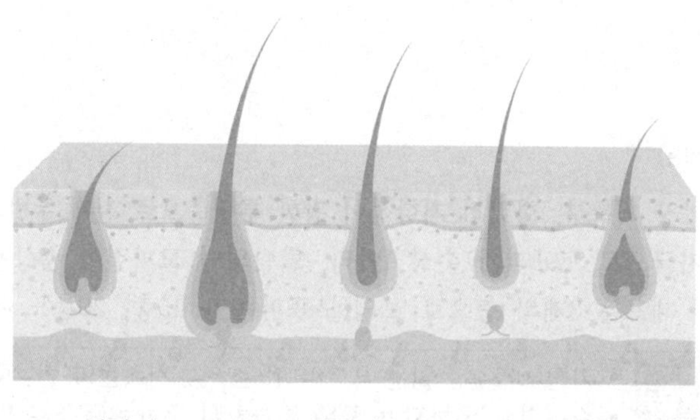

—— 성장기 —▶ —— 퇴행기 —▶ —— 휴지기 —▶

#### (1) 성장기(anagen stage)

① 모근은 피하지방층까지 내려가 튼튼하게 자리 잡음
② 모유두에 있는 모모세포는 신속하게 **유사분열** 진행
③ 모낭 안에서 딱딱한 케라틴 생성
④ 수명은 3~6년, 전체 모발의 약 88%를 차지

#### (2) 퇴행기(catagen stage)

① 성장기 이후 **2~3주** 기간
② **모낭 위축** 및 모근의 노화
③ 모발의 형태를 유지하면서 대사과정이 느려지는 시기로 천천히 성장하며 **세포분열은 정지**
④ 케라틴을 생성하지 않음
⑤ 전체 모발의 약 1%가 해당

#### (3) 휴지기(telogen stage)

① 퇴행기 이후 **2~3개월**의 기간
② 모근의 **각질화,** 성장을 멈춤
③ **모유두 위축** 및 모낭의 수축
④ 모근은 위쪽으로 밀려 올라가 빠지며 모낭의 깊이는 1/3로 감소
⑤ 휴지기 단계에서 모모세포가 활동을 시작하면 새로운 모발로 대체됨

## 2 두피의 구조 및 기능

### 1) 두피의 생리 구조

#### (1) 두피의 특성

① 피부의 일부분으로 비슷한 구조, 탄력이 있으며 두껍고 딱딱
② 다른 부위의 피부보다 피지선이 많으며 신체를 감싸는 다른 외피보다 혈관과 모낭이 많이 분포
㉠ 피지 분비가 많아 머리카락은 더욱 더러워지기 쉬움
㉡ 혈관이 풍부해 두부에 외상을 받으면 출혈 발생
③ 진피층의 조밀한 신경분포로 머리카락을 통해 감각을 느낄 수 있게 함

#### (2) 두피의 구성(세 개의 층)

① 외피(표피와 진피) : 동맥, 정맥, 신경들이 분포
② 두개피 : 두개골을 둘러싼 근육과 연결된 신경조직
③ 두개 피하조직 : 얇고 지방층이 없으며 이완됨

### 2) 두피의 기능(일반적인 피부 기능과 유사)

#### (1) 보호기능

① 멜라닌 색소와 표피는 광선으로부터 두피가 건조되지 않도록 보호
② 산성막으로 된 표면을 미생물 침입으로부터 보호, 진균이나 세균의 발육 및 증식 억제
③ 각질층, 피하조직, 결합조직으로 인해 외부 마찰에 대응, 외부 환경으로부터 두피 내부를 보호

#### (2) 피부를 통한 호흡(인체의 1~3% 정도)

두피에 각질이나 노폐물이 쌓이면 두피의 모공을 막아 피부 호흡을 저해

#### (3) 분비와 배설

분비된 땀과 피지는 피부 표면에 혼합, 천연 피지막을 만들어 피부를 보호
① 한선 : 땀을 배출하여 체온 조절
② 피지선 : 피지를 분비해 수분 증발 및 세균 감염 방지

#### (4) 체온 유지

① 입모근은 수축과 이완으로 모공을 개폐해 체온 유지
② 모세혈관의 혈류량을 조절해 체온 조절

## 3 두피 및 모발의 이상 증상 종류

### 1) 탈모 증상

#### (1) **남성형** 탈모증

① 집단으로 머리털이 빠져 대머리가 되는 것이 특징
② 반들거리는 두피는 **모근이 소실**되어 개선되기 힘듦
③ 탈모 현상을 일찍 발견해 탈모 증상을 완화하는 것이 최선의 방법

안면과 두피의 경계선이 점점 뒤로 물러남 → 이마가 넓어짐 → 정수리 쪽의 굵은 머리가 점점 빠져 대머리가 됨

④ 원인 : 남성 호르몬의 일종인 DHT(Dihydrotestosterone)

테스토스테론 + 5α-환원효소 → 디하이드로테스토스테론(Dihydrotestosterone, DHT)

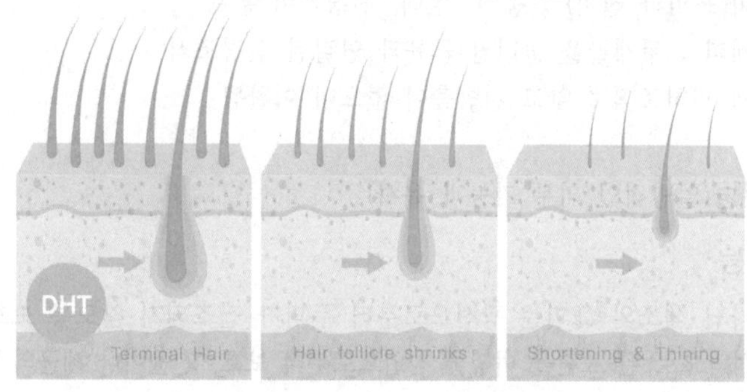


탈모증에 영향 미치는 호르몬

#### (2) **여성** 탈모증

① 주원인 : 유전과 남성호르몬에 대한 모낭 세포의 반응
② 전체적으로 머리숱이 적어지고 가늘어지며 특히 정수리 부분이 많이 빠져 두피가 훤히 들여다보임
③ 여성의 남성호르몬은 **부신**에서 분비, **난소**에서도 모발에 영향을 미치는 호르몬 분비
④ 부신이나 난소의 **비정상 과다 분비** 또는 **남성호르몬 작용이 있는 약물 복용**도 탈모 유발

#### (3) **원형** 탈모증

① 대부분 스트레스에 의한 것, 하나 혹은 여러 개의 원형으로 탈모가 일어남
② 두피 혹은 **신체의 다른 부위**에서도 나타남
③ 일종의 일과성 탈모 질환으로 활발히 성장하는 **모낭에 염증 유발**
④ 유전적 소인, 알레르기, 자가 면역성 소인과 정신적인 스트레스를 포함하는 복합적인 요인들에 의해서 발생

#### (4) 이 밖에 **지루성** 탈모증, **산후 휴지기** 탈모증, **노인성** 탈모증 등이 있음

### 2) 탈모의 원인

(1) **유전**(탈모 유전자 → 상염색체성 유전)

대머리 유전자가 많을수록 대머리가 될 가능성이 높아지며, 모계 유전자가 더 중요

(2) 호르몬

모발과 관계된 호르몬은 **뇌하수체, 갑상선, 부신피질, 난소**나 **고환**에서 분비되며 이 중 남성 호르몬에 의해 발생하는 남성형 탈모증이 탈모의 대부분을 차지

(3) 스트레스

스트레스로 인한 자율신경 부조화로 모발 발육 저해

(4) 식생활 습관

① 동물성 지방의 과다섭취(혈중 콜레스테롤 증가로 모근의 영양 공급 악화)
② 다이어트로 인해 단백질, 미네랄 등이 결핍된 경우 탈모 촉진

(5) 모발 공해

열과 알칼리(파마, 드라이, 염색, 대기오염 등)로 인해 약한 모발 성분이 손상

(6) 기타

피부질환(지루성 피부염, 건선, 아토피) 또는 항암제 치료, 방사선 요법, 염증성 질환에 의해 탈모 발생



### 3) 비듬의 증상 및 원인

(1) 비듬의 증상

비듬은 두피 및 모발에서 발생할 수 있는 이상 증상으로 쌀겨 모양의 표피 탈락물

두피에 국한된 대표적인 동반증상은 "가려움증"

증상이 심해지면 뺨, 코, 이마에 각질을 동반한 **구진성 발진** 발생

바깥귀길의 심한 가려움증을 동반한 비늘이 발생하는 등 **지루성 피부염 증상** 발생 가능

(2) 비듬의 원인

① 두피 피지선의 과다 분비
② 호르몬의 불균형
③ 두피 세포의 과다 증식
④ 말라쎄지아라(진균류)가 방출하는 분비물이 표피층을 자극
⑤ 스트레스, 과도한 다이어트 등

## 4 모발 화장품

### 1) 탈모 완화 제품

탈모 증상을 완화하는 기능성 화장품 성분* 「기능성 화장품 기준 및 시험 방법」 [별표 9]

| | |
|---|---|
| 덱스판테놀 (Dexpanthenol) | • 분자식(분자량) : $C_9H_{19}NO_4$(205.25)<br>• 정량할 때 환산한 무수물에 대하여 98.0~102.0%를 함유한다. 무색의 점성이 있는 액으로 약간의 특이한 냄새가 있고 물, 에탄올, 메탄올 또는 프로필렌글리콜에 잘 녹으며, 클로로포름 또는 에테르에 녹고, 글리세린에는 녹기 어렵다.<br>• 확인시험<br>(1) 적외부흡수스펙트럼측정법의 (4) 액막법에 따라 측정할 때 덱스판테놀 표준품과 같은 파수에서 같은 강도의 흡수를 나타낸다.<br>(2) 이 원료 1.0 g을 달아 물을 넣어 녹여 10 mL로 하여 검액으로 한다. 검액 1 mL에 1 mol/L 수산화나트륨액 5 mL를 넣은 다음 황산동시액 1 방울을 넣고 세게 흔들어 섞었을 때 액은 진한 청색을 나타낸다.<br>(3) (2)의 검액 1 mL에 물을 넣어 10 mL로 한 액 1 mL에 1 mol/L 염산 1 mL를 넣어 수욕상에서 30분간 가열하여 식힌 다음 염산히드록실아민 100 mg을 넣고 1 mol/L 수산화나트륨액 5 mL를 넣은 다음 5분간 방치한 다음 1 mol/L 염산을 넣어 pH를 2.5~3.0으로 하고 염화제이철시액 1 방울을 넣을 때 액은 자주색을 나타낸다. |
| 비오틴 (Biotin) | • 분자식(분자량) : $C_{10}H_{16}N_2O_3S$(244.3)<br>• 정량할 때 환산한 건조물에 대하여 98.5~101.0%를 함유한다. 흰색 또는 거의 흰색의 결정의 가루이거나 무색의 결정으로 물과 에탄올에 매우 녹기 어려우며, 아세톤에 거의 녹지 않고 묽은 알칼리 용액에는 녹는다.<br>• 확인시험<br>(1) 이 원료를 가지고 적외부흡수스펙트럼측정법의 (1) 브롬화칼륨정제법에 따라 측정할 때 비오틴 표준품과 같은 파수에서 같은 강도의 흡수를 나타낸다.<br>(2) 이 원료 50 mg을 달아 빙초산을 넣어 녹여 10 mL로 한 액 1 mL를 취하여 빙초산을 넣어 10 mL로 한 액을 검액으로 한다. 비오틴 표준품 5 mg을 달아 빙초산을 넣어 녹여 10 mL로 한 액을 표준액으로 한다. 이들 액을 가지고 박층크로마토그래프법에 따라 시험한다. 검액 및 표준액 10 μL씩을 박층크로마토그래프용 실리카겔을 써서 만든 박층판에 점적한다. 다음에 메탄올 · 빙초산 · 톨루엔혼합액(5 : 25 : 75)을 전개용매로 하여 약 15 cm 전개한 다음 박층판을 바람에 말린다. 여기에 4-디메틸아미노신남알데히드 용액주)을 고르게 뿌릴 때 검액과 표준액에서 얻은 반점의 Rf 값과 색상은 같다. |
| 엘-멘톨 (l-Menthol) | • 분자식(분자량) : $C_{10}H_{20}O$(156.27)<br>• 정량할 때 98.0~101.0%를 함유한다. 무색의 결정으로 특이하고 상쾌한 냄새가 있고 맛은 처음에는 쏘는듯하고 나중에는 시원하다. 에탄올 또는 에테르에 썩 잘 녹고 물에는 매우 녹기 어려우며 실온에서 천천히 승화한다.<br>• 확인시험<br>(1) 이 원료는 같은 양의 캠퍼, 포수클로랄 또는 치몰과 같이 섞을 때 액화한다.<br>(2) 이 원료 1 g에 황산 20 mL를 넣고 흔들어 섞을 때 액은 혼탁하고 황적색을 나타내나 3시간 방치할 때 멘톨의 냄새가 없는 맑은 기름층을 분리한다. |
| 징크피리치온 (Zinc Pyrithione) | • 분자식(분자량) : $[(C_5H_4ONS)_2Zn]$(317.70)<br>• 건조한 것은 정량할 때 징크피리치온 90.0~101.0%를 함유한다. 황색을 띤 회백색의 가루로 냄새는 없다. 디메틸설폭시드에 녹고 디메틸포름아미드 또는 클로로포름에 조금 녹으며 물 또는 에탄올에 거의 녹지 않으며 수산화나트륨시액에 녹는다.<br>• 확인시험<br>(1) 이 원료 1 g을 회화하여 잔류물에 묽은 염산을 넣어 녹인 액은 아연염의 정성반응을 나타낸다. |

| | |
|---|---|
| | (2) 이 원료 10 mg을 시험관에 넣고 금속나트륨 작은 조각을 넣어 유리봉으로 저으면서 약한 불로 가열 용융한 다음 물 5 mL를 넣어 녹이고 여과한다. 이 여액에 납시액 1 mL를 넣으면 검은색의 침전이 생긴다.<br>(3) 이 원료 5 mg을 시험관에 넣고 2,4-디니트로클로로벤젠 10 mg을 넣어 약한 불로 약 1시간 가열한다. 여기에 수산화칼륨 · 에탄올시액 4 mL를 넣으면 액은 진한 적갈색을 나타낸다.<br>(4) 이 원료 0.1 g에 수산화나트륨시액 5 mL를 넣어 녹이고 황산구리시액 1 mL를 넣으면 어두운 초록색의 침전이 생긴다. |
| 징크피리치온액(50%)<br>(Zinc Pyrithione Solution) | • 분자식(분자량) : $[(C_5H_4ONS)_2Zn]$(317.70)<br>• 「기능성 화장품 기준 및 시험 방법」에 따른 '징크피리치온'을 가지고 정제수, 소듐폴리나프탈렌설포네이트 등을 혼합하여 균질하게 만든 원료이다.<br>• 정량할 때 징크피리치온 47.0~53.0%를 함유한 흰색의 수성현탁제로 약간 특이한 냄새가 있다.<br>• 확인시험<br>(1) 이 원료 1 g을 사기 도가니에 넣고 약하게 가열, 탄화한 후 500~600℃에서 강열 회화한다. 식힌 다음 2 M 염산 20 mL를 넣어 녹인다. 이 일부를 수산화나트륨시액을 넣어 중성으로 한 후 생기는 침전을 다시 과량의 수산화나트륨시액을 넣은 액에 황화나트륨시액을 넣을 때 흰색의 침전이 생긴다. 이 침전을 따로 취하여 여기에 묽은 아세트산을 넣으면 녹지 않으나 묽은 염산을 넣으면 녹는다.<br>(2) 이 원료 10 mg에 0.5 M 수산화나트륨액을 넣어 녹이고 1000 mL로 하여 0.5 M 수산화나트륨액을 대조로 하여 흡광도측정법에 따라 흡수스펙트럼을 측정할 때 파장 244 nm 및 283 nm 부근에서 흡수극대를 나타낸다. |

## 2) 모발 관련 제품

### (1) 염모제 탈염 · 탈색 원리

① 모발이 알칼리제(암모니아, 모노에탄올아민)에 의해 **팽윤**

② 모표피층(cuticle)이 열리면 염모제 성분이 모발 내부로 **침투**해 확산

㉠ 암모니아 : 냄새가 자극적, 휘발성, 모발에 잔류하지 않으며 모발 손상이 적음

㉡ 모노에탄올아민(MEA) : 냄새가 적고 비휘발성, 모발에 잔류해 모발 손상 유발

③ 알칼리제와 과산화수소 반응을 활성화시켜 산소 발생을 촉진, 생성된 산소는 염모제와 **결합**

④ 알칼리제와 과산화수소에 의해 모발 속 멜라닌 색소가 파괴, 모발이 **탈색**

㉠ 동시에 무색이던 염료는 과산화수소에 의해 산화되어 발색

㉡ 과산화수소 : 모발 속 멜라닌 색소를 파괴(탈색작용), 모발 원래의 색을 지워주는 역할

⑤ 산화-중합한 염료가 모발에 **착색**

두발에 염색약 도포 후 충분한 시간을 두는 것은 멜라닌 색소의 파괴와 그 안의 염료가 자리를 잡을 수 있는 충분한 시간을 주기 위함

### (2) 탈색제

① 모발 멜라닌을 산화 · 분해해 모발의 색상을 변화시키는 제품으로 모발 기본 색상과 멜라닌 양에 따라 탈색 정도가 변화됨

② pH 9~11 정도(알칼리제 + 산화제), 모발 손상 및 사용 시 주의 필요

(3) 헤어 컨디셔닝제 및 헤어 트리트먼트제

① 세정 후 보호하고 있던 모발의 피지 성분은 완전히 제거, 윤기 없이 거칠어진 모발에 신속하고 효과적으로 정발 효과 부여

② 과산화수소(산화제) 및 알칼리제에 의해 손상(강도·탄력성 저하, 나빠진 모발 감촉)된 모발 표면에 작용해 모발을 보호하거나 손상을 예방

(4) 모발의 색상을 변화시키는 제품

모발의 색상을 변화시키는 기능성 화장품 성분 「기능성 화장품 기준 및 시험 방법」 [별표 6]

(5) 체모 제거하는 제품

체모를 제거하는 데 도움을 주는 기능성 화장품 성분 「기능성 화장품 기준 및 시험 방법」 [별표 7]

| | |
|---|---|
| 치오글리콜산 80%<br>(Thioglycolic Acid 80%) | • 분자식(분자량) : $C_2H_4O_2S$(92.12)<br>• 정량할 때 78.0~82.0%를 함유한다. 특이한 냄새가 있는 무색 투명한 유동성 액제이다.<br>• 확인시험<br>이 원료 및 치오글리콜산 표준품을 가지고 적외부스펙트럼측정법 중 액막법에 따라 측정할 때 같은 파수에서 같은 강도의 흡수를 나타낸다. |
| 치오글리콜산크림제<br>(Thioglycolic Acid Cream) | • 분자식(분자량) : $C_2H_4O_2S$(92.12)<br>• 정량할 때 표시량의 90.0~110.0%를 함유한다.<br>• 확인시험<br>이 기능성 화장품 2.0 g을 달아 100 mL 비커에 넣어 녹이고 염산 5 mL를 넣은 다음 이 액 5 mL를 취하여 염화제이철 시액 3~4 방울을 넣을 때 청색을 나타낸다. 흔들어 주면 점차 색이 소실되며, 염화제이철시액 1 mL를 넣은 다음 수산화나트륨시액 5~6 방울을 넣을 때 황색 침전이 생긴다. |

# Chapter 3 피부 모발 상태 분석

## 1 피부 상태 분석법

### 1) 개인별 피부 상태의 차이

(1) **자외선 노출**에 따른 반응별 타입 : 피부 타입에 따른 색소 침착 정도

【 피츠패트릭 피부 타입 】

| 피부 타입 | 자외선 노출에 따른 반응 | 피부 색상 |
|---|---|---|
| Ⅰ | 항상 화상을 입고, 타지 않는다. | 매우 하얀 피부 |
| Ⅱ | 쉽게 화상을 입고, 약간 탄다. | 하얀 피부 |
| Ⅲ | 약간의 화상을 입고, 쉽게 탄다. | 다소 하얀 피부 |
| Ⅳ | 약간의 화상을 입고, 쉽게 짙게 탄다 | 밝은 갈색 / 올리브색 |
| Ⅴ | 거의 화상을 입지 않고, 상당히 많이 탄다. | 갈색 |
| Ⅵ | 전혀 화상을 입지 않고, 매우 짙게 탄다. | 갈색 / 검은색 |

(2) **피지 분비량**에 따른 피부 타입

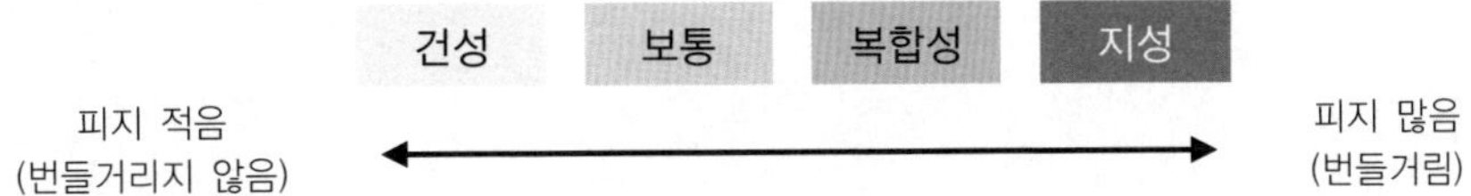




### 2) 피부 분석법의 종류

(1) 피부 보습도, 피부장벽 기능 분석

① 경피수분손실량(Transepidermal Water Loss, TEWL) 측정

② 각질 수분량 측정

(2) 피부 주름 분석

① Replica(모사판) 분석법

② 피부 표면 형태 측정

(3) 피부 탄력 분석

탄력 측정기를 이용한 측정법

(4) 피부 색소 침착 분석

피부 색소 측정기 또는 UV광을 이용한 측정법

## 2 모발 상태 분석법

### 1) 모발 분석법

(1) 모발의 상태 분석

모발 굵기, 손상 정도, 탈염, 탈색 등

### 2) 탈모, 두피 분석법의 종류

(1) 두피의 이상 증상

탈모, 비듬

(2) 탈모 상태 분석

남성형 탈모, 여성 탈모, 원형 탈모, 스트레스성 탈모 등

(3) 두피 상태 분석

홍반, 지루성 두피 등

PART 3

# 관능평가 방법과 절차

## Chapter 1 관능평가 방법과 절차

### 1 화장품 관능평가

1) 관능평가

(1) 관능평가의 정의

① 여러 가지 품질을 인간의 오감에 의해 평가하는 제품 검사

② 화장품에 적합한 **관능 품질 확보**를 위해 외관, 색상, 향취, 사용감 검사를 수행하는 능력

(2) 관능평가의 필요성

① 화장품 혼합·소분 후 관능평가를 통해 최종 맞춤형 화장품 품질 확인

② 품질관리 및 비교, 기존 제품의 품질 개선(실질적인 품질의 우수성 판단)

③ 소비자 기호도 조사

④ 원가 절감(제품의 경쟁력 및 이윤 확보)

제 4 편

### 2 관능평가 종류와 절차

1) 관능평가의 종류

(1) 목적에 따른 관능평가

① 기호형 : 좋고 싫음을 **주관적**으로 판단

② 분석형 : 표준품 및 한도품 등 기준과 비교하여 **합격품, 불량품을 객관적으로 평가·선별**하거나 사람의 식별력 등을 조사

(2) 평가 주체에 따른 관능평가

① 소비자에 의한 평가

㉠ 맹검 사용 시험(Blind use test) : 소비자에게 제품의 정보를 제공하지 않는 제품 사용 시험

㉡ 비맹검 사용 시험(Concept use test) : 제품의 정보를 제공하고 제품에 대한 인식 및 효능이 일치하는지를 조사하는 시험

② 전문가 패널에 의한 평가

③ 정확한 관능 기준을 갖고 교육을 받은 전문가 패널의 도움을 얻어 실시하는 평가

㉠ **의사 감독하**에서 실시하는 **시험**

㉡ **그 외 전문가**(준의료진, 미용사 등) **관리하에** 실시하는 **평가**

### 2) 맞춤형 화장품의 관능평가

#### (1) 성상 및 색상의 판별

표준 견본과 평균 내용물을 대조

① 유화 제품(크림, 유액 등)
표면의 **매끄러움**, 내용물의 **점성**, 내용물의 **색상**(유백색)을 **육안**으로 확인

② 색조 제품(파운데이션, 아이섀도, 립스틱 등)
㉠ 슬라이드 글라스(slide glass)에 각각 소량씩 묻힌 후 눌러서 **육안**으로 색상 확인
㉡ 손등 혹은 실제 사용 부위(얼굴, 입술)에 발라서 **색상** 확인

#### (2) 향취 평가

비커에 내용물을 일정량 담고 코로 향취를 맡거나 손등에 내용물을 바르고 맡음

#### (3) 사용감 평가

제품 사용 시 **내용물을 손 등에 문질러** 피부에서 느껴지는 감각을 확인

※ 사용감(매끄럽게 발리는 느낌, 바른 후 가볍거나 무거운 느낌, 밀착감, 산뜻함, 청량감 등)

### 3) 관능평가에 사용되는 표준품★★

제품과 대조하여 기준을 제공하는 표준품

#### (1) 제품 표준 견본

**완제품**의 개별 포장에 관한 표준

#### (2) 벌크 제품 표준 견본

**성상, 냄새, 사용감**에 관한 표준

#### (3) 라벨 부착 위치 견본

**완제품의 라벨 부착 위치**에 관한 표준

#### (4) 충진 위치 견본

내용물을 제품 용기에 **충진할 때의 액면 위치**에 관한 표준

#### (5) 색소 원료 표준 견본

**색소의 색조**에 관한 표준

#### (6) 원료 표준 견본

**원료의 색상, 성상, 냄새** 등에 관한 표준

#### (7) 향료 표준 견본

**향, 색상, 성상** 등에 관한 표준

#### (8) 용기·포장재 표준 견본

용기·포장재 **검사**에 관한 표준

#### (9) 용기·포장재 한도 견본

용기·포장재 **외관검사**에 사용하는 **합격품 한도**를 나타내는 표준

# PART 4 제품 상담 "고객에게 맞는 제품을 추천"

## Chapter 1 맞춤형 화장품의 효과

### 1 맞춤형 화장품의 효능 · 효과

**1) 맞춤형 화장품 조제관리사의 업무 수행**

고객에게 맞는 제품을 추천을 위해 화장품 효능 · 효과에 대한 이해 및 지식 필요

**2) 맞춤형 화장품에서 요구되는 효능 · 효과**

「화장품법」 및 규정에 근거한 유형과 효과의 범위를 벗어날 수 없음 【참고 p105】

**「화장품 사용할 때의 주의사항 및 알레르기 유발 성분 표시에 관한 규정」 [별표 1]**

1. 화장품의 유형(의약외품은 제외한다)

**가. 만 3세 이하의 영·유아용 제품류**
1) 영·유아용 샴푸, 린스
2) 영·유아용 로션, 크림
3) 영·유아용 오일
4) 영·유아 인체 세정용 제품
5) 영·유아 목욕용 제품

**나. 목욕용 제품류**
1) 목욕용 오일·정제·캡슐
2) 목욕용 소금류
3) 버블 배스(bubble baths)
4) 그 밖의 목욕용 제품류

**다. 인체 세정용 제품류**
1) 폼 클렌저(foam cleanser)
2) 바디 클렌저(body cleanser)
3) 액체 비누(liquid soaps)
4) 화장 비누(고체 형태의 세안용 비누)
5) 외음부 세정제
6) 물휴지
7) 그 밖의 인체 세정용 제품류

**라. 눈 화장용 제품류**
1) 아이브로(eyebrow) 제품
2) 아이 라이너(eye liner)
3) 아이 섀도(eye shadow)
4) 마스카라(mascara)
5) 아이 메이크업 리무버(eye make-up remover)
6) 그 밖의 눈 화장용 제품류

**마. 방향용 제품류**
1) 향수
2) 콜롱(cologne)
3) 그 밖의 방향용 제품류

**바. 두발 염색용 제품류**
1) 헤어 틴트(hair tints)
2) 헤어 컬러 스프레이(hair color sprays)
3) 염모제
4) 탈염·탈색용 제품
5) 그 밖의 두발 염색용 제품류

**사. 색조 화장용 제품류**
1) 볼연지
2) 페이스 파우더(face powder)
3) 리퀴드(liquid)·크림·케이크 파운데이션(foundation)
4) 메이크업 베이스(make-up bases)
5) 메이크업 픽서티브(make-up fixatives)
6) 립스틱, 립라이너(lip liner)
7) 립글로스(lip gloss), 립밤(lip balm)
8) 바디 페인팅(body painting), 페이스 페인팅(face painting), 분장용 제품
9) 그 밖의 색조 화장용 제품류

**아. 두발용 제품류**
1) 헤어 컨디셔너(hair conditioners), 헤어 트리트먼트(hair treatment), 헤어 팩(hair pack), 린스
2) 헤어 토닉(hair tonics), 헤어 에센스(hair essence)
3) 포마드(pomade), 헤어 스프레이·무스·왁스·젤, 헤어 그루밍 에이드(hair grooming aids)
4) 헤어 크림·로션
5) 헤어 오일
6) 샴푸
7) 퍼머넌트 웨이브(permanent wave)
8) 헤어 스트레이트너(hair straightner)
9) 흑채
10) 그 밖의 두발용 제품류

**자. 손·발톱용 제품류**
1) 베이스 코트(basecoats), 언더 코트(under coats)
2) 네일 폴리시(nail polish), 네일 에나멜(nail enamel)
3) 탑코트(topcoats)
4) 네일 크림·로션·에센스·오일
5) 네일 폴리시·네일 에나멜 리무버
6) 그 밖의 손·발톱용 제품류

**차. 면도용 제품류**
1) 애프터셰이브 로션(aftershave lotions)
2) 프리셰이브 로션(preshave lotions)
3) 셰이빙 크림(shaving cream)
4) 셰이빙 폼(shaving foam)
5) 그 밖의 면도용 제품류

**카. 기초 화장용 제품류**
1) 수렴·유연·영양 화장수(face lotions)
2) 마사지 크림
3) 에센스, 오일
4) 파우더
5) 바디 제품
6) 팩, 마스크
7) 눈 주위 제품
8) 로션, 크림
9) 손·발의 피부연화 제품
10) 클렌징 워터, 클렌징 오일, 클렌징 로션, 클렌징 크림 등 메이크업 리무버
11) 그 밖의 기초 화장용 제품류

**타. 체취 방지용 제품류**
1) 데오도런트
2) 그 밖의 체취 방지용 제품류

**파. 체모 제거용 제품류**
1) 제모제
2) 제모 왁스
3) 그 밖의 체모 제거용 제품류

# Chapter 2 맞춤형 화장품 부작용의 종류와 현상

## 1 맞춤형 화장품 부작용 현상 및 대처방안

### 1) 맞춤형 화장품 안전성

**소비자의 기호 및 특성**에 맞추어 **즉석에서 제조**하여 소비자에게 제공하는 제품으로 **사용 시 부작용을 최소화**하고 제품의 안전성을 위해 규제사항을 따라야 함

### 2) 맞춤형 화장품의 안전성을 위한 제한사항

(1) 혼합 · 소분 범위 제한 【참고 p113】

(2) 맞춤형 화장품 조제관리사를 통한 혼합 · 소분

(3) 맞춤형 화장품에 사용 가능한 원료 제한

(4) 유통 화장품 안전관리기준에 적합 【참고 p224】

① **납, 니켈, 비소, 수은, 안티몬, 카드뮴, 디옥산, 메탄올, 포름알데하이드, 프탈레이트류**(디부틸프탈레이트, 부틸벤질프탈레이트 및 디에칠헥실프탈레이트)의 검출량을 **일정 한도까지 허용**

㉠ 제조 또는 보관 과정 중 의도적으로 포장재에서 이행되거나 비의도적으로 유래해 첨가하지 않은 원료가 검출된 경우

㉡ 해당 사실이 객관적인 자료로 확인되고 기술적으로 완전한 제거가 불가능한 경우

② 화장품에 사용할 수 없는 원료가 비의도적으로 검출, 검출 허용 한도가 설정되지 않은 경우 위해 평가(「화장품법 시행규칙」 제17조) 과정을 거쳐 위해 여부 결정

③ 화장품을 오염시킬 수 있는 미생물

㉠ 총 호기성 생균 수(세균 및 진균)는 제품별로 일정 한도 내에서 허용

㉡ 병원성균인 대장균(Escherichia coli), 녹농균(pseudomonas aeruginosa), 황색포도상구균(staphylococcus aureus)은 불검출

(5) 그 외 맞춤형 화장품 안전성 및 안정성은 일반 화장품과 동일하게 관련 규정 적용

### 3) 맞춤형 화장품 사용 시 나타날 수 있는 부작용 현상

| 피부 증상 | 눈의 증상 |
|---|---|
| • 육안적 소견이 없는 가려움, 따가움 등<br>• 육안으로 식별할 수 있는 자극, 알레르기 등 | • 육안적 소견이 없는 눈 따가움, 눈 시림 등<br>• 육안적 소견이 있는 결막 · 각막 자극 등 |

※ 일반 화장품 사용 시 나타날 수 있는 부작용이 맞춤형 화장품 사용 시 나타날 수 있음

제 4 편

### 4) 화장품 안전성 정보관리 규정

#### (1) 고객 관리

문제 발생 시 확보된 표준작업지침서(SOP)에 따라 대응

#### (2) 사례 보고

① 맞춤형 화장품 부작용 사례 보고는 「화장품 안전성 정보관리 규정」에 근거

② 맞춤형 화장품 사용과 관련된 부작용 발생 정보를 알게 된 날로부터 **15일 이내** 식품의약품안전처 홈페이지, 우편·팩스·정보통신망 등의 방법으로 **식품의약품안전처장**에게 **신속히 보고**

# Chapter 3 배합 금지 사항 확인 · 배합

## 1 혼합 및 소분의 수행과 범위 제한

맞춤형 화장품에 사용 가능한 원료
(「화장품 안전기준 등에 관한 규정」 제5조)

제조 또는 수입된 화장품의 내용물

혼합 및 소분 판매

맞춤형 화장품 조제관리사가 수행
혼합 및 소분 **범위 제한**을 지킬 것

### 1) 맞춤형 화장품 내용물의 사용 기준

(1) 맞춤형 화장품에 사용되는 내용물

맞춤형 화장품의 혼합 · 소분에 사용할 목적으로 **화장품 책임판매업자**로부터 직접 제공받은 것

(2) 사용할 수 없는 내용물

① 화장품 책임판매업자가 **소비자에게 그대로 유통 · 판매할 목적**으로 제조 · 수입한 화장품

② 판매의 목적이 아닌 **제품 홍보 · 판매촉진 등**을 위해 **미리 소비자가 시험 · 사용**하도록 제조 · 수입한 화장품

### 2) 맞춤형 화장품 원료의 사용 기준

맞춤형 화장품의 **내용물**은 **유통 화장품 안전관리기준**에 따라 관리

맞춤형 화장품 **혼합**에 사용할 수 없는 **원료**는 사용 금지

(1) 맞춤형 화장품 혼합에 사용할 수 없는 원료

① 사용할 수 없는 원료(「화장품 안전기준 등에 관한 규정」[별표 1])

② 사용상의 제한이 필요한 원료(「화장품 안전기준 등에 관한 규정」[별표 2])

③ 식품의약품안전처장이 고시한 **기능성 화장품의 효능 · 효과를 나타내는 원료**

(2) 예외적 허용 원료

① 원료의 품질 유지를 위해 **보존제**가 포함된 경우

② **개인 맞춤형으로 추가**(색소, 향, 기능성 원료 등)되거나 이를 위한 **원료의 조합**

③ 기능성 화장품의 **효능 · 효과를 나타내는 원료를 포함**하여 기능성 화장품에 대한 **심사(또는 보고서 제출)를 받은 경우**

※ 기능성 화장품의 효능 · 효과를 나타내는 원료는 내용물과 원료의 최종 혼합 제품을 기능성 화장품으로 이미 심사(또는 보고) 받은 경우에 한하여 그 조합 · 함량 범위 내에서만 사용

# Chapter 4 내용물 및 원료의 사용 제한사항

## 1 기능성 화장품 효능 · 효과를 나타내는 원료의 사용 절차 및 방법

제품 상담에 필요한 기능성 맞춤형 화장품의 효과를 구현하기 위한 배합 가능한 내용물 및 원료의 기능과 사용 방법

### 1) 기능성 화장품 심사자료

(1) 제출자료의 범위

① 안전성, 유효성 또는 기능을 입증하는 자료
㉠ 기원 및 개발 경위에 관한 자료
㉡ 안전성에 관한 자료(과학적인 타당성이 인정되는 경우 일부 자료 생략 가능)
㉢ 유효성 또는 기능에 관한 자료
② 검체를 포함한 기준 및 시험 방법에 관한 자료

**자료 제출 면제**★★

「기능성 화장품 심사에 관한 규정」 제6조(제출자료 면제 등)에서 정한 요건을 충족하는 경우 자료 제출 생략 【참고 p32】

### 2) 자료 제출이 생략되는 기능성 화장품의 종류 「기능성 화장품 심사에 관한 규정」 [별표 4]

(1) 피부를 곱게 태워주거나 자외선으로부터 피부를 보호하는 데 도움을 주는 제품

| 유형 | 영 · 유아용 제품류 중 로션, 크림 및 오일, 기초 화장용 제품류, 색조 화장용 제품류에 한함 | |
|---|---|---|
| 1 | 드로메트리졸 | 1% |
| 2 | 디갈로일트리올리에이트 | 5% |
| 3 | 4-메칠벤질리덴캠퍼 | 4% |
| 4 | 멘틸안트라닐레이트 | 5% |
| 5 | 벤조페논-3 | 5% |
| 6 | 벤조페논-4 | 5% |
| 7 | 벤조페논-8 | 3% |
| 8 | 부틸메톡시디벤조일메탄 | 5% |
| 9 | 시녹세이트 | 5% |
| 10 | 에칠헥실트리아존 | 5% |
| 11 | 옥토크릴렌 | 10% |
| 12 | 에칠헥실디메칠파바 | 8% |
| 13 | 에칠헥실메톡시신나메이트 | 7.5% |
| 14 | 에칠헥실살리실레이트 | 5% |

| | | |
|---|---|---|
| 15 | 페닐벤즈이미다졸설포닉애씨드 | 4% |
| 16 | 호모살레이트 | 10% |
| 17 | 징크옥사이드 | 25%(자외선 차단성분으로서) |
| 18 | 티타늄디옥사이드 | 25%(자외선 차단성분으로서) |
| 19 | 이소아밀p-메톡시신나메이트 | 10% |
| 20 | 비스-에칠헥실옥시페놀메톡시페닐트리아진 | 10% |
| 21 | 디소듐페닐디벤즈이미다졸테트라설포네이트 | 산으로 10% |
| 22 | 드로메트리졸트리실록산 | 15% |
| 23 | 디에칠헥실부타미도트리아존 | 10% |
| 24 | 폴리실리콘-15(디메치코디에칠벤잘말로네이트) | 10% |
| 25 | 메칠렌비스-벤조트리아졸릴테트라메칠부틸페놀 | 10% |
| 26 | 테레프탈릴리덴디캠퍼설포닉애씨드 및 그 염류 | 산으로 10% |
| 27 | 디에칠아미노하이드록시벤조일헥실벤조에이트 | 10% |

### (2) 피부의 **미백**에 도움을 주는 제품

| | |
|---|---|
| 제형 | 로션제, 액제, 크림제, 침적마스크에 한함 |
| 효능 · 효과 | "피부의 미백에 도움을 준다"로 제한 |
| 용법 · 용량 | - "본품 적당량을 취해 피부에 골고루 펴 바른다"<br>- "본품을 피부에 붙이고 10~20분 후 지지체를 제거한 다음 남은 제품을 골고루 펴 바른다(침적 마스크에 한함)"로 제한 |

| 연번 | 성분명 | 함량 | 연번 | 성분명 | 함량 |
|---|---|---|---|---|---|
| 1 | 닥나무추출물 | 2% | 6 | 아스코빌글루코사이드 | 2% |
| 2 | 알부틴 | 2~5% | 7 | 마그네슘아스코빌포스페이트 | 3% |
| 3 | 에칠아스코빌에텔 | 1~2% | 8 | 나이아신아마이드 | 2~5% |
| 4 | 유용성감초추출물 | 0.05% | 9 | 알파-비사보롤 | 0.5% |
| 5 | 아스코빌테트라이소팔미테이트 | 2% | | | |

### (3) 피부의 **주름 개선**에 도움을 주는 제품

| | |
|---|---|
| 제형 | 로션제, 액제, 크림제, 침적마스크에 한함 |
| 효능 · 효과 | "피부의 주름 개선에 도움을 준다"로 제한 |
| 용법 · 용량 | - "본품 적당량을 취해 피부에 골고루 펴 바른다"<br>- "본품을 피부에 붙이고 10~20분 후 지지체를 제거한 다음 남은 제품을 골고루 펴 바른다(침적 마스크에 한함)"로 제한 |

| 연번 | 성분명 | 함량 |
|---|---|---|
| 1 | 레티놀 | 2,500IU/g |
| 2 | 레티닐팔미테이트 | 10,000IU/g |
| 3 | 아데노신 | 0.04% |
| 4 | 폴리에톡실레이티드레틴아마이드 | 0.05~0.2% |

### (4) 모발의 색상을 변화(탈염 · 탈색)시키는 기능을 가진 제품

| 제형 | 분말제, 액제, 로션제, 크림제, 겔제, 에어로졸제에 한함 |
|---|---|
| 효능 · 효과<br>(다음 중 어느 하나로 제한) | 1) 염모제 : 모발의 염모(색상) 예시 모발의 염모(노랑색)<br>2) 탈색 · 탈염제 : 모발의 탈색<br>3) 염모제의 산화제<br>4) 염모제의 산화제 또는 탈색제 · 탈염제의 산화제<br>5) 염모제의 산화보조제<br>6) 염모제의 산화보조제 또는 탈색제 · 탈염제의 산화보조제 |
| 용법 · 용량<br>(품목에 따라 다음과 같이 제한) | (1) 3제형 산화염모제<br>제1제 Og(mL)에 대하여 제2제 Og(mL)와 제3제 Og(mL)의 비율로(필요한 경우 혼합 순서를 기재한다) 사용 직전에 잘 섞은 후 모발에 균등히 바른다. O분 후에 미지근한 물로 잘 헹군 후 비누나 샴푸로 깨끗이 씻고 마지막에 따뜻한 물로 충분히 헹군다. 용량은 모발의 양에 따라 적절히 증감한다.<br>(2) 2제형 산화염모제<br>제1제 Og(mL)에 대하여 제2제 Og(mL)의 비율로 사용 직전에 잘 섞은 후 모발에 균등히 바른다.(단, 일체형 에어로졸제*의 경우에는 "(사용 직전에 충분히 흔들어) 제1제 Og(mL)에 대하여 제2제 Og(mL)의 비율로 섞여 나오는 내용물을 적당량 취해 모발에 균등히 바른다"로 한다) O분 후에 미지근한 물로 잘 헹군 후 비누나 샴푸로 깨끗이 씻고 마지막에 따뜻한 물로 충분히 헹군다. 용량은 모발의 양에 따라 적절히 증감한다.<br>※ 일체형 에어로졸제 : 1품목으로 신청하는 2제형 산화염모제 또는 2제형 탈색 · 탈염제 중 제1제 와 제2제가 칸막이로 나뉘어져 있는 일체형 용기에 서로 섞이지 않게 각각 분리 · 충전되어 있다가 사용 시 하나의 배출구(노즐)로 배출되면서 기계적(자동)으로 섞이는 제품<br>(3) 2제형 비산화염모제<br>먼저 제1제를 필요한 양만큼 취하여 (탈지면에 묻혀) 모발에 충분히 반복하여 바른 다음 가볍게 비벼준다. 자연 상태에서 O분 후 염색이 조금 되어갈 때 제2제를 (필요시, 잘 흔들어 섞어) 충분한 양을 취해 반복해서 균등히 바르고 때때로 빗질을 해준다. 제2제를 바른 후 O분 후에 미지근한 물로 잘 헹군 후 비누나 샴푸로 깨끗이 씻고 마지막에 따뜻한 물로 충분히 헹군다. 용량은 모발의 양에 따라 적절히 증감한다.<br>(4) 3제형 탈색 · 탈염제<br>제1제 Og(mL)에 대하여 제2제 Og(mL)와 제3제 Og(mL)의 비율로(필요한 경우 혼합 순서를 기재한다) 사용 직전에 잘 섞은 후 모발에 균등히 바른다. O분 후에 미지근한 물로 잘 헹군 후 비누나 샴푸로 깨끗이 씻고 마지막에 따뜻한 물로 충분히 헹군다. 용량은 모발의 양에 따라 적절히 증감한다.<br>(5) 2제형 탈색 · 탈염제<br>제1제 Og(mL)에 대하여 제2제 Og(mL)의 비율로 사용 직전에 잘 섞은 후 모발에 균등히 바른다.(단, 일체형 에어로졸제의 경우에는 "사용 직전에 충분히 흔들어 제1제 Og(mL)에 대하여 제2제 Og(mL)의 비율로 섞여 나오는 내용물을 적당량 취해 모발에 균등히 바른다"로 한다) O분 후에 미지근한 물로 잘 헹군 후 비누나 샴푸로 깨끗이 씻는다. 용량은 모발의 양에 따라 적절히 증감한다.<br>(6) 1제형(분말제, 액제 등) 신청의 경우<br>① "이 제품 Og을 두발에 바른다. 약 O분 후 미지근한 물로 잘 헹군 후 비누나 샴푸로 깨끗이 씻는다" 또는 "이 제품 Og을 물 OmL에 용해하고 두발에 바른다. 약 O분 후 미지근한 물로 잘 헹군 후 비누나 샴푸로 깨끗이 씻는다"<br>② 1제형 산화염모제, 1제형 비산화염모제, 1제형 탈색 · 탈염제는 1제형(분말제, 액제 등)의 예에 따라 기재한다.<br>(7) 분리 신청의 경우<br>① 산화염모제의 경우 : 이 제품과 산화제($H_2O_2$ Ow/w% 함유)를 O : O의 비율로 혼합하고 두발에 바른다. 약 O분 후 미지근한 물로 잘 헹군 후 비누나 샴푸로 깨끗이 씻는다. 1인 1회 분의 사용량 O~Og(mL) |

| | |
|---|---|
| | ② 탈색 · 탈염제의 경우 : 이 제품과 산화제($H_2O_2$ ○w/w% 함유)를 ○ : ○의 비율로 혼합하고 두발에 바른다. 약 ○분 후 미지근한 물로 잘 헹군 후 비누나 샴푸로 깨끗이 씻는다. 1인 1회 분의 사용량 ○~○g(mL)<br>③ 산화염모제의 산화제인 경우 : 염모제의 산화제로서 사용<br>④ 탈색 · 탈염제의 산화제인 경우 : 탈색 · 탈염제의 산화제로서 사용<br>⑤ 산화염모제, 탈색 · 탈염제의 산화제인 경우 : 염모제, 탈색 · 탈염제의 산화제로서 사용<br>⑥ 산화염모제의 산화보조제인 경우 : 염모제의 산화보조제로서 사용<br>⑦ 탈색 · 탈염제의 산화보조제인 경우 : 탈색 · 탈염제의 산화보조제로서 사용<br>⑧ 산화염모제, 탈색 · 탈염제의 산화보조제인 경우 : 염모제, 탈색 · 탈염제의 산화보조제로서 사용 |

| 구분 | 성분명 | 사용할 때 농도 상한(%) |
|---|---|---|
| I | p-니트로-o-페닐렌디아민 | 1.5 |
| | 니트로-p-페닐렌디아민 | 3.0 |
| | 2-메칠-5-히드록시에칠아미노페놀 | 0.5 |
| | 2-아미노-4-니트로페놀 | 2.5 |
| | 2-아미노-5-니트로페놀 | 1.5 |
| | 2-아미노-3-히드록시피리딘 | 1.0 |
| | 5-아미노-o-크레솔 | 1.0 |
| | m-아미노페놀 | 2.0 |
| | o-아미노페놀 | 3.0 |
| | p-아미노페놀 | 0.9 |
| | 염산 2,4-디아미노페녹시에탄올 | 0.5 |
| | 염산 톨루엔-2,5-디아민 | 3.2 |
| | 염산 m-페닐렌디아민 | 0.5 |
| | 염산 p-페닐렌디아민 | 3.3 |
| | 염산 히드록시프로필비스(N-히드록시에칠-p-페닐렌디아민) | 0.4 |
| | 톨루엔-2,5-디아민 | 2.0 |
| | m-페닐렌디아민 | 1.0 |
| | p-페닐렌디아민 | 2.0 |
| | N-페닐-p-페닐렌디아민 | 2.0 |
| | 피크라민산 | 0.6 |
| | 황산 p-니트로-o-페닐렌디아민 | 2.0 |
| | 황산 p-메칠아미노페놀 | 0.68 |
| | 황산 5-아미노-o-크레솔 | 4.5 |
| | 황산 m-아미노페놀 | 2.0 |
| | 황산 o-아미노페놀 | 3.0 |
| | 황산 p-아미노페놀 | 1.3 |
| | 황산 톨루엔-2,5-디아민 | 3.6 |
| | 황산 m-페닐렌디아민 | 3.0 |
| | 황산 p-페닐렌디아민 | 3.8 |

| 구분 | | 유효성분 | 사용 시 농도 상한(%) |
|---|---|---|---|
| | | 황산 N,N-비스(2-히드록시에칠)-p-페닐렌디아민 | 2.9 |
| | | 2,6-디아미노피리딘 | 0.15 |
| | | 염산 2,4-디아미노페놀 | 0.5 |
| | | 1,5-디히드록시나프탈렌 | 0.5 |
| | | 피크라민산 나트륨 | 0.6 |
| | | 황산 2-아미노-5-니트로페놀 | 1.5 |
| | | 황산 o-클로로-p-페닐렌디아민 | 1.5 |
| | | 황산 1-히드록시에칠-4,5-디아미노피라졸 | 3.0 |
| | | 히드록시벤조모르포린 | 1.0 |
| | | 6-히드록시인돌 | 0.5 |
| Ⅱ | | α-나프톨 | 2.0 |
| | | 레조시놀 | 2.0 |
| | | 2-메칠레조시놀 | 0.5 |
| | | 몰식자산 | 4.0 |
| | | 카테콜 | 1.5 |
| | | 피로갈롤 | 2.0 |
| Ⅲ | A | 과붕산나트륨<br>과붕산나트륨일수화물<br>과산화수소수<br>과탄산나트륨 | |
| | B | 강암모니아수<br>모노에탄올아민<br>수산화나트륨 | |
| Ⅳ | | 과황산암모늄<br>과황산칼륨<br>과황산나트륨 | |
| Ⅴ | A | 황산철 | |
| | B | 피로갈롤 | |

- Ⅰ란에 있는 유효성분 중 염이 다른 동일 성분은 1종만을 배합
- 유효성분 중 사용 시 농도 상한이 같은 표에 설정되어 있는 것은 제품 중의 최대배합량이 사용 시 농도로 환산하여 같은 농도 상한을 초과하지 않을 것
- Ⅰ란에 기재된 유효성분을 2종 이상 배합하는 경우, 각 성분의 사용 시 농도(%)의 합계치가 5.0%를 넘지 않을 것
- Ⅲ A란에 기재된 것 중 과산화수소수는 과산화수소로서 제품 중 농도가 12.0% 이하일 것

**◈ 제품에 따른 유효성분의 사용 구분**

(1) **산화염모제**

① 2제형 1품목 신청의 경우

Ⅰ 란 및 ⅢA란에 기재된 유효성분을 각각 1종 이상 배합, 필요에 따라 같은 표 Ⅱ란 및 Ⅳ란에 기재된 유효성분을 배합

② 1제형 (분말제, 액제 등) 신청의 경우

Ⅰ란에 기재된 유효성분을 1종류 이상 배합, 필요에 따라 같은 표 Ⅱ란, ⅢA란 및 Ⅳ란에 기재된 유효성분을 배합

③ 2제형 제1제 분리 신청의 경우

Ⅰ란에 기재된 유효성분을 1종류 이상 배합, 필요에 따라 같은 표 Ⅱ란 및 Ⅳ란에 기재된 유효성분을 배합

(2) **비산화염모제**

VA란 및 VB란에 기재된 유효성분을 각각 1종 이상 배합, 필요에 따라 같은 표 ⅢB란에 기재된 유효성분을 배합

(3) **탈색 · 탈염제**

① 2제형 1품목 신청, 1제형 신청의 경우

ⅢA란에 기재된 유효성분을 1종류 이상 배합, 필요에 따라서 같은 표 ⅢB란 및 Ⅳ란에 기재된 유효성분을 배합

② 2제형 제1제 분리 신청의 경우

ⅢA란, ⅢB란 또는 Ⅳ란에 기재된 유효성분을 1종류 이상 배합

(4) **산화염모제의 산화제 또는 탈색 · 탈염제의 산화제**

ⅢA란에 기재된 유효성분을 1종류 이상 배합, 필요에 따라 같은 표 Ⅳ란에 기재된 유효성분을 배합

(5) **산화염모제의 산화보조제 또는 탈색 · 탈염제의 산화보조제**

Ⅳ란에 기재된 유효성분을 1종류 이상 배합

<table>
<tr><th colspan="2" rowspan="2">효능 · 효과</th><th rowspan="2">신청 방식</th><th colspan="2" rowspan="2">제 형</th><th rowspan="2">Ⅰ란</th><th rowspan="2">Ⅱ란</th><th colspan="2">Ⅲ란</th><th rowspan="2">Ⅳ란</th><th colspan="2">Ⅴ란</th></tr>
<tr><th>A</th><th>B</th><th>A</th><th>B</th></tr>
<tr><td rowspan="11">염<br>모<br>제</td><td rowspan="8">산화염모</td><td rowspan="7">1품목 신청</td><td colspan="2">1제형(1)</td><td>o</td><td>(o)</td><td>o</td><td></td><td>(o)</td><td></td><td></td></tr>
<tr><td colspan="2">1제형(2)</td><td>o</td><td>(o)</td><td></td><td></td><td></td><td></td><td></td></tr>
<tr><td rowspan="2">2제형</td><td>제1제</td><td>o</td><td>(o)</td><td></td><td></td><td>(o)</td><td></td><td></td></tr>
<tr><td>제2제</td><td></td><td></td><td>o</td><td></td><td></td><td></td><td></td></tr>
<tr><td rowspan="3">3제형</td><td>제1제</td><td>o</td><td>(o)</td><td></td><td></td><td>(o)</td><td></td><td></td></tr>
<tr><td>제2제</td><td></td><td></td><td>o</td><td></td><td></td><td></td><td></td></tr>
<tr><td>제3제</td><td></td><td></td><td></td><td></td><td>(o)</td><td></td><td></td></tr>
<tr><td>분리 신청</td><td colspan="2">2제형</td><td>o</td><td>(o)</td><td></td><td></td><td>(o)</td><td></td><td></td></tr>
<tr><td rowspan="3">비산화염모</td><td rowspan="3">1품목 신청</td><td colspan="2">1제형</td><td></td><td></td><td></td><td></td><td></td><td>o</td><td>o</td></tr>
<tr><td rowspan="2">2제형</td><td>제1제</td><td></td><td></td><td></td><td>(o)</td><td></td><td></td><td rowspan="2">o</td></tr>
<tr><td>제2제</td><td></td><td></td><td></td><td></td><td></td><td>o</td></tr>
<tr><td colspan="2" rowspan="12">탈색 · 탈염제</td><td rowspan="9">1품목 신청</td><td colspan="2">1제형 (1)</td><td></td><td></td><td>o</td><td>o</td><td>(o)</td><td></td><td></td></tr>
<tr><td colspan="2">1제형 (2)</td><td></td><td></td><td>o</td><td></td><td>(o)</td><td></td><td></td></tr>
<tr><td rowspan="2">2제형(1)</td><td>제1제</td><td></td><td></td><td></td><td>o</td><td>(o)</td><td></td><td></td></tr>
<tr><td>제2제</td><td></td><td></td><td>o</td><td></td><td>(o)</td><td></td><td></td></tr>
<tr><td rowspan="2">2제형(2)</td><td>제1제</td><td></td><td></td><td></td><td></td><td>o</td><td></td><td></td></tr>
<tr><td>제2제</td><td></td><td></td><td>o</td><td></td><td></td><td></td><td></td></tr>
<tr><td rowspan="3">3제형</td><td>제1제</td><td></td><td></td><td></td><td>o</td><td>(o)</td><td></td><td></td></tr>
<tr><td>제2제</td><td></td><td></td><td>o</td><td></td><td>(o)</td><td></td><td></td></tr>
<tr><td>제3제</td><td></td><td></td><td></td><td></td><td>(o)</td><td></td><td></td></tr>
<tr><td rowspan="3">분리 신청</td><td>2제형(1)</td><td>제1제</td><td></td><td></td><td></td><td>o</td><td>(o)</td><td></td><td></td></tr>
<tr><td>2제형(2)</td><td>제1제</td><td></td><td></td><td>o</td><td>(o)</td><td></td><td></td><td></td></tr>
<tr><td>2제형(3)</td><td>제1제</td><td></td><td></td><td></td><td></td><td>o</td><td></td><td></td></tr>
<tr><td colspan="4">산화염모제의 산화제로 사용</td><td rowspan="6">분<br>리<br>신<br>청</td><td></td><td></td><td>o</td><td></td><td>(o)</td><td></td><td></td></tr>
<tr><td colspan="4">탈색 · 탈염제의 산화제로 사용</td><td></td><td></td><td>o</td><td></td><td>(o)</td><td></td><td></td></tr>
<tr><td colspan="4">산화염모제, 탈색 · 탈염제의 산화제로 사용</td><td></td><td></td><td>o</td><td></td><td>(o)</td><td></td><td></td></tr>
<tr><td colspan="4">산화염모제의 산화보조제로 사용</td><td></td><td></td><td></td><td></td><td>o</td><td></td><td></td></tr>
<tr><td colspan="4">탈색 · 탈염제의 산화보조제로서 사용</td><td></td><td></td><td></td><td></td><td>o</td><td></td><td></td></tr>
<tr><td colspan="4">산화염모제, 탈색 · 탈염제의 산화보조제로 사용</td><td></td><td></td><td></td><td></td><td>o</td><td></td><td></td></tr>
</table>

※ O : 반드시 배합해야 할 유효성분 / (O) : 필요에 따라 배합하는 유효성분

- 3제형 산화염모제 및 3제형 탈색 · 탈염제의 경우, 제3제가 희석제 등으로 구성되어 유효성분을 포함하지 않을 수 있음
- 2제형 산화염모제에서 제2제의 유효성분인 ⅢA란의 성분이 제1제에 배합되고 제2제가 희석제 등으로 구성되어 유효성분을 포함하지 않는 경우에도 제2제를 1개 품목으로 신청 가능

### (5) **체모를 제거**하는 기능을 가진 제품

| 제형 | 로션제, 액제, 크림제, 에어로졸제에 한함 | |
|---|---|---|
| 효능 · 효과 | 제모(체모의 제거)로 제한 | |
| 용법 · 용량 | "사용 전 제모할 부위를 씻고 건조시킨 후 이 제품을 제모할 부위의 털이 완전히 덮이도록 충분히 바른다. 문지르지 말고 5~10분간 그대로 두었다가 일부분을 손가락으로 문질러 보아 털이 쉽게 제거되면 젖은 수건[(제품에 따라서는) 또는 동봉된 부직포 등]으로 닦아내거나 물로 씻어낸다. 면도한 부위의 짧고 거친 털을 완전히 제거하기 위해서는 한 번 이상(수일 간격) 사용하는 것이 좋다"로 제한 | |
| 연번 | 성분명 | 함량 |
| 1 | 치오글리콜산 80% | 치오글리콜산으로서 3.0~4.5% |

※ pH 범위 7.0 이상 12.7 미만

### (6) **여드름성 피부를 완화**하는 데 도움을 주는 제품

| 유형 | 인체 세정용 제품류(비누조성의 제제) | |
|---|---|---|
| 제형 | 로션제, 액제, 크림제에 한함(부직포 등에 침적된 상태는 제외) | |
| 효능 · 효과 | "여드름성 피부를 완화하는 데 도움을 준다"로 제한 | |
| 용법 · 용량 | "본품 적당량을 취해 피부에 사용한 후 물로 바로 깨끗이 씻어낸다"로 제한 | |
| 연번 | 성분명 | 함량 |
| 1 | 살리실릭애씨드 | 0.5% |

## 2 기능성 화장품 심사 기준 「기능성 화장품 심사에 관한 규정」

### 1) 기능성 화장품의 원료 및 그 분량

(1) 효능 · 효과 등에 관한 자료에 따라 제제의 특성을 고려하여 각 성분마다 배합 목적, 성분명, 규격, 분량(중량, 용량)을 기재

① 「화장품 안전기준 등에 관한 규정」에 사용한도가 지정되어 있지 않은 착색제, 착향제, 현탁화제, 유화제, 용해보조제, 안정제, 등장제, pH 조절제, 점도 조절제, 용제 등의 경우에는 **적량으로 기재** 가능

② 착색제 중 식품의약품안전처장이 지정하는 색소(황색4호 제외)를 배합하는 경우, 성분명을 **"식약처장 지정 색소"**라고 기재

(2) **분량을 기재**함을 원칙("100밀리리터 중" 또는 "100그람 중"), **분사제**는 "100그람 중"(원액과 분사제의 양 구분 표기)의 **함량으로 기재**

(3) 성분명

국제화장품원료집(ICID, International Nomenclature Cosmetic Ingredient), 「기능성 화장품 기준 및 시험 방법」(식품의약품안전처 고시), 및 「식품의 기준 및 규격」(식품의약품안전처 고시)에서 정하는 명칭, 별첨규격의 경우 일반명 또는 그 성분의 본질을 대표하는 표준화된 명칭을 각각 **한글로 기재**

(4) 규격(기재하고 그 근거자료 첨부)

① 효능·효과를 나타나게 하는 성분

「기능성 화장품 기준 및 시험 방법」(식품의약품안전처 고시)에서 정하는 규격 기준의 원료인 경우, 그 규격으로 하고 그 이외에는 "별첨 규격" 또는 "별규"로 기재

② 효능·효과를 나타나게 하는 성분 이외의 성분

㉠ 규정에 해당하는 원료집에서 정하는 원료인 경우 그 수재 원료집의 명칭을 기재 (예시 ICID)

㉡ 「화장품 색소 종류와 기준 및 시험 방법」(식품의약품안전처 고시)에서 정하는 원료인 경우 "화장품 색소 고시"로 기재

㉢ 그 이외에는 "별첨 규격" 또는 "별규"로 기재하고 [별표 2]의 기준 및 시험 방법 작성 요령에 따라 작성

## 2) 제형

① 로션제, 액제, 크림제, 침적마스크제, 겔제, 에어로졸제, 분말제로 표기

② 제형을 정하고 있지 않은 경우, 간결하게 표현

## 3) 효능·효과

(1) 「화장품법」 제2조제2호(기능성 화장품) 각 목에 적합할 것

(2) 자외선으로부터 피부를 보호하는 데 도움을 주는 제품에 자외선 차단지수(SPF), 내수성·지속 내수성 또는 자외선 A 차단등급(PA) 표시 기준

① 자외선 차단지수(SPF)는 측정 결과에 근거하여 평균값(소수점 이하 절사)으로부터 -20% 이하 범위 내 정수로 표시, SPF 50 이상은 "SPF 50+"로 표시

② 내수성·지속 내수성은 측정 결과에 근거하여 '내수성비 신뢰구간'이 50% 이상일 때, **"내수성"** 또는 **"지속 내수성"**으로 표시

③ 자외선 A 차단등급(PA)은 자외선 A 차단지수(PFA)값의 소수점 이하는 버리고 정수로 표시(그 값이 2 이상이면 다음 표와 같이 표시, 자외선 차단지수와 병행 표시 가능)

| 자외선 A 차단지수(PFA) | 자외선 A 차단등급(PA) | 자외선 A 차단 효과 |
|---|---|---|
| 2 이상 4 미만 | PA+ | 낮음 |
| 4 이상 8 미만 | PA++ | 보통 |
| 8 이상 16 미만 | PA+++ | 높음 |
| 16 이상 | PA++++ | 매우 높음 |

**자외선의 분류★★**

자외선 C(200~290 nm), 자외선 B(290~320 nm), 자외선 A(320~400 nm)

- **자외선 차단지수(Sun Protection Factor, SPF)★★**
  **UVB를 차단하는 제품의 차단 효과**를 나타내는 지수, 자외선 차단 제품을 도포하여 얻은 최소 홍반량을 도포하지 않고 얻은 최소 홍반량으로 나눈 값

> • **최소 홍반량(Minimum Erythema Dose, MED)**
> UVB를 사람의 피부에 조사한 후 16~24시간의 범위 내에, 조사 영역의 전 영역에 홍반을 나타낼 수 있는 최소한의 자외선 조사량
> • **최소 지속형 즉시 흑화량(Minimal Persistent Pigment Darkening Dose, MPPD)**
> UVA를 사람의 피부에 조사한 후 2~24시간의 범위 내에, 조사영역의 전 영역에 희미한 흑화가 인식되는 최소 자외선 조사량
> • **자외선 A 차단지수(Protection Factor of UVA, PFA)**
> **UVA를 차단하는 제품의 차단 효과**를 나타내는 지수로 자외선 A 차단 제품을 도포하여 얻은 최소 지속형 즉시 흑화량을 자외선 A 차단 제품을 도포하지 않고 얻은 최소 지속형 즉시 흑화량으로 나눈 값

### 4) 용법 · 용량

오용될 여지가 없는 명확한 표현으로 기재

### 5) 사용할 때의 주의사항

① 「화장품 사용할 때의 주의사항 및 알레르기 유발 성분 표시에 관한 규정」(식품의약품안전처 고시) [별표 1] 화장품 유형별·함유 성분별 사용할 때의 주의사항을 기재
② 별도의 주의사항이 필요한 경우, 근거자료를 첨부하여 추가로 기재 가능

PART 5

# 제품 안내

## Chapter 1 맞춤형 화장품 표시사항

### 1 맞춤형 화장품 판매 시 포장에 기재되어야 할 정보

1) 맞춤형 화장품의 기재 사항

(1) 1차 또는 2차 포장 기재 · 표시사항

① 화장품의 **명칭**
② 영업자의 **상호** 및 **주소**
③ 해당 화장품 제조에 사용된 모든 **성분**(인체 무해한 소량 함유 성분 등 총리령으로 정하는 성분 제외)
④ 내용물의 **용량** 또는 **중량**
⑤ **제조번호**
⑥ **사용기한** 또는 **개봉 후 사용기간**(개봉 후 사용기간의 경우 제조 연월일 병기)
⑦ **가격**
⑧ 기능성 화장품의 경우 "**기능성 화장품**"이라는 글자 또는 식품의약품안전처장이 정하는 기능성 화장품을 나타내는 **도안**
⑨ 사용할 때의 **주의사항**
⑩ 그 밖에 총리령으로 정하는 사항

**1차 포장 기재 의무 제외 대상**
화장 비누(고체 형태의 세안용 비누)

(2) 10 mL(g) 이하 또는 견본품(소용량 또는 비매품 1차 · 2차 포장)

① 화장품의 명칭
② 맞춤형 화장품 판매업자 상호
③ 가격
④ 제조번호
⑤ 사용기한 또는 개봉 후 사용기간(제조 연월일 병행 표기)

(3) 기재 · 표시상의 주의

① **한글**로 읽기 쉽도록 기재 · 표시
② 화장품의 성분을 표시하는 경우, **표준화된 일반명** 사용

제 4 편

③ **소분(리필) 제품 용기를 재사용하는 경우** 기존의 기재 사항과 혼동되지 않도록 라벨 스티커 제작(부착 후 새로 제작 라벨 위치 등에 대해 소비자에게 안내)

㉠ 라벨 꼬리표(텍)는 사용 기간 분실 가능

㉡ 2차 포장이 없는 소분(리필) 판매 화장품은 1차 용기에 필수 기재 사항을 모두 기재 · 표시

**소분(리필) 제품 라벨 스티커 기재 사항**

- 화장품의 명칭
- 영업자의 상호 및 주소
- 해당 화장품 제조에 사용된 모든 성분(인체 무해한 소량 함유 성분 등 일부 성분 제외)
- 내용물의 용량 또는 중량
- 제조번호
- 사용기한 또는 개봉 후 사용기간(개봉 후 사용기간 기재 시 제조 연월일 병행 표기)
- 가격
- 기능성 화장품의 경우 "기능성 화장품"이라는 글자 또는 식품의약품안전처장이 정하는 기능성 화장품을 나타내는 도안
- 사용할 때의 주의사항
- 그 밖에 총리령으로 정하는 사항
  - 기능성 화장품의 경우 심사 받거나 보고한 효능 · 효과, 용법 · 용량
  - 성분명을 제품 명칭의 일부로 사용한 경우 그 성분명과 함량(방향용 제품 제외)
  - 인체 세포 · 조직 배양액이 들어있는 경우 그 함량
  - 화장품에 천연 또는 유기농으로 표시 · 광고하려는 경우 원료의 함량
  - 기능성 화장품의 경우 "질병의 예방 및 치료를 위한 의약품이 아님"이라는 문구
  - 만 3세 이하의 영 · 유아용 제품류 또는 만 4세 이상부터 만 13세 이하까지의 어린이가 사용할 수 있는 제품임을 특정하여 표시 · 광고하려는 경우 사용 기준이 지정 · 고시된 원료 중 보존제의 함량

(4) 맞춤형 화장품의 가격 표시

① **개별 제품**에 판매 가격을 표시

② **제품명, 가격이 포함된 정보를 제시**하는 방법으로 표시

# Chapter 2 맞춤형 화장품 안전기준의 주요사항

## 1 맞춤형 화장품 판매장의 위생환경 모니터링

### 1) 작업장의 시설 기준

맞춤형 화장품 품질·안전 확보를 위해 맞춤형 화장품 판매업을 신고하려는 자가 갖추어야 하는 시설

(1) 혼합 · 소분 공간은 혼합 · 소분 이외의 용도로 사용되는 공간과 분리 또는 구획할 것

모든 공간에 구획과 구분이 필요한 것은 아니며 혼합 · 소분 행위가 맞춤형 화장품 품질 · 안전 등 보건위생상 위해 발생 우려가 없거나 기계를 사용해 혼합 · 소분 시 분리 · 구획된 것으로 인정

(2) 맞춤형 화장품 간 **혼입이나 미생물 오염 등을 방지**할 수 있는 시설 또는 설비 등을 확보할 것

① 사용하지 않는 설비는 깨끗한 상태로 보관, 오염으로부터 보호
② 설비 등의 위치는 원료나 직원의 이동으로 인해 화장품 품질에 영향을 주지 않도록 함
③ 설비 등은 제품의 오염을 방지하고 제품 및 청소 소독제와 화학반응을 일으키지 않을 것

(3) 맞춤형 화장품 판매장의 **위생관리 표준절차**(SOP) 설계

맞춤형 화장품 품질 유지 등을 위해 시설 또는 설비 등에 대해 **주기적으로 점검 · 관리**

### 2) 작업자의 위생관리

(1) 교육훈련

① 시설을 이용하는 작업자는 교육훈련을 받을 것
② 작업자 교육훈련 내용
직원용 안전대책, 작업 위생 규칙, 작업복 등의 착용, 손 씻는 절차 등

(2) 출입관리

① 방문객과 훈련받지 않은 직원이 혼합·소분, 보관 구역 출입 시 훈련된 자가 동행하고 방문객은 적절한 지시에 따라야 함
② 혼합·소분, 보관 구역 출입 시에는 기록서에 성명, 입·퇴장 시간 및 자사 동행자를 기록할 것

(3) 혼합 · 소분의 안전관리

① 혼합 · 소분 시 **위생복 및 마스크 착용**

② 혼합 전 · 후 반드시 **손 소독 및 세척**

③ 피부 외상 및 증상이 있는 직원은 **건강 회복 전까지 혼합 및 소분 행위 금지**

### 3) 맞춤형 화장품 판매장 위생환경 관리

(1) 혼합 · 소분 장소의 위생관리

① 맞춤형 화장품 혼합 · 소분 장소와 판매 장소는 구분 · 구획

② 적절한 **환기시설** 구비

③ 작업대, 바닥, 벽, 천장 및 창문 청결 유지

④ 방충 · 방서 대책 마련 및 정기적 점검 · 확인

⑤ 혼합 전 · 후 작업자의 손 세척 및 장비 세척을 위한 세척시설 구비

(2) 혼합 · 소분 장비 및 도구의 위생관리

① 사용 전 · 후 세척 등을 통해 오염 방지

② 작업 장비 및 도구 세척 시 사용되는 세제 · 세척제는 잔류하거나 표면 이상을 초래하지 않는 것을 사용

③ 세척한 작업 장비 및 도구는 잘 건조하여 다음 사용 시까지 오염 방지

④ 자외선 살균기 이용 시, 살균기 내 자외선 램프의 청결 상태를 확인, 적당한 간격을 두어 장비 및 도구가 서로 겹치지 않게 한층으로 보관

(3) 위생 환경 모니터링

맞춤형 화장품 판매업자와 맞춤형 화장품 조제관리사는
주기를 정하여 맞춤형 화장품 판매업소에 대한 위생환경 모니터링

모니터링 항목 : 작업자 위생관리,
작업환경 위생관리,
장비 · 도구 위생관리 등

그 결과를 기록하고 판매업소의 위생환경 상태를
판매장 특성에 맞도록 위생관리

# Chapter 3 맞춤형 화장품의 특징

## 1 맞춤형 화장품의 특징과 장 · 단점

### 1) 맞춤형 화장품의 특징

개인의 가치가 강조되는 사회 · 문화적 환경 변화에 따라 개인 맞춤형 상품 서비스를 통해 다양한 소비 욕구를 충족시킬 수 있도록 탄생한 제도

(1) 맞춤형 화장품 조제관리사가 혼합 · 소분

① 개인의 요구 또는 개인의 피부 분석을 통해 필요한 내용물이나 법에 의해 정해진 원료를 혼합하여 제품을 만들어 주는 것이 특징

② 소비자 요구에 따라 다양한 제품 판매의 형태를 가짐

(2) 매장 내 소비자가 직접 소분(리필)

① 화장품 소분(리필) 매장에서 샴푸, 린스, 바디 클렌저, 액체 비누 등 네 가지 화장품에 한해 조제관리사의 안내에 따라 직접 용기에 담아갈 수 있도록 허용

② 매장에 비치된 밸브 혹은 자동 소분(리필) 장치를 사용해 원하는 만큼 구매 가능

### 2) 맞춤형 화장품의 장 · 단점

(1) 장점

① 전문가 조언을 통해 소비자 기호와 특성에 적합한 화장품 유형과 원료 및 내용물 선택

② 충족되는 심리적 만족감

③ 개인별 피부 특성 및 색, 향 등 취향에 따라 제조 · 수입한 화장품 원료 및 내용물을 혼합 · 소분해 판매 가능

(2) 단점

① 동일한 제품에 대한 사용 후기나 평가를 확인하기 어려움

② 맞춤형 화장품 혼합 조건에 따라 제품의 물성 및 안정성 감소에 영향

# Chapter 4 맞춤형 화장품의 사용법

## 1 맞춤형 화장품 사용법 및 사용할 때의 주의사항

### 1) 맞춤형 화장품 사용법

① 맞춤형 화장품 조제관리사와 전문적인 상담을 통해 제조한 맞춤형 화장품을 사용
② 화장품 사용 중 이상 증상 발생 시 즉시 사용 중단
③ 사용기한 또는 개봉 후 사용기간 준수
④ 맞춤형 화장품 조제관리사로부터 제조에 사용된 내용물과 원료에 대한 설명을 듣고 사용

### 2) 맞춤형 화장품 사용할 때의 주의사항 안내

(1) 화장품 사용할 때의 주의사항

「화장품법 시행규칙」 [별표 3] '공통사항'에 근거

(2) 안전정보와 관련한 사용할 때의 주의사항

「화장품 사용할 때의 주의사항 및 알레르기 유발 성분 표시에 관한 규정」 [별표 1] '화장품 유형별 · 함유 성분별 사용할 때의 주의사항 표시 문구'에 근거

(3) 알레르기 유발 물질 함유 유무

「화장품 사용할 때의 주의사항 및 알레르기 유발 성분 표시에 관한 규정」 [별표 2] '착향제 구성 성분 중 알레르기 유발 성분'에 근거

(4) 맞춤형 화장품 정보 제공

화장품 책임판매업체로부터 제공받은 소분(리필) 내용물에 대한 사용할 때의 주의사항을 소비자에게 설명

※ 첨부 문서(안내문, 디지털 방식 등)로 제공 가능

### 3) 화장품 이상 반응 시 대처법 안내

(1) 부작용(알레르기나 피부 자극)이 발생한 경우

즉시 사용을 중단하고 판매장으로 연락하라고 안내

(2) 맞춤형 화장품으로 인한 피해임을 알리고자 할 경우

의사의 진단서 및 소견서, 테스트 결과 등 **객관적인 입증자료 구비** 안내

(3) 화장품에 의한 피부 자극은 개인별 민감성에 따라 다르게 나타나므로 **사용 전 사전 테스트 진행** 안내

(4) 눈에 들어갈 가능성이 있는 제품(눈 주위에 사용되는 화장품, 두발용 화장품 등)은 **특별한 주의사항** 안내

# PART 6 혼합 및 소분

## Chapter 1 원료 및 제형의 물리적 특성

### 1 화장품 제형의 종류 및 물리적 특성

#### 1) 맞춤형 화장품 내용물 및 원료의 물리화학적 특성

(1) 화장품 제형의 세부 종류 및 정의★★

| | |
|---|---|
| 로션제 | 유화제 등을 넣어 유성 성분과 수성 성분을 **균질화**하여 **점액상**으로 만든 것 |
| 액제 | 화장품에 사용되는 성분을 용제 등에 녹여서 **액상**으로 만든 것 |
| 크림제 | 유화제 등을 넣어 유성 성분과 수성 성분을 **균질화**하여 **반고형상**으로 만든 것 |
| 침적마스크제 | **액제, 로션제, 크림제, 겔제** 등을 부직포 등의 **지지체**에 **침적**하여 만든 것 |
| 겔제 | **액체를 침투**시킨 분자량이 큰 유기분자로 이루어진 **반고형상** |
| 에어로졸제 | 원액을 같은 용기 또는 다른 용기에 충전한 **분사제(액화기체, 압축기체 등)의 압력**을 이용하여 **안개 모양, 포말상** 등으로 분출하도록 만든 것 |
| 분말제 | **균질**하게 **분말상** 또는 **미립상**으로 만든 것 |

(2) 제형의 물리적 특성

| 가용화(solubilization) | 유화(emulsion) | 분산(dispersion) |
|---|---|---|

① 가용화(solubilization)
- ㉠ 물에 대한 용해도가 아주 낮은 물질을 가용화제(solubilizer)가 물에 용해될 때 일정 농도 이상에서 생성되는 마이셀(micelle)을 이용해 용해도 이상으로 용해시키는 기술
- ㉡ 가용화를 이용한 제품 : 투명한 형상을 갖는 화장수(토너), 미스트, 향수 등

② 유화(emulsion)
- ㉠ 서로 섞이지 않는 두 액체 중에서 하나의 액체가 다른 액체에 미세한 입자 형태로 균일하게 분산된 현상
- ㉡ 유화를 이용한 제품 : 유백색의 형상을 갖는 크림류, 로션류 등

③ 분산(dispersion)
- ㉠ 넓은 의미로 어떤 분산 매질에 분산상이 퍼져 있는 혼합계(mixed system, suspension), 화장품에서는 고체의 미립자가 액체 중에 퍼져있는 현상
- ㉡ 분산을 이용한 제품 : 마스카라, 파운데이션 등

제 4 편

**에멀전(emulsion, 유액) 형태**

- O/W type(oil in water, 수중유적형)
  수분(외상)에 오일의 입자를 분산시켜 제조, 클렌징 밀크와 같은 묽은 에멀전은 쉽게 제거되며 수분량이 많아 묽고 흐름이 있음
- W/O type(water in oil, 유중수적형)
  유분(외상)에 수분의 입자를 분산시켜 제조, O/W type보다 더 기름기가 있어 건성 피부용 크림이나 유액 등을 제조할 때 사용하는 유화 방식
- multiple emulsion(다상 에멀전)
  유화제의 종류나 유화 조건에 따라 O/W/O type 또는 W/O/W type 등

## 2) 제형의 안정성 감소 요인

### (1) 원료 투입 순서

① 용해 상태 불량, 침전, 부유물 등이 발생해 제품의 물성 및 안정성에 심각한 영향을 줄 수 있음

② 유화 공정에서 휘발성 원료(알코올, 향료 등)의 경우, 혼합 직전에 투입하거나 냉각 공정 중에 별도 투입

③ 유중수적형 유액 제조 시 수상의 투입 속도가 빠를 경우 안정성이 감소될 가능성이 있음

### (2) 가용화 공정

제조 온도가 설정된 온도보다 지나치게 높을 경우 HLB(Hydrophilic-lipophilic balance)가 바뀌면서 운점(cloud point) 이상의 온도에서는 가용화가 깨져 안정성에 부정적인 영향을 줌

**운점(하부임계온도, CP)**

Ethylene Oxide를 친수기로 갖는 비이온 계면활성제 수용액을 가열하면 일정 온도에 이르러 수소 결합이 파괴되어 물에 대한 용해도가 급격히 감소되고 불투명한 혼탁액제로 변화함. 냉각-가온에 따라 투명-불투명 현상이 나타나는 운점은 물리적 특성인 동시에 가역적이며, HLB를 정확하게 나타내므로 비이온 계면활성제의 품질관리 지표로 이용

### (3) 유화 공정

제조 온도가 설정된 온도보다 지나치게 높을 경우 유화제의 HLB가 바뀌면서 전상 온도(PIT, Phase Inversion Temperature) 이상의 온도에서는 상이 서로 바뀌어 유화 안정성에 영향을 미칠 수 있음

**전상 온도(PIT, Phase Inversion Temperature)**

에멀젼의 분산질과 분산매가 서로 바뀌는 현상으로 유화 입자의 크기가 달라지면서 외관 성상 또는 점도가 달라지거나 원료의 산패로 인해 제품의 냄새, 색상 등이 달라질 수 있음

### (4) 회전속도 및 진공 세기

① 유화 입자가 커지면서 외관 성상 또는 점도가 달라지거나 안정성에 영향을 줄 수 있음

② 다량으로 발생하는 미세 기포를 제거하지 않을 경우 제품의 점도, 비중, 안정성 등에 부정적인 영향을 줄 수 있음

# Chapter 2 화장품 배합 한도 및 금지 원료

## 1 맞춤형 화장품에 사용할 수 없는 원료 및 사용상의 제한이 필요한 원료

### 1) 맞춤형 화장품 내용물의 범위

(1) 맞춤형 화장품 **혼합 · 소분에 사용할 목적**으로 화장품 책임판매업자로부터 받은 내용물 사용

(2) 혼합 · 소분에 사용할 수 없는 내용물

① 화장품 책임판매업자가 **소비자에게 그대로 유통 · 판매할 목적**으로 제조 또는 수입한 화장품

② 판매의 목적이 아닌 제품의 **홍보 · 판매촉진 등을 위하여 미리 소비자가 시험 · 사용** 하도록 제조 또는 수입한 화장품(비매품)

### 2) 맞춤형 화장품 원료의 범위

(1) 맞춤형 화장품 혼합에 사용할 수 없는 원료를 규정, 그 외의 원료는 사용 가능

(2) 혼합에 사용할 수 없는 원료

① 「화장품 안전기준 등에 관한 규정」 [별표 1] **'화장품에 사용할 수 없는 원료'**

② 「화장품 안전기준 등에 관한 규정」 [별표 2] **'화장품에 사용상의 제한이 필요한 원료'**

'화장품에 사용상의 제한이 필요한 원료' 예외적 허용

- 원료의 품질 유지를 위해 **원료에 보존제**가 포함된 경우
- 개인 맞춤형으로 추가되는 원료(색소, 향, 기능성 원료 등) 및 원료의 조합(혼합 원료)

③ 식품의약품안전처장이 고시한 **기능성 화장품의 효능 · 효과를 나타내는 원료**

㉠ 「화장품법」 제4조에 따라 해당 원료를 포함하여 **기능성 화장품에 대한 심사를 받거나 보고서를 제출**한 경우 사용 가능

㉡ 내용물과 원료의 최종 혼합제품을 기능성 화장품으로 기 심사(또는 보고) 받은 경우에 한하여, 기 심사(또는 보고) 받은 조합 · 함량 범위 내에서만 사용 가능

### 3) 기능성 맞춤형 화장품 범위

① 내용물과 다른 내용물을 혼합하는 경우 최종 맞춤형 화장품은 기 심사 받거나 보고한 기능성 화장품

② 내용물과 원료를 혼합하는 경우 최종 맞춤형 화장품은 기 심사 받거나 보고한 기능성 화장품

③ 내용물을 소분하는 경우 최종 맞춤형 화장품은 기 심사 받거나 보고한 기능성 화장품

# Chapter 3 원료 및 내용물의 유효성

## 1 맞춤형 화장품 원료 및 내용물의 유효성

### 1) 원료 및 내용물의 유효성

맞춤형 화장품 조제관리사로서 고객상담 및 설명을 위한 원료 및 내용물의 유효성

(1) 일반 화장품의 유효성

피부 보호, 수분 공급, 유분 공급, 모공 수축, 피부색 보정, 결점 커버, 메이크업, 수분 증발 억제, 모발 세정, 모발 컨디셔닝, 유연, 인체 세정 등의 기능을 가짐

(2) 기능성 화장품의 유효성

식품의약품안전처에 **고시된 성분** 및 **기능성 화장품으로 심사** 받은 제품의 유효성

① 멜라닌 색소가 침착하는 것을 방지, 침착된 멜라닌 색소의 색을 엷게 하여 미백에 도움
② 피부의 주름을 완화 또는 개선
③ 피부를 곱게 태워주거나 자외선으로부터 보호
④ 모발의 색상을 변화, 체모 제거, 탈모 증상 완화에 도움
⑤ 여드름성 피부를 완화하는 데 도움
⑥ 피부장벽의 기능을 회복하여 가려움 등의 개선에 도움
⑦ 튼 살로 인한 붉은 선을 엷게 하는 데 도움

### 2) 기능성 화장품 원료의 유효성

| | | |
|---|---|---|
| 미백에 도움 | • 닥나무추출물<br>• 에칠아스코빌에텔<br>• 아스코빌글루코사이드<br>• 마그네슘아스코빌포스페이트<br>• 아스코빌테트라이소팔미테이트 | • 나이아신아마이드<br>• 유용성감초추출물<br>• 알파-비사보롤<br>• 알부틴 |
| 주름 개선에 도움 | • 레티놀<br>• 폴리에톡실레이티드레틴아마이드 | • 레티닐팔미테이트<br>• 아데노신 |
| 체모 제거 | • 치오글리콜산 | |
| 탈모 증상 완화에 도움 | • 덱스판테놀<br>• 엘-멘톨 | • 비오틴<br>• 징크피리치온 |
| 여드름성 피부 완화에 도움 | • 살리실릭애씨드 | |

# Chapter 4 원료 및 내용물의 규격

## 1 맞춤형 화장품 원료 및 내용물의 규격

### 1) 원료 및 내용물의 규격

(1) 원료 규격(specification)

원료의 전반적인 성질로 **원료규격서**에 의해 원료에 대한 물리·화학적 내용 확인 가능

① 원료의 성상, 색상, 냄새, pH, 굴절률, 중금속, 비소, 미생물 등 **성상과 품질에 관련된 시험 항목과 시험 방법**이 기재

② 보관조건, 유통기한, 포장단위, inci명 등의 정보가 기록

(2) 내용물의 규격

내용물의 전반적인 품질 성질에 관한 것

① 성상, 색상, 향취, 미생물, 비중, 점도, pH, 기능성 주성분의 함량(기능성 화장품 내용물의 경우에 한함) 등 **성상과 품질에 관련된 항목 및 규격**이 기재됨

② 보관조건, 사용기한, 포장단위, 전성분 등의 정보가 기록

### 2) 제조 후 맞춤형 화장품 안전관리기준

맞춤형 화장품도 「화장품 안전기준 등에 관한 규정」 제6조(유통 화장품 안전관리기준)을 준수할 것

### 3) 유통 화장품 안전관리기준에 따른 방법

(1) 유통 화장품 안전관리 시험 방법

「화장품 안전기준 등에 관한 규정」 [별표 4] 【참고 p331】

(2) 화장품 시험에 대한 사항

「기능성 화장품 기준 및 시험 방법」 [별표 1] 통칙 및 [별표 10] 일반 시험법에 따름

### 4) 기능성 화장품 기준 및 시험 방법

(1) pH★★

① pH 측정에는 유리전극을 단 pH 미터를 씀

② 액성을 산성, 알칼리성 또는 중성으로 나타낸 것은 따로 규정이 없는 한 리트머스지를 써서 검사

③ 미산성, 약산성, 강산성, 미알칼리성, 약알칼리성, 강알칼리성 등으로 기재한 것은 산성 또는 알칼리성의 정도의 개략을 뜻하는 것

pH의 범위

- 미산성 : 약 5~약 6.5
- 약산성 : 약 3~약 5
- 강산성 : 약 3 이하
- 미알칼리성 : 약 7.5~약 9
- 약알칼리성 : 약 9~약 11
- 강알칼리성 : 약 11 이상

(2) 점도★★

① **점성**은 액체가 일정 방향으로 운동할 때 그 흐름에 평행한 평면의 양측에 내부 마찰력이 일어나는 성질

㉠ 점성은 면의 넓이 및 그 면에 대해 수직 방향의 속도구배에 비례, 그 비례정수를 절대점도라 함

㉡ 절대점도는 일정 온도에 대해 그 액체의 고유한 정수, 포아스 또는 센티포아스(cPs) 단위를 사용

② 운동점도는 절대점도를 같은 온도의 그 액체의 밀도로 나눈 값, 스톡스 또는 센티스톡스(cSt) 단위를 사용

(3) 색상

① 백색이라 기재한 것은 백색 또는 거의 백색, 무색이라 기재한 것은 무색 또는 거의 무색을 나타냄

② 색조 시험 방법(따로 규정이 없을 때)

㉠ **고체의 화장품 원료**는 1 g을 백지 위 또는 백지 위에 놓은 시계접시에 취하여 관찰

㉡ **액상의 화장품 원료**는 안지름 15 mm의 무색시험관에 넣고 백색의 배경을 써서 액층을 30 mm로 하여 관찰

ⓐ 맑은 것을 시험할 때에는 흑색 또는 백색의 배경을 써서 앞의 방법을 따름

ⓑ 형광을 관찰할 때에는 흑색의 배경을 써서 앞의 방법을 따름(백색 배경은 사용하지 않음)

(4) 냄새

① 냄새가 없다고 기재한 것은 냄새가 없든가 혹은 거의 냄새가 없는 것

② 냄새 시험 : 1 g을 100 mL 비커에 취하여 시험

(5) 농도

① 용액의 농도를 (1 → 5), (1 → 10), (1 → 100) 등으로 기재

고체 물질 1 g 또는 액상 물질 1 mL을 용제에 녹여 전체량을 각각 5 mL, 10 mL, 100 mL 등으로 하는 비율을 나타낸 것

② 혼합액을 (1 : 10) 또는 (5 : 3 : 1) 등으로 나타낸 것

액상 물질의 1 용량과 10 용량과의 혼합액, 5 용량과 3 용량과 1 용량과의 혼합액을 나타냄

③ %는 중량백분율을, w/v %는 중량 대 용량백분율을, v/v %는 용량 대 용량백분율을, v/w %는 용량 대 중량 백분율을, ppm은 중량 백만분률을 나타냄

(6) 온도

① 온도의 표시는 셀시우스법에 따라 아라비아숫자 뒤에 ℃를 붙임

② 표준온도 20℃, 상온 15~25℃, 실온 1~30℃, 미온 30~40℃

㉠ 냉소 15℃ 이하의 곳(따로 규정이 없는 한)

㉡ 냉수 10℃ 이하, 미온탕 30~40℃, 온탕 60~70℃, 열탕 약 100℃의 물

③ 화장품 원료의 시험

㉠ 따로 규정이 없는 한 **상온**에서 실시하고 조작 직후 그 결과를 관찰

㉡ 온도의 영향이 있는 것의 판정 기준은 **표준 온도**에 있어서의 상태

# Chapter 5 혼합 · 소분에 필요한 도구 · 기기 리스트 선택

## 1 화장품 공정 설비 및 도구 · 기기

### 1) 화장품 제조 장치의 분류

| 제조설비 | 에멀젼/크림 | 화장수 | 분체 제품 | 립스틱 |
|---|---|---|---|---|
| 혼합기 | ▮ | ▮ | ▮ | ▮ |
| 분쇄기 | | | ▮ | |
| 분산/유화기 | ▮ | | | ▮ |
| 냉각기 | ▮ | | | ▮ |
| 성형기(자동 · 프레스) | | | ▮ | ▮ |
| 충전기 | ▮ | ▮ | ▮ | ▮ |

### 2) 제조설비의 종류

#### (1) 분쇄기

① 응집되어 있는 분체를 재분쇄하는 목적(이미 미세하게 분쇄되어 공급되는 경우가 대부분)

② 건식 분쇄기를 가장 많이 사용, 충격 압축 분쇄형(해머 밀, 볼 밀, 스탬프 밀) 등

#### (2) 분산기 및 혼합기

분산과 유화에 이용, 프로펠러 믹서, 디스퍼, 호모 믹서, 콜로이드 밀, 진공 유화기, 초음파 유화기

#### (3) 파우더 혼합기

리본 믹서, V형 혼합기, 볼 밀, 헨셀 믹서, 삼단 롤 밀, 비드 밀, 제트 밀, 플레너터리 믹서

#### (4) 냉각장치

냉각 교반, 열 교환기

#### (5) 성형기

립스틱 성형기(금형 · 캡슐형), 파운데이션 성형기

## 2 맞춤형 화장품의 제형과 사용 목적에 따른 도구 · 기기 선택

### 1) 화장품 제조 시 사용되는 원료에 따른 기본 공정 설비

#### (1) 가용화(화장수, 미스트 등)

① 주요 원료

보습제, 중화제, 점증제, 수렴제, 산화 방지제, 금속이온 봉쇄제, 알코올, 가용화제(계면활성제), 방부제, 첨가제, 향료, 색소, 정제수

② 공정 설비

용해 탱크, 아지 믹서(Agi Mixer), 여과 장치

#### (2) 유화(크림, 유액, 에센스 등)

① 주요 원료

고급 지방산, 유지, 왁스 에스테르, 고급 알코올, 탄화수소, 유화제(계면활성제), 방부제, 합성 에스테르, 실리콘 오일, 산화 방지제, 보습제, 점증제, 중화제, 금속이온 봉쇄제, 첨가제, 향료, 색소, 정제수

② 공정 설비

용해 탱크, 열 교환기, 호모 믹서(Homo Mixer), 패들 믹서(Paddle Mixer), 모터, 온도 기록계, 압력계, 냉각기, 여과 장치

#### (3) 분체 혼합 · 분쇄(페이스 파우더, 팩트, 아이섀도우 등)

① 주요 원료

체질 안료, 백색 안료, 착색 안료, 고분자 분체, 결합제, 보습제, 산화 방지제, 향료 등

② 공정 설비

혼합기{삼단 롤 밀(3 Roll Mill)}, 믹서{리본 믹서(Ribbon Mixer), 헨셀 믹서(Henschel Mixer)}, 분쇄{해머밀(Atomizer)}, 모터, 여과 장치

### 2) 혼합 · 소분에 필요한 도구 및 기기

#### (1) 계량에 필요한 도구 및 기기

스테인리스 시약스푼, 스테인리스 스패츌러, 일회용 플라스틱 스포이드, 전자저울 등

#### (2) 혼합, 교반에 필요한 도구 및 기기

스테인리스 나이프, 교반봉 혹은 실리콘주걱(헤라), 마그네틱바, 유리비커, 호모 믹서(Homo Mixer), 디스퍼(Disper), 아지 믹서(Agi Mixer) 등

#### (3) 기타

유리 온도계, 메스실린더, 받침용 접시 등

화장품 제조설비

- 분쇄기
  - 아토마이저(Atomizer)
    스윙 해머(Swing Hammer) 방식의 고속 회전 분쇄기의 일종, 분말 제품 혼합 공정 후 blinder 덩어리 분쇄에 사용, 사용 조건에 따라 색상 변화가 심하게 일어날 수 있으며 입자 미립화에 의해 펄 효과가 떨어질 수 있음
- 분산 및 혼합기
  - 프로펠러 믹서(Propeller Mixer)
    프로펠러가 회전봉 앞 끝에 부착된 구조, 분산력이 약해 예비적인 분산과 유화, 저점도 상태의 액체 혼합에 사용되며 약한 전단력으로 화장수 제조 등에도 이용
  - 디스퍼(Disper)
    고속으로 회전하는 봉 끝에 터빈형의 회전 날개를 부착시킨 것, 안료 분산 및 증점제(수용성 고분자 등)를 효율적으로 분산시키는 데 이용
  - 호모 믹서(Homo Mixer)
    터빈형의 날개를 원통으로 둘러싼 구조로 통속에서 대류가 일어나도록 설계, 전단력, 충격 및 대류에 의해 균일하고 미세한 유화 입자를 얻음
  - 콜로이드 밀(Colloid Mill)
    한쪽은 고정되고 다른 한쪽은 고속으로 회전하는 두 개 소결체의 좁은 틈으로 시료를 통과, 고정자 표면과 고속 운동자의 작은 간격에 액체를 통과, 전단력에 의한 유화 · 분산이 일어남
  - 진공 유화기(Vacuum Emulsifying Equipment)
    유화 제품 제조 시 가장 많이 사용, 진공하에 교반 · 유화를 실시하거나 대기압에서 유화를 실시하고 냉각 시 진공을 걸어 줌. 내용물에 기포가 없기 때문에 산화가 일어나기 어렵고 표면이 깨끗해 외관이 좋음(유화 시간과 속도, 냉각 속도와 패들 믹서 속도 주의)
  - 플레너터리 믹서(Planetary Mixer)
    초고점도의 원료를 천천히 혼합 또는 균일화하거나 반죽(Paste)상 제품의 제조에 이용
- 파우더 혼합기
  - 리본 믹서(Ribbon Mixer)
    고정 용기 내부에 이중의 리본 타입 교반 날개가 있고 외측 리본은 중앙으로, 내측 리본은 외측 방향으로 회전함으로써 전단, 대류 및 분급 작용을 반복해 혼합
  - 헨셀 믹서(Henschel Mixer)
    임펠러가 고속으로 회전함에 따라 분쇄, 색조 화장품 제조에 다양하게 사용되나 고속 회전에 의한 열로 파우더 변색 등이 발생
  - 삼단 롤 밀(롤크 러셔 또는 롤 분쇄기)
    분쇄하고자 하는 시료를 3개의 롤 사이에 공급하면 압축 · 전단 · 마찰로 파쇄, 페이스트 상태의 원료를 반죽하거나 분쇄하는 데 이용

# Chapter 6 혼합 · 소분에 필요한 기구 사용

## 1 혼합 · 소분에 사용되는 장비 및 도구

맞춤형 화장품 판매장 및 소분·혼합 시 취급하는 내용물과 특정 성분에 따라 사용 장비 및 기기는 상이할 수 있음

### 1) 소분 시 사용되는 장비 및 도구

냉각통, 디스펜서, 디지털발란스, 펌프, 충진 튜브, 노즐, 펌프, 비커 등

(1) 냉각통(cooling bath) : 내용물 및 특정 성분을 냉각

(2) 분주기/디스펜서(dispenser) : 내용물을 자동으로 소분

(3) 디지털발란스(digital balance) : 내용물 및 원료 소분 시 무게를 측정

(4) 헤라/스크래퍼(scraper) : 내용물 및 특정 성분을 비커에서 깨끗이 덜어낼 때 사용(실리콘 재질)

(5) 비커(beaker) : 내용물 및 원료를 혼합 ·소분(유리, 플라스틱 재질)

(6) 스파츌라(spatula) : 내용물 및 특정 성분의 소분 시 무게를 측정하고 덜어낼 때 사용

### 2) 특정 성분 분석 시 사용되는 장비 및 도구

(1) pH 미터(pH meter) : 원료 및 내용물의 pH(산도)를 측정

(2) 경도계(rheometer) : 액체 및 반고형 제품의 유동성을 측정

(3) 점도계(viscometer) : 내용물 및 특정 성분의 점도 측정

(4) 광학현미경(microscope) : 유화된 내용물의 유화 입자의 크기 관찰

### 3) 혼합 시 사용되는 장비 및 도구

(1) 디스퍼(disper), 아지 믹서(agi mixer), 프로펠러 믹서(propeller mixer), 오버 헤드 스터러

① 봉(shaft) 끝부분에 다양한 모양의 회전 날개가 붙어 있음
② 내용물에 내용물을 또는 내용물에 특정 성분을 또는 점증제를 물에 분산 시 사용

(2) 호모 믹서(homogenizer)

① 터빈형의 회전 날개가 원통으로 둘러싸인 형태
② 내용물에 내용물을 또는 내용물에 특정 성분을 혼합·분산 시 사용
③ 오버 헤드 스터러(over head stirrer)보다 강한 에너지, 일반적으로 유화 시 사용

(3) 핫플레이트(hotplate), 랩히터(lab heater)

내용물 및 특정 성분 온도를 올릴 때 사용

# Chapter 7 맞춤형 화장품 판매업 준수 사항에 맞는 혼합 · 소분 활동

## 1 맞춤형 화장품 조제관리사의 위생관리

올바른 맞춤형 화장품 제조를 위해서는 작업자, 작업장 위생관리에 주의하고 주기적인 위생환경 모니터링(맞춤형 화장품 혼합 · 소분 장소 및 도구 위생환경)이 필요

### 1) 위생관리 항목

#### (1) 작업자의 위생관리

① 교육훈련(직원용 안전대책, 작업 위생 규칙, 작업복 등의 착용, 손 씻는 절차 등)
② 출입관리
방문객과 훈련받지 않은 직원이 혼합 · 소분, 보관 구역 출입 시 훈련된 자가 동행하고 기록서에 기록
③ 혼합 · 소분의 안전관리
㉠ 혼합 · 소분 시 **위생복 및 마스크 착용**
㉡ 혼합 전 · 후 반드시 **손 소독 및 세척**
㉢ 피부 외상 및 증상이 있는 직원은 **건강 회복 전까지 혼합 및 소분 행위 금지**

#### (2) 작업장 위생관리

① 적절한 환기
㉠ 혼합 · 소분 장소는 제품 오염을 방지, 적절한 온도 및 습도를 유지할 수 있는 공기조화시설 등 적절한 **환기 시설** 구비
㉡ 판매장 내부의 공기는 적절한 주기로 환기
② 작업대, 바닥, 벽, 천장 및 창문 **청결** 유지
③ 방충 · 방서 대책 마련 및 정기적 점검 · 확인
내용물의 오염과 해충을 방지할 수 있도록 항상 청결하게 유지
④ 품질 유지 등을 위한 장비, 도구 등에 대해 **주기적으로 점검 · 관리**
㉠ 사용하는 기기 매뉴얼을 마련
㉡ 정상 작동을 주기적으로 점검(작동법, 소모품 · 부속품 목록과 교체 주기, 세척 방법 등)

#### (3) 위생환경 모니터링

① 주기를 정하여 맞춤형 화장품 판매업소에 대한 위생환경 모니터링
② 결과를 기록해 판매업소의 위생환경 상태를 판매장 특성에 맞도록 위생관리
③ 모니터링 항목
㉠ 작업자 위생 : 건강 상태, 복장 청결 상태, 복장 구분, 손 소독제 비치 여부 등
㉡ 작업환경 위생 : 작업대 · 벽 · 바닥 청결 상태, 쓰레기통 관리 등
㉢ 장비 · 도구 관리 : 기기 및 도구의 청결 상태, 장비 및 도구의 점검 상태, 사용하지 않는 기기 및 도구의 관리 기준 등

## 2 맞춤형 화장품 판매업 준수 사항에 따른 혼합 · 소분 활동

맞춤형 화장품 판매업자의 준수 사항 관련 주요 규정

### 1) 맞춤형 화장품 판매업자의 준수 사항 「화장품법 시행규칙」 제12조의2

(1) 맞춤형 화장품 판매장 시설 · 기구 정기 점검

(2) 혼합 · 소분 안전관리기준 준수

① 사용되는 내용물, 원료에 대한 품질성적서 확인
② 손 소독, 세정(일회용 장갑 착용 시 제외 가능)
③ 제품을 담을 포장 용기 오염 여부 확인
④ 장비 · 기구 사용 전 위생 상태 점검 및 사용 후 오염 없도록 세척

(3) 맞춤형 화장품 판매내역서(전자문서 포함) 작성

제조번호, 사용기한(또는 개봉 후 사용기간), 판매일자 및 판매량

(4) 소비자에게 설명

내용물 및 원료 특성, 제품 사용할 때의 주의사항

(5) 부작용 사례 발생 시, 식품의약품안전처장이 정하여 고시하는 바에 따라 보고

① 「화장품 안전성 정보관리 규정」에 따른 절차 준용
② 15일 이내 식품의약품안전처 홈페이지에 우편 · 팩스 · 정보통신망 등의 방법으로 보고



(6) 맞춤형 화장품에 사용된 원료 목록을 화장품업 단체를 통해 식약처장에게 보고

매년 2월말까지 (사)대한화장품협회에 원료 목록 보고

### 2) 맞춤형 화장품 판매업자의 준수 사항에 관한 규정 「식품의약품안전처 고시」

(1) 내용물 또는 원료의 혼합 · 소분 범위를 사전에 검토

① 최종 제품의 품질 및 안전성 확보
② 화장품 책임판매업자가 혼합 · 소분 범위를 미리 정한 경우 이를 준용

(2) 내용물 또는 원료가 「화장품법」 제8조 화장품 안전기준 등에 적합한지 확인

(3) 혼합 · 소분 전 내용물 또는 원료의 사용기한(또는 개봉 후 사용기간) 확인

사용기한 또는 개봉 후 사용기간이 지난 것은 사용하지 말 것

(4) 내용물의 사용기한(또는 개봉 후 사용기간)을 초과하여 맞춤형 화장품의 사용기한(또는 개봉 후 사용기간)을 정하지 말 것

(5) 사용하고 남은 내용물 또는 원료는 밀폐되는 용기에 담음(비의도적인 오염 방지)

(6) 소비자 피부 유형, 선호도 등을 확인하지 않고 미리 혼합 · 소분, 보관하지 말 것

### 3) 맞춤형 화장품 판매업자의 의무 「화장품법」 제5조3항, 제4항 및 제6항

① 소비자에게 유통·판매되는 화장품을 임의로 혼합·소분 금지
② 맞춤형 화장품 판매장 시설·기구의 관리 방법, 혼합·소분 안전관리기준 준수 의무, 혼합·소분되는 내용물 및 원료에 대한 설명 의무, 안전성 관련 사항 보고 등 총리령으로 정하는 사항 준수
③ 맞춤형 화장품에 사용된 모든 원료의 목록을 2월말까지 (사)대한화장품협회를 통해 식품의약품안전처장에게 보고

### 4) 맞춤형 화장품 판매업자 준수 사항에 관한 가이드라인(민원인 안내서)**

최종 혼합·소분된 맞춤형 화장품은 소비자에게 제공되는 "유통 화장품"이므로 그 안전성을 확보하기 위해 「화장품법」 제8조 및 「**화장품 안전기준 등에 관한 규정**(식약처 고시)」 제6조에 따른 **유통 화장품의 안전관리기준**을 준수할 것

최종 혼합·소분된 맞춤형 화장품

- 판매장에서는 소비자에게 제공되는 맞춤형 화장품에 대한 미생물 오염관리를 철저히 할 것 (예시 주기적 미생물 샘플링 검사)
- 미생물 한도 시험법 구성

| 구 분 | 총 호기성 생균 수 시험 | 특정 미생물 시험 |
|---|---|---|
| STEP 1 | 검체 전처리(검액 제조) | 검체 전처리(검액 제조) + 배양 |
| STEP 2 | 시험법 적합성 시험 | 시험법 적합성 시험 |
| STEP 3 | 본시험<br>(전처리법에 따라 검액 제조 → 배지 도말 및 배양 → 호기성 세균 수 및 진균 수 측정) | 본시험(특정 미생물 검출 여부 확인) |

- 총 호기성 생균 수 계수 측정 방법(평판도말법)**
  예시 검액 0.1 mL를 각 배지(세균, 진균)에 접종한 경우
  {(X1 + X2 + ... + Xn) ÷ n} × d ÷ 0.1

  - X1 : 각 배지에서 검출된 집락 수
  - n : 배지의 개수
  - d : 검액의 희석 배수
  - 0.1 : 객 배지에 접종한 부피(mL)

| 【예시】<br>10배 희석 검액 | 검출된 집락 수 | |
|---|---|---|
| | 평판 1 | 평판 2 |
| 세균용 배지 | 86 | 44 |
| 진균용 배지 | 33 | 14 |
| 세균 수{CFU/g (mL)} | {(86 + 44) ÷ 2} × 10 ÷ 0.1 = 6,500 | |
| 진균 수{CFU/g (mL)} | {(33 + 14) ÷ 2} × 10 ÷ 0.1 = 2,350 | |
| 총 호기성 생균 수{CFU/g (mL)} | 6,500 + 2,350 = 8,850 | |

- 총 호기성 생균 수 검출 허용 한도
  - 영·유아용 및 눈 화장용 제품류 500개/g(mL) 이하
  - 기타 화장품 1,000개/g(mL) 이하,
  - 물휴지 각각 100개/g(mL) 이하

PART 7

# 충진 및 포장

## Chapter 1 제품에 맞는 충진 및 포장 방법

### 1 맞춤형 화장품 종류 및 특징에 적합한 충진 방법

#### 1) 충진

빈 곳에 집어넣어서 채운다는 의미, 일정한 규격의 **용기에 내용물을 넣어서 채우는 작업**으로 **1차 포장 작업**에 포함

#### 2) 충진기 종류

(1) 피스톤 충진기

용량이 큰 액상 타입의 샴푸, 린스, 컨디셔너 같은 제품의 충진에 사용

(2) 파우치 충진기

견본품 등의 1회용 파우치(pouch) 포장 제품의 충진에 사용

(3) 파우더 충진기

페이스 파우더 등의 파우더류 제품의 충진에 사용

(4) 액체 충진기

스킨, 로션, 토너, 앰플 등의 액상 타입 제품의 충진에 사용

(5) 튜브 충진기

폼 클렌징, 선크림 등의 튜브 용기 제품의 충진에 사용

**카톤 충진기**

박스에 테이프를 붙이는 테이핑(tapping)기

### 2 맞춤형 화장품 종류 및 특징에 적합한 포장 방법

#### 1) 포장재의 종류 및 특성, 용도

(1) 포장재

① 화장품의 포장에 사용되는 모든 재료, 운송을 위해 사용되는 외부 포장재는 제외

제 4 편

② 제품과 직접적으로 접촉하는지 여부에 따라 1차 또는 2차 포장재라 하며 각종 라벨, 봉함 라벨까지 포장재에 포함

(2) 화장품 용기의 종류 및 특성

1차 포장재는 제품의 유통 경로 및 소비자의 사용 환경으로부터 내용물 보호 및 품질 유지 기능을 가짐

| 용기 형태 | 재 질 | 사용 제품 | 특 성 |
|---|---|---|---|
| 세구병 | 유리, PE, PET, PP | 화장수, 유액, 헤어토닉, 샴푸 등의 액상 내용물 제품 | 나사식 캡이 대부분이며 원터치식 캡도 사용 |
| 광구병 | 유리, PP, AS, PS, PET | 크림상, 젤상 내용물 제품 | 나사식 캡 |
| 튜브 용기 | 알루미늄, 알루미늄라미네이트, 폴리에틸렌 | 헤어젤, 파운데이션, 선크림 등 크림상에서 유액상 내용물 제품에 널리 사용 | 기체 투과 및 내용물 누출에 주의 |
| 원통상 용기 | 플라스틱, 금속 또는 이들 혼합, 와이퍼는 고무, PE | 마스카라, 아이라이너, 립글로스 등에 사용 | 캡에 브러시나 팁이 달린 가늘고 긴 자루가 있음 |
| 파우더 용기 | • 용기는 PS, AS 등<br>• 퍼프는 면, 아크릴, 나일론, 폴리에스터 등 | 파우더, 향료분, 베이비 파우더 등에 사용 | 내용물 조정을 위한 망이 내장됨 |
| 스틱 용기 | 알루미늄, 놋쇠, AS, PS, PP, 중간용기는 PP, AS, PBT | 립스틱, 스틱, 파운데이션, 립크림, 데오도란트 스틱 등 | 직접 피부에 내용물을 도포할 수 있음 |
| 펜슬 용기 | 나무, 수지, 알루미늄, 놋쇠, 플라스틱 | 아이라이너, 아이브로우, 립펜슬 | 카트리지식으로 내용물을 갈아 끼우는 타입도 있음 |

(3) 포장재 소재의 종류 및 특성

화장품 재질에 따라 화장품 포장재의 사용 목적도 달라지기 때문에 다양한 소재가 사용

| 포장재 종류 | 품질 특성 |
|---|---|
| 저밀도 폴리에틸렌(LDPE) | 반투명, 광택, 유연성 우수 |
| 고밀도 폴리에틸렌(HDPE) | 광택이 없음, 수분 투과가 적음 |
| 폴리프로필렌(PP) | 반투명, 광택, 내약품성 · 내충격성 우수, 잘 부러지지 않음 |
| 폴리스티렌(PS) | 딱딱함, 투명, 광택, 치수 안정성 우수, 내약품성이 나쁨 |
| AS 수지 | 투명, 광택, 내충격성, 내유성 우수 |
| ABS 수지 | 내충격성 양호, 금속 느낌을 주기 위한 소재로 사용 |
| PVC | 투명, 성형 가공성 우수 |
| PET | 딱딱함, 투명성 우수, 광택, 내약품성 우수 |
| 소다 석회 유리 | 투명 유리 |
| 칼리 납 유리 | 굴절률이 매우 높음 |
| 유백색 유리 | 유백색 색상 용기로 주로 사용 |
| 알루미늄 | 가공성 우수 |
| 황동 | 금과 비슷한 색상 |
| 스테인리스 스틸 | 부식이 잘 되지 않음, 금속성 광택 우수 |
| 철 | 녹슬기 쉬우나 저렴함 |

### (4) 포장재 소재에 따른 용도

| 소재 | 용도 |
|---|---|
| 종이 | 라벨, 낱개 케이스, 부품 |
| 플라스틱 | 병, 마개, 용기, 튜브, 장식재 |
| 목재 | 빗 |
| 실, 끈 | 포장재, 장식재 |
| 금속 | 용기, 마개, 부품, 장식재 |
| 고무 | 마개, 화장용품 |
| 돌 | 장식재 |
| 유리, 세라믹 | 병, 마개, 장식재 |
| 천, 가죽, 모 | 포장재, 장식재, 브러시, 퍼프 |
| 해면 | 스펀지, 유분 제거제 |
| 뿔 | 장식재, 빗, 보호용구 |
| LDPE | 병, 튜브, 마개, 패킹 등 |
| HEPE | 화장수, 유화 제품, 린스 등의 용기, 튜브 |

| 소재 | 용도 |
|---|---|
| PP | 원터치캡 |
| PS | 콤팩트, 스틱 용기, 캡 등 |
| AS 수지 | 콤팩트, 스틱 용기 등 |
| ABS 수지 | 금속 느낌을 주기 위한 도금 소재로 사용 |
| PVC | 리필 용기, 샴푸 · 린스 용기 등 |
| PET | 스킨, 로션, 크림, 샴푸 · 린스 용기 등 |
| 소다 석회 유리 | 스킨, 로션, 크림 용기 |
| 칼리 납 유리 | 고급 용기, 향수 용기 등 |
| 유백색 유리 | 로션, 크림 등의 용기 |
| 알루미늄 | 립스틱, 콤팩트, 마스카라, 스프레이 등 |
| 황동 | 코팅용 소재로 사용 |
| 스테인리스 스틸 | 부식되면 안 되는 용기, 광택 용기 |
| 철 | 스프레이 용기 등 |

제 4 편

# Chapter 2 용기 기재 사항

## 1 맞춤형 화장품 기재 사항 및 화장품 표시 광고 실증제

### 1) 법령 및 규정에 근거한 맞춤형 화장품 용기 내 기재 사항

#### (1) 맞춤형 화장품 기재 사항 「화장품법」 제10조

① 화장품의 명칭
② 영업자의 상호 및 주소
③ 해당 화장품 제조에 사용된 모든 성분(인체에 무해한 소량 함유 성분 등 총리령으로 정하는 성분 제외)
④ 내용물의 용량 또는 중량
⑤ 제조번호
⑥ 사용기한 또는 개봉 후 사용기간(개봉 후 사용기간의 경우 제조 연월일 병기)
⑦ 가격
⑧ 기능성 화장품의 경우 "기능성 화장품"이라는 글자 또는 식품의약품안전처장이 정하는 기능성 화장품을 나타내는 도안
⑨ 사용할 때의 주의사항
⑩ 그 밖에 총리령으로 정하는 사항
  ㉠ 기능성 화장품의 경우 심사 받거나 보고한 효능 · 효과, 용법 · 용량
  ㉡ 성분명을 제품 명칭의 일부로 사용한 경우 그 성분명과 함량(단, 방향용 제품은 제외)
  ㉢ 인체 세포 · 조직 배양액이 들어있는 경우 그 함량
  ㉣ 화장품에 천연 또는 유기농으로 표시 · 광고하려는 경우 원료의 함량
  ㉤ 기능성 화장품의 경우 "질병의 예방 및 치료를 위한 의약품이 아님"이라는 문구
    ※ 기재 대상 기능성 화장품 : 탈모 증상의 완화 제품, 여드름성 피부 완화 제품, 피부 장벽 기능 회복 개선 제품, 튼 살로 인한 붉은 선을 엷게 하는 제품
  ㉥ 만 3세 이하의 영 · 유아용 제품류 또는 만 4세 이상부터 만 13세 이하까지의 어린이가 사용할 수 있는 제품임을 특정하여 표시 · 광고하려는 경우 사용 기준이 지정 · 고시된 원료 중 보존제의 함량

#### (2) 기재 · 표시 생략 사항 「화장품법 시행규칙」 제19조

① 제조과정 중 제거되어 최종 제품에는 남아 있지 않은 성분
② 원료 자체에 들어있는 부수 성분(안정화제, 보존제 등)으로서 그 효과가 나타나게 하는 양보다 적은 양이 들어있는 성분
③ 내용량이 10 mL(g) 초과 50 mL(g) 이하 화장품 포장인 경우

- 타르 색소
- 금박
- 샴푸와 린스에 들어있는 인산염의 종류
- 과일산(AHA)
- 기능성 화장품의 경우 그 효능 · 효과가 나타나게 하는 원료
- 식약처장이 사용 한도를 고시한 화장품의 원료

} 제외한 성분

(3) **기재 · 표시상 주의사항** 「화장품법 시행규칙」 제21조

① **한글**로 읽기 쉽도록 기재 · 표시, 한자 또는 외국어 함께 기재 가능

② 화장품의 성분을 표시하는 경우 **표준화된 일반명** 사용

(4) **화장품 포장의 표시 기준 및 표시 방법**

「화장품법 시행규칙」 [별표 4] 【참고 p43】

### 2) 맞춤형 화장품 가격 표시 기준 및 방법 「화장품 가격 표시제 실시요령」

(1) 가격 표시 기준

① 판매 가격 표시 대상 : 국내에서 판매되는 모든 화장품

② 판매 가격 : 일반 소비자에게 판매되는 실제 거래가격을 표시

③ **표시 의무자 이외**의 화장품 책임판매업자, 화장품 제조업자는 **판매 가격 표시 불가**

④ 매장 크기에 관계없이 가격 표시를 하지 않고 판매 또는 판매할 목적으로 진열 · 전시 불가

(2) 판매 가격 표시 방법

① 스티커 또는 꼬리표 부착
유통단계에서 쉽게 훼손되거나 지워지지 않으며 분리되지 않을 것

② 판매 **가격 변경 시, 기존의 가격 표시가 보이지 않도록 변경** 표시(판매자가 판매 가격 변경을 위해 특정 기간 소비자에게 알리고, 소비자가 판매 가격을 기존 가격과 오인 · 혼동할 우려가 없도록 명확히 구분하여 표시하는 경우 제외)

③ 개별 제품에 스티커 등을 부착
종합 제품(개별 제품으로 구성)을 분리하여 판매하지 않는 경우, 그 종합 제품에 일괄하여 표시 가능

④ 판매자가 업태, 취급 제품의 종류 및 내부 진열 상태 등에 따라 개별 제품에 가격을 표시하는 것이 곤란한 경우, 판매 가격을 별도로 표시 가능

㉠ 소비자가 가장 쉽게 알아볼 수 있도록 제품명, 가격이 포함된 정보 제공

㉡ 이 경우 개별 제품에 판매 가격 표시 의무 없음

Key Point

**표시 의무자 지정**

- 일반 소비자에게 소매 점포에서 판매하는 경우, 소매업자가 표시 의무자
- 방문판매업, 후원방문판매업, 통신판매업의 경우, 그 판매업자가 판매 가격을 표시
- 다단계판매업의 경우, 그 판매자가 판매 가격을 표시

## 2 화장품 표시 · 광고 실증

### 1) 영업자 또는 판매자가 준수해야 할 표시 · 광고의 표현 범위 및 기준

(1) **의약품**으로 잘못 인식할 우려가 있는 내용, 제품의 명칭 및 효능 · 효과 등에 대한 표시 · 광고

예시 피하의 림프순환과 배출로 두피세포 활성화

(2) 기능성, 천연 또는 유기농 화장품이 아님에도 불구하고 제품의 명칭, 제조 방법, 효능 · 효과 등에 관하여 **기능성, 천연 또는 유기농 화장품으로 잘못 인식할 우려가 있는 표시 · 광고**

예시 기능성 화장품으로 심사(보고)하지 않은 제품에 미백 성분으로 피부를 환하게

(3) 의사 · 치과의사 · 한의사 · 약사 · 의료기관 · 연구기관 또는 그 밖의 자가 이를 지정 · 공인 · 추천 · 지도 · 연구 · 개발 또는 사용하고 있다는 내용이나 이를 암시하는 등의 표시 · 광고

예시 피부과 전문의가 사용하는 제품

법 제2조제1호부터 제3호까지의 정의에 부합되는 **인체 적용시험 결과가 관련 학회 발표 등을 통하여 공인된 경우** 그 범위에서 관련 문헌을 인용할 수 있으며 인용한 **문헌의 본래 뜻을 정확히 전달**하여야 하고 **연구자 성명, 문헌명, 발표 연월일을 반드시 명시해야 함**

(4) 외국 제품을 국내 제품으로 또는 국내 제품을 외국 제품으로 잘못 인식할 우려가 있는 표시 · 광고

(5) 외국과의 기술제휴를 하지 않고 외국과의 기술제휴 등을 표현하는 표시 · 광고

예시 이태리 G사와 기술제휴로 구현한 향기

(6) 경쟁 상품과 비교하는 표시 · 광고는 비교 대상 및 기준을 분명히 밝히고 객관적으로 확인될 수 있는 사항만을 표시 · 광고, 배타성을 띤 "최고" 또는 "최상" 등의 절대적 표현의 표시 · 광고 금지

(7) 사실과 다르거나 부분적으로 사실이라고 하더라도 전체적으로 보아 **소비자가 잘못 인식할 우려**가 있거나 **소비자를 속이거나 소비자가 속을 우려**가 있는 표시 · 광고

예시 바른 후 즉각적으로 10%, 4주 사용 후 실제 30% 주름 개선 효과 입증

(8) **품질 · 효능 등에 관하여 객관적으로 확인될 수 없거나 확인되지 않았는데도** 불구하고 이를 광고하거나 법 제2조제1호에 따른 화장품의 범위를 벗어나는 표시 · 광고

예시 강력한 염증 관리

(9) **저속**하거나 **혐오감**을 주는 표현 · 도안 · 사진 등 이용하는 표시 · 광고

(10) **국제적 멸종 위기종의 가공품이 함유**된 화장품임을 표현하거나 암시하는 표시 · 광고

예시 자연산 철갑상어알 추출물 함유

(11) 사실 유무와 관계없이 다른 제품을 비방하거나 비방한다고 의심이 되는 표시 · 광고

예시 산패를 최소화하기 위해 소량 용기에 밀봉

## 금지되는 화장품 표시 · 광고의 표현 범위 및 기준

| 구 분 | 금지표현 |
|---|---|
| 질병을 진단 · 치료 · 경감 · 처치 또는 예방, 의학적 효능 · 효과 관련 | • 아토피<br>• 심신피로 회복<br>• 노인소양증<br>• 근육 이완<br>• 통증 경감<br>• 회복<br>• 기저귀 발진<br>• 항진균 항바이러스<br>• 면역 강화<br>• 모낭충<br>• 이뇨<br>• 살균 소독<br>• 건선<br>• 항염 진통<br>• 항암<br>• 해독<br>• 찰과상, 화상 치료<br>• 항알레르기<br>• 관절, 림프선 등 피부 이외 신체 특정 부위에 사용하여 의학적 효능, 효과 표방 |
| 피부 관련 | • 피부 독소를 제거(디톡스, detox)<br>• 상처로 인한 반흔을 제거 또는 완화<br>• 가려움 완화(단, 보습을 통해 피부 건조에 기인한 일시적 가려움 완화에 도움을 준다는 표현은 제외)<br>• OO 흔적을 제거 · 없애줌(단, 색조 화장용 제품으로 "가려준다"는 표현은 제외)<br>• 홍조 · 홍반 · 뾰루지를 제거 및 개선 |
| 생리활성 관련 | • 호르몬 분비촉진 등 내분비 작용<br>• 세포 활력(증가), 세포 또는 유전자(DNA) 활성화<br>• 질내 산도 유지, 질염 예방<br>• 피부 재생, 세포 재생<br>• 땀 발생을 억제한다.<br>• 유익균의 균형 보호<br>• 세포 성장을 촉진한다.<br>• 혈액순환 |
| 신체 개선 관련 | • 다이어트, 체중 감량<br>• 피하지방 분해<br>• 체형 변화<br>• 몸매 개선, 신체 일부를 날씬하게 한다.<br>• 가슴에 탄력을 주거나 확대시킨다.<br>• 얼굴 크기가 작아진다.<br>• 얼굴 윤곽 개선, V라인(단, 색조 화장용 제품류 등으로 "연출한다"는 의미 표현을 함께 나타내는 경우 제외) |
| 원료 관련 | • 원료 관련 설명 시 의약품 오인 우려 표현(논문 등을 통한 간접적으로 의약품 오인 정보 제공 포함) |
| 특정인 또는 기관의 지정, 공인 관련 | • OO 아토피 협회 인증 화장품<br>• O 의료 기관의 첨단기술의 정수가 탄생시킨 화장품<br>• O 대학교 출신 의사가 공동 개발한 화장품<br>• O 의사가 개발한 화장품<br>• O 병원에서 추천하는 안전한 화장품 |
| 화장품 범위를 벗어난 광고 | • 배합 금지 원료를 사용하지 않았다는 표현(무첨가, free)<br>예시 無(무) 스테로이드, 無(무) 벤조피렌 등<br>• 부작용이 전혀 없다.<br>• 먹을 수 있다.<br>• 일시적 악화(명현현상)가 있을 수 있다. |

제 4 편

### 2) 화장품 표시 · 광고 실증

사실과 관련한 사항으로 **사실과 다르게**
소비자를 속이거나 소비자가 잘못 인식하게 **할 우려**가 있는 표시 · 광고

식품의약품안전처장이 **실증이 필요하다고 인정**

제조업자, 책임판매업자 또는 판매자는 자기가 행한 표시 · 광고에 대한 **실증자료 제시**

#### (1) 실증자료 범위 및 요건

① 실증자료 : 표시·광고에서 주장한 내용 중 사실과 관련한 사항이 진실임을 증명하기 위해 작성된 자료

② 시험 결과 : **인체 적용시험** 자료, **인체 외 시험** 자료 또는 같은 수준 이상의 조사자료(표시·광고와 관련된 시험 결과 등이 포함된 논문, 학술문헌 등)

㉠ 인체 적용시험 : 화장품의 효과·안전성을 확인하기 위해 사람을 대상으로 실시하는 시험이나 연구

㉡ 인체 외 시험 : 실험실의 배양접시, 인체로부터 분리한 모발·피부, 인공피부 등 인위적 환경에서 시험 물질과 대조 물질 처리 후 결과를 측정하는 것

③ 조사 결과는 표본 설정, 질문사항, 질문 방법이 그 조사의 목적이나 통계상의 방법과 일치할 것

④ 실증 방법 : 표시·광고에서 주장한 내용 중 사실과 관련한 사항이 진실임을 증명하기 위한 것으로 **과학적**이고 **객관적**일 것

#### (2) 자료 제출

① **요청받은 날부터 15일 이내**에 그 실증자료를 식품의약품안전처장에게 제출

② 식품의약품안전처장이 정당한 사유가 있다고 인정하는 경우 제출 기간 연장 가능

③ 식품의약품안전처장으로부터 실증자료 제출을 요청받아 제출한 경우, 다른 법률에 따라 다른 기관이 요구하는 자료 제출을 거부 가능

#### (3) 표시 · 광고 중지 명령

식품의약품안전처장은 제출 기간 내에 실증자료 미제출로 인한 표시·광고 행위 중지 명령

PART 8

# 재고관리

## Chapter 1 원료 및 내용물의 재고 파악과 발주

### 1 맞춤형 화장품에 사용되는 원료 및 내용물 관리

「화장품법 시행규칙」에서는 맞춤형 화장품 판매업자가 혼합·소분에 사용되는 내용물 또는 원료에 대한 품질성적서를 확인할 것을 요구

#### 1) 원료 품질검사성적서 관리 방법

(1) 원료의 물질안전보건자료(MSDS, Material Safety Data Sheet)를 통해 확인

① 화학물질에 대한 정보
② 응급 시 알아야 할 사항
③ 응급사항 시 대응 방법
④ 유해 상황 예방책
⑤ 기타 중요한 정보

(2) 원료의 분석증명서(COA, Certificate of Analysis)를 통해 파악 및 판단

① 물리 화학적 물성
② 외관 모양, 중금속, 미생물에 관한 정보
③ 원료규격서 범위의 일치 유무

| 상품명 | Palmitoylpentapeptide-4 | COA |
|---|---|---|
| 테스트 날짜 | Feb. 02. 2021 | |
| 제조번호/관리번호 | KRBEB81010-PPP-0202001 | |
| 사용기한 | Feb. 01. 2023. 2년(개봉하지 않을 경우) | |

| Analytical test | Specification | Result |
|---|---|---|
| 유형(성상) | 액상 | pass |
| 색상 | 투명 | pass |
| 냄새 | typical | pass |
| pH(25℃) | 3~6 | pass(3.8) |
| 순도(HPLC) | >95%(용해 전) | pass(>95%) |
| 중금속 | ≤10 ppm | 불검출 |
| 비소 | ≤2 ppm | 불검출 |
| 미생물 | ≤10 cfu/㎖ | ≤0 cfu/㎖ |
| 방부제 | 없음 | pass |
| 보관 시 유의사항 | 직사광선을 피하고 서늘한 곳(4℃~15℃)에서 보관 | pass |
| 포장 단위(kg) | 5 kg * 1 ea | pass |
| INCI Name | Palmitoylpentapeptide-4, 1,2-Hexanediol<br>PEG-60 Hydrogenated Castor Oil, water | pass |

## 2) 원료 및 내용물 입고 방법

### (1) 화장품 원료 입고

① 입고된 원료와 시험성적서 확인

② 납품 시 거래 명세서 및 발주 요청서와 원료 일치 여부 확인

㉠ 화장품 원료의 용기 표면에 주의사항 여부 확인

㉡ 화장품 원료 포장 훼손 여부 확인

### (2) 혼합 · 소분(리필)용 내용물 입고

① 입고 시 품질성적서, 내용물 상태, 사용기한 확인

㉠ 변색/변취, 분리 및 성상의 변화 유무

㉡ 시험성적서 검토 및 적합 여부 확인

㉢ 충분한 사용기한 확보

② 내용물 라벨 기재 사항과 화장품 책임판매업자로부터 제공받은 제품 정보 일치 여부 확인

㉠ 내용물의 명칭, 제조번호, 「화장품법」 제10조에 따른 기재 사항

㉡ 제품 고유정보는 화장품 책임판매업자로부터 문서화된 자료로 수령

③ 내용물 입고 내역에 대해 기록 · 관리

**화장품 책임판매업자로부터 제공받아야 하는 서류**

- 제품 정보에 관한 자료
- 개봉하지 않은 내용물이 유통 화장품 안전관리기준에 적합함을 확인할 수 있는 자료 (시험성적서 등)
- 내용물 소분 판매기간 동안 방부력이 유지됨을 확인할 수 있는 시험 결과
  - 설정된 사용기한 내에서 주기를 정해 시험한 미생물 한도시험 결과, 방부력 시험 결과 등

## 3) 원료 및 내용물의 보관 관리

① 입고 시 품명, 규격, 수량 및 포장 훼손 여부에 대한 확인 방법과 훼손 시 처리 방법을 숙지

② 원료 및 내용물을 선반 및 서랍장에 보관하는 경우 취급 시의 혼동 및 오염 방지 대책, 출고 시 선입선출 및 칭량된 용기의 표시사항, 재고 관리 방법에 대해 숙지

③ 원료 및 내용물 보관소의 환경, 설비 등을 적절히 유지

## 4) 원료 및 내용물의 보관 방법

### (1) 화장품 원료

① 원료와 내용물의 혼동과 오염 방지

② 자원의 효율적 관리

③ 품질 항상성 유지를 위하여 분리 또는 구획된 곳에 보관

④ 선입선출 방식 적용
⑤ 합격품 사용
⑥ 적절한 보관조건 유지

(2) 혼합 · 소분(리필)용 내용물

① 화장품 책임판매업자가 정한 보관조건 준수
② 품질 영향을 최소화하기 위해 밀폐 상태로 보관
③ 선입선출 방식 적용
④ 보관 중인 내용물의 사용기한, 품질 이상 여부를 주기적으로 점검

### 5) 원료 및 내용물의 보관 장소

(1) 바닥과 벽에 직접 닿지 않도록 보관

(2) 화장품 원료는 내용물에 따라 나누어 보관

① 냉동(영하 5℃), 3~5℃, 상온(15~25℃), 고온(40℃) 등
② 위험물인 경우 위험물 보관 방법에 따라 옥외 위험물 취급 장소에 별도 보관

(3) 내용물은 품질에 영향을 최소화할 수 있는 적합한 장소에 밀폐 상태로 보관

직사광선을 피할 수 있는 곳, 필요시 냉장고(저온) 등



## 2 원료 및 내용물의 재고 파악과 발주

### 1) 판매장 내 원료 및 내용물 재고 파악

(1) 표준운영절차(SOP, Standard Operating Procedures) 작성

판매장 내 원료 및 내용물의 재고 파악을 위해 표준운영절차(SOP)를 작성하고 이에 따라 관리

표준운영절차서(SOP)는 작업을 실시할 때마다 보는 문서, 작업 내용에 정통하는 사람이 작성하고 작업하는 사람이 사용

(2) 표준작업절차서(SOP)의 요건

① 명료하고, 이해하기 쉽게 작성
② 관련 직원이 쉽게 이용해야 함
③ 사용 전 승인된 자에 의해 승인, 서명과 날짜 기재
④ 작성 · 업데이트 · 철회 · 배포되고 분류
⑤ 유효기간이 만료된 경우
 ㉠ 작업 구역에서 회수해 폐기
 ㉡ 폐기된 문서가 사용되지 않음을 확인할 수 있는 근거 필요

⑥ 수기로 기록하여야 하는 자료의 경우
  ㉠ 기입할 내용을 표시
  ㉡ 지워지지 않는 검정색 잉크로 읽기 쉽게 기록
  ㉢ 서명 및 연, 월, 일순으로 날짜를 기입
  ㉣ 필요한 경우 수정(단, 원래의 기재 사항을 확인할 수 있도록 남기고, 가능하다면 수정 이유를 기록)

(3) 화장품 원료의 입출고 관리

① 화장품 원료의 입고 관리

거래처로부터 받은 원료가 구매 요청서, 성적서, 현품이 일치하는지 확인 후

원료 입출고 관리장에 기록

② 화장품 원료 출고 시에는 원료 수불장에 기록

## 2) 적정 재고 수준 결정 및 발주

원료 및 내용물의 적정 재고 수준을 결정하고 이에 맞추어 발주

### (1) 화장품 원료 및 내용물 사용량 예측

혼합·소분계획서(제조지시서)에 의거한 각각의 원료 사용량 및 사용·폐기 내역에 따라 재고관리(적정 재고 유지)

### (2) 거래처 관리

수급 기간(납기일) 고려, 최소 발주량 선정 후 발주(구매) 공문으로 발주 요청

# 부 록 편

- 천연 화장품 및 유기농 화장품의 기준에 관한 규정
- 화장품 안전기준 등에 관한 규정

# 목 차

〈천연 화장품 및 유기농 화장품의 기준에 관한 규정〉



〈화장품 안전기준 등에 관한 규정〉

# 천연 화장품 및 유기농 화장품의 기준에 관한 규정

## [별표 2] 오염물질

- 중금속(Heavy metals)
- 방향족 탄화수소(Aromatic hydrocarbons)
- 농약(Pesticides)
- 다이옥신 및 폴리염화비페닐(Dioxins & PCBs)
- 방사능(Radioactivity)
- 유전자변형 생물체(GMO)
- 곰팡이 독소(Mycotoxins)
- 의약 잔류물(Medicinal residues)
- 질산염(Nitrates)
- 니트로사민(Nitrosamines)

## [별표 3] 허용 기타 원료(천연 원료에서 석유화학 용제를 이용하여 추출 가능)

- 베타인(Betaine)
- 카라기난(Carrageenan)
- 레시틴 및 그 유도체(Lecithin and Lecithin derivatives)
- 토코페롤, 토코트리에놀(Tocopherol / Tocotrienol)
- 오리자놀(Oryzanol)
- 안나토(Annatto)
- 카로티노이드 / 잔토필(Carotenoids / Xanthophylls)
- 앱솔루트, 콘크리트, 레지노이드(Absolutes, Concretes, Resinoids) : 천연 화장품에만 허용
- 라놀린(Lanolin)
- 피토스테롤(Phytosterol)
- 글라이코스핑고리피드 및 글라이코리피드(Glycosphingolipids and Glycolipids)
- 잔탄검
- 알킬베타인

※ 석유화학 용제의 사용 시 반드시 최종적으로 모두 회수되거나 제거되어야 하며, 방향족, 알콕실레이트화, 할로겐화, 니트로젠 또는 황(DMSO 예외) 유래 용제는 사용 불가

## [별표 4] 허용 합성 원료

### ◈ 합성 보존제 및 변성제

- 벤조익애씨드 및 그 염류(Benzoic Acid and its salts)
- 벤질알코올(Benzyl Alcohol)
- 살리실릭애씨드 및 그 염류(Salicylic Acid and its salts)

- 소르빅애씨드 및 그 염류(Sorbic Acid and its salts)
- 데하이드로아세틱애씨드 및 그 염류(Dehydroacetic Acid and its salts)
- 데나토늄벤조에이트, 기타 변성제(프탈레이트류 제외), 3급부틸알코올[Denatonium Benzoate and other denaturing agents for alcohol(excluding phthalates) and Tertiary Butyl Alcohol] : (관련 법령에 따라) 에탄올에 변성제로 사용된 경우에 한함
- 이소프로필알코올(Isopropylalcohol)
- 테트라소듐글루타메이트디아세테이트(Tetrasodium Glutamate Diacetate)

### ◈ 천연 유래와 석유화학 부분을 모두 포함하고 있는 원료

- 디알킬카보네이트(Dialkyl Carbonate)
- 알킬아미도프로필베타인(Alkylamidopropylbetaine)
- 알킬메칠글루카미드(Alkyl Methyl Glucamide)
- 알킬암포아세테이트 / 디아세테이트(Alkylamphoacetate / Diacetate)
- 알킬글루코사이드카르복실레이트(Alkylglucosidecarboxylate)
- 카르복시메칠 – 식물 폴리머(Carboxy Methyl – Vegetal polymer)
- 식물성 폴리머 – 하이드록시프로필트리모늄클로라이드(Vegetal polymer – Hydroxypropyl Trimonium Chloride) : 두발/수염에 사용하는 제품에 한함
- 디알킬디모늄클로라이드(Dialkyl Dimonium Chloride) : 두발/수염에 사용하는 제품에 한함
- 알킬디모늄하이드록시프로필하이드로라이즈드식물성단백질(Alkyldimonium Hydroxypropyl Hydrolyzed Vegetal protein) : 두발/수염에 사용하는 제품에 한함

※ 석유화학 부분(petrochemical moiety의 합)은 전체 제품에서 2%를 초과할 수 없으며, 이 원료들은 유기농이 될 수 없음
- 석유화학 부분(%) = 석유화학 유래 부분 몰중량 / 전체 분자량 × 100

## 화장품 안전기준 등에 관한 규정

### [별표 4] 유통 화장품 안전관리 시험 방법

#### Ⅰ. 일반 화장품

#### 1. 납 - 디티존법

1) 검액 조제

- 제 1법

① 검체 1.0 g/자제도가니(수분이 함유되어 있을 경우에는 수욕상에서 증발 건조)
② 약 500℃에서 2~3시간 회화
③ 회분에 묽은 염산 및 묽은 질산 각 10 mL씩을 첨가
④ 수욕상에서 30분간 가온
⑤ 상징액을 유리여과기(G4)로 여과
⑥ 잔류물을 묽은 염산 및 물 적당량으로 세척
⑦ 씻은 액을 여액에 합하여 전량을 50 mL로 함

- 제 2법

① 검체 1.0 g/300 mL 분해플라스크
② 황산 5 mL, 질산 10 mL 첨가
③ 흰 연기가 발생할 때까지 가열
④ 식힌 다음 질산 5 mL씩을 추가
⑤ 흰 연기가 발생할 때까지 가열
⑥ 내용물이 무색~엷은 황색이 될 때까지 이 조작을 반복
⑦ 포화수산암모늄용액 5 mL를 넣고 다시 가열(질산 제거)
⑧ 분해물을 50 mL 용량플라스크 옮김
⑨ 물로 분해플라스크를 세척
⑩ 씻은 액을 여액에 합하여 전량을 50 mL로 함

2) 시험 조작

① 「기능성 화장품 기준 및 시험 방법」(식품의약품안전처 고시) 일반시험법 '1. 원료'의 '7. 납시험법'에 따라 시험
② 비교액은 납 표준액 2.0 mL

#### 2. 납 - 원자흡광광도법

1) 검액 조제

① 검체 약 0.5 g/석영 또는 테트라플루오로메탄제의 극초단파 분해용 용기
② 질산 7 mL, 염산 2 mL, 황산 1 mL를 넣고 극초단파 분해 장치에 장착
③ 아래 조작 조건에 따라 무색~엷은 황색이 될 때까지 분해
④ 상온으로 식힌 다음 25 mL 용량플라스크에 옮김
⑤ 물로 용기 및 뚜껑을 씻어 넣고, 물을 넣어 전체량을 25 mL로 조절
⑥ 침전물이 있을 경우 여과
⑦ (공시험액) 질산 7 mL, 염산 2 mL, 황산 1 mL를 검액과 동일하게 조작
㈜ 필요시 사용되는 산의 종류 및 양과 극초단파 분해 조건을 바꿀 수 있음

| 조작 조건 | | |
|---|---|---|
| 최대 파워 : 1,000W, | 최고 온도 : 200℃, | 분해 시간 : 약 35분 |

⑧ 검액 및 공시험액 각 25 mL
⑨ 구연산암모늄용액(1 → 4) 10 mL, 브롬치몰블루시액 2방울
⑩ 황색에서 녹색이 될 때까지 암모니아시액 첨가
⑪ 황산암모늄용액(2 → 5) 10 mL 및 물을 넣어 100 mL로 조절
⑫ 디에칠디치오카르바민산나트륨용액(1 → 20) 10 mL를 넣어 섞고 몇 분간 방치
⑬ 메칠이소부틸케톤 20 mL를 넣어 세게 흔들어 섞고, 방치
⑭ 메칠이소부틸케톤층을 여취(필요시 여과)

2) 표준액 조제

① 납 표준액(10 μg/mL) 0.5 mL, 1.0 mL 및 2.0 mL
② 구연산암모늄용액(1 → 4) 10 mL 및 브롬치몰블루시액 2방울 첨가
③ 위의 검액과 같이 조작

3) 시험 조작

① 표준액을 다음의 조작 조건에 따라 원자흡광광도기에 주입하여 납의 검량선 작성
② 검액 중 납의 양을 측정

| 조작 조건 | |
|---|---|
| 사용 가스 | 가연성 가스 : 아세칠렌 또는 수소<br>지연성 가스 : 공기 |
| 램프 | 납중공음극램프 |
| 파장 | 283.3 nm |

## 3. 납 - 유도결합플라즈마 분광기를 이용하는 방법

1) 검액 조제

① 검체 약 0.2 g/석영 또는 테트라플루오로메탄제의 극초단파 분해용 용기
② 질산 7 mL, 염산 2 mL, 황산 1 mL를 넣고 극초단파 분해 장치에 장착
③ 아래 조작 조건에 따라 무색~엷은 황색이 될 때까지 분해
④ 상온으로 식힌 다음 50 mL 용량플라스크에 옮김
⑤ 물로 용기 및 뚜껑을 씻어 넣고, 물을 넣어 전체량을 50 mL로 조절
⑥ 침전물이 있을 경우 여과
⑦ (공시험액) 질산 7 mL, 염산 2 mL, 황산 1 mL를 검액과 동일하게 조작
㈜ 필요시 사용되는 산의 종류 및 양과 극초단파 분해 조건을 바꿀 수 있음

| 조작 조건 | | |
|---|---|---|
| 최대 파워 : 1,000W, | 최고 온도 : 200℃, | 분해 시간 : 약 35분 |

2) 표준액 조제

① 납 표준액(1,000 μg/mL)에 0.5% 질산을 넣어 농도가 다른 3가지 이상의 표준액 제조
② 표준액의 농도 : 액 1 mL당 납 0.01~0.2 μg 범위 내

3) 시험 조작

① 표준액을 다음의 조작 조건에 따라 유도결합플라즈마 분광기(ICP spectrometer)에 주입하여 납의 검량선 작성

② 검액 중 납의 양을 측정

| 조작 조건 | |
|---|---|
| 플라즈마기체 | 아르곤(99.99 v/v% 이상) |
| 파 장 | 220.353 nm(방해 성분이 함유된 경우 납의 다른 특성 파장을 선택 가능) |

## 4. 납 - 유도결합플라즈마-질량분석기를 이용하는 방법

### 1) 검액 조제

① 검체 약 0.2 g/석영 또는 테프론제의 극초단파 분해용 용기
② 질산 7 mL, 불화수소산 2 mL를 넣고 극초단파 분해 장치에 장착
③ 아래 조작 조건 1에 따라 무색~엷은 황색이 될 때까지 분해
④ 상온으로 식힌 다음 희석시킨 붕산(5 → 100) 20 mL를 넣고 극초단파 분해 장치에 장착
⑤ 조작 조건 2에 따라 불소를 불활성화 시킴
⑥ 석영 대신 테플론 재질을 사용하는 경우에 한해 불소 불활성화 조작은 생략 가능
⑦ 상온으로 식힌 다음 분해물을 100 mL 용량플라스크에 옮김
⑧ 증류수로 용기 및 뚜껑을 씻어 넣고 증류수를 넣어 100 mL로 조절
⑨ 침전물이 있을 경우 여과
⑩ 증류수로 5배 희석하여 검액으로 함
⑪ (공시험액) 질산 7 mL, 불화수소산 2 mL를 검액과 동일하게 조작
㈜ 필요시 사용되는 산의 종류 및 양과 극초단파 분해 조건을 바꿀 수 있음

| 조작 조건 1 | | |
|---|---|---|
| 최대 파워 : 1,000W, | 최고 온도 : 200℃, | 분해 시간 : 약 20분 |

| 조작 조건 2 | | |
|---|---|---|
| 최대 파워 : 1,000W, | 최고 온도 : 180℃, | 분해 시간 : 약 10분 |

### 2) 표준액 조제

① 납 표준액(1,000 μg/mL)에 희석시킨 질산(2 → 100)을 넣어 농도가 다른 3가지 이상의 표준액 제조
② 표준액의 농도 : 액 1 mL당 납 1~20 ng 범위 내

### 3) 시험 조작

① 표준액을 다음의 조작 조건에 따라 유도결합플라즈마-질량분석기(ICP-MS)에 주입하여 납의 검량선 작성
② 검액 중 납의 양을 측정

| 조작 조건 | |
|---|---|
| 플라즈마기체 | 아르곤(99.99 v/v% 이상) |
| 원 자 량 | 206, 207, 208(간섭 현상이 없는 범위에서 선택하여 검출) |

## 5. 니켈

### 1) 검액 조제

① 검체 약 0.2 g/테프론제의 극초단파 분해용 용기
② 질산 7 mL, 불화수소산 2 mL를 넣고 극초단파 분해 장치에 장착

③ 아래 조작 조건 1에 따라 무색~엷은 황색이 될 때까지 분해
④ 상온으로 식힌 후 희석시킨 붕산(5 → 100) 20 mL를 넣고 극초단파 분해 장치에 장착
⑤ 조작 조건 2에 따라 불소를 불활성화 시킴
⑥ 석영 대신 테플론 재질을 사용하는 경우에 한해 불소 불활성화 조작은 생략 가능
⑦ 상온으로 식힌 다음 분해물을 100 mL 용량플라스크에 옮김
⑧ 증류수로 용기 및 뚜껑을 씻어 넣고 증류수를 넣어 100 mL로 조절
⑨ 침전물이 있을 경우 여과
⑩ 증류수로 5배 희석하여 검액으로 함
⑪ (공시험액) 질산 7 mL, 불화수소산 2 mL를 검액과 동일하게 조작
㊟ 필요시 사용되는 산의 종류 및 양과 극초단파 분해 조건을 바꿀 수 있음

| 조작 조건 1 | | |
|---|---|---|
| 최대 파워 : 1,000W, | 최고 온도 : 200℃, | 분해 시간 : 약 20분 |

| 조작 조건 2 | | |
|---|---|---|
| 최대 파워 : 1,000W, | 최고 온도 : 180℃, | 분해 시간 : 약 10분 |

2) 표준액 조제

① 니켈 표준액(1,000 µg/mL)에 희석시킨 질산(2 → 100)을 넣어 농도가 다른 3가지 이상의 표준액 제조
② 표준액의 농도 : 액 1 mL당 니켈 1~20 ng 범위 내

3) 시험 조작

① 표준액을 다음의 조작 조건에 따라 유도결합플라즈마-질량분석기(ICP-MS)에 주입하여 니켈의 검량선 작성
② 검액 중 니켈의 양을 측정

| 조작 조건 | |
|---|---|
| 플라즈마기체 | 아르곤(99.99 v/v% 이상) |
| 원 자 량 | 60(간섭 현상이 없는 범위에서 선택하여 검출) |

㊟ 검출시험 범위에서 충분한 정량한계, 검량선의 직선성 및 회수율이 확보되는 경우 유도결합플라즈마-질량분석기(ICP-MS) 대신 유도결합플라즈마 분광기(ICP) 또는 원자흡광분광기(AAS)를 사용하여 측정 가능

## 6. 비소 - 비색법

1) 검액 조제

① 검체 1.0 g
② 「기능성 화장품 기준 및 시험 방법」(식품의약품안전처 고시) 일반시험법 1. 원료의 "15. 비소시험법" 중 제3법에 따라 검액 제조
③ 장치 A를 쓰는 방법에 따라 시험

## 7. 비소 - 원자흡광광도법(방법 2와 유사함)

1) 검액 조제

① 검체 약 0.2 g/석영 또는 테프론제의 극초단파 분해용 용기
② 질산 7 mL, 염산 2 mL 및 황산 1 mL를 넣고 극초단파 분해 장치에 장착

③ 아래 조작 조건에 따라 무색~엷은 황색이 될 때까지 분해
④ 상온으로 식힌 다음 분해물을 50 mL 용량플라스크에 옮김
⑤ 증류수로 용기 및 뚜껑을 씻어 넣고 증류수를 넣어 50 mL로 조절
⑥ 침전물이 있을 경우 여과
⑦ (공시험액) 7 mL, 염산 2 mL 및 황산 1 mL를 검액과 동일하게 조작
㈜ 필요시 사용되는 산의 종류 및 양과 극초단파 분해 조건을 바꿀 수 있음

| 조작 조건 | | |
|---|---|---|
| 최대 파워 : 1,000W, | 최고 온도 : 200℃, | 분해 시간 : 약 35분 |

2) 표준액 조제

① 비소 표준액(1,000 μg/mL)에 희석시킨 0.5% 질산을 넣어 농도가 다른 3가지 이상의 표준액 제조
② 표준액의 농도 : 액 1 mL당 비소 0.01~0.2 μg 범위 내

3) 시험 조작

① 표준액을 다음의 조작 조건에 따라 수소화물 발생 장치 및 가열흡수셀을 사용하여 원자흡광광도기에 주입하고 비소의 검량선 작성
② 검액 중 비소의 양을 측정

| 조작 조건 | |
|---|---|
| 사용 가스 | 가연성 가스 : 아세칠렌 또는 수소<br>지연성 가스 : 공기 |
| 램 프 | 비소중공음극램프 또는 무전극방전램프 |
| 파 장 | 193.7 nm |

## 8. 비소 - 유도결합플라즈마 분광기를 이용한 방법

1) 검액 및 표준액의 조제

① 원자흡광광도법의 표준액 및 검액의 조제와 같은 방법으로 조제

2) 시험 조작

① 각각의 표준액을 다음의 조작 조건에 따라 유도결합플라즈마 분광기(ICP spectrometer)에 주입하여 검량선 작성
② 검액 중 비소의 양을 측정

| 조작 조건 | |
|---|---|
| 플라즈마기체 | 아르곤(99.99 v/v% 이상) |
| 파 장 | 193.759 nm(방해 성분이 함유된 경우 비소의 다른 특성 파장을 선택 가능) |

## 9. 비소 - 유도결합플라즈마-질량분석기를 이용한 방법(4와 동일)

1) 검액 조제

① 검체 약 0.2 g/테프론제의 극초단파 분해용 용기
② 질산 7 mL, 불화수소산 2 mL를 넣고 극초단파 분해 장치에 장착
③ 아래 조작 조건 1에 따라 무색~엷은 황색이 될 때까지 분해
④ 상온으로 식힌 다음 희석시킨 붕산(5 → 100) 20 mL를 넣고 극초단파 분해 장치에 장착

⑤ 조작 조건 2에 따라 불소를 불활성화 시킴
⑥ 석영 대신 테플론 재질을 사용하는 경우에 한해 불소 불활성화 조작은 생략 가능
⑦ 상온으로 식힌 다음 분해물을 100 mL 용량플라스크에 옮김
⑧ 증류수로 용기 및 뚜껑을 씻어 넣고 증류수를 넣어 100 mL로 조절
⑨ 침전물이 있을 경우 여과
⑩ 증류수로 5배 희석하여 검액으로 함
⑪ (공시험액) 질산 7 mL, 불화수소산 2 mL를 검액과 동일하게 조작
㈜ 필요시 사용되는 산의 종류 및 양과 극초단파 분해 조건을 바꿀 수 있음

| 조작 조건 1 | | |
|---|---|---|
| 최대 파워 : 1,000W, | 최고 온도 : 200℃, | 분해 시간 : 약 20분 |

| 조작 조건 2 | | |
|---|---|---|
| 최대 파워 : 1,000W, | 최고 온도 : 180℃, | 분해 시간 : 약 10분 |

2) 표준액 조제

① 비소 표준액(1,000 μg/mL)에 희석시킨 질산(2 → 100)을 넣어 농도가 다른 3가지 이상의 표준액 제조
② 표준액의 농도 : 액 1 mL당 비소 1~4 ng 범위 내

3) 시험 조작

① 표준액을 다음의 조작 조건에 따라 유도결합플라즈마-질량분석기(ICP-MS)에 주입하여 비소의 검량선 작성
② 검액 중 비소의 양을 측정

| 조작 조건 | |
|---|---|
| 플라즈마기체 | 아르곤(99.99 v/v% 이상) |
| 원 자 량 | 75(40Ar35Cl+ 의 간섭을 방지하기 위한 장치를 사용 가능) |

## 10. 수은 - 수은 분해장치를 이용한 방법

1) 검액 조제

① 검체 1.0 g, 유리구 수개/수은 분해장치의 플라스크 [그림 1]
② 냉각기에 찬물을 통과시키면서 적가깔대기를 통하여 질산 10 mL 첨가
③ 적가깔대기의 콕크를 잠그고, 반응 콕크를 열어주면서 서서히 가열
④ 아질산가스의 발생이 거의 없어지고 엷은 황색으로 되었을 때 가열을 중지하고 냉각
- 이때 냉각기와 흡수관의 접촉을 열어놓고 흡수관의 희석시킨 황산(1 → 100)이 장치 안에 역류되지 않도록 주의

⑤ 식힌 다음 황산 5 mL를 넣고 다시 서서히 가열
- 이때 반응 콕크를 잠가주면서 가열하여 산의 농도를 농축시키면 분해가 촉진됨
- 분해가 잘 되지 않으면 질산 및 황산을 같은 방법으로 반복하여 넣으면서 가열

⑥ 액이 무색 또는 엷은 황색이 될 때까지 가열하고 냉각
- 이때 냉각기와 흡수관의 접촉을 열어놓고 흡수관의 희석시킨 황산(1 → 100)이 장치 안에 역류되지 않도록 주의

⑦ 과망간산칼륨가루 소량을 넣고 가열
- 가열하는 동안 과망간산칼륨의 색이 탈색되지 않을 때까지 소량씩 첨가

⑧ 식힌 다음 적가깔대기를 통하여 과산화수소시액을 넣으면서 탈색
⑨ 10% 요소용액 10 mL를 넣고 적가깔대기의 콕크를 잠금
- 이때 장치 안이 급히 냉각되므로 흡수관 안의 희석시킨 황산(1 → 100)이 장치 안으로 역류됨
⑩ 역류가 끝난 다음 천천히 가열하면서 아질산가스를 완전히 날려 보내고 냉각
⑪ 100 mL 용량플라스크에 옮기고
⑫ 뜨거운 희석시킨 황산(1 → 100) 소량으로 장치의 내부를 잘 씻어 씻은 액을 100 mL 메스플라스크에 합하고
⑬ 식힌 다음 정확히 100 mL로 물을 넣어 검액으로 함
⑭ (공시험액) 검체는 사용하지 않고 검액의 조제와 같은 방법으로 조작

2) 표준액 조제

① 염화제이수은을 데시케이타(실리카 겔)에서 6시간 건조
② 13.5 mg을 정량하여 묽은 질산 10 mL 및 물을 넣어 녹여 1 L로 조절
③ 이 용액 10 mL를 정확하게 취하여 묽은 질산 10 mL 및 물을 넣어 정확하게 1 L로 하여 표준액으로 함
④ 이 표준액 1 mL는 수은(Hg) 0.1 μg을 함유
㈜ 사용 직전 조제

3) 시험 조작

① 검액 및 공시험액/시험용 유리병
② 5% 과망간산칼륨용액 몇 방울 넣어 주면서 탈색이 되면 추가하여 1분간 방치
③ 1.5% 염산히드록실아민용액으로 탈색
④ 수은 표준액 10 mL에 물을 넣어 100 mL로 조절/시험용 유리병
⑤ 5% 과망간산칼륨용액 몇 방울을 넣어 흔들어 주면서 탈색이 되면 추가하여 1분간 방치
⑥ 50% 황산 2 mL 및 3.5% 질산 2 mL를 넣고 1.5% 염산히드록실아민용액으로 탈색
⑦ 위의 전처리가 끝난 표준액, 검액 및 공시험액에 1% 염화제일석 0.5 N 황산용액 10 mL씩을 첨가
⑧ [그림 2]와 같은 원자흡광광도계의 순환펌프에 연결
⑨ 수은증기를 건조관 및 흡수셀(cell)안에 순환시킴
⑩ 파장 253.7 nm에서 기록계의 지시가 급속히 상승하여 일정한 값을 나타낼 때의 흡광도를 측정
⑪ 검액의 흡광도는 표준액의 흡광도보다 적어야 함

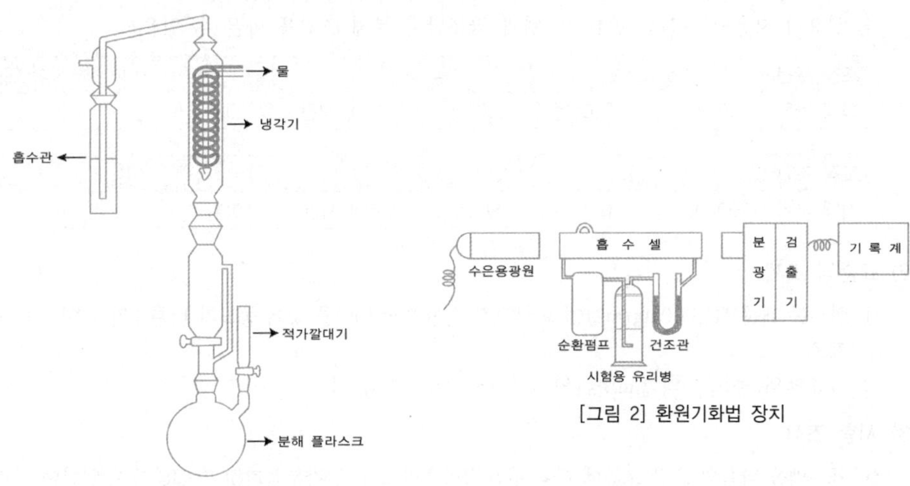


[그림 1] 수은 분해장치

[그림 2] 환원기화법 장치

## 11. 수은 - 수은 분석기를 이용한 방법

### 1) 검액 조제

① 검체 약 50 mg

### 2) 표준액 조제

① 수은 표준액을 0.001% L-시스테인 용액으로 희석
② 0.1, 1, 10 µg/mL로 하여 표준액으로 함

### 3) 시험 조작

① 검액 및 표준액을 가지고 수은 분석기로 측정
② 따로 공시험을 하며 필요시 첨가제 사용
③ 0.001% L-시스테인 용액 : L-시스테인 10 mg을 달아 질산 2 mL를 넣은 다음 물을 넣어 1 L로 조절(냉암소 보관)

## 12. 안티몬(4와 동일)

### 1) 검액 조제

① 검체 약 0.2 g/테프론제의 극초단파 분해용 용기
② 질산 7 mL, 불화수소산 2 mL를 넣고 극초단파 분해 장치에 장착
③ 아래 조작 조건 1에 따라 무색~엷은 황색이 될 때까지 분해
④ 상온으로 식힌 다음 희석시킨 붕산(5 → 100) 20 mL를 넣고 극초단파 분해 장치에 장착
⑤ 조작 조건 2에 따라 불소를 불활성화 시킴
⑥ 석영 대신 테플론 재질을 사용하는 경우에 한해 불소 불활성화 조작은 생략 가능
⑦ 상온으로 식힌 다음 분해물을 100 mL 용량플라스크에 옮김
⑧ 증류수로 용기 및 뚜껑을 씻어 넣고 증류수를 넣어 100 mL로 조절
⑨ 침전물이 있을 경우 여과
⑩ 증류수로 5배 희석하여 검액으로 함
⑪ (공시험액) 질산 7 mL, 불화수소산 2 mL를 검액과 동일하게 조작
㊟ 필요시 사용되는 산의 종류 및 양과 극초단파 분해 조건을 바꿀 수 있음

| 조작 조건 1 | | |
|---|---|---|
| 최대 파워 : 1,000W, | 최고 온도 : 200℃, | 분해 시간 : 약 20분 |

| 조작 조건 2 | | |
|---|---|---|
| 최대 파워 : 1,000W, | 최고 온도 : 180℃, | 분해 시간 : 약 10분 |

### 2) 표준액 조제

① 안티몬 표준액(1,000 µg/mL)에 희석시킨 질산(2 → 100)을 넣어 농도가 다른 3가지 이상의 표준액 제조
② 표준액의 농도 : 액 1 mL당 안티몬 1~20 ng 범위 내

### 3) 시험 조작

① 표준액을 다음의 조작 조건에 따라 유도결합플라즈마-질량분석기(ICP-MS)에 주입하여 안티몬의 검량선 작성

② 검액 중 안티몬의 양을 측정

| 조작 조건 | |
|---|---|
| 플라즈마기체 | 아르곤(99.99 v/v% 이상) |
| 원 자 량 | 121, 123(간섭 현상이 없는 범위에서 선택하여 검출) |

㈜ 검출시험 범위에서 충분한 정량한계, 검량선의 직선성 및 회수율이 확보되는 경우 유도결합플라즈마-질량분석기(ICP-MS) 대신 유도결합플라즈마 분광기(ICP) 또는 원자흡광분광기(AAS)를 사용하여 측정 가능

## 13. 카드뮴(4와 동일)

### 1) 검액 조제

① 검체 약 0.2 g/테프론제의 극초단파 분해용 용기
② 질산 7 mL, 불화수소산 2 mL를 넣고 극초단파 분해 장치에 장착
③ 아래 조작 조건 1에 따라 무색~엷은 황색이 될 때까지 분해
④ 상온으로 식힌 다음 희석시킨 붕산(5 → 100) 20 mL를 넣고 극초단파 분해 장치에 장착
⑤ 조작 조건 2에 따라 불소를 불활성화 시킴
⑥ 석영 대신 테플론 재질을 사용하는 경우에 한해 불소 불활성화 조작은 생략 가능
⑦ 상온으로 식힌 다음 분해물을 100 mL 용량플라스크에 옮김
⑧ 증류수로 용기 및 뚜껑을 씻어 넣고 증류수를 넣어 100 mL로 조절
⑨ 침전물이 있을 경우 여과
⑩ 증류수로 5배 희석하여 검액으로 함
⑪ (공시험액) 질산 7 mL, 불화수소산 2 mL를 검액과 동일하게 조작
㈜ 필요시 사용되는 산의 종류 및 양과 극초단파 분해 조건을 바꿀 수 있음

| 조작 조건 1 | | |
|---|---|---|
| 최대 파워 : 1,000W, | 최고 온도 : 200℃, | 분해 시간 : 약 20분 |

| 조작 조건 2 | | |
|---|---|---|
| 최대 파워 : 1,000W, | 최고 온도 : 180℃, | 분해 시간 : 약 10분 |

### 2) 표준액 조제

① 카드뮴 표준액(1,000 μg/mL)에 희석시킨 질산(2 → 100)을 넣어 농도가 다른 3가지 이상의 표준액 제조
② 표준액의 농도 : 액 1 mL당 카드뮴 1~20 ng 범위 내

### 3) 시험 조작

① 표준액을 다음의 조작 조건에 따라 유도결합플라즈마-질량분석기(ICP-MS)에 주입하여 카드뮴의 검량선 작성
② 검액 중 카드뮴의 양을 측정

| 조작 조건 | |
|---|---|
| 플라즈마기체 | 아르곤(99.99 v/v% 이상) |
| 원 자 량 | 110, 111, 112(간섭 현상이 없는 범위에서 선택하여 검출) |

㈜ 검출시험 범위에서 충분한 정량한계, 검량선의 직선성 및 회수율이 확보되는 경우 유도결합플라즈마-질량분석기(ICP-MS) 대신 유도결합플라즈마 분광기(ICP) 또는 원자흡광분광기(AAS)를 사용하여 측정 가능

## 14. 디옥산

### 1) 검액 조제

① 검체 약 1.0 g, 20% 황산나트륨용액 1.0 mL를 넣고 섞어 검액으로 함

### 2) 표준액 조제

① 1,4-디옥산 표준품을 물을 사용하여 0.0125, 0.025, 0.05, 0.1, 0.2, 0.4, 0.8 mg/mL의 농도로 희석

② 각 액 50 μL에 폴리에틸렌글리콜 400 1.0 g 및 20% 황산나트륨용액 1.0 mL를 넣고 첨가하여 표준액으로 함

### 3) 시험 조작

① 검액 및 표준액을 가지고 다음 조건으로 기체크로마토그래프법의 절대검량선법에 따라 시험

② 필요시 표준액의 검량선 범위 내에서 검체 채취량 또는 희석배수를 조정

| 조작 조건 | |
|---|---|
| 질량분석기 | - 인터페이스 온도 : 240℃<br>- 이온 소스 온도 : 230℃<br>- 스캔 범위 : 40~200 amu<br>- 질량분석기 모드 : 선택 이온 모드(88, 58, 43) |
| 헤드스페이스 | - 주입량(루프) : 1 mL<br>- 바이알 평형 온도 : 95℃<br>- 루프 온도 : 110℃<br>- 주입 라인 온도 : 120℃<br>- 바이알 퍼지 압력 : 20 psi<br>- 바이알 평형 시간 : 30분<br>- 바이알 퍼지 시간 : 0.5분<br>- 루프 채움 시간 : 0.3분<br>- 루프 평형 시간 : 0.05분<br>- 주입 시간 : 1분 |
| 칼럼 | 안지름 약 0.32 mm, 길이 약 60 m인 관에 기체크로마토그래프용 폴리에칠렌왁스를 실란 처리한 500 ㎛의 기체크로마토그래프용 규조토에 피복한 것을 충전 |
| 칼럼온도 | 처음 2분간 50℃로 유지하고 160℃까지 1분에 10℃씩 상승시킴 |
| 운반기체(이동상) | 헬륨 |
| 유량 | 1,4-디옥산의 유지 시간이 약 10분이 되도록 조정 |
| 스플리트비 | 약 1 : 10 |

## 15. 메탄올 – 푹신아황산법

### 1) 검액 조제

① 검체 10 mL에 포화염화나트륨용액 10 mL를 넣어 섞고, '대한민국약전 알코올수 측정법'에 따라 증류

② 유액 12 mL를 백탁이 될 때까지 탄산칼륨을 넣어 알코올을 분리

③ 분리한 알코올분에 정제수를 넣고 50 mL로 하여 검액으로 함

### 2) 표준액 조제

① 0.1% 메탄올 1.0 mL에 에탄올 0.25 mL를 넣고 정제수를 가해 5.0 mL로 하여 표준액으로 함

3) 시험 조작

① 표준액 및 검액 5 mL를 가지고 「기능성 화장품 기준 및 시험 방법」(식품의약품안전처 고시) 일반시험법 1. 원료 "9. 메탄올 및 아세톤시험법" 중 '메탄올'항에 따라 시험

㈜ 메탄올 시험법에 사용하는 에탄올은 메탄올이 함유되지 않은 것을 확인하고 사용

## 16. 메탄올 – 기체크로마토그래프법

### ○ 물휴지 외 제품

1) 검액 조제(증류법)

① 검체 약 10 mL/증류플라스크

② 물 10 mL, 염화나트륨 2 g, 실리콘유 1방울, 에탄올 10 mL 첨가

③ 초음파로 균질화한 후 증류하여 유액 15 mL를 얻음

④ 이 액에 에탄올을 넣어 50 mL로 한 후 여과

2) 검액 조제(희석법)

① 검체 약 10 mL에 에탄올 10 mL 첨가 후 초음파로 균질화

② 이 액에 에탄올을 넣어 50 mL로 한 후 여과

3) 표준액 조제

① 메탄올 1.0 mL에 에탄올을 넣어 500 mL로 조절

② 이 액 1.25 mL, 2.5 mL, 5 mL, 10 mL, 20 mL에 에탄올을 넣고 50 mL로 하여 각각의 표준액으로 함

4) 시험 조작

각각의 표준액과 검액을 가지고 아래 조작 조건에 따라 시험한다.

| 조작 조건 | |
|---|---|
| 검 출 기 | 수소염이온화검출기(FID) |
| 칼 럼 | 안지름 약 0.32 mm, 길이 약 60 m인 용융실리카 모세관 내부에 기체크로마토그래프용 폴리에칠렌글리콜 왁스를 0.5 ㎛의 두께로 코팅 |
| 칼 럼 온 도 | 50℃에서 5분 동안 유지한 다음 150℃까지 매분 10℃씩 상승시킨 후 150℃에서 2분 동안 유지 |
| 검출기 온도 | 240℃ |
| 시료주입부 온도 | 200℃ |
| 운반기체(이동상) 및 유량 | 질소 1.0 mL/분 |

### ○ 물휴지

1) 검액 조제

① 검체 적당량을 압착하여 용액을 분리

② 이 액 약 3 mL를 취해 검액으로 함

2) 표준액 조제

① 메탄올 표준품 0.5 mL에 물을 넣어 500 mL로 조절

② 이 액 0.3 mL, 0.5 mL, 1 mL, 2 mL, 4 mL에 물을 넣고 100 mL로 하여 각각의 표준액으로 함

### 3) 시험 조작

각각의 표준액과 검액을 '기체크로마토그래프-헤드스페이스법' 및 아래 조작 조건에 따라 시험

| 조작 조건 | |
|---|---|
| 헤드스페이스 | - 바이알 용량 : 20 mL<br>- 주입량(루프) : 1 mL<br>- 바이알 평형 온도 : 70℃<br>- 루프 온도 : 80℃<br>- 주입 라인 온도 : 90℃<br>- 바이알 평형 시간 : 10분<br>- 바이알 퍼지 시간 : 0.5분<br>- 루프 채움 시간 : 0.5분<br>- 루프 평형 시간 : 0.1분<br>- 주입 시간 : 0.5분 |
| 스플리트비 | 1:10 |

㈜ 기체크로마토그래프는 '물휴지 외 제품'의 조작 조건과 동일하게 조작

## 17. 메탄올 - 기체크로마토그래프-질량분석기법

### 1) 검액 조제

① 검체(물휴지는 적당량을 압착하여 용액을 분리) 약 1 mL
② 검체에 물을 넣어 100 mL로 조절

### 2) 표준액 조제

① 메탄올 표준품 0.1 mL에 물을 넣어 100 mL로 조절(1,000 μL/L)
② 이 액 0.3 mL, 0.5 mL, 1 mL, 2 mL, 4 mL에 물을 넣어 100 mL로 하고 각각의 표준액으로 함

### 3) 시험 조작

① 각각의 표준액과 검액 약 3 mL를 헤드스페이스용 바이알에 넣고 '기체크로마토그래프-헤드스페이스법' 및 아래 조작 조건에 따라 시험
② 필요하면 표준액의 검량선 범위 내에서 검체 채취량 또는 희석배수는 조정 가능

| 조작 조건 | |
|---|---|
| 검 출 기 | 질량분석기 |
| 조 건 | - 인터페이스 온도 : 230℃<br>- 이온 소스 온도 : 230℃<br>- 스캔 범위 : 30~200 amu<br>- 질량분석기 모드 : 선택 이온 모드(31, 32) |
| 헤드스페이스 | - 주입량(루프) : 1 mL<br>- 바이알 평형 온도 : 90℃<br>- 루프 온도 : 130℃<br>- 주입 라인 온도 : 120℃<br>- 바이알 퍼지압력 : 20 psi<br>- 바이알 평형 시간 : 30분<br>- 바이알 퍼지 시간 : 0.5분<br>- 루프 채움 시간 : 0.3분<br>- 루프 평형 시간 : 0.05분<br>- 주입 시간 : 1분 |
| 칼 럼 | 안지름 약 0.32 mm, 길이 약 60 m인 용융실리카 모세관 내부에 기체크로마토그래프용 폴리에칠렌글리콜 왁스를 0.5 ㎛의 두께로 코팅 |

| | |
|---|---|
| 칼 럼 온 도 | 50℃에서 10분 동안 유지한 다음 230℃까지 매분 15℃씩 상승시킨 다음 230℃에서 3분간 유지 |
| 운반기체(이동상) 및 유량 | 헬륨, 1.5 mL/분 |
| 스플리트비 | 1 : 10 |

## 18. 포름알데하이드

### 1) 검액 조제

① 검체 약 1.0 g/초산 · 초산나트륨완충액[주1)] 첨가하여 20 mL로 조절
② 1시간 진탕 추출한 다음 여과
③ 여액 1 mL에 물을 넣어 200 mL로 조절
④ 이 액 100 mL에 초산 · 초산나트륨완충액[주1)] 4 mL를 넣은 다음 균질하게 섞고
⑤ 6 mol/L 염산 또는 6 mol/L 수산화나트륨용액을 넣어 pH를 5.0으로 조절
⑥ 이 액에 2,4-디니트로페닐히드라진시액[주2)] 6.0 mL를 넣고 40℃에서 1시간 진탕
⑦ 디클로로메탄 20 mL로 3회 추출
⑧ 디클로로메탄층을 무수황산나트륨 5.0 g을 놓은 탈지면을 써서 여과
⑨ 이 여액을 감압에서 가온하여 증발 건조 후
⑩ 잔류물에 아세토니트릴 5.0 mL를 넣어 녹인 액을 검액으로 함

### 2) 표준액 조제

① 포름알데하이드 표준품을 물로 희석하여 0.05, 0.1, 0.2, 0.5, 1, 2 ㎍/mL의 액을 제조
② 각 액 100 mL를 취하여 검액과 같은 방법으로 전처리하여 표준액으로 함

### 3) 시험 조작

① 검액 및 표준액 각 10 μL씩을 다음 조건으로 액체크로마토그래프법의 절대검량선법에 따라 시험
② 필요하면 표준액의 검량선 범위 내에서 검체 채취량 또는 검체 희석배수를 조정 가능

| 조작 조건 | |
|---|---|
| 검 출 기 | 자외부흡광광도계(측정 파장 355 nm) |
| 칼 럼 | 안지름 약 4.6 mm, 길이 약 25 cm인 스테인레스강관에 5 ㎛의 액체크로마토그래프용옥타데실실릴화한 실리카겔을 충전 |
| 이동상 및 유량 | 0.01 mol/L염산 · 아세토니트릴혼합액 (40 : 60), 1.5 mL/분 |

㈜ 1) 초산 · 초산나트륨 완충액 : 5 mol/L 초산나트륨액 60 mL에 5 mol/L 초산 40 mL를 넣어 균질하게 섞은 다음, 6 mol/L 염산 또는 6 mol/L 수산화나트륨용액을 넣어 pH를 5.0으로 조절
㈜ 2) 2,4-디니트로페닐하이드라진시액 : 2,4-디니트로페닐하이드라진 약 0.3 g을 아세토니트릴에 녹여 100 mL로 조절

## 19. 프탈레이트류(디부틸프탈레이트, 부틸벤질프탈레이트 및 디에칠헥실프탈레이트) – 기체크로마토그래프-수소염이온화 검출기를 이용한 방법

### 1) 검액 조제

① 검체 약 1.0 g에 헥산 · 아세톤 혼합액(8 : 2)을 넣어 10 mL로 조절
② 초음파로 충분히 분산시킨 다음 원심 분리
③ 상등액 5.0 mL에 내부 표준액[주)] 4.0 mL를 첨가
④ 헥산 · 아세톤 혼합액(8 : 2)을 넣어 10.0 mL로 조절하여 검액으로 함

2) 표준액 조제

① 디부틸프탈레이트, 부틸벤질프탈레이트, 디에칠헥실프탈레이트 표준품에 헥산·아세톤 혼합액 (8 : 2)을 넣어 희석
② 일정량을 취하여 내부 표준액 4.0 mL를 넣고 헥산·아세톤 혼합액(8 : 2)을 넣어 10.0 mL로 조절
③ 0.1, 0.5, 1.0, 5.0, 10.0, 25.0 ㎍/mL로 하여 표준액으로 함

3) 시험 조작

① 검액 및 표준액 각 1 μL씩을 가지고 다음 조건으로 기체크로마토그래프법 내부 표준법에 따라 시험
② 필요한 경우 표준액의 검량선 범위 내에서 검체 채취량 또는 희석배수를 조정 가능

| 조작 조건 | |
|---|---|
| 검 출 기 | 수소염 이온화 검출기(FID) |
| 칼 럼 | 안지름 약 0.25 mm, 길이 약 30 m인 용융실리카관의 내관에 14% 시아노프로필페닐-86% 메틸폴리실록산으로 0.25 ㎛ 두께로 피복 |
| 칼 럼 온 도 | 150℃에서 2분 동안 유지한 다음 260℃까지 매분 10℃씩 상승시킨 다음 15분 동안 이 온도를 유지 |
| 검출기 온도 | 280℃ |
| 시료주입부 온도 | 250℃ |
| 운반기체(이동상) 및 유량 | 질소, 1.0 mL/분 |
| 스플리트비 | 1 : 10 |

㈜ 내부 표준액 : 벤질벤조에이트 표준품 약 10 mg에 헥산·아세톤 혼합액 (8 : 2)을 넣어 1,000 mL로 함

## 20. 프탈레이트류(디부틸프탈레이트, 부틸벤질프탈레이트 및 디에칠헥실프탈레이트) - 기체크로마토그래프-질량분석기를 이용한 방법(19와 유사)

1) 검액 조제

① 검체 약 1.0 g에 헥산·아세톤 혼합액(8 : 2)을 넣어 10 mL로 조절
② 초음파로 충분히 분산시킨 다음 원심 분리
③ 상등액 5.0 mL에 내부 표준액[주)] 1.0 mL를 첨가
④ 헥산·아세톤 혼합액(8 : 2)을 넣어 10.0 mL로 조절하여 검액으로 함

2) 표준액 조제

① 디부틸프탈레이트, 부틸벤질프탈레이트, 디에칠헥실프탈레이트 표준품에 헥산·아세톤 혼합액 (8 : 2)을 넣어 희석
② 일정량을 취하여 내부 표준액 1.0 mL를 넣고 헥산·아세톤 혼합액(8 : 2)을 넣어 10.0 mL로 조절
③ 0.1, 0.25, 0.5, 1.0, 2.5, 5.0 ㎍/mL로 하여 표준액으로 함

3) 시험 조작

① 검액 및 표준액 각 1 μL씩을 가지고 다음 조건으로 기체크로마토그래프법 내부 표준법에 따라 시험
② 필요한 경우 표준액의 검량선 범위 내에서 검체 채취량 또는 희석배수를 조정 가능

| 조작 조건 | |
|---|---|
| 검 출 기 | 질량분석기 |
| 조 건 | - 인터페이스 온도 : 300℃<br>- 이온 소스 온도 : 230℃<br>- 스캔 범위 : 40~300 amu<br>- 질량분석기 모드 : 선택 이온 모드 |

| | |
|---|---|
| 칼 럼 | 안지름 약 0.25 mm, 길이 약 30 m인 용융실리카관의 내관에 5% 페닐-95% 디메틸폴리실록산으로 0.25 ㎛ 두께로 피복 |
| 칼 럼 온 도 | 110℃에서 0.5분 동안 유지한 다음 300℃까지 매분 20℃씩 상승시킨 다음 3분 동안 이 온도를 유지 |
| 시료주입부 온도 | 280℃ |
| 운반기체(이동상) 및 유량 | 헬륨, 1.0 mL/분 |
| 스플리트비 | 스플릿리스 |

| 성 분 명 | 선 택 이 온 |
|---|---|
| 디부틸프탈레이트 | 149, 205, 223 |
| 부틸벤질프탈레이트 | 91, 149, 206 |
| 디에칠헥실프탈레이트 | 149, 167, 279 |
| 내부표준물질(플루오란센-d10) | 92, 106, 212 |

㈜ 내부 표준액 : 플루오란센-d10 표준품 약 10 mg에 헥산·아세톤 혼합액(8 : 2)을 넣어 1,000 mL로 함

## 21. 미생물 한도

일반적인 시험법(다만, 본 시험법 외에도 미생물 검출을 위한 자동화 장비와 미생물 동정기기 및 키트 등을 사용 가능)

### 1) 검체의 전처리

- 검체 조작은 무균 조건하에서 실시, 검체는 충분하게 무작위로 선별하여 그 내용물을 혼합하고 검체 제형에 따라 다음의 각 방법으로 **검체를 희석, 용해, 부유 또는 현탁**시킴
- 아래에 기재한 어느 방법도 만족할 수 없을 때에는 적절한 다른 방법을 확립

가) 액제·로션제

① 검체 1 mL(g)에 변형 레틴 액체배지 또는 검증된 배지나 희석액 9 mL를 넣어 10배 희석액 조제

② 희석이 더 필요할 때에는 같은 희석액으로 조제

나) 크림제·오일제

① 검체 1 mL(g)에 적당한 분산제 1 mL를 넣어 균질화

② 변형 레틴 액체배지 또는 검증된 배지나 희석액 8 mL를 넣어 10배 희석액 조제

③ 희석이 더 필요할 때에는 같은 희석액으로 조제

④ 분산제만으로 균질화가 되지 않는 경우 검체에 적당량의 지용성 용매를 첨가하여 용해 후

⑤ 적당한 분산제 1 mL를 넣어 균질화

다) 파우더 및 고형제

① 검체 1 g에 적당한 분산제를 1 mL를 넣고 충분히 균질화

② 변형 레틴 액체배지 또는 검증된 배지 및 희석액 8 mL를 넣어 10배 희석액 조제

③ 희석이 더 필요할 때에는 같은 희석액으로 조제

④ 분산제만으로 균질화가 되지 않을 경우 적당량의 지용성 용매를 첨가 후 멸균된 마쇄기를 이용하여 검체를 잘게 부수어 반죽 형태로 만든 뒤 적당한 분산제 1 mL를 넣어 균질화

⑤ 추가적으로 40℃에서 30분 동안 가온한 후 멸균한 유리구슬(5 mm : 5~7개, 3 mm : 10~15개)을 넣어 균질화

㈜ 1) 분산제는 멸균한 폴리소르베이트 80 등을 사용할 수 있으며, 미생물의 생육에 대하여 영향이 없는 것 또는 영향이 없는 농도일 것

㈜ 2) 검액 조제 시 총 호기성 생균 수 시험법의 배지 성능 및 시험법 적합성 시험을 통하여 검증된 배지나 희석액 및 중화제를 사용할 수 있음

㈜ 3) 지용성 용매는 멸균한 미네랄 오일 등을 사용할 수 있으며, 미생물의 생육에 대하여 영향이 없을 것. 첨가량은 대상 검체 특성에 맞게 설정하여야 하며, 미생물의 생육에 대하여 영향이 없을 것

## 2) 총 호기성 생균 수 시험법

- 총 호기성 생균 수 시험법은 화장품 중 총 호기성 생균(세균 및 진균) 수를 측정하는 시험 방법

가) 검액의 조제

① 1)항에 따라 검액을 조제

나) 배지

① 총 호기성 세균 수 시험은 변형 레틴 한천배지 또는 대두 카제인 소화 한천배지를 사용

② 진균 수 시험은 항생물질 첨가 포테이토 덱스트로즈 한천배지 또는 항생물질 첨가 사브로 포도당 한천배지를 사용

③ 위의 배지 이외에 배지 성능 및 시험법 적합성 시험을 통하여 검증된 다른 미생물 검출용 배지도 사용 가능

④ 세균의 혼입이 없다고 예상된 때나 세균의 혼입이 있어도 눈으로 판별이 가능하면 항생물질을 첨가하지 않을 수 있음

| 변형 레틴 액체배지 (Modified letheen broth) | |
|---|---|
| 육제펩톤 | 20.0 g |
| 카제인의 판크레아틴 소화물 | 5.0 g |
| 효모엑스 | 2.0 g |
| 육엑스 | 5.0 g |
| 염화나트륨 | 5.0 g |
| 폴리소르베이트 80 | 5.0 g |
| 레시틴 | 0.7 g |
| 아황산수소나트륨 | 0.1 g |
| 정제수 | 1,000 mL |

㈜ 이상을 달아 정제수에 녹여 1 L로 하고 멸균 후의 pH가 7.2±0.2가 되도록 조정하고 121℃에서 15분간 고압 멸균

| 변형 레틴 한천배지(Modified letheen agar) | |
|---|---|
| 프로테오즈 펩톤 | 10.0 g |
| 카제인의 판크레아틱소화물 | 10.0 g |
| 효모엑스 | 2.0 g |
| 육엑스 | 3.0 g |
| 염화나트륨 | 5.0 g |
| 포도당 | 1.0 g |
| 폴리소르베이트 80 | 7.0 g |
| 레시틴 | 1.0 g |
| 아황산수소나트륨 | 0.1 g |
| 한천 | 20.0 g |
| 정제수 | 1,000 mL |

㈜ 이상을 달아 정제수에 녹여 1 L로 하고 멸균 후의 pH가 7.2±0.2가 되도록 조정하고 121℃에서 15분간 고압 멸균

| 대두 카제인 소화 한천배지(Tryptic soy agar) | |
|---|---|
| 카제인제 펩톤 | 15.0 g |
| 대두제 펩톤 | 5.0 g |
| 염화나트륨 | 5.0 g |
| 한천 | 15.0 g |
| 정제수 | 1,000 mL |

㈜ 이상을 달아 정제수에 녹여 1 L로 하고 멸균 후의 pH가 7.2±0.1이 되도록 조정하고 121℃에서 15분간 고압 멸균

| 항생물질 첨가 포테이토 덱스트로즈 한천배지(Potato dextrose agar) | |
|---|---|
| 감자침출물 | 200.0 g |
| 포도당 | 20.0 g |
| 한천 | 15.0 g |
| 정제수 | 1,000 mL |

㈜ 이상을 달아 정제수에 녹여 1 L로 하고 121℃에서 15분간 고압 멸균. 사용하기 전에 1 L당 40 mg의 염산테트라사이클린을 멸균배지에 첨가하고 10% 주석산용액을 넣어 pH를 5.6 ± 0.2로 조정하거나, 세균 혼입의 문제가 있는 경우 3.5 ± 0.1로 조정할 수 있으며, 200.0 g의 감자침출물 대신 4.0 g의 감자추출물이 사용될 수 있음

| 항생물질 첨가 사부로 포도당 한천배지(Sabouraud dextrose agar) | |
|---|---|
| 육제 또는 카제인제 펩톤 | 10.0 g |
| 포도당 | 40.0 g |
| 한천 | 15.0 g |
| 정제수 | 1,000 mL |

㈜ 이상을 달아 정제수에 녹여 1 L로 하고 121℃에서 15분간 고압 멸균한 다음의 pH가 5.6 ± 0.2가 되도록 조정. 사용할 때 배지 1,000 mL당 벤질페니실린칼륨 0.10 g과 테트라사이클린 0.10 g을 멸균용액으로서 넣거나 배지 1,000 mL당 클로람페니콜 50 mg을 첨가

다) 조작

(1) 세균 수 시험

㉮ **한천평판도말법**

① 직경 9~10 cm 페트리 접시 내에 미리 굳힌 세균시험용 배지 표면에 전처리 검액 0.1 mL 이상 도말

㉯ **한천평판희석법**

① 검액 1 mL를 같은 크기의 페트리접시에 넣고 그 위에 멸균 후 45℃로 식힌 15 mL의 세균시험용 배지를 넣어 잘 혼합

② **검체당 최소 2개**의 평판을 준비하고 **30~35℃**에서 적어도 **48시간 배양**

※ 이때 최대 균집락 수를 갖는 평판을 사용하되 **평판당 300개 이하**의 균집락을 최대치로 하여 총 세균 수를 측정

**도말 평판법(Spread plate method)**

- 평판 배치의 중앙에 소량(약 50 μl)의 액상 시료를 넣고 멸균 유리막대로 고루 펼친다.
- 에탄올이 담겨있는 비커에 삼각 스프레더를 담근 후 꺼내고, 이를 바로 알코올 램프에 가열하여 멸균한 후 식혀서 평판 배치 위에 기대어 올려놓는다.
- 삼각 스프레더로 주입한 배양액이 골고루 퍼지도록 도말한다.
- 시료가 배지에 완전히 흡수되면 평판 배치를 뒤집어서 배양한다.
- 평판 배치의 표면에서 미생물 colony를 확인할 수 있다.
  또한, 순수 분리를 위해서 특정 colony를 분리 배양할 수 있다.

부록편

(2) 진균 수 시험

① '(1) 세균 수 시험'에 따라 시험을 실시하되 배지는 진균 수 시험용 배지를 사용하여 배양 온도 20~25℃에서 적어도 **5일간 배양**한 후 **100개 이하의 균집락이 나타나는 평판을 세어 총 진균 수를 측정**

라) 배지 성능 및 시험법 적합성시험**

① 시판 배지 및 조제한 배지는 **배치(batch)마다 시험**

② **검체의 유·무하**에서 총 호기성 생균 수 시험법에 따라 제조된 검액·대조액에 표 1에 기재된 **시험균주를 각각 100 cfu 이하가 되도록 접종**하여 규정된 총 호기성 생균 수 시험법에 따라 배양할 때

㉠ **검액에서 회수한 균 수**가 대조액에서 회수한 균 수의 **1/2 이상**일 것

㉡ 검액에서 회수한 균 수가 대조액에서 회수한 균 수의 **1/2 미만인 경우**(검체 중 보존제 등의 항균활성으로 인해 증식이 저해되는 경우), 결과의 유효성을 확보하기 위하여 **총 호기성 생균 수 시험법을 변경**

③ 항균활성을 중화하기 위하여 희석 및 중화제(표 2)를 사용 가능

④ 시험에 사용된 배지 및 희석액 또는 시험 조작상의 무균 상태를 확인하기 위하여 완충식염펩톤수(pH 7.0)를 대조로 하여 총 호기성 생균 수 시험을 실시할 때 미생물의 성장이 나타나서는 안 됨

표 1. 총 호기성 생균 수 배지 성능 시험용 균주 및 배양조건

| 시 험 균 주 | | 배 양 |
|---|---|---|
| Escherichia coli | ATCC 8739, NCIMB 8545, CIP53.126, NBRC 3972 또는 KCTC 2571 | 호기 배양 30~35℃, 48시간 |
| Bacillus subtilis | ATCC 6633, NCIMB 8054, CIP 52.62, NBRC 3134 또는 KCTC 1021 | |
| Staphylococcus aureus | ATCC 6538, NCIMB 9518, CIP 4.83, NRRC 13276 또는 KCTC 3881 | |
| Candida albicans | ATCC 10231, NCPF 3179, IP48.72, NBRC1594 또는 KCTC 7965 | 호기 배양 20~25℃, 5일 |

표 2. 항균활성에 대한 중화제

| 화장품 중 미생물 발육 저지 물질 | 항균성을 중화시킬 수 있는 중화제 |
|---|---|
| 페놀 화합물 : 파라벤, 페녹시에탄올, 페닐에탄올 등 아닐리드 | 레시틴, 폴리소르베이트 80, 지방알코올의 에틸렌 옥사이드축합물(condensate), 비이온성 계면활성제 |
| 4급 암모늄 화합물, 양이온성 계면활성제 | 레시틴, 사포닌, 폴리소르베이트 80, 도데실 황산나트륨, 지방 알코올의 에틸렌 옥사이드 축합물 |
| 알데하이드, 포름알데히드-유리 제제 | 글리신, 히스티딘 |
| 산화(oxidizing) 화합물 | 치오황산나트륨 |
| 이소치아졸리논, 이미다졸 | 레시틴, 사포닌, 아민, 황산염, 메르캅탄, 아황산수소나트륨, 치오글리콜산나트륨 |

| | |
|---|---|
| 비구아니드 | 레시틴, 사포닌,<br>폴리소르베이트 80 |
| 금속염(Cu, Zn, Hg),<br>유기-수은 화합물 | 아황산수소나트륨,<br>L-시스테인-SH 화합물(sulfhydryl compounds),<br>치오글리콜산 |

### 3) 특정 세균시험법

가) 대장균 시험

(1) 검액의 조제 및 조작

① 검체 1 g 또는 1 mL를 유당 액체배지를 사용하여 10 mL로 하여 30~35℃에서 24~72시간 배양

② 배양액을 가볍게 흔든 다음 백금이 등으로 취하여 맥콘키 한천배지 위에 도말하고 30~35℃에서 18~24시간 배양

③ 주위에 **적색**의 침강선띠를 갖는 적갈색의 그람음성균의 집락이 검출되지 않으면 **대장균 음성으로 판정**

④ 위의 특정을 나타내는 집락이 검출되는 경우에는 에오신 메칠렌 블루 한천배지에서 각각의 집락을 도말하고 30~35℃에서 18~24시간 배양

⑤ 에오신 메칠렌 블루 한천배지에서 금속 광택을 나타내는 집락 또는 투과광선하에서 흑청색을 나타내는 집락이 검출되면 백금이 등으로 취하여 발효시험관이 든 유당 액체배지에 넣어 44.3~44.7℃의 항온수조 중에서 22~26시간 배양

⑥ **가스 발생**이 나타나는 경우에는 **대장균 양성으로 의심**, 동정시험으로 확인

획선 평판법(Streak plate method)

- 알코올램프로 화염 살균한 백금이를 식히고
- 백금이에 시료를 적신 후 평판 배치 한쪽에 떨어트림
- 백금이를 이용하여 시료가 떨어진 곳부터 S자형으로 가볍게 서너 번 도말하고 도말한 부분의 끝 부분이 교차되도록 다시 서너 번 도말(과정 반복 수행)
- 도말이 끝난 평판 배치를 뒤집어서 37℃에서 배양
- 획선 시작 부위는 미생물의 수가 많지만 획선 마지막 부분에서는 미생물의 수가 1 mL당 1~2개가 되도록 함
- 일반적으로 균을 분리하는데 가장 널리 쓰이는 방법으로 평판 배치의 표면에서 미생물 colony를 확인할 수 있으며 순수 분리를 위해서 특정 colony를 분리 배양할 수 있음

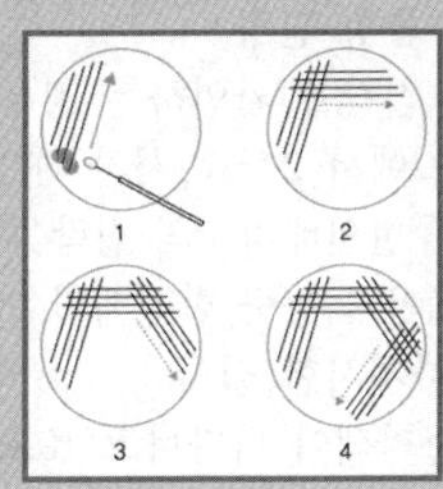

(2) 배지

| 유당 액체배지 | |
|---|---|
| 육엑스 | 3.0 g |
| 젤라틴의 판크레아틴 소화물 | 5.0 g |
| 유당 | 5.0 g |
| 정제수 | 1,000 mL |

㈜ 이상을 달아 정제수에 녹여 1 L로 하고 121℃에서 15~20분간 고압증기 멸균. 멸균 후의 pH가 6.9~7.1이 되도록 하고 가능한 한 빨리 냉각

| 맥콘키 한천배지 | |
|---|---|
| 젤라틴의 판크레아틴 소화물 | 17.0 g |
| 카제인의 판크레아틴 소화물 | 1.5 g |
| 육제 펩톤 | 1.5 g |
| 유당 | 10.0 g |
| 데옥시콜레이트나트륨 | 1.5 g |
| 염화나트륨 | 5.0 g |
| 한천 | 13.5 g |
| 뉴트럴렛 | 0.03 g |
| 염화메칠로자닐린 | 1.0 mg |
| 정제수 | 1,000 mL |

[주] 이상을 달아 정제수 1 L에 녹여 1분간 끓인 다음 121℃에서 15~20분간 고압증기 멸균. 멸균 후의 pH가 6.9~7.3이 되도록 함

| 에오신 메칠렌 블루 한천배지(EMB 한천배지) | |
|---|---|
| 젤라틴의 판크레아틴 소화물 | 10.0 g |
| 인산일수소칼륨 | 2.0 g |
| 유당 | 10.0 g |
| 한천 | 15.0 g |
| 에오신 | 0.4 g |
| 메칠렌블루 | 0.065 g |
| 정제수 | 1,000 mL |

[주] 이상을 달아 정제수 1 L에 녹여 121℃에서 15~20분간 고압증기 멸균. 멸균 후의 pH가 6.9~7.3이 되도록 함

나) 녹농균시험

(1) 검액의 조제 및 조작★

① 검체 1 g 또는 1 mL를 달아 카제인 대두 소화 액체배지를 사용하여 10 mL로 하고 30~35℃에서 24~48시간 증균 배양

② 증식이 나타나는 경우는 백금이 등으로 세트리미드 한천배지 또는 엔에이씨 한천배지에 도말하여 30~35℃에서 24~48시간 배양

③ **미생물의 증식**이 관찰되지 않는 경우 **녹농균 음성 판정**

④ 그람음성간균으로 **녹색 형광물질**을 나타내는 집락을 확인하는 경우에는 증균배양액을 **녹농균 한천배지 P 및 F에 도말**하여 30~35℃에서 24~72시간 배양

⑤ 그람음성간균으로 플루오레세인 검출용 녹농균 한천배지 **F의 집락**을 **자외선하**에서 관찰하여 **황색**의 집락이 나타나고, 피오시아닌 검출용 녹농균 한천배지 **P의 집락**을 **자외선하**에서 관찰하여 **청색**의 집락이 검출되면 **옥시다제시험 실시**

⑥ 옥시다제 반응 양성인 경우 5~10초 이내에 보라색이 나타나고 10초 후에도 **색 변화가 없는 경우 녹농균 음성 판정**

⑦ 옥시다제 반응 양성인 경우에는 녹농균 양성으로 의심하고 동정시험으로 확인

(2) 배지

| 카제인 대두 소화 액체배지 | |
|---|---|
| 카제인 판크레아틴 소화물 | 17.0 g |
| 대두파파인소화물 | 3.0 g |
| 염화나트륨 | 5.0 g |
| 인산일수소칼륨 | 2.5 g |
| 포도당일수화물 | 2.5 g |

㈜ 이상을 달아 정제수에 녹여 1 L로 하고 멸균 후의 pH가 7.3 ± 0.2가 되도록 조정, 121℃에서 15분간 고압 멸균

| 세트리미드 한천배지(Cetrimide agar) | |
|---|---|
| 젤라틴제 펩톤 | 20.0 g |
| 염화마그네슘 | 3.0 g |
| 황산칼륨 | 10.0 g |
| 세트리미드 | 0.3 g |
| 글리세린 | 10.0 mL |
| 한천 | 13.6 g |
| 정제수 | 1,000 mL |

㈜ 이상을 달아 정제수에 녹이고 글리세린을 넣어 1 L로 한 후 121℃에서 15분간 고압증기 멸균하고 pH가 7.2 ± 0.2가 되도록 조정

| 엔에이씨 한천배지(NAC agar) | |
|---|---|
| 펩톤 | 20.0 g |
| 인산수소이칼륨 | 0.3 g |
| 황산마그네슘 | 0.2 g |
| 세트리미드 | 0.2 g |
| 날리딕산 | 15 mg |
| 한천 | 15.0 g |
| 정제수 | 1,000 mL |

㈜ 최종 pH는 7.4 ± 0.2, 멸균하지 않고 가온하여 녹임

| 플루오레세인 검출용 녹농균 한천배지 F(Pseudomonas agar F for detection of fluorescein) | |
|---|---|
| 카제인제 펩톤 | 10.0 g |
| 육제 펩톤 | 10.0 g |
| 인산일수소칼륨 | 1.5 g |
| 황산마그네슘 | 1.5 g |
| 글리세린 | 10.0 mL |
| 한천 | 15.0 g |
| 정제수 | 1,000 mL |

㈜ 이상을 달아 정제수에 녹이고 글리세린을 넣어 1 L로 한 후 121℃에서 15분간 고압증기 멸균하고 pH가 7.2 ± 0.2가 되도록 조정

| 피오시아닌 검출용 녹농균 한천배지 P(Pseudomonas agar P for detection of pyocyanin) | |
|---|---|
| 젤라틴의 판크레아틴 소화물 | 20.0 g |
| 염화마그네슘 | 1.4 g |
| 황산칼륨 | 10.0 g |
| 글리세린 | 10.0 mL |
| 한천 | 15.0 g |
| 정제수 | 1,000 mL |

㈜ 이상을 달아 정제수에 녹이고 글리세린을 넣어 1 L로 한 후 121℃에서 15분간 고압증기 멸균하고 pH가 7.2 ± 0.2가 되도록 조정

다) 황색포도상구균 시험

(1) 검액의 조제 및 조작

① 검체 1 g 또는 1 mL를 달아 카제인 대두 소화 액체배지를 사용하여 10 mL로 하고 30~35℃에서 24~48시간 증균 배양

② 증균배양액을 보겔 존슨 한천배지 또는 베어드 파카 한천배지에 이식하여 30~35℃에서 24시간 배양

㉠ 균의 집락이 **검정색**, 집락 **주위에 황색 투명대**가 형성

㉡ 그람염색법에 따라 염색하여 검경한 결과 그람 양성균으로 나타나면 응고효소시험 실시

③ 응고효소시험 음성인 경우 황색포도상구균 음성으로 판정, 양성인 경우에는 황색포도상구균 양성으로 의심하고 동정시험으로 확인

(2) 배지

| 보겔 존슨 한천배지(Vogel-Johnson agar) | |
|---|---|
| 카제인의 판크레아틴 소화물 | 10.0 g |
| 효모엑스 | 5.0 g |
| 만니톨 | 10.0 g |
| 인산일수소칼륨 | 5.0 g |
| 염화리튬 | 5.0 g |
| 글리신 | 10.0 g |
| 페놀렛 | 25.0 mg |
| 한천 | 16.0 g |
| 정제수 | 1,000 mL |

㊟ 이상을 달아 1분 동안 가열하여 자주 흔들어 줌. 121℃에서 15분간 고압 멸균하고 45~50℃로 냉각시킴. 멸균 후 pH가 7.2±0.2가 되도록 조정하고 멸균한 1%(w/v) 텔루린산칼륨 20 mL를 첨가

| 베어드 파카 한천배지(Baird-Parker agar) | |
|---|---|
| 카제인제 펩톤 | 10.0 g |
| 육엑스 | 5.0 g |
| 효모엑스 | 1.0 g |
| 염화리튬 | 5.0 g |
| 글리신 | 12.0 g |
| 피루브산나트륨 | 10.0 g |
| 한천 | 20.0 g |
| 정제수 | 950 mL |

㊟ 이상을 섞어 때때로 세게 흔들며 섞으면서 가열하고 1분간 끓임. 121℃에서 15분간 고압 멸균하고 45~50℃로 냉각. 멸균한 다음의 pH가 7.2±0.2가 되도록 조정하고 멸균한 아텔루산칼륨용액 1%(w/v) 10 mL와 난황유탁액 50 mL를 넣고 가만히 섞은 다음 페트리 접시에 도포. 난황유탁액은 난황 약 30%, 생리식염액 약 70%의 비율로 섞어 만듦

라) 배지 성능 및 시험법 적합성시험

① 검체의 유·무하에서 각각 규정된 특정 세균시험법에 따라 제조된 검액·대조액에 표 3에 기재된 시험균주 100 cfu를 개별적으로 접종하여 시험할 때 접종균 각각에 대하여 양성으로 나타나야 함

② 증식이 저해되는 경우 항균활성을 중화하기 위하여 '2)-라)항'의 '표 2. 희석 및 중화제' 사용 가능

표 3. 특정 세균 배지 성능 시험용 균주

| | |
|---|---|
| Escherichia coli (대장균) | ATCC 8739, NCIMB 8545, CIP53.126, NBRC 3972 또는 KCTC 2571 |
| Pseudomonas aeruginosa (녹농균) | ATCC 9027, NCIMB 8626, CIP 82.118, NBRC 13275 또는 KCTC 2513 |
| Staphylococcus aureus (황색포도상구균) | ATCC 6538, NCIMB 9518, CIP 4.83, NRRC 13276 또는 KCTC 3881 |

## 22. 내용량

### 1) 용량으로 표시된 제품

① 내용물이 들어있는 용기에 뷰렛으로부터 물을 적가하여 용기를 가득 채웠을 때의 소비량 측정
② 용기의 내용물을 완전히 제거
③ 물 또는 적당한 유기용매로 용기의 내부를 깨끗이 세척 후 건조
④ 뷰렛으로부터 물을 적가하여 용기를 가득 채워 소비량 측정
⑤ 내용량은 전후의 **용량차**
⑥ 150 mL이상의 제품에 대하여는 메스실린더를 써서 측정

### 2) 질량으로 표시된 제품

① 내용물이 들어있는 용기의 외면을 깨끗이 세척 후 무게 측정
② 내용물을 완전히 제거
③ 물 또는 적당한 유기용매로 용기의 내부를 깨끗이 세척 후 건조
④ 용기만의 무게 측정
⑤ 내용량은 전후의 **무게차**

### 3) 길이로 표시된 제품

① 길이를 측정
② 연필류는 연필 심지에 대하여 그 지름과 길이를 측정

### 4) 화장 비누 - 수분 포함

① 상온에서 저울로 측정(g)
② 실중량은 전체 무게에서 포장 무게를 뺀 값
③ 소수점 이하 1자리까지 반올림(정수자리까지)

### 5) 화장 비누 - 건조

① 검체 약 10 g을 0.01 g까지 측정하여 작은 조각으로 자른 후 접시에 옮김
② 103 ± 2℃ 오븐에서 1시간 건조 후 꺼내어 냉각
③ 다시 오븐에 넣고 1시간 후 접시를 꺼내어 데시케이터로 옮김
④ 실온까지 충분히 냉각시킨 후 질량을 측정
⑤ 2회의 측정에 있어서 무게의 차이가 0.01 g 이내가 될 때까지 반복
⑥ 마지막 측정 결과를 기록

**계산식**

내용량(g) = 건조 전 무게(g) × [100 - 건조감량(%)] / 100

$$건조감량(\%) = \frac{m_1 - m_2}{m_1 - m_0} \times 100$$

· $m_0$ : 접시의 무게(g)
· $m_1$ : 가열 전 접시와 검체의 무게(g)
· $m_2$ : 가열 후 접시와 검체의 무게(g)

### 6) 그 밖의 특수한 제품

「대한민국약전」(식품의약품안전처 고시)으로 정한 바에 따름

## 23. pH 시험법★★

① 검체 약 2 g 또는 2 mL/100 mL 비이커
② 물 30 mL를 넣어 지방분을 녹임(수욕상에서 가온)
③ 흔들어 섞은 다음 냉장고에서 지방분을 응결시켜 여과
④ 지방층과 물층이 분리되지 않을 때는 그대로 사용
⑤ 여액을 일반시험법 '1. 원료'의 "47. pH 측정법"에 따라 시험
⑥ 성상에 따라 투명한 액상인 경우에는 그대로 측정
※ 「기능성 화장품 기준 및 시험 방법」(식약처 고시) 일반시험법 '1. 원료'의 "47. pH 측정법"
- pH 측정에는 유리전극을 단 pH메터를 쓰고 그 pH 값은 ±0.02 이내의 정확도를 가짐

## 24. 유리알칼리 시험법 – 에탄올법(나트륨 비누)

1) 검액 조제

① 플라스크에 에탄올 200 mL을 넣고 환류 냉각기를 연결
② 이산화탄소를 제거하기 위하여 5분 동안 서서히 가열
③ 냉각기에서 분리시키고 약 70℃로 냉각
④ 페놀프탈레인 지시약 4방울을 넣고, 지시약이 분홍색이 될 때까지 0.1 N 수산화칼륨 · 에탄올액으로 중화
⑤ 중화된 에탄올이 들어있는 플라스크에 검체 5.0 g을 첨가
⑥ 환류 냉각기에 연결 후 완전히 용해될 때까지 서서히 가열
⑦ 약 70℃로 냉각
⑧ 에탄올 중화와 동일한 정도의 분홍색이 나타날 때까지 0.1 N 염산 · 에탄올용액으로 적정

**계산식**

$$\text{유리알칼리 함량(\%)} = 0.040 \times V \times T \times \frac{100}{m}$$

· m : 시료의 질량(g)
· V : 사용된 0.1N 염산 · 에탄올용액의 부피(mL)
· T : 사용된 0.1N 염산 · 에탄올용액의 노르말 농도

㈜ 에탄올 ρ20 = 0.792 g/mL
㈜ 지시약 : 95% 에탄올용액(v/v) 100 mL에 페놀프탈레인 1 g을 용해시킴

## 25. 유리알칼리 시험법 – 염화바륨법(모든 연성 칼륨 비누 또는 나트륨과 칼륨이 혼합된 비누)

1) 검액 조제

① 연성 비누 약 4.0 g/플라스크
② 60% 에탄올용액 200 mL를 넣고 환류 하에서 10분 동안 가열
③ 중화된 염화바륨용액 15 mL를 끓는 용액에 조금씩 넣고 충분히 혼합
④ 흐르는 물로 실온까지 냉각시키고, 지시약 1 mL 첨가
⑤ 즉시 0.1 N 염산 표준 용액으로 녹색이 될 때까지 적정

**계산식**

$$\text{유리알칼리 함량(\%)} = 0.056 \times V \times T \times \frac{100}{m}$$

· m : 시료의 질량(g)
· V : 사용된 0.1 N 염산용액의 부피(mL)
· T : 사용된 0.1 N 염산용액의 노르말 농도

㈜ 지시약 : 페놀프탈레인 1 g과 치몰블루 0.5 g을 가열한 95% 에탄올용액(v/v) 100 mL에 녹이고 거른(여과한) 다음 사용

㈜ 60% 에탄올용액 : 이산화탄소가 제거된 증류수 75 mL와 이산화탄소가 제거된 95% 에탄올용액(v/v)(수산화칼륨으로 증류) 125 mL를 혼합하고 지시약 1 mL를 사용하여 0.1 N 수산화나트륨용액 또는 수산화칼륨용액으로 보라색이 되도록 중화시킴. 10분 동안 환류하면서 가열한 후 실온에서 냉각시키고 0.1 N 염산 표준 용액으로 보라색이 사라질 때까지 중화시킴

㈜ 염화바륨용액 : 염화바륨(2수화물) 10 g을 이산화탄소를 제거한 증류수 90 mL에 용해시키고, 지시약을 사용하여 0.1 N 수산화칼륨용액으로 보라색이 나타날 때까지 중화시킴

## II. 퍼머넌트 웨이브용 및 헤어 스트레이트너 제품 시험 방법

### 26. 치오글라이콜릭애씨드 또는 그 염류를 주성분으로 하는 냉2욕식 퍼머넌트 웨이브용 제품

#### 가. 제 1제 시험 방법

##### 1) pH

「기능성 화장품 기준 및 시험 방법」(식품의약품안전처 고시) 일반시험법 '1. 원료'의 "47. pH 측정법"(23번)에 따라 시험

##### 2) 알칼리

① 검체 10 mL/100 mL 용량플라스크
② 검액 : 물을 넣어 100 mL로 조절
③ 이 액 20 mL를 정확하게 취하여 250 mL 삼각플라스크에 넣고
④ 0.1 N 염산으로 적정(지시약 : 메칠레드시액 2방울)

##### 3) 산성에서 끓인 후의 환원성 물질(치오글라이콜릭애씨드)

① 2)항의 검액 20 mL/삼각플라스크
② 물 50 mL 및 30% 황산 5 mL를 넣어 5분간 가열
③ 식힌 다음 0.1 N 요오드액으로 적정(지시약 : 전분시액 3 mL)
④ A mL : 요오드액의 소비량

**계산식**

산성에서 끓인 후의 환원성 물질(치오글라이콜릭애씨드로서)의 함량(%)= 0.4606 × A

##### 4) 산성에서 끓인 후의 환원성 물질 이외의 환원성 물질(아황산염, 황화물 등)

① 물 50 mL, 30% 황산 5 mL, 0.1 N 요오드액 25 mL/250 mL 유리마개 삼각플라스크
② 2)항의 검액 20 mL를 넣고 마개를 하여 흔들어 섞고 실온에서 15분간 방치
③ 0.1 N 치오황산나트륨액으로 적정(지시약 : 전분시액 3 mL)
④ B mL : 치오황산나트륨액의 소비량
⑤ (공시험액) 물 70 mL, 30% 황산 5 mL, 0.1 N 요오드액 25 mL/250 mL 유리마개 삼각플라스크
⑥ 마개를 하여 흔들어 섞고 이하 검액과 같은 방법으로 조작
⑦ C mL : 치오황산나트륨액의 소비량

**계산식**

검체 1 mL 중의 산성에서 끓인 후의 환원성 물질 이외의 환원성 물질에 대한 0.1 N

$$\text{요오드액의 소비량(mL)} = \frac{(C - B) - A}{2}$$

5) 환원 후의 환원성 물질(디치오디글라이콜릭애씨드)

① 2)항의 검액 20 mL에 1 N 염산 30 mL, 아연가루 1.5 g 첨가
② 기포가 끓어 오르지 않도록 교반기로 2분간 교반 후 여과지(4A)를 써서 흡인여과
③ 잔류물을 물 소량씩으로 3회 씻고 씻은 액을 여액에 혼합
④ 이 액을 5분간 가열하여 끓이고
⑤ 식힌 다음 0.1 N 요오드액으로 적정(지시약 : 전분시액 3 mL)
⑥ D mL : 요오드액의 소비량
⑦ 또는 검체 약 10 g을 정밀하게 달아 라우릴황산나트륨용액(1 → 10) 50 mL 및 물 20 mL를 첨가
⑧ 수욕상에서 약 80℃가 될 때까지 가온
⑨ 식힌 다음 전체량을 100 mL로 하고 이것을 검액으로 함
⑩ 이하 '⑤'와 같은 방법으로 조작하여 시험

**계산식**

$$\text{환원 후의 환원성 물질의 함량(\%)} = \frac{4.556 \times (D - A)}{\text{검체의 채취량(mL 또는 g)}}$$

6) 중금속

① 검체 2.0 mL를 취하여 「기능성 화장품 기준 및 시험 방법」(식품의약품안전처 고시) 일반시험법 '1. 원료'의 "43. 중금속시험법" 중 제2법에 따라 조작하여 시험
② 다만, 비교액에는 납 표준액 4.0 mL를 넣음

7) 비소

① 검체 20 mL/300 mL 분해플라스크
② 질산 20 mL를 넣어 반응이 멈출 때까지 조심하면서 가열
③ 식힌 다음 황산 5 mL를 넣어 다시 가열
④ 여기에 질산 2 mL씩을 조심하면서 넣고 액이 무색 또는 엷은 황색의 맑은 액이 될 때까지 계속 가열
⑤ 식힌 다음 과염소산 1 mL를 넣고 황산의 흰 연기가 날 때까지 가열하고 방냉
⑥ 여기에 포화수산암모늄용액 20 mL를 넣고 다시 흰 연기가 날 때까지 가열
⑦ 식힌 다음 물을 넣어 100 mL로 하여 검액으로 함
⑧ 검액 2.0 mL를 취하여 「기능성 화장품 기준 및 시험 방법」(식약처 고시) '일반시험법 1. 원료'의 "15. 비소시험법" 중 장치 B를 쓰는 방법에 따라 시험

8) 철

① ⑦항의 검액 50 mL에 식히면서 조심히 강암모니아수를 넣고 pH를 9.5~10.0이 되도록 조절하여 검액으로 함
② (공시험액) 물 20 mL를 써서 검액과 같은 방법으로 조작
③ (비교액) 이 액 50 mL를 취하여 철 표준액 2.0 mL를 넣고
④ 이것을 식히면서 조심하여 강암모니아수를 넣고 pH를 9.5~10.0이 되도록 조절
⑤ 검액 및 비교액을 각각 네슬러관에 넣고 각 관에 치오글라이콜릭애씨드 1.0 mL를 첨가, 물을 넣어 100 mL로 조절
⑥ 비색할 때 검액이 나타내는 색은 비교액이 나타내는 색보다 진하여서는 안 됨

나. 제 2제 시험 방법

○ 브롬산나트륨 함유제제

1) 용해 상태

① 가루 또는 고형의 경우에만 시험
② 1인 1회 분량의 검체/비색관에 넣음
③ 물 또는 미온탕 200 mL를 넣어 녹임
④ 이를 백색을 바탕으로 하여 관찰

2) pH

① 1인 1회 분량의 검체
② 「기능성 화장품 기준 및 시험 방법」(식품의약품안전처 고시) 일반시험법 '1. 원료'의 "47. pH 측정법"(23번)에 따라 시험

3) 중금속

① 1인 1회분의 검체에 물을 넣어 정확히 100 mL로 조절
② 이 액 2.0 mL에 물 10 mL를 넣은 다음 염산 1 mL를 넣고 수욕상에서 증발 건조
③ 이것을 500℃ 이하에서 회화하고, 물 10 mL 및 묽은 초산 2 mL를 넣어 녹임
④ 물을 넣어 50 mL로 하여 검액으로 함
⑤ 이 검액을 가지고 「기능성 화장품 기준 및 시험 방법」(식품의약품안전처 고시) 일반시험법 '1. 원료'의 "43. 중금속시험법" 중 제4법에 따라 시험
⑥ 비교액에는 납 표준액 4.0 mL를 넣음

4) 산화력

① 1인 1회 분량의 약 1/10량의 검체를 물 또는 미온탕에 녹임/200 mL 용량플라스크
② 물을 넣어 200 mL로 조절
③ 이 용액 20 mL를 유리마개 삼각플라스크에 넣고, 묽은 황산 10 mL를 넣어 마개를 하여 가볍게 1~2회 흔들어 섞음
④ 요오드화칼륨시액 10 mL를 조심스럽게 넣고 마개를 하여 5분간 어두운 곳에 방치
⑤ 0.1 N 치오황산나트륨액으로 적정(지시약 : 전분시액 3 mL)
⑥ E mL : 치오황산나트륨액의 소비량

| 계산식 |
| --- |
| 1인 1회 분량의 산화력 = 0.278×E |

○ 과산화수소수 함유제제

1) pH

① 검체를 「기능성 화장품 기준 및 시험 방법」(식품의약품안전처 고시) 일반시험법 '1. 원료'의 "47. pH 측정법"(23번)에 따라 시험

2) 중금속

① '치오글라이콜릭애씨드 또는 그 염류를 주성분으로 하는 냉2욕식 퍼머넌트 웨이브용 제품 나. 제2제 시험 방법(26번)' 브롬산나트륨 함유제제 3) 중금속 항에 따라 시험

3) 산화력

① 검체 1.0 mL/유리마개 삼각플라스크
② 물 10 mL, 30% 황산 5 mL를 넣고 마개를 하여 가볍게 1~2회 흔들어 섞음

부록편

③ 요오드화칼륨시액 5 mL를 조심스럽게 넣고 마개를 하여 30분간 어두운 곳에 방치
④ 0.1 N 치오황산나트륨액으로 적정(지시약 : 전분시액 3 mL)
⑤ F mL : 치오황산나트륨액의 소비량

| 계산식 |
| --- |
| 1인 1회 분량의 산화력 = 0.0017007 × F × 1인 1회 분량(mL) |

## 27. 시스테인, 시스테인염류 또는 아세틸시스테인을 주성분으로 하는 냉2욕식 퍼머넌트 웨이브용 제품

### 가. 제 1제 시험 방법

#### 1) pH

① 「기능성 화장품 기준 및 시험 방법」(식품의약품안전처 고시) 일반시험법 '1. 원료'의 "47. pH 측정법"(23번)에 따라 시험한다.

#### 2) 알칼리

'치오글라이콜릭애씨드 또는 그 염류를 주성분으로 하는 냉2욕식 퍼머넌트 웨이브용 제품(26번)' 가. 제1제 시험 방법 2) 알칼리 항에 따라 시험

#### 3) 시스테인

① 검체 10 mL를 적당한 환류기에 취하여 물 40 mL 및 5 N 염산 20 mL를 넣고 2시간 동안 가열 환류
② 냉각 후 용량플라스크에 취하고 물을 넣어 100 mL로 조절
③ 아세칠시스테인이 함유되지 않은 검체에 대해서는 검체 10 mL를 취하여 용량플라스크에 넣고 물을 넣어 전체량을 100 mL로 조절
④ 이 용액 25 mL를 취하여 분당 2 mL의 유속으로 강산성 이온교환수지(H형) 30 mL를 충전한 안지름 8~15 mm의 칼럼을 통과
⑤ 계속하여 수지층을 물로 씻고 유출액과 씻은 액은 버림
⑥ 수지층에 3 N 암모니아수 60 mL를 분당 2 mL의 유속으로 통과
⑦ 유출액을 100 mL 용량플라스크에 넣음
⑧ 다시 수지층을 물로 씻어 씻은 액과 유출액을 합하고 100 mL로 하여 검액으로 함
⑨ 검액 20 mL를 취하여 필요하면 묽은 염산으로 중화(지시약 : 메칠오렌지시액)
⑩ 요오드화칼륨 4 g, 묽은 염산 5 mL를 넣고 흔들어 섞어 녹임
⑪ 0.1 N 요오드액 10 mL를 넣고 마개를 하여 얼음물 속에서 20분간 암소에 방치
⑫ 0.1 N 치오황산나트륨액으로 적정(지시약 : 전분시액 3 mL)
⑬ G mL : 치오황산나트륨액의 소비량
⑭ H mL : 같은 방법으로 공시험한 그 소비량

| 계산식 |
| --- |
| 시스테인의 함량(%) = 1.2116 × 2 × (H − G) |

#### 4) 환원 후의 환원성 물질(시스틴)

① 검체 10 mL를 용량플라스크에 취하고 물을 넣어 100 mL로 하여 검액으로 함
② 이 액 10 mL를 취하여 1 N 염산 30 mL, 아연가루 1.5 g을 넣고 기포가 끓어오르지 않도록 교반기로 2분간 저어 혼합
③ 여과지(4A)를 써서 흡인여과

④ 잔류물을 물 소량씩으로 3회 씻고 씻은 액을 여액에 혼합
⑤ 요오드화칼륨 4 g을 넣어 흔들어 섞어 녹임
⑥ 0.1 N 요오드액 10 mL를 넣고 마개를 하여 얼음물 속에서 20분간 암소에 방치
⑦ 0.1 N 치오황산나트륨액으로 적정(지시약 : 전분시액 3 mL)
⑧ I mL : 치오황산나트륨액의 소비량
⑨ J mL : 같은 방법으로 공시험한 그 소비량
⑩ 따로, 검액 10 mL를 취하여 필요하면 묽은 염산으로 중화(지시약 : 메칠오렌지시액)
⑪ 요오드화칼륨 4 g, 묽은 염산 5 mL를 넣고 흔들어 섞어 녹임
⑫ 0.1 N 요오드액 10 mL를 넣고 마개를 하여 얼음물 속에 20분간 암소에서 방치
⑬ 0.1 N 치오황산나트륨액으로 적정(지시약 : 전분시액 1 mL)
⑭ K mL : 치오황산나트륨액의 소비량
⑮ L mL : 같은 방법으로 공시험한 그 소비량

| 계산식 |
| --- |
| 환원 후의 환원성 물질의 함량(%) = 1.2015 × {(J - I) - (L - K)} |

5) 중금속

① '치오글라이콜릭애씨드 또는 그 염류를 주성분으로 하는 냉2욕식 퍼머넌트 웨이브용 제품(26번)' 가. 제1제 시험 방법 6) 중금속 항에 따라 시험

6) 비소

① '치오글라이콜릭애씨드 또는 그 염류를 주성분으로 하는 냉2욕식 퍼머넌트 웨이브용 제품(26번)' 가. 제1제 시험 방법 7) 비소 항에 따라 시험

7) 철

① '치오글라이콜릭애씨드 또는 그 염류를 주성분으로 하는 냉2욕식 퍼머넌트 웨이브용 제품(26번)' 가. 제1제 시험 방법 8) 철 항에 따라 시험

나. 제 2제 시험 방법

① '치오글라이콜릭애씨드 또는 그 염류를 주성분으로 하는 냉2욕식 퍼머넌트 웨이브용 제품(26번)' 나. 제2제 시험 방법에 따라 시험

## 28. 치오글라이콜릭애씨드 또는 그 염류를 주성분으로 하는 냉2욕식 헤어 스트레이트너용 제품

가. 제 1제 시험 방법

1) pH

① 「기능성 화장품 기준 및 시험 방법」(식품의약품안전처 고시) 일반시험법 '1. 원료'의 "47. pH 측정법"(23번)에 따라 시험

2) 알칼리

① '치오글라이콜릭애씨드 또는 그 염류를 주성분으로 하는 냉2욕식 퍼머넌트 웨이브용 제품(26번)' 가. 제1제 시험 방법 2) 알칼리 항에 따라 시험

3) 산성에서 끓인 후의 환원성 물질(치오글라이콜릭애씨드)

① '치오글라이콜릭애씨드 또는 그 염류를 주성분으로 하는 냉2욕식 퍼머넌트 웨이브용 제품(26번)' 가. 제1제 시험 방법 중 3) 산성에서 끓인 후의 환원성 물질 항에 따라 시험

4) 산성에서 끓인 후의 환원성 물질 이외의 환원성 물질(아황산, 황화물 등)

① '치오글라이콜릭애씨드 또는 그 염류를 주성분으로 하는 냉2욕식 퍼머넌트 웨이브용 제품(26번)' 가. 제1제 시험 방법 중 4) 산성에서 끓인 후의 환원성 물질 이외의 환원성 물질 항에 따라 시험

5) 환원 후의 환원성 물질(디치오디글라이콜릭애씨드)

① '치오글라이콜릭애씨드 또는 그 염류를 주성분으로 하는 냉2욕식 퍼머넌트 웨이브용 제품(26번)' 가. 제1제 시험 방법중 5) 환원 후의 환원성 물질 항에 따라 시험

6) 중금속

① '치오글라이콜릭애씨드 또는 그 염류를 주성분으로 하는 냉2욕식 퍼머넌트 웨이브용 제품(26번)' 가. 제1제 시험 방법 6) 중금속 항에 따라 시험

7) 비소

① '치오글라이콜릭애씨드 또는 그 염류를 주성분으로 하는 냉2욕식 퍼머넌트 웨이브용 제품(26번)' 가. 제1제 시험 방법 7) 비소 항에 따라 시험

8) 철

① '치오글라이콜릭애씨드 또는 그 염류를 주성분으로 하는 냉2욕식 퍼머넌트 웨이브용 제품(26번)' 가. 제1제 시험 방법 8) 철 항에 따라 시험

㈜ 검체가 점조하여 용량 단위로는 그 채취량의 정확을 기하기 어려울 때에는 중량 단위로 채취하여 시험할 수 있으며, 이때에 1 g은 1 mL로 간주

나. 제 2제 시험 방법

① '치오글라이콜릭애씨드 또는 그 염류를 주성분으로 하는 냉2욕식 퍼머넌트 웨이브용 제품(26번)' 나. 제2제 시험 방법에 따름

## 29. 치오글라이콜릭애씨드 또는 그 염류를 주성분으로 하는 가온2욕식 퍼머넌트 웨이브용 제품

가. 제 1제 시험 방법

① '치오글라이콜릭애씨드 또는 그 염류를 주성분으로 하는 냉2욕식 퍼머넌트 웨이브용 제품 가. 제1제 시험 방법(26번)' 항에 따라 시험

나. 제 2제 시험 방법

① '치오글라이콜릭애씨드 또는 그 염류를 주성분으로 하는 냉2욕식 퍼머넌트 웨이브용 제품(26번)' 나. 제2제 시험 방법에 따름

## 30. 시스테인, 시스테인염류 또는 아세틸시스테인을 주성분으로 하는 가온 2욕식 퍼머넌트 웨이브용 제품

가. 제 1제 시험 방법

1) pH

① 「기능성 화장품 기준 및 시험 방법」(식품의약품안전처 고시) 일반시험법 '1. 원료'의 "47. pH 측정법"(23번)에 따라 시험

2) 알칼리

① '치오글라이콜릭애씨드 또는 그 염류를 주성분으로 하는 냉2욕식 퍼머넌트 웨이브용 제품(26번)' 가. 제1제 시험 방법 2) 알칼리 항에 따라 시험

3) 시스테인

① '시스테인, 시스테인염류 또는 아세틸시스테인을 주성분으로 하는 냉2욕식 퍼머넌트 웨이브용 제품(27번)' 가. 제1제 시험 방법 중 2)시스테인 항에 따라 시험

4) 환원 후의 환원성 물질

① '시스테인, 시스테인염류 또는 아세틸시스테인을 주성분으로 하는 냉2욕식 퍼머넌트 웨이브용 제품(27번)' 가. 제1제 시험 방법 중 4) 환원 후 환원성 물질 항에 따라 시험

5) 중금속

① '치오글라이콜릭애씨드 또는 그 염류를 주성분으로 하는 냉2욕식 퍼머넌트 웨이브용 제품(26번)' 가. 제1제 시험 방법 6) 중금속 항에 따라 시험

6) 비소

① '치오글라이콜릭애씨드 또는 그 염류를 주성분으로 하는 냉2욕식 퍼머넌트 웨이브용 제품(26번)' 가. 제1제 시험 방법 7) 비소 항에 따라 시험

7) 철

① '치오글라이콜릭애씨드 또는 그 염류를 주성분으로 하는 냉2욕식 퍼머넌트 웨이브용 제품(26번)' 가. 제1제 시험 방법 8) 철 항에 따라 시험

나. 제 2제 시험 방법

① '치오글라이콜릭애씨드 또는 그 염류를 주성분으로 하는 냉2욕식 퍼머넌트 웨이브용 제품(26번)' 나. 제2제 시험 방법에 따름

## 31. 치오글라이콜릭애씨드 또는 그 염류를 주성분으로 하는 가온2욕식 헤어 스트레이트너 제품

가. 제 1제 시험 방법

1) pH

① 「기능성 화장품 기준 및 시험 방법」(식품의약품안전처 고시) 일반시험법 '1. 원료'의 "47. pH 측정법"(23번)에 따라 시험

2) 알칼리

① '치오글라이콜릭애씨드 또는 그 염류를 주성분으로 하는 냉2욕식 퍼머넌트 웨이브용 제품(26번)' 가. 제1제 시험 방법 2) 알칼리 항에 따라 시험

3) 산성에서 끓인 후의 환원성 물질(치오글라이콜릭애씨드)

① '치오글라이콜릭애씨드 또는 그 염류를 주성분으로 하는 냉2욕식 퍼머넌트 웨이브용 제품(26번)' 가. 제1제 시험 방법 중 3) 산성에서 끓인 후의 환원성 물질 항에 따라 시험

4) 산성에서 끓인 후의 환원성 물질 이외의 환원성 물질(아황산, 황화물 등)

① '치오글라이콜릭애씨드 또는 그 염류를 주성분으로 하는 냉2욕식 퍼머넌트 웨이브용 제품(26번)' 가. 제1제 시험 방법 중 4) 산성에서 끓인 후의 환원성 물질 이외의 환원성 물질 항에 따라 시험

5) 환원 후의 환원성 물질(디치오디글라이콜릭애씨드)

① '치오글라이콜릭애씨드 또는 그 염류를 주성분으로 하는 냉2욕식 퍼머넌트 웨이브용 제품(26번)' 가. 제1제 시험 방법 중 5) 환원 후의 환원성 물질 항에 따라 시험

6) 중금속

① '치오글라이콜릭애씨드 또는 그 염류를 주성분으로 하는 냉2욕식 퍼머넌트 웨이브용 제품(26번)' 가. 제1제 시험 방법 6) 중금속 항에 따라 시험

7) 비소

① '치오글라이콜릭애씨드 또는 그 염류를 주성분으로 하는 냉2욕식 퍼머넌트 웨이브용 제품(26번)' 가. 제1제 시험 방법 7) 비소 항에 따라 시험

8) 철

① '치오글라이콜릭애씨드 또는 그 염류를 주성분으로 하는 냉2욕식 퍼머넌트 웨이브용 제품(26번)' 가. 제1제 시험 방법 8) 철 항에 따라 시험

나. 제 2제 시험 방법

① '치오글라이콜릭애씨드 또는 그 염류를 주성분으로 하는 냉2욕식 퍼머넌트 웨이브용 제품(26번)' 나. 제2제 시험 방법에 따름

## 32. 치오글라이콜릭애씨드 또는 그 염류를 주성분으로 하는 고온정발용 열기구를 사용하는 가온2욕식 헤어 스트레이트너 제품

가. 제 1제 시험 방법

1) pH

① 「기능성 화장품 기준 및 시험 방법」(식품의약품안전처 고시) 일반시험법 '1. 원료'의 "47. pH 측정법"(23번)에 따라 시험

2) 알칼리

① '치오글라이콜릭애씨드 또는 그 염류를 주성분으로 하는 냉2욕식 퍼머넌트 웨이브용 제품(26번)' 가. 제1제 시험 방법 2) 알칼리 항에 따라 시험

3) 산성에서 끓인 후의 환원성 물질(치오글라이콜릭애씨드)

① '치오글라이콜릭애씨드 또는 그 염류를 주성분으로 하는 냉2욕식 퍼머넌트 웨이브용 제품(26번)' 가. 제1제 시험 방법 중 3) 산성에서 끓인 후의 환원성 물질 항에 따라 시험

4) 산성에서 끓인 후의 환원성 물질 이외의 환원성 물질(아황산, 황화물 등)

① '치오글라이콜릭애씨드 또는 그 염류를 주성분으로 하는 냉2욕식 퍼머넌트 웨이브용 제품(26번)' 가. 제1제 시험 방법 중 4) 산성에서 끓인 후의 환원성 물질 이외의 환원성 물질 항에 따라 시험

5) 환원 후의 환원성 물질(디치오디글라이콜릭애씨드)

① '치오글라이콜릭애씨드 또는 그 염류를 주성분으로 하는 냉2욕식 퍼머넌트 웨이브용 제품(26번)' 가. 제1제 시험 방법 중 5) 환원 후의 환원성 물질 항에 따라 시험

6) 중금속

① '치오글라이콜릭애씨드 또는 그 염류를 주성분으로 하는 냉2욕식 퍼머넌트 웨이브용 제품(26번)' 가. 제1제 시험 방법 6) 중금속 항에 따라 시험

7) 비소

① '치오글라이콜릭애씨드 또는 그 염류를 주성분으로 하는 냉2욕식 퍼머넌트 웨이브용 제품(26번)' 가. 제1제 시험 방법 7) 비소 항에 따라 시험

8) 철

① '치오글라이콜릭애씨드 또는 그 염류를 주성분으로 하는 냉2욕식 퍼머넌트 웨이브용 제품(26번)' 가. 제1제 시험 방법 8) 철 항에 따라 시험

나. 제 2제 시험 방법

① '치오글라이콜릭애씨드 또는 그 염류를 주성분으로 하는 냉2욕식 퍼머넌트 웨이브용 제품(26번)' 나. 제2제 시험 방법에 따름

## 33. 치오글라이콜릭애씨드 또는 그 염류를 주성분으로 하는 냉1욕식 퍼머넌트 웨이브용 제품

① '치오글라이콜릭애씨드 또는 그 염류를 주성분으로 하는 냉2욕식 퍼머넌트 웨이브용 제품(26번)' 가. 제1제 시험 방법 항에 따라 시험

## 34. 치오글라이콜릭애씨드 또는 그 염류를 주성분으로 하는 제1제 사용 시 조제하는 발열2욕식 퍼머넌트 웨이브용 제품

가. 제 1제의 1 시험 방법

① '치오글라이콜릭애씨드 또는 그 염류를 주성분으로 하는 냉2욕식 퍼머넌트 웨이브용 제품(26번)' 가. 제1제 시험 방법 항에 따라 시험

② 다만, 4) 산성에서 끓인 후의 환원성 물질 이외의 환원성 물질에서 0.1 N 요오드액 25 mL 대신 50 mL를 넣음

나. 제 1제의 2 시험 방법

1) pH

① 「기능성 화장품 기준 및 시험 방법」(식품의약품안전처 고시) 일반시험법 '1. 원료'의 "47. pH 측정법"(23번)에 따라 시험

2) 중금속

① '치오글라이콜릭애씨드 또는 그 염류를 주성분으로 하는 냉2욕식 퍼머넌트 웨이브용 제품(26번)' 나. 제2제 시험 방법 브롬산나트륨 함유제제 중 3) 중금속 항에 따라 시험

3) 과산화수소

① 검체 1 g/200 mL 유리마개 삼각플라스크

② 물 10 mL, 30% 황산 5 mL를 넣어 바로 마개를 하여 가볍게 1~2회 흔듦

③ 요오드화칼륨시액 5 mL를 주의하면서 넣어 마개를 하고 30분간 어두운 곳에 방치

④ 0.1 N 치오황산나트륨액으로 적정(지시약 : 전분시액 3 mL)

⑤ A(mL) : 치오황산나트륨액의 소비량

**계산식**

$$\text{과산화수소 함유율(\%)} = \frac{0.0017007 \times A}{\text{검체의 채취량(g)}} \times 100$$

다. 제 1제의 1 및 제 1제의 2의 혼합물 시험 방법

1) pH

① 「기능성 화장품 기준 및 시험 방법」(식품의약품안전처 고시) 일반시험법 '1. 원료'의 "47. pH 측정법"(23번)에 따라 시험

2) 알칼리

① '치오글라이콜릭애씨드 또는 그 염류를 주성분으로 하는 냉2욕식 퍼머넌트 웨이브용 제품(26번)' 가. 제1제 시험 방법 2) 알칼리 항에 따라 시험

3) 산성에서 끊인 후의 환원성 물질(치오글라이콜릭애씨드)

① '치오글라이콜릭애씨드 또는 그 염류를 주성분으로 하는 냉2욕식 퍼머넌트 웨이브용 제품(26번)' 가. 제1제 시험 방법 중 3) 산성에서 끊인 후의 환원성 물질 항에 따라 시험

4) 산성에서 끓인 후의 환원성 물질 이외의 환원성 물질(아황산, 황화물 등)

① '치오글라이콜릭애씨드 또는 그 염류를 주성분으로 하는 냉2욕식 퍼머넌트 웨이브용 제품(26번)' 가. 제1제 시험 방법 중 4) 산성에서 끊인 후의 환원성 물질 이외의 환원성 물질 항에 따라 시험

5) 환원 후의 환원성 물질(디치오디글라이콜릭애씨드)

① '치오글라이콜릭애씨드 또는 그 염류를 주성분으로 하는 냉2욕식 퍼머넌트 웨이브용 제품(26번)' 가. 제1제 시험 방법 중 5) 환원 후의 환원성 물질 항에 따라 시험

6) 온도 상승

① '제 1제의 1' 1인 1회분 및 '제 1제의 2' 1인 1회분을 각각 25℃의 항온조에 넣음
② 액온을 측정하여 액온이 25℃가 될 때까지 방치
③ '제 1제의 1'을 온도계를 삽입한 100 mL 비이커에 옮기고 액의 온도($T_0$)를 기록
④ '제 1제의 2'를 여기에 넣고 바로 저어 섞으면서 온도를 측정
⑤ 최고 도달온도($T_1$)를 기록

**계산식**

$$온도의\ 차(℃) = T_1 - T_0$$

라. 제 2제 시험 방법

① '치오글라이콜릭애씨드 또는 그 염류를 주성분으로 하는 냉2욕식 퍼머넌트 웨이브용 제품(26번)' 나. 제2제 시험 방법에 따름

## 35. 제1제 환원제 물질이 1종 이상 함유되어 있는 퍼머넌트 웨이브 및 헤어 스트레이트너 제품

① 검체 약 1.0 g/용량플라스크
② 묽은 염산 10 mL, 물을 넣어 200 mL로 조절
③ 클로로포름 20 mL로 2회 추출
④ 물층을 취하여 원심분리하고, 그 상등액을 취해 여과한 것을 검액으로 함
⑤ 따로 치오글라이콜릭애씨드, 시스테인, 아세틸시스테인, 디치오디글라이콜릭애씨드, 시스틴, 디아세틸시스틴 표준품 각각 10 mg을 용량플라스크에 넣고
⑥ 물을 넣어 10 mL로 조절(단, 측정 대상이 아닌 물질은 제외 가능)
⑦ 이 액을 각각 0.01, 0.05, 0.1, 0.5, 1.0, 2.0 mL씩 취해 물을 넣어 각각 10 mL로 조절한 것을 검량선용 표준액으로 함
⑧ 검액 및 표준액 20 μL씩을 다음의 조건으로 액체 크로마토그래프법에 따라 검액 중 환원제 물질들의 양을 구함
⑨ 필요한 경우 표준액의 검량선 범위 내에서 검체 채취량 또는 희석배수는 조정 가능

| 조작 조건 | |
|---|---|
| 검 출 기 | 자외부 흡광광도계(측정 파장 215 nm) |
| 칼 럼 | 안지름 4.6 mm, 길이 25 cm인 스테인레스강관에 5 ㎛의 액체 크로마토그래프용 옥타데실실릴실리카겔을 충전 |
| 이동상 및 유량 | 0.1% 인산을 함유한 4 mM 헵탄설폰산나트륨액 · 아세토니트릴 혼합액(95 : 5), 1.0 mL/분 |

## Ⅲ. 일반 사항

1. '검체'는 부자재(예시 침적마스크 중 부직포 등)를 제외한 화장품의 내용물로 하며, 부자재가 내용물과 섞여 있는 경우 적당한 방법(예시 압착, 원심분리 등)을 사용하여 이를 제거한 후 검체로 하여 시험

2. 에어로졸 제품인 경우에는 제품을 분액깔때기에 분사한 다음 분액깔때기의 마개를 가끔 열어주면서 1시간 이상 방치하여 분리된 액을 따로 취하여 검체로 함

3. 검체가 점조하여 용량 단위로 정확히 채취하기 어려울 때에는 중량 단위로 채취하여 시험할 수 있으며, 이 경우 1 g은 1 mL로 간주

4. 농도
   1) 용액에 대한 농도를 (1 → 5), (1 → 10), (1 → 100) 등으로 기재한 것은 고체 물질 1 g 또는 액상 물질 1 mL를 용제에 녹여 전체량을 각각 5 mL, 10 mL, 100 mL 등으로 하는 비율을 나타냄, 또 혼합액을 (1 : 10) 또는 (5 : 31) 등으로 나타낸 것은 액상 물질의 1용량과 10용량과의 혼합액, 5용량과 3용량과 1용량과의 혼합액을 나타낸 것임
   2) %는 중량백분율을, w/v%는 중량 대 용량백분율을, v/v%는 용량 대 용량백분율을, v/w%는 용량 대 중량백분율을, ppm은 중량백만불률을 나타냄

5. 시약, 시액 및 표준액
   1) 철 표준액
      (1) 황산제일철암모늄 0.7021 g을 정밀히 달아 물 50 mL를 넣어 녹이고 여기에 황산 20 mL를 넣어 가온하면서 0.6% 과망간산칼륨용액을 미홍색이 없어지지 않고 남을 때까지 적가한 다음, 방냉하고 물을 넣어 1 L로 함
      (2) 이 액 10 mL를 100 mL 용량플라스크에 넣고 물을 넣어 100 mL로 함{이 용액 1 mL는 철(Fe) 0.01 ㎎을 함유}
   2) 그 밖에 시약, 시액 및 표준액은 「기능성 화장품 기준 및 시험 방법」(식품의약품안전처 고시) 일반시험법 3. 계량기, 용기, 색의 비교액, 시약, 시액, 용량분석용 표준액 및 표준액의 것을 사용

# 연 습 장

# 연 습 장

# 연 습 장